Über dieses Buch

»Es ist ein außergewöhnliches Werk«, so urteilt der – neben Professor Tinbergen – erste Nobelpreisträger der Wirtschaftswissenschaften Ragnar Frisch über dieses Buch. Und er vermerkt: »Die Aufgabe, die sich der Autor gestellt hatte, war die: Menschen, die keine Vorstellung von Statistik haben, mit ihr vertraut zu machen. Und das Außergewöhnliche ist, daß ihm dies in so hohem Maße gelang.« Diese Beurteilung wird jeder, der dieses Buch zur Hand nimmt, bestätigt finden. Dr. Helmut Swoboda liefert hier in einer gefällig-lesbaren Darstellung den Schlüssel zum Verständnis einer als schwerverständlich geltenden Wissenschaft, und er zeigt mit seiner Erläuterung der statistischen Methoden, wie reizvoll diese Welt der Kurven und Zahlen sein kann. Er macht den Leser mit Wahrscheinlichkeitsrechnungen, Stichprobenverfahren, Korrelations- und Regressionsrechnung, Rangtests und vielen anderen Problemen vertraut, er gibt einen Überblick über die historische Entwicklung, und mehr noch – Dr. Swoboda macht die Möglichkeiten und Grenzen statistischer Analysen sichtbar und warnt vor dem Mißbrauch der Statistik in der Praxis. An prägnanten Beispielen erläutert er, wie statistische Aussagen fahrlässig verfälscht oder manipuliert werden können. Mit »Knaurs Buch der modernen Statistik«, das von der kritischen Fachwelt wie von der Presse und Rundfunk begeistert aufgenommen wurde, vermittelt der Autor dem Leser ein Fachwissen, mit dem sich heute – angesichts der Fülle von statistischer Information in wissenschaftlichen Bereichen und in der Tagespresse jeder vertraut machen sollte.

September 1974
Vollständige Textausgabe

Umschlaggestaltung Atelier Blaumeiser
Gesamtherstellung Ebner, Ulm
Printed in Germany
ISBN 3-426-00366-X

Exakte Geheimnisse

Helmut Swoboda: Knaurs Buch der modernen Statistik

Mit einem Geleitwort
von Nobelpreisträger Professor Dr. Ragnar Frisch

Mit 155 Abbildungen,
davon 65 Zeichnungen von Ilse und Rudolf Ross

Droemer Knaur

Inhaltsverzeichnis

Geleitwort

von Nobelpreisträger Professor Dr. Ragnar Frisch

Es ist ein außergewöhnliches Werk, das Dr. Helmut Swoboda mit »Knaurs Buch der modernen Statistik« geschaffen hat. Die Aufgabe, die er sich gestellt hatte, war die: *Menschen, die keine Vorstellung von Statistik* haben, mit ihr vertraut zu machen. Und das Außergewöhnliche ist, daß ihm dies in so hohem Maße gelang.
Freundlich nimmt er den Leser bei der Hand und geleitet ihn weiter und weiter. Und man begreift, daß sich einfach niemand den wahren Absichten eines so liebenswürdigen Begleiters argwöhnisch verschließen kann.
Aber nach einer Weile entdeckt der Leser zu seiner Verblüffung, daß er bis in einige der abstraktesten und schwierigsten Bereiche der Statistik vorgedrungen ist.
Das Überraschendste dabei ist jedoch, daß der Leser seinem so listigen Lehrer keineswegs böse zu sein vermag, denn er sieht nun mit eigenen Augen die ganze Schönheit der wundervollen Landschaft, in die ihn der Autor »entführt« hat. Und er ist besonders dafür dankbar, daß er auf manch schweren *Mißbrauch der Statistik* warnend aufmerksam gemacht worden ist.
Man betrachte nur dieses meisterlich konzipierte Beispiel: die Geschichte jenes Mannes, der sich mit dem Gedanken trägt, ein Stück Land in Neureichenbach zu kaufen. Dieser Mann erhält verschiedene, offensichtlich höchst widersprüchliche Angaben über das durchschnittliche Jahreseinkommen der Bewohner von Neureichenbach. Der Makler hatte 82 320 Taler angegeben und erklärt, 20 Prozent der Bevölkerung hätten ein durchschnittliches Jahreseinkommen von 309 400 Talern. Vom Bankdirektor war die Auskunft erteilt worden, mehr als die Hälfte der Bevölkerung habe ein Jahreseinkommen von über 29 000 Talern, und das häufigste Jahreseinkommen liege bei 18 000 Talern. Der Lehrer des Ortes – in der Statistik sehr bewandert – hatte behauptet, daß die Mehrheit der Bevölkerung ein Einkommen von weniger als 7500 Talern habe. Und eine Anfrage beim Statistischen Amt schließlich ergab, daß alle diese anscheinend so widersprüchlichen Daten *richtig* waren! Das erklärte sich aus der Tatsache, daß in diesem kleinen Ort ein Millionär wohnte und daß die mathematischen Eigenschaften des Medians, des Arithmetischen Mittels, des Harmonischen Mittels, des Geometrischen Mittels und des häufigsten Wertes recht verschieden voneinander sind. – Niemand, der dieses Beispiel einmal durchdacht hat, wird je die Quintessenz vergessen.
Trotz all seines scheinbar so leichten Dahinplauderns verliert der Verfasser niemals die tieferen logischen Zusammenhänge aus dem Auge. Als ein Beispiel dafür schaue man sich nur an, mit welchem Nachdruck er betont, daß die statistische Überprüfung von Hypothesen nach der Theorie von Jercy Neyman und E. S. Pearson nichts anderes sei als ein Versuch, eine Hypothese zu *verwerfen*. Eine solche Überprüfung kann *niemals* zu dem Schluß führen, daß eine Hypothese *wahr* ist. In der Tat können statistische Überprüfungen von Hypothesen auf mancherlei verschiedene Weise durchgeführt werden – mehr oder weniger wirkungsvoll. Bei einem sehr ernsthaften Vorgehen vermag man sich sogar eine ganze Reihe von Einzelüberprüfungen vorzustellen. Bei jeder dieser Untersuchungen kann die getestete Hypothese verworfen werden – und in diesem Fall bedeutet das ihr Ende. Wird sie aber nicht verworfen, ist das einzige, was wir sagen können: »Durch

diesen hier durchgeführten Test waren wir nicht in der Lage, die Hypothese zu verwerfen.« Vielleicht gelingt es eines Tages, sie durch irgendeinen anderen Test zu verwerfen. Es ist wie bei einem Pferderennen von unbegrenzter Dauer: Bei jedem Sprung kann das Pferd stürzen, und das bedeutet dann das Ende seines Rennens. Stürzt es aber nicht, gibt es nur eines: das Rennen fortzusetzen.

Ich bin oft verärgert über die ungenaue Ausdrucksweise, die einem bisweilen selbst in hochwissenschaftlichen Arbeiten begegnet, daß nämlich »nicht verworfen« als gleichbedeutend mit »als richtig anerkannt« gewertet wird. Ich bin hier mit dem Verfasser völlig einer Meinung, wenn er hart auf dem logischen Unterschied zwischen diesen beiden Aussagen besteht.

Wenn allerdings immer genauere Überprüfungen durchgeführt werden, bei denen wir stets als Ergebnis die Antwort erhalten: »Bei diesem besonderen Test wurde die fragliche Hypothese nicht verworfen«, dann werden wir schließlich zu dem praktischen Schluß geführt, daß wir, falls wir gezwungen werden zu handeln, so handeln müßten, als ob die Hypothese wahr wäre. Aber das ist etwas völlig anderes als die Feststellung: »Die Hypothese ist richtig.«

Es fällt auf, daß der Autor bei seiner Darstellungsweise Gebrauch von Illustrationen macht. Er tut dies, weil Bilder die meisten Menschen sehr ansprechen. Aber Menschen und Geschmacksrichtungen sind verschieden, und manche – wie etwa ich – bevorzugen entschieden die abstrakte und systematische Darstellungsweise.

Ich möchte daher für jene Leser, die – vielleicht durch die Lektüre dieses Buches und der darin angegebenen weiterführenden Literatur – bereits einige Kenntnisse auf dem Gebiet der Statistik erworben haben, hier in aller Kürze die logischen Grundlagen der Theorie der statistischen Hypothesenprüfung skizzieren. Leser jedoch, die sich erst mit den Anfangsgründen der Statistik vertraut machen, können diesen Teil getrost überschlagen, und schon gar nicht sollen sie sich durch ihn abschrecken lassen – ihn zu verstehen ist keineswegs Voraussetzung für das Verständnis dieses Buches!

Für den mehr fachwissenschaftlich orientierten Leser also ist der folgende etwas schwierigere Teil gedacht.

Bei einer Hypothese in technischem und statistischem Sinn konzentriert man sich auf eine charakteristische Form der Wahrscheinlichkeitsverteilung eines bestimmten Phänomens. Es gilt einfach, sich eine spezielle Form dieser Verteilung herauszugreifen. Dabei muß es sich nicht um eine Form handeln, von der wir glauben, sie sei richtig. Manchmal dürfte es eine Form sein, die wir für falsch halten. Die Absicht dabei ist, gerade durch den Test etwas zu finden, das die Verwerfung dieser Form der Wahrscheinlichkeitsverteilung rechtfertigt.

Bei der statistischen Prüfung von Hypothesen müssen wir immer schon etwas im voraus wissen. Wir beginnen also nicht aus der Startposition. Daher darf die Wahl der zu prüfenden Hypothese nicht völlig planlos erfolgen. Die zu prüfende Hypothese muß einer gewissen größeren Gruppe von Hypothesen, den sogenannten zulässigen Hypothesen, angehören, die mit – sagen wir – Ω bezeichnet werden. Äußerst wichtig ist, daß die zulässige Gruppe Ω bestimmt wird.

Aus der größeren Gruppe greifen wir eine Untergruppe ω heraus. Das ist die zu prüfende Hypothese (sie wird manchmal Nullhypothese genannt). Diese Untergruppe ω kann teilweise oder auch ganz spezifiziert sein. Sie ist teilweise spezifiziert, wenn die Form der entsprechenden Wahrscheinlichkeitsverteilung wenigstens einen Parameter enthält, der nicht zahlenmäßig genau festgelegt ist. Die Bedeutung einer solchen Hypothese ist einfach: »Da gibt es eine genau definierte Wahrscheinlichkeitsverteilung, die diese soweit zahlenmäßig unbestimmten Parameter enthält.« Zusätzlich zu diesen zahlenmäßig unbestimmten Parametern kann die zum Teil spezifizierte Hypothese, die zu prüfen ist, einen oder mehr Parameter enthalten, die zahlenmäßig bestimmt sind. Die zu testende Hypothese ist völlig spezifiziert, wenn alle fraglichen Parameter der Wahrscheinlichkeitsverteilung von der Zahl her bestimmt sind.

Die zu prüfende Hypothese, die auf diese Weise beschrieben ist, werden wir sehr häufig gegen eine andere alternative Hypothese innerhalb der zulässigen Hypothesen zu testen haben. Sobald es zu einer tatsächlichen Konstruktion einer bestimmten Testmethode kommt, werden wir sehen, wie notwendig es ist, neben der zu testenden Hypothese auch eine andere Hypothese zu betrachten, mit der die zu prüfende Hypothese verglichen wird – oder, wenn Sie wollen, der gegenüber die zu testende Hypothese unterschieden werden sollte. Dies wird weiter unten erläutert.

Um einen Test durchzuführen, müssen wir auf eine statistische Beobachtung zurückgreifen, anhand derer wir versuchen werden, entweder festzustellen: »Die zu testende Hypothese ist zu verwerfen«, oder aber festzustellen: »Die zu testende Hypothese ist nicht zu verwerfen.«

Die zu testende Hypothese wird manchmal einige charakteristische Eigenschaften enthalten. Die alternative Hypothese kann dann diese Eigenschaften nicht besitzen. Oder umgekehrt, die Hypothese ohne besondere Eigenschaften kann gegenüber der zu testenden Hypothese eine Hypothese mit besonderen Eigenschaften sein.

Da das so ist, müssen wir, wenn wir eine Methode zum Testen einer Hypothese konstruieren, zwischen zwei Arten von Fehlern unterscheiden, die wir bei unserer Folgerung machen können: nämlich dem Fehler der Verwerfung und dem Fehler der Nicht-Verwerfung. Die erstgenannten (»Fehler erster Art«) sind Fehler, die wir machen, wenn wir die zu testende Hypothese in einem Fall verwerfen, in dem diese Hypothese nicht verworfen werden dürfte. Die letztgenannten (»Fehler zweiter Art«) sind Fehler, die wir machen, wenn wir die zu testende Hypothese in einem Fall nicht verwerfen, in dem diese Hypothese verworfen werden müßte.

Wir stehen zwei Problemen gegenüber. Einerseits möchten wir die Überprüfung in der Weise durchführen, daß sich nur eine geringe Wahrscheinlichkeit für eine irrtümliche Verwerfung ergibt. Das bedeutet, daß wir »fair« gegenüber der Hypothese sein wollen, die wir prüfen, also keine unzulässige Verwerfung vornehmen. Aber andererseits möchten wir auch die Möglichkeit des Fehlers einer Nicht-Verwerfung reduzieren. Das bedeutet, daß wir unsere Fairneß nicht »übertreiben« wollen, das heißt, nicht unzulässig davon absehen, die zu testende Hypothese in Fällen zu verwerfen, in denen sie verworfen werden sollte. Wir müssen demnach unseren Kurs sehr wohl überlegt zwischen Scylla und Charybdis steuern. Je nach Art des Vorgehens, das wir aufgrund der Überprüfung und entsprechend der materiellen Konsequenzen, die aus unserem Vorgehen folgen können, einschlagen wollen, werden wir manchmal am meisten befürchten, einen Fehler der Verwerfung zu machen, und manchmal am meisten befürchten, einen Fehler der Nicht-Verwerfung zu begehen. Historisch war dies der Anfang.

Wie können wir nun irgendwelche *quantitativen* Maßstäbe finden, die uns in die Lage versetzen, zwischen Scylla und Charybdis hindurchzusteuern?

An der ersten Stelle führen wir hilfsweise etwas ein, das wir als Ablehnbereich (kritischen Bereich) bezeichnen wollen. Es ist dies ein Bereich im

Beobachtungsraum, der so beschaffen ist, daß die zu testende Hypothese verworfen wird, falls der eigentliche Beobachtungswert in diesen Bereich (oder an seine Grenzen) fällt. Liegt der Wert aber außerhalb des Ablehnbereichs, wird die zu testende Hypothese nicht verworfen. Der Beobachtungsraum ist einfach der n-dimensionale Raum, in dem diese n beobachteten statistischen Daten erfaßt sind. Ein besonderer Fall liegt vor, wenn diese n Daten Beobachtungen einer konkret definierten Variablen sind.

Logischerweise muß die Konstruktion des Ablehnbereichs ausgeführt sein, bevor wir die tatsächlichen statistischen Beobachtungen gemacht haben. Das ist wichtig. Unser zweiter Schritt besteht darin, uns eine kleine Wahrscheinlichkeit vorzugeben, sagen wir 0,05 oder 0,02 oder 0,01, die sogenannte Ablehnwahrscheinlichkeit. Das ist die Wahrscheinlichkeit dafür, daß der Beobachtungswert in den Ablehnbereich fällt, unter der Bedingung, daß die zu testende Hypothese richtig ist. Es ist dies offensichtlich eine übliche Form dafür, die Wahrscheinlichkeit, einen Fehler erster Art zu machen, minimal zu halten.

Wenn zum Beispiel das Beobachtungsmaterial der arithmetische Durchschnitt von n unabhängigen Beobachtungen ist und die zu testende Hypothese lautet, daß dieser Durchschnitt nach einer Normalverteilung mit gegebenem Mittelwert und gegebener Standardabweichung verteilt ist, dann kann ein Ablehnbereich, der der Ablehnwahrscheinlichkeit von 0,05, 0,02 oder 0,01 entspricht, aus einer Tabelle der Normalverteilung abgelesen werden.

Jedoch nicht eindeutig! Für jede dort vorgegebene Ablehnwahrscheinlichkeit werden hier drei mögliche Ablehnbereiche zu finden sein, ganz so, wie wir an Abweichungen vom Mittelwert nur nach oben oder nur nach unten oder an Abweichungen ohne Rücksicht auf ein Vorzeichen denken. Diese drei Möglichkeiten für die Konstruktion des Ablehnbereichs mit einer Variablen gemäß einer vorgegebenen Ablehnwahrscheinlichkeit sind nur ein ganz spezieller Fall der allgemeinen Unbestimmtheit des Ablehnbereichs, die vorhanden ist, wenn wir nur die üblicherweise vorgegebene Ablehnwahrscheinlichkeit α betrachten. Betrachten wir nun die Unbestimmtheit des Ablehnbereichs etwas genauer in n Dimensionen (wobei n die Zahl der statistischen Daten ist, die den Beobachtungsraum bestimmen). Setzen wir voraus, daß die Wahrscheinlichkeitsdichte gemäß der zu testenden Hypothese in jedem beliebigen Punkt im Beobachtungsraum bekannt ist. Wenn die Ablehnwahrscheinlichkeit α (zum Beispiel 0,05 oder 0,02 oder 0,01) vorgegeben ist, ist dies offensichtlich nicht hinreichend, um den Ablehnbereich eindeutig zu bestimmen. Im allgemeinen wird es viele Bereiche von der Art geben, daß die Gesamtwahrscheinlichkeit dieses Bereichs gleich α ist.

An dieser Stelle sehen wir die Notwendigkeit, eine andere zulässige Hypothese einzuführen, mit der unsere ursprüngliche Hypothese verglichen werden muß, das heißt aber: eine andere Hypothese, gegenüber der unsere ursprüngliche Hypothese *getestet* werden muß.

Das ist der Kern der modernen Theorie der statistischen Prüfung von Hypothesen. Um zu definieren, was wir mit dem »besten« Ablehnbereich meinen, müssen wir die andere Hypothese bestimmen, die uns bei einer Gegenüberstellung mit der zu testenden Hypothese am meisten interessiert.

Das führt zu folgender Regel: Aus allen Bereichen im Beobachtungsraum, die einer Ablehnungswahrscheinlichkeit gleich dem gegebenen Wert α gemäß der Wahrscheinlichkeitsverteilung der zu testenden Hypothese entsprechen, greifen wir diesen Bereich (oder diese Bereiche) heraus, die die Wahrscheinlichkeit gemäß der Wahrscheinlichkeitsverteilung der anderen Hypothese maximieren, gegenüber der die zu testende Hypothese verglichen werden soll.

Diese Wahrscheinlichkeit zu maximieren, ist offensichtlich dasselbe, wie die Wahrscheinlichkeit möglichst gering zu halten, einen Fehler der Nicht-Verwerfung zu machen. Man hat gesagt, im »Mittelalter« der Statistik sei das Problem der »besten« Methodo, Hypothesen zu untersuchen, im Hinblick auf die Hypothese per se diskutiert worden. Aber in der Moderno trägt man der Tatsache ausdrücklich Rechnung, daß die »beste« Methode – das heißt der »beste« Aufbau des Ablehnbereichs – von der anderen zulässigen Hypothese abhängt, gegenüber der die ursprüngliche Hypothese verglichen werden muß.

Es gibt einige Fälle, in denen die »beste« Testmethode für eine gegebene Hypothese dieselbe ist ohne Rücksicht darauf, welche andere zulässige Hypothese man mit ihr vergleichen will. Dies wird als der Fall bezeichnet, in dem es einen gleichmäßig besten Test gibt. Aber solche Fälle sind selten, so daß wir meistens die zu testende Hypothese und jene andere zulässige Hypothese, mit der die erste zu vergleichen ist, gleichzeitig zu betrachten haben.

Um es zusammenzufassen: H sei die zu testende Hypothese und H* die Hypothese, gegen die H getestet werden soll. Es sei X ein Bereich im Beobachtungsraum und x ein Punkt in diesem Raum.

Der beste Ablehnbereich für H, wenn H gegen H* mit der Ablehnwahrscheinlichkeit α getestet wird, wird bestimmt durch:

(1) $P\left\{ x c X \mid H^* \right\} \rightarrow$ Max! (c bedeutet »enthalten in«, $\rightarrow$ Max! bedeutet »ist zu maximieren«.)

(2) unter der Nebenbedingung $P\left\{ x c X \mid H \right\} = \alpha$

$P\left\{ x c X \mid H^* \right\}$ in (1) bezeichnet die Wahrscheinlichkeit dafür, daß die Realisation eines Punktes x in X liegt unter der Voraussetzung der Wahrscheinlichkeitsverteilung H*.

H zu verwerfen ist dasselbe wie einen Punkt x in X zu erhalten. Das möchten wir natürlich so oft wie möglich gemäß der Wahrscheinlichkeitsverteilung H* geschehen sehen. Soweit die Regel (1). Aber wir möchten dies nicht häufig gemäß der Wahrscheinlichkeitsverteilung H geschehen sehen. Gemäß dieser Wahrscheinlichkeitsverteilung möchten wir es lieber selten geschehen sehen. Soweit die Regel (2).

Ein einfaches Beispiel:

Die Dichte der Normalverteilung von n unabhängigen Beobachtungen x_1, x_2 ... x_n mit demselben Mittelwert μ und derselben Standardabweichung σ ist gegeben durch:

(3) $$\frac{1}{(2\pi)^{\frac{n}{2}} \sigma^n} \exp. \left(- \frac{1}{2\sigma^2} \sum_{i=1}^{n} (x_i - \mu)^2 \right)$$

(4) Ω soll eine beliebige Wahrscheinlichkeitsverteilung der Form (3) mit endlichem μ und σ sein.

Wir wollen die Hypothese $\mu = \mu_0$ testen, wobei μ_0 eine vorgegebene Zahl ist. Und wir wollen diese Prüfung gegen die Hypothese $\mu > \mu_0$ testen, wobei σ eine bekannte Konstante sei.
Zunächst wollen wir das einfache Problem des Tests $\mu = \mu_0$ gegen $\mu = \mu_1$ betrachten, wobei μ_1 eine andere gegebene Zahl $\mu_1 > \mu_0$ ist. Diese beiden Hypothesen sind vollständig bestimmt. Das Problem (1) – (2) kann daher direkt unter der Anwendung eines Lagrange-Multiplikators gelöst werden.
Das Ergebnis ist, daß

(5) $$\bar{x} \geqq \mu_0 + \xi_\alpha \frac{\sigma}{\sqrt{n}}$$

der beste Ablehnbereich für die Hypothese $\mu = \mu_0$ ist, getestet gegen die Hypothese $\mu = \mu_1$, wobei $\mu_1 > \mu_0$ ist. In (5) ist ξ_α das obere Ende der Normalverteilung entsprechend der Ablehnwahrscheinlichkeit α. Mit anderen Worten, die Beziehung zwischen ξ_α und α ist gegeben durch

(6) $$\frac{1}{\sqrt{2\pi}} \int_{\xi=\xi_\alpha}^{+\infty} e^{-\frac{\xi^2}{2}} d\,\xi = \alpha \quad (\xi_\alpha \text{ positiv})$$

Diese Beziehung zwischen ξ_α und α kann aus einer Tabelle der Normalverteilung abgelesen werden. In (5) ist $\bar{x}$ einfach der ungewogene arithmetische Durchschnitt der Beobachtungen. Bemerkenswert ist, daß μ_1 in (5) nicht vorkommt. Folglich ist derselbe Ablehnbereich der beste, wenn die Hypothese $\mu = \mu_0$ gegen irgendeine andere Hypothese getestet wird, die darin besteht, daß man sagt, der Mittelwert sei größer als μ_0. In diesem Fall haben wir deshalb einen gleichmäßig besten Test für $\mu = \mu_0$, nämlich den, der durch den Ablehnbereich (5) bestimmt ist. Aber es gibt keinen gleichmäßig besten Test gegenüber der Hypothese $\mu \neq \mu_0$.

Die Gütefunktion

Nehmen wir an, in irgendeiner Weise sei der Ablehnbereich X für die Hypothese H festgelegt worden. Nehmen wir X als konstant gehalten an. Dann kann eine interessante Frage auftauchen: Wie trennscharf wird dieser Test für H – mit gegebenem X – sein, wenn H gegen eine willkürlich herausgegriffene Hypothese H** in Ω getestet wird? Das wird durch die »Gütefunktion« gegeben,

(7) $$P\left\{ x c X \,\middle|\, H^{**} \right\}$$

wobei H** über alle H** in Ω variieren kann. In dem Fall, wo die verschiedenen Hypothesen H** durch den Wert eines einzigen Parameters Θ charakterisiert werden, kann (7) als

(8) $P\left\{ x c X \,\middle|\, \Theta \right\}$ geschrieben werden.

Die ideale Form der »Gütefunktion« (8) ist die, bei der (8) nahe Eins für alle Werte von Θ ist, ausgenommen für den besonderen Wert von Θ, der die zu

prüfende Hypothese charakterisiert. Für diesen besonderen Wert von Θ soll (8) so schnell wie möglich zu der Ablehnwahrscheinlichkeit α abfallen.
Die »Gütefunktion« (7) – oder ihr besonderer Fall (8) – wird unverfälscht bezüglich der Güte genannt – oder »optimaler Treffer« –, wenn ihr Minimum $H^{**} = H$ liegt.
Wenn wir in unserem vorherigen Beispiel die Hypothese $\mu = \mu_0$ gegen die Hypothese $\mu \neq \mu_0$ prüfen wollen, gibt es keinen gleichmäßig trennschärfsten Test, wie ich erwähnt habe. Aber wenn wir die Bedingung hinzufügen, daß die »Gütefunktion« unverfälscht sein soll, das heißt, wenn wir unter allen Tests mit unverfälschten »Gütefunktionen« nach dem fragen, der (1) und (2) erfüllt, finden wir, daß es einen gleichmäßig trennschärfsten Test gibt, nämlich den einen, der durch den Ablehnbereich

(9) $\left|\bar{x}-\mu_0\right| \geqq \frac{\sigma}{\sqrt{n}}\xi_\alpha^{**}$ charakterisiert wird, wobei ξ_α^{**}

durch

$$(10) \quad \frac{1}{\sqrt{2\pi}}\left\{\int_{\xi=-\infty}^{-\xi_\alpha^{**}} e^{-\frac{\xi^2}{2}}d\xi + \int_{\xi=+\xi_\alpha^{**}}^{+\infty} e^{-\frac{\xi^2}{2}}d\xi\right\}=\alpha$$

bestimmt wird.
Diese Ergebnisse sind natürlich nur einige wenige äußerst einfache Beispiele. Andere Fälle mit Beweisen sind in meinen norwegischen Vorlesungen über das Prüfen von Hypothesen ausgeführt (Memorandum vom 9. August 1952, Universität Oslo, Sozialökonomisches Institut).

Landsitz in Røyse, Norwegen, Pfingstsonntag 1971.

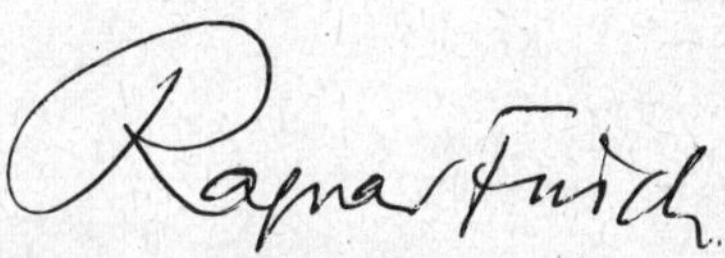

Der Verfasser dieses Geleitworts, Professor Dr. Ragnar Frisch, wurde am 3. 3. 1895 in Oslo geboren; er studierte an der Universität von Oslo Wirtschaftswissenschaften und Philosophie. 1931 erhielt er dorthin einen Ruf als Professor für Wirtschaftswissenschaften. Ab 1932 war er Direktor des Sozial-

ökonomischen Instituts der Universität. Am 31. 1. 1973 ist Professor Dr. Ragnar Frisch gestorben.
Professor Frisch gehörte zu den Mitbegründern der seit 1931 bestehenden Ökonometrischen Gesellschaft, deren Zeitschrift »Econometrica« er lange Zeit (von 1935 bis 1955) herausgegeben hat. Er war Mitglied zahlreicher wissenschaftlicher Akademien und Gremien in den verschiedensten Ländern und Ehrendoktor mehrerer Universitäten. Zu seinen Hauptwerken gehört »Maxima et Minima. Theorie und wirtschaftliche Nutzanwendung«. Für seine wegweisenden Arbeiten auf dem Gebiet der Konjunktur- und Wachstumstheorie erhielt er 1969 (zusammen mit dem niederländischen Wirtschaftswissenschaftler Jan Tinbergen) den in diesem Jahr zum ersten Male verliehenen Nobelpreis für Wirtschaftswissenschaften. Der Preis galt den Arbeiten zur Entwicklung von Modellen für die Analyse wirtschaftlicher Abläufe.

1. Was ist Statistik?

1.1 Vom Zahlenfriedhof zur Entscheidungshilfe

»Es gibt drei Arten von Lügen – Lügen, verdammte Lügen und Statistiken.« Dieses Bonmot – übrigens seit rund hundert Jahren der meistzitierte Ausspruch zum Thema Statistik – taucht in verschiedenen Variationen auf, wie etwa die, es gebe Lügen, Notlügen und Statistiken. Nun, wie auch immer die Pointe aufgebaut sein mag, allen Versionen ist dies gemeinsam: Sie besagen, *daß die Statistik eine besonders tückische Form der Lüge darstellt.*
Kurioserweise sind sich die Gelehrten niemals ganz einig geworden, wem dieser bösartige Ausspruch zuzuschreiben ist. Meist gilt Benjamin Disraeli als Urheber, zuweilen wird auch Lord Palmerston, Disraelis Gegenspieler, als Autor genannt. Jedenfalls scheint es sich um die pointierte Bosheit eines Parlamentariers des vorigen Jahrhunderts zu handeln, den man offenbar mit statistischen Zahlen in die Enge getrieben hatte und der, da er es mit eigenen Statistiken nicht vermochte, sich auf diese Weise zur Wehr setzte.
Nun ist es schon erstaunlich genug, daß eine Bemerkung, die vor hundert Jahren im britischen Parlament mit Schmunzeln aufgenommen wurde, immer noch in aller Welt zitiert wird. Weit erstaunlicher aber ist es, daß sie nach wie vor meist sehr kritiklos zitiert wird, nämlich ohne oder doch fast ohne Kenntnis dessen, was Statistik eigentlich ist. Statistiken lügen – das hört man einmal, zweimal, oftmals und glaubt es schließlich um so leichter, als man selbst im Laufe der Jahre immer wieder Gelegenheit hat, zu erfahren, daß diese oder jene Statistik *wirklich* »lügt«. Aber diese so allgemein verbreitete Haltung schließt wunderlicherweise auch gleich ihr Gegenteil mit ein: *Statistiken gelten auch als Nonplusultra des Unwiderleglichen*, denn von Statistiken geht der magische Zauber mathematischer Präzision aus – und was könnte unbestechlicher sein als eine Operation mit Zahlen? Wer daher hieb- und stichfeste Argumente benötigt, rüstet sich beizeiten mit statistischen Daten und Berechnungen und knallt sie im entscheidenden Augenblick auf den Tisch: da – *die Statistik beweist*.
Meist liegen dann zwei Statistiken einander gegenüber, aus denen zwei genau entgegengesetzte Thesen abgeleitet werden, und der Laie, voller Verwirrung, sieht sich in seiner Überzeugung bekräftigt, daß Statistiken in der Tat lügen. Und wenn er nachdenklich gestimmt ist, dann fragt er sich vielleicht, wie es möglich ist, mathematische Präzision und offensichtliche Lüge so eng und anscheinend unlösbar zu verweben. So wird die Statistik letztlich beinahe zu einer Geheimwissenschaft.
Dabei wäre alles nur halb so schlimm, wenn es sich um eine Wissenschaft oder eine Arbeitsmethode handelte, mit der der Normalbürger gemeinhin kaum in Berührung kommt. Bei der Statistik aber ist das anders. Sie tritt uns nicht nur in Berichten, Informationen und Notizen aller Art entgegen, sondern sie bildet darüber hinaus auch *die Grundlage für Planung, Organisation und für alles moderne Zusammenleben*. Denn sie lehrt – obwohl ihre moderne Ausprägung auch mit kleinen Stichproben befaßt ist – vor allem den Umgang mit Massen und Häufigkeiten, mit den großen Zahlen von Dingen und Menschen. In einer Welt der Planung und

der systematischen Zukunftsvorbereitung bildet sie die Basis unzähliger Berechnungen und unzähliger Entscheidungen. – Vielleicht sollte man nicht sagen, daß jemand, der Statistik treibt, *mehr* vom Leben hat. Sicher aber ist, daß er mehr von den Gesetzmäßigkeiten des Lebens *weiß* und auch *künftig mehr* davon *erfährt*.

Woher aber kommt die eigenartig unentschlossene Haltung gegenüber der Statistik? *Zwei Tatsachen* vor allem sind dafür verantwortlich: *erstens* die mangelnde Kenntnis statistischer Aufgaben, Methoden und Möglichkeiten, und *zweitens* der Umstand, daß vieles für Statistik gehalten wird, was lediglich Pseudostatistik ist.

Zum ersten Grund hat Horace Levinson einmal sehr richtig bemerkt: »Die Statistik genießt die zweifelhafte Auszeichnung, wohl das am meisten mißverstandene Wissensgebiet zu sein. Das heißt nicht, daß sie am wenigsten bekannt ist. Denn eine Sache mißzuverstehen setzt voraus, daß man irgend etwas von ihr weiß – oder zumindest zu wissen glaubt ... Im Falle der Statistik ist es nun so, daß man gemeinhin annimmt, jeder, der in der Schule einigermaßen gut rechnen konnte, ließe sich ohne weiteres in einen Statistiker verwandeln – so wie man etwa einen Titel verleiht.«

Dieser erste Grund aber leitet direkt zum zweiten über. Weil allenthalben die irrige Meinung herrscht, um eine Statistik zu erstellen, müsse man bloß leidlich gut rechnen können, wird Statistik nur allzuleicht zum Tummelplatz von Amateuren. Ihr Arbeitsresultat wird dann als »Statistik« in die Welt geschickt, wird allenfalls noch von einem flinken Journalisten mit einer Schlagzeile versehen, die nicht zum Inhalt paßt, und der Leser nimmt dieses zweifelhafte Opus dann auf als der Weisheit letzten Schluß – oder auch als weiteren Beweis dafür, daß die Statistiker ihre Zeit mit Torheiten vertrödeln oder eben mit Hilfe von Zahlen Lügen fabrizieren.

Im Mittelalter und in der frühen Neuzeit war die Haltung der Allgemeinheit gegenüber der Medizin nicht unähnlich jener, die wir heute gegenüber der Statistik einnehmen – und zwar aus einem ganz ähnlichen Grunde: Es war für den Laien einfach zu schwer, zwischen einem Badergesellen und einem Heilkünstler, zwischen einem Quacksalber und einem Wissenschaftler zu unterscheiden.

Bei der Statistik kommt aber nun noch etwas anderes erschwerend hinzu. Arzt und Patient stehen einander in der Regel in einem persönlichen Vertrauensverhältnis gegenüber, das ins Wanken gerät, wenn Grund zur Vermutung besteht, daß der Arzt im Dienst eines »feindlichen« Dritten steht, wie etwa der Musterungsarzt im Krieg oder der Vertrauensarzt einer Versicherung. Einen privaten Statistiker aber konsultiert man in der Regel nicht, und so schwankt die Gläubigkeit gegenüber dem in fremden Diensten stehenden Statistiker zwischen gedankenlosem Vertrauen, solange kein eigener Belang gefährdet erscheint, und hilfloser Wut, wenn Zahlenmaterial mobilisiert wird, das den eigenen Interessen schaden könnte. Dann »lügt« die Statistik zweifellos – und wenn eine Interessenvertretung wohlhabend und aktiv genug ist, dann engagiert sie nun eilends ihrerseits einen Statistiker, um mit anderen Zahlen *ihre* Wahrheit beweisen zu können.

Wir werden im späteren Verlauf noch genug Gelegenheit haben, zu erklären, wieso Statistiken so oft zu lügen scheinen. Hier wollen wir nur stichwortartig einige Hauptursachen vorwegnehmen: unachtsame Lektüre sorgsam verklausulierter Feststellungen; unabsichtlich oder absichtlich irreführende Interpretation durch Zwischeninstanzen; last not least die uralte Weisheit, daß jedes Ding mindestens zwei Seiten hat.

So verfolgt dieses Buch gleichzeitig *zwei Ziele*, die durchaus miteinander vereinbar sind: Es soll einen *Erste-Hilfe-Kursus gegen schlechte Statistiken* bieten, also aufzeigen, vor welchen Fehlern, Täuschungsmanövern, Irrtümern und Tricks man sich als Konsument von Statistiken (und allenfalls als Produzent, nämlich als Amateurstatistiker) zu hüten hat, und es soll weiter einen ersten *Einblick in die geistigen Grundlagen und die handwerklichen Verfahren einer Wissenschaft und einer Methode bieten*, deren Bedeutung immer noch im Wachsen ist – nicht zuletzt deswegen, weil die moderne Statistik, wie wir bald sehen werden, gar nicht mehr viel gemein hat mit jenen »Zahlenfriedhöfen«, die vor hundert, vielleicht auch noch vor fünfzig Jahren für diese Wissenschaft charakteristisch waren.

»Die Statistik leistet heute mehr als früher, hat Erwin Kreyszig vor wenigen Jahren lapidar festgestellt und als Begründung hinzugefügt: »Früher mußte sie sich auf eine bloße empirische Beschreibung beschränken; heute kann sie der Beurteilung von Situationen dienen, weil ihre mathematischen Grundlagen entsprechend entwickelt worden sind.« Um auch hier etwas vorwegzunehmen, was uns später noch des öfteren beschäftigen wird: Die moderne Statistik legt das Hauptgewicht ihrer theoretischen wie ihrer praktischen Arbeit auf die *Stichprobenanalyse*, nicht auf die Totalerhebung.

Darum ist Statistik heute mehr denn je in fast allen Lebenslagen und Berufssituationen – vom Haushalt bis zur Weltpolitik – vor allem *Entscheidungshilfe*. Ich weiß einiges, aber nicht alles – wie verhalte ich mich möglichst rational? Wallis und Roberts haben ihrem Lehrbuch »*Methoden der Statistik*« mit Recht den Satz vorangestellt: »*Statistik ist eine Zusammenfassung von Methoden, welche uns erlauben, vernünftige Entscheidungen im Falle von Ungewißheit zu treffen.*« Nicht jeder Fachmann wird dieser Definition vorbehaltlos zustimmen. Aber fest steht, daß *die moderne Statistik die Basis der Entscheidungstheorie bildet.*

Man muß freilich hinzufügen, daß die älteren Formen statistischer Arbeit durch die neuen Methoden und Theorien keineswegs völlig überholt und verdrängt, sondern eher umgeformt und bereichert worden sind – die statistische Analyse ermöglicht zum Beispiel mit geringerem Aufwand heute weit umfassendere und zum Teil sogar präzisere Schätzungen als die alten Verfahren der lückenlosen Gesamterhebung.

Ein Wort noch zur *doppelten Bedeutung* von »Statistik«: Nicht nur im Deutschen wird mit diesem Wort sowohl die einzelne statistisch dargestellte Erhebung als auch die mit solchen Arbeiten im weitesten Sinne befaßte Wissenschaft bezeichnet. Es ist also zu unterscheiden zwischen »*einer* Statistik« und »*der Statistik*« – wobei sich freilich sofort zeigen wird, was wir eben schon angedeutet haben: daß *die* Statistik im Laufe der Jahrhunderte, und vor allem im Laufe dieses, des 20. Jahrhunderts, ihre Bedeutung nicht unwesentlich geändert hat.

1.2 Von der Staatskunde zur analytischen Statistik

Vor mehr als hundert Jahren schrieb Gustav Rümelin, es gebe mindestens 63 Definitionen des Begriffs »Statistik«. Seither sind noch weit mehr dazugekommen, denn zu Rümelins Zeit war jene tiefgreifende Wandlung noch nicht eingetreten, die die Statistik abermals in ihrer Struktur völlig verändern sollte. Wir werden später noch Gelegenheit haben, auf einige Details aus der Geschichte der Statistik kurz einzugehen. Hier seien nur kurz die drei Abschnitte skizziert, in die man diesen historischen Entwicklungsprozeß unterteilen kann.

Die älteste Statistik ist »*Staatsbeschreibung*«, die Darstellung geo-

DEL GOVERNO
ET AMMINISTRATIONE
DI DIVERSI REGNI, ET REPVBLICHE,
Cosi antiche, come moderne,
DI M. FRANCESCO SANSOVINO
Libri XXII.

Cioè di { Germania. Francia. Spagna. Inghilterra. Polonia. Portogallo. Napoli. Turchia. Persia. Tunisi. Fessa. Roma antica. Roma moderna. Athene. Sparta. Venetia. Genoua. Lucca. Sulzzeri. Norimberga. Ragugi. Vtopia.

Ne' quali si contengono diversi ordini, leggi, Magistrati, vsanze, costumi, & altre cose notabili, appartenenti alla historia, vtili ad ogni huomo di Stato & ciuile, & buone cosi à tempi di pace, come di guerra.

CON PRIVILEGIO.

In Vinegia, Presso Altobello Salicato, M D LXXXIII.
Alla Libraria della Fortezza.
238567-B

Älteste Statistik, noch im Sinne von Staatskunde, ist Francesco Sansovinos Sammlung von Staatsbeschreibungen *»Del governo . . . di diversi regni«* (1562), in der sogar des Thomas Morus Idealstaat *»Utopia«* beschrieben wird.

graphischer, wirtschaftlicher, politischer Zustände. »Status« ist der Zustand, aber auch der Staat – denn der Staat ist selbst ein Zustand, nämlich der »status rei publicae«, der Zustand des Gemeinwesens. Eines der ersten staatskundlichen Werke erschien 1562 in Venedig: Francesco Sansovinos *»Del governo et amministratione di diversi regni«* (vgl. Abb. oben). Knapp hundert Jahre später kam Veit Ludwig von Seckendorffs *»Teutscher Fürstenstaat«* heraus, ein staatswissenschaftliches Handbuch, das bis ins 18. Jahrhundert immer wieder neu aufgelegt wurde. Zur gleichen Zeit hielt der Rechtshistoriker und Mediziner Hermann Conring in Leipzig die ersten Vorlesungen über beschreibende Staatswissenschaft.

Der erste große Theoretiker der Statistik im deutschsprachigen Raum, Gottfried Achenwall, berief sich Mitte des 18. Jahrhunderts denn auch ausdrücklich auf die etymologische Herkunft des Wortes Statistik von »status« *als »Zustand« und als »Staat«*. Die Statistik sollte »die wirklichen Merkwürdigkeiten einer bürgerlichen Gesellschaft« darstellen – in unserem Sprachgebrauch etwa: die wichtigen Eigentümlichkeiten eines Staatswesens.

Die allerletzten Überreste dieser ältesten Form statistischer Wissenschaft kann man heute noch auf den ersten Seiten etwa des Statistischen Jahrbuches der Bundesrepublik Deutschland finden: Bodenfläche der Nordsee-Inseln, Höhe der Gipfel im Rheinischen Schiefergebirge, Zahl der Schleusen im Elbe-Lübeck-Kanal, größte Stauhöhe der wichtigsten Talsperren, Höhenlage der Luftkurorte.

In England war unterdes eine ganz andere Art der Statistik entstanden – die *»politische Arithmetik«*, die, ausgehend von Geburts- und Sterbezahlen, die zahlenmäßige Entwicklung der Bevölkerung über längere Zeiträume hinweg zu vergleichen und zu beobachten versuchte. Graunt und Petty hatten in der zweiten Hälfte des 17. Jahrhunderts die grundlegende Arbeit geleistet, in Deutschland erzielte diese Richtung – in hartem Kampf gegen die Achenwall-Schlözer-Schule – durch die großartige Leistung des preußischen Feldpredigers und nachmaligen Oberkonsistorialrats Johann Peter Süßmilch den ersten entscheidenden Erfolg.

Süßmilch – »ein Meteor, leuchtend und einsam«, wie ihn später der Theologe und Moralstatistiker von Oettingen nannte – schrieb als Hauptwerk seine *»Betrachtungen über die göttliche Ordnung in den Veränderungen des menschlichen Geschlechts, aus der Geburt, dem Tode und der Fortpflanzung desselben erwiesen«* (1741), ein Buch über Bevölkerungsstatistik, das aber in den aufgezeigten Gesetzmäßigkeiten nur den weisen Willen Gottes zu erkennen hofft (s. Abb. S. 20). In den folgenden Jahrzehnten vollzog sich *die Wendung* dieser politisch-arithmetischen

Statsverfassung
der heutigen vornehmsten
Europäischen Reiche
und Völker
im
Grundrisse
von
Gottfried Achenwall
Weyland Hofrath und Professor der Rechte und der Politik zu Göttingen.

Erster Theil.
Einleitung. Spanien. Portugal. Frankreich. England.

Sechste vermehrte Ausgabe.

Göttingen,
im Verlag der Witwe Vandenhoek 1781.

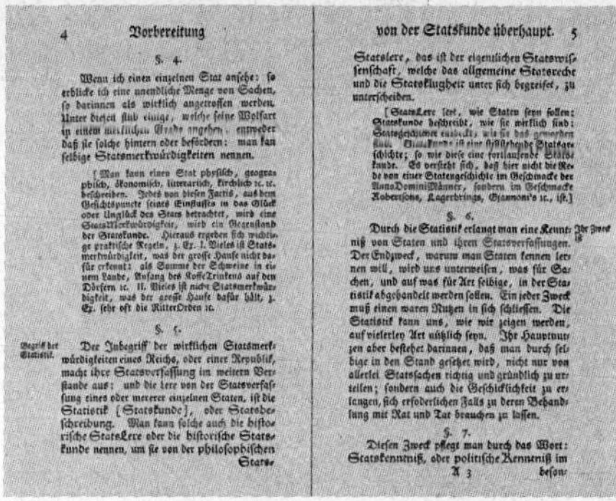

4 Vorbereitung

§. 4.

Wenn ich einen einzelnen Stat ansehe: so erblicke ich eine unendliche Menge von Sachen, so darinnen als wirklich angetroffen werden. Unter diesen sind einige, welche seine Wolfart in einem [illegible] Grade angehen, entweder daß sie solche hintern oder befördern: man kan selbige Statsmerkwürdigkeiten nennen.

[Man kann einen Stat physisch, geographisch, ökonomisch, litterarisch, kirchlich rc. rc. beschreiben. Jedes von diesen Factis, aus dem Gesichtspuncte seines Einflusses in das Glück oder Unglück des Stats betrachtet, wird eine StatsMerkwürdigkeit, wird ein Gegenstand der Statskunde. Hieraus ergeben sich wichtige praktische Regeln, z. Ex. I. Vieles ist Statsmerkwürdigkeit, was der grosse Hause nicht dafür erkennt: als Summe der Schweine in einem Lande, Anfang des KoffeTrinkens auf den Dörfern rc. II. Vieles ist nicht Statsmerkwürdigkeit, was der grosse Hause dafür hält, z. Ex. sehr oft die RitterOrden rc.

§. 5.

Begriff der Statistik.

Der Inbegriff der wirklichen Statsmerkwürdigkeiten eines Reichs, oder einer Republik, macht ihre Statsverfassung im weitern Verstande aus: und die Lere von der Statsverfassung eines oder mererer einzelnen Staten, ist die Statistik [Statskunde], oder Statsbeschreibung. Man kann solche auch die historische StatsLere oder die historische Statskunde nennen, um sie von der philosophischen Stats-

von der Statskunde überhaupt. 5

Statslere, das ist der eigentlichen Statswissenschaft, welche das allgemeine Statsrecht und die Statsklugheit unter sich begreifet, zu unterscheiden.

[StatsLere lert, wie Staten seyn sollen: Statskunde beschreibt, wie sie wirklich sind: [illegible] wie sie das geworden sind. [illegible] ist eine stillstehende Statsgeschichte; so wie diese eine fortlaufende Statskunde. Es versteht sich, daß hier nicht die Rede von einer Statengeschichte im Geschmacke der AnnoDominiMänner, sondern im Geschmacke Robertsons, Lagerbrings, Giannoni's rc., ist.]

§. 6.

Ihr Zweck ist

Durch die Statistik erlangt man eine Kenntniß von Staten und ihren Statsverfassungen. Der Endzweck, warum man Staten kennen lernen will, wird uns unterweisen, was für Sachen, und auf was für Art selbige, in der Statistik abgehandelt werden sollen. Ein jeder Zweck muß einen waren Nutzen in sich schliessen. Die Statistik kann uns, wie wir zeigen werden, auf vielerley Art nützlich seyn. Ihr Hauptnutzen aber bestehet darinnen, daß man durch selbige in den Stand gesetzet wird, nicht nur von allerlei Statssachen richtig und gründlich zu urteilen; sondern auch die Geschicklichkeit zu erlangen, sich erfoderlichen Falls zu deren Behandlung mit Rat und Tat brauchen zu lassen.

§. 7.

Diesen Zweck pflegt man durch das Wort: Statskenntniß, oder politische Kenntniß im

A 3 beson-

Gottfried Achenwall definierte Statistik als »Staatskunde«, als Beschreibung und Darstellung der einzelnen Staaten, wie sie heute etwa von Werken wie »The Statesman's Year Book« geboten wird. Moderne Statistik hingegen hat mit Achenwalls Staatskunde fast nur noch den Namen gemeinsam.

Statistik *ins Weltliche*. Die Mathematiker und Wahrscheinlichkeitstheoretiker suchten und fanden immer mehr Gesetzmäßigkeiten im Ablauf des Lebens der menschlichen Gemeinschaft. Was als Anbetung Gottes begonnen hatte, wurde zum Rechenexempel scharfsinniger Mathematiker (und Astronomen). Der bereits erwähnte Einfluß wahrscheinlichkeitstheoretischer Grundkonzepte auf die Statistik fand nun immer deutlicher seinen Niederschlag. Der Belgier Adolphe Quételet (s. Abb. S. 20) errechnete aus der Vielfalt menschlicher Individuen den *»homme moyen«* als den von der Natur angestrebten und in unterschiedlichem Maße verfehlten Idealtyp und schuf damit nicht nur ein mathematisch-mystisches Fabelwesen, sondern auch eine wichtige Grundlage für alle künftige statistische Arbeit, nämlich *das Konzept von Normalverteilung, Normalkurve, Mittelwert und Streuung.*

Von den vielen Mathematikern und Universalgelehrten, die im 18. und 19. Jahrhundert wertvolle Arbeiten lieferten, auf denen die Statistik aufbauen konnte, seien nur die drei Bernoullis (Jakob, Daniel und Nikolaus), Halley, Lagrange, Euler, vor allem aber Laplace, de Moivre und Gauß erwähnt, dazu als genialer Außenseiter der englische Geistliche Thomas Bayes.

Charakteristisch für fast die gesamte statistische Arbeit des 19. und frühen 20. Jahrhunderts war die *Beschäftigung mit großen Massen.* Das magische Schlüsselwort lautete »*Vollerhebung*«: exakte Erfassung der gesamten Bevölkerung durch sorgsam vorbereitete Volkszählungen, möglichst vollständige Listen über alle demographischen und wirtschaftlichen Vorgänge. Zahlen, immer mehr und immer vollständigere Zahlen, war die Parole. Das war die Statistik, wie sie sich der Laie meist heute noch vorstellt.

Aber um die Jahrhundertwende und dann vollends in den dreißiger Jahren unseres Jahrhunderts kam eine abermalige Wendung in der Entwicklung der Statistik. Es schlug die Geburtsstunde der *modernen Statistik, der analytischen Statistik, der induktiven Statistik*. Wir werden später noch mehr zu dieser Charakterisierung zu sagen haben, hier ist nur ein wesentlicher Unterschied gegenüber der älteren Statistik aufzuzeigen: Wollte man früher in mühevoller, endloser Kleinarbeit jedes einzelne Detail erfragen, so suchte man nun nach Methoden, die es ermöglichten,

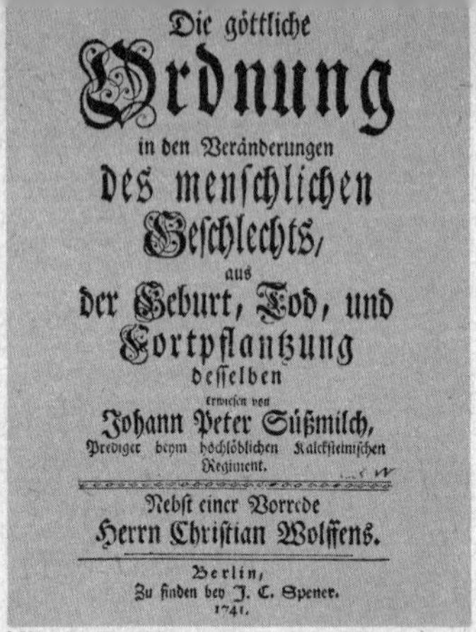

Die göttliche
Ordnung
in den Veränderungen
des menschlichen
Geschlechts,
aus
der Geburt, Tod, und
Fortpflantzung
desselben
erwiesen von
Johann Peter Süßmilch,
Prediger beym hochlöblichen Kalcksteinischen
Regiment.

Nebst einer Vorrede
Herrn Christian Wolffens.

Berlin,
Zu finden bey J. C. Spener.
1741.

Mit J. P. Süßmilchs *»Göttlicher Ordnung«* (1741) hielt die Bevölkerungsstatistik erstmals in Mitteleuropa Einzug. Aufgrund von Kirchenregistern in der Kurmark wies Süßmilch die Regelmäßigkeit von Geburts- und Sterbefällen nach.

Adolphe Quételet (1796–1874), ein belgischer Astronom und Statistiker, erwarb sich vor allem durch die Entdeckung der »Normalverteilung« bleibende Verdienste auch um die moderne Statistik.

aus Stichproben und Teilerhebungen Schlüsse auf das Ganze zu ziehen. Das Schlagwort der modernen Statistik lautet »*Stichprobe*«.

Dieser Wandel bedingte eine *völlige Umkehr* in der statistischen Theorie und Praxis. Mehr denn je beherrschte die *Mathematik* das Feld – und zwar nicht mehr in Form der vier Grundrechnungsarten, wie sie für die staatswissenschaftliche und auch noch für die Vollerhebungs-Statistik genügt hatten. Die mathematische Statistik entwickelte sich zu einem *eigenen Zweig der höheren Mathematik*, mit eigenen Verfahren wie der Varianzanalyse, der Korrelationsrechnung und der Hypothesenprüfung mit ihren zahlreichen Arbeitsmethoden.

Ansätze zu dieser Entwicklung gab es durch Lexis und Bortkiewicz zu Beginn des 20. Jahrhunderts zunächst auch in Deutschland und (durch Tschebyschew, Tschuprow, Ljapunow und Markow) in Rußland. Aber bald darauf wurde diese Disziplin so sehr eine *Domäne der Anglo-Amerikaner* und – in geringerem Ausmaß – auch der *Skandinavier*, daß die Statistik nach dem Zweiten Weltkrieg in Mitteleuropa praktisch neu anfangen mußte, wenn auch Oskar Anderson und einige andere schon in den dreißiger Jahren bemüht gewesen waren, den neuen Methoden Eingang zu verschaffen. Noch im Jahre 1965 stellte Erwin Kreyszig fest: »Bekanntlich wird die mathematische Statistik in den deutschsprachigen Ländern noch immer nicht genügend beachtet und angewendet.«

Die überragende Stellung der Anglo-Amerikaner geht vor allem auf die gewaltige Persönlichkeit von Sir Ronald A. Fisher zurück, der einen großen Teil der heute üblichen Arbeitsmethoden der statistischen Analyse allein oder zusammen mit anderen geschaffen hat. Mögen er und die »biometrische Schule« heute in manchen Einzelheiten überholt sein, die historische Bedeutung Fishers für die moderne Statistik ist und bleibt gewaltig. – Zu den bedeutendsten Statistikern im anglo-amerikanischen Raum zählen ferner G. U. Yule, Karl Pearson und der aus Polen gebürtige Amerikaner Jerzy Neyman, der zusammen mit Pearsons Sohn E. S. Pearson der eigentliche Vater der Stichprobentheorie war.

Heute ist der wissenschaftlich ausgebildete Statistiker immer auch ein hochqualifizierter Mathematiker – wenn auch nicht unbedingt auf allen Gebieten der Mathematik. Das ist aber für den Laien kein Grund, seine Scheu – oder seinen Abscheu – vor der Statistik bestätigt zu sehen. Auf allen Gebieten der Wissenschaft kann die hochqualifizierte Leistung nur von Fachleuten erbracht werden. Aber das Bestreben des intelligenten Zeitgenossen geht dennoch dahin, über die bedeutsamsten Errungenschaften und Vorgänge des modernen Lebens einigermaßen Bescheid zu wissen, auch wenn sie nicht sein eigentliches Arbeitsgebiet sind. Das Weltbild der modernen Naturwissenschaft oder der Wissensbereich der Soziologie ist auch für den Nichtnaturwissenschaftler, für den Nichtsoziologen wichtig.

Ähnliches gilt für die Statistik: In einer Zeit, da statistische Methoden und Aussagen immer noch mehr an Bedeutung gewinnen, ist eine Kenntnis ihrer wichtigsten Prinzipien für jeden erforderlich, den Beruf oder privater Alltag mit »Statistiken« des öfteren in Berührung bringen – und das ist heute jeder, dessen Interesse auch nur so weit reicht, daß er eine Tageszeitung regelmäßig liest.

1.3 Grundgesamtheiten – Stichproben – Verteilungen

Die Vorstellung und Erläuterung der wichtigsten statistischen Begriffe und Methoden bildet den Hauptinhalt dieses Buches. Es hätte also wenig Sinn, sie gleich zu Beginn mit Definitionen anzuführen, die erst aus dem Zusammenhang allmählich verständlich werden. Aber einen Grundgedanken, der sich wie ein roter Faden durch alles Weitere ziehen wird, wollen wir gleich hier zum erstenmal skizzieren.

Sir Ronald A. Fisher (1890–1962) war die überragende Erscheinung in der Statistik der ersten Hälfte unseres Jahrhunderts. Auf ihn gehen zahlreiche Methoden der modernen Statistik zurück.

Die Statistik befaßt sich, auch in der modernen Form der Stichprobenanalyse, prinzipiell mit *Massenerscheinungen*. Das schließt nicht aus, daß in einer Stichprobe *einzelne Dinge oder Personen* genau untersucht werden – aber nicht, um ihre Individualität zu erkunden, sondern um Aufschluß zu erhalten *über das Vorhandensein oder Nichtvorhandensein eines Merkmals*, das man auch anderswo vermutet. Eines Merkmals, das in einer Grundgesamtheit verteilt ist.

Wir werden diesen beiden Worten noch oft begegnen: *Grundgesamtheit* lautet das eine, *Verteilung* das andere. Sehen wir uns zunächst kurz die Grundgesamtheit an. *Was ist eine Grundgesamtheit?* Sie ist zumeist eine gedankliche Konstruktion, die nicht in der Natur vorgegeben, sondern erst im Laufe der statistischen Arbeit geformt wird. Eine solche Grundgesamtheit kann »die Weltbevölkerung« sein oder »die Einwohner der Bundesrepublik Deutschland mit Stichtag 1. Januar 1972« oder auch »verheiratete Männer in Hannover« oder »selbständige Landwirte mit weniger als 20 000 Mark Jahreseinkommen« oder »Patienten der städtischen Zahnklinik in Bordeaux« oder »Kraftfahrzeuge des Baujahrs 1970« oder »die im Monat April produzierten Zigaretten des Werks X der Firma Y«.

Die *Abgrenzung* dieser Grundgesamtheiten ist nicht immer ganz unproblematisch. Oft wird die Versuchung naheliegen, sie stärker auszuweiten, als nach dem statistischen Erhebungsmaterial gerechtfertigt ist. Wenn ich etwa eine Stichprobe von dreihundert Patienten der städtischen Zahnklinik in Bordeaux nach Einkommen, Familienstand, Zahl der noch vorhandenen Zähne oder auch nach Haarfarbe oder Körpergewicht untersuche, dann werde ich – falls die Anlage der Stichprobe statistisch korrekt erfolgte – vermutlich recht gut Bescheid erhalten über die, sagen wir, insgesamt 10 000 Patienten, die diese Klinik im vergangenen Jahr aufgesucht haben. Kann ich aber diese Erfahrungen auch auf die Patienten der Zahnklinik in Marseille und Lyon oder gar auf die in Edinburgh oder Stuttgart übertragen? Das wird, zumindest was die Übertragung auf ausländische Kliniken betrifft, kaum ohne weitere Erhebungen möglich sein.

Erst wenn ich etwa die Grundgesamtheit »Patienten der Zahnklinik Stuttgart« ebenfalls durch die entsprechende Stichprobe einigermaßen kennengelernt habe, werde ich – immer noch mit gebührender Vorsicht – künftig aus den Ergebnissen von Bordeaux auch für Stuttgart diese oder jene Schlüsse ziehen können.

In aller Regel aber gilt, *daß die Stichprobe nur über jene Grundgesamtheit etwas aussagt, aus der sie gezogen wurde*: Eine Umfrage in München gibt Hinweise auf Meinungen oder Zustände in München, aber nicht in Hamburg und schon gar nicht in Paris. Eine Stichprobe der in der Papierindustrie in Hessen bezahlten Löhne sagt nichts aus über die Löhne im Ruhr-Bergbau, und so fort. *Die Grundgesamtheit*, die »Gesamtheit höherer Ordnung«, wie Anderson sie nannte, *ist jene Gesamtheit, in der jeder Einzelteil die gleiche Chance hat, in die Stichprobe*, die »Gesamtheit niederer Ordnung«, *zu gelangen.*

Was ist nun in diesen Grundgesamtheiten oder in diesen Stichproben *verteilt*? *Das Merkmal*, dem die Untersuchung gilt – oder, genauer gesagt, *die Häufigkeit*, mit der gewisse Merkmalsausprägungen vorkommen. So ist etwa das Einkommen unter den Einkommensempfängern »verteilt«. Einige beziehen weniger als 500 Mark im Monat, andere zwischen 500 und 550, wieder andere zwischen 551 und 600, und so weiter, bis jenseits von 1500 Mark die Zahl der Empfänger noch höherer Einkommen wieder deutlich abnimmt.

»*Verteilt*« sind auch die Häufigkeiten des Auftretens etwa von bestimmten Farbfolgen im Roulettspiel. Eine, wie wir noch sehen werden, sehr charakteristische Verteilung weisen viele biologische Messungen auf, etwa die Körpergröße oder der Brustumfang: Sehr kleine und sehr große Leute sind selten, »mittlere« dagegen zahlreich. Es ist dies die sogenannte »*Normalverteilung*«, die in der Statistik eine überragende Rolle spielt. Es gibt auch »*Verteilungen*« *seltener Ereignisse*. Niemand kann voraussagen, wer bei der nächsten Lottoziehung sechs Richtige haben wird, aber recht gut läßt sich voraussagen, wie viele solcher Gewinner es ungefähr geben wird.

Der Grundgedanke, der heute einem großen Teil der statistischen Arbeit zugrunde liegt, ist nun der: Es gilt zu berechnen (richtiger: mit Rechenverfahren abzuschätzen), *welche Ver-*

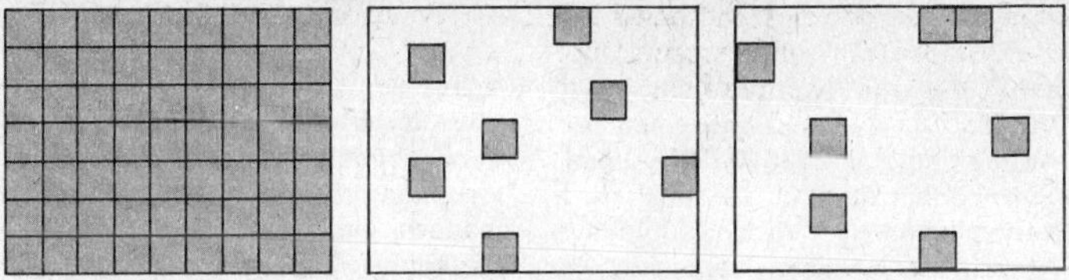

Grundgesamtheit („Gesamtheit höherer Ordnung")

2 der vielen möglichen Stichproben („Gesamtheit niederer Ordnung")

Wenn es unmöglich oder zu zeitraubend, zu teuer oder zu unzweckmäßig ist, eine Grundgesamtheit in *allen* ihren einzelnen Einheiten zu erfassen, dann bedient man sich einer Stichprobe und greift aufs Geratewohl einige Einheiten heraus. Je nach Umfang der Grundgesamtheit, Umfang der Stichprobe und Verteilung der untersuchten Merkmale wird die Stichprobe mehr oder minder zuverlässige Schlüsse auf die Grundgesamtheit zulassen.

teilung eines Merkmals in der Grundgesamtheit zu erwarten ist, wenn ich in der Stichprobe diese und jene Stichprobenverteilung vorgefunden habe.

Von der Meinungsforschung zur Produktionskontrolle und von der Wirtschaftsprognose zur Laboruntersuchung erstreckt sich der fast endlose Bereich, in dem aufgrund von Planexperimenten, Stichprobenziehungen und Teilkenntnissen *von der Verteilung* eines Merkmals in der Stichprobe *auf die Verteilung* dieses Merkmals in der Gesamtheit geschlossen wird.

Die mathematischen Methoden, die den rechnerischen Zusammenhang zwischen Stichprobe und Gesamtheit herstellen, sind zum Teil schwierig, aber die wichtigsten können zumindest in Umrissen verständlich dargestellt werden. Und wie der Leser bald sehen wird, ist die Rechenkunst der modernen Statistik eine Mathematik ganz eigener Art – eher ein raffiniertes Spiel mit Wahrscheinlichkeiten und Schätzungen als jene auf fünf Dezimalen genaue Präzision, die man meist mit der Vorstellung »Mathematik« verbindet.

1.4 Wahrscheinlichkeit und Präzision

Die Grundlage aller modernen Statistik bildet die *Wahrscheinlichkeitsrechnung,* nicht zuletzt aus einem sehr einfachen und einleuchtenden Grund: Das Interesse an den Gegebenheiten (den Daten) der Vergangenheit entspringt vor allem dem Interesse an der Zukunft, Teilergebnisse aus Strichproben sollen Entscheidungshilfen für das künftige Verhalten liefern.

Es geht also jeweils darum, *aus Teilwissen Schlüsse abzuleiten* – Schlüsse, die niemals als präzise Vorhersagen mißverstanden werden dürfen, sondern die stets von Begriffen wie »Wahrscheinlichkeit«, »Vertrauensbereich«, »maximale Mutmaßlichkeit«, »Sicherheitswahrscheinlichkeit«, »Erwartungswert«, »Streubereich«, »Hypothese« und »Schätzwert« umgeben sind. Denn eindeutig bekannt kann höchstens die Vergangenheit, niemals die Zukunft sein. Und die Kenntnis einer Stichprobe berechtigt eben nur innerhalb ganz bestimmter Grenzen zu Aussagen über die Grundgesamheit, der diese Stichprobe entnommen wurde.

Um aber überhaupt aus Stichproben und ähnlichen Teilresultaten Schlüsse ziehen zu können, die man in ihrer Aussagekraft beschreiben kann, ist eines unumgänglich notwendig: Die Stichproben müssen durch *Zufall* der Grundgesamtheit entnommen werden und nicht durch irgendein willkürliches Auswahlverfahren. Denn nur dann bleibt der Zufall gewissermaßen sich selbst überlassen – jener Zufall, den die Wahrscheinlichkeitsrechnung zu erfassen und einzukreisen vermag, der aber in dem Augenblick verfälscht und verzerrt wird, in dem man ihn durch subjektive Auswahl zu überlisten versucht.

Daher sind die elementaren Einführungen in die Statistik zumeist auch Lehrbücher der Wahrscheinlichkeitsrechnung – und umgekehrt. Eine exakte Grenze zwischen Wahrscheinlichkeitsrechnung und moderner Statistik ist nur schwer zu ziehen. Man kann immer wieder die Formulierung hören, Statistik sei letztlich nichts anderes als angewandte Wahrscheinlichkeitsrechnung. Das ist in dieser Form vielleicht nicht ganz richtig, aber den überaus engen Zusammenhang zwischen beiden wird niemand leugnen.

Leonard Savage, einer der bedeutendsten – und, wie wir später noch einmal hören werden, auch einer der umstrittensten – Statistiker unserer Zeit, hat dazu in seinem Werk *»The Foundations of Statistics« (Die Grundlagen der Statistik)* geschrieben: »Es besteht völlige Übereinstimmung darüber, daß die Statistik irgendwie auf der Wahrscheinlichkeit basiert. Darüber jedoch, *was* man unter ›Wahrscheinlichkeit‹ zu verstehen hat und *wie* sie mit der Statistik verknüpft ist, herrschen so verschiedene Meinungen und ein derartiger Mangel an Verständigungsmöglichkeit wie kaum jemals seit dem Turmbau von Babel.«

Auf diese gewissermaßen internen Auseinandersetzungen zwischen den Hohenpriestern der wissenschaftlichen Statistik können wir freilich in unserer Darstellung nicht im einzelnen eingehen, und wir haben auch die elementaren wahrscheinlichkeitstheoretischen Erklärungen auf ein Minimum beschränkt, das für das Verständnis der statistischen Arbeit unumgänglich notwendig ist. Aber es ist angebracht, gleich hier auf diese enge Verflechtung hinzuweisen. *Berechnung der Wahrscheinlichkeiten, quantitative Aussagen über Hypothesen, Schätzungen und Vermutungen* – das sind heute die Hauptaufgaben der Statistik. Mathematisch exakt und präzis sind die *Methoden,* aber die *Aussagen* sind Schätzungen und Wahrscheinlichkeiten.

Die vermeintliche Präzision der Statistik täuscht nur den Laien – der Fachmann weiß, daß Statistik *eher Schätzkunst und »Vermutkunde« als Rechentechnik* ist. Ernst Wagemann, in den zwanziger Jahren Präsident des Statistischen Reichsamtes, schrieb einmal: »Die Rechenkunst ist nur die Magd ihrer weit gebildeteren Herrin, der statistischen Schätzung.«

Und der britische Statistiker M. J. Moroney läßt sein Buch *»Facts from Figures« (dt.: Einführung in die Statistik)* gar mit Worten wie diesen ausklingen: »Immer trichtert man uns in der Schule ein, das Arithmetik eine exakte Wissenschaft ist, daß es zu allen Aufgaben in den Lehrbüchern richtige Lösungen gibt. Und wenn wir jemals von Schätzungen etwas hören, dann nur mit dem Hinweis, es handle sich dabei um eine grobe Näherung, die genaue Lösung ließe sich selbstverständlich finden ... Aber das ist eine klägliche Vorbereitung auf das wirkliche Leben. Abgesehen vielleicht vom Bankkassier, der anderer Leute Pfennige abzählt, ist die volle Präzision der Arithmetik zu gar nichts nütze ... Die Lehrer erwiesen einen äußerst wertvollen Dienst, wollten sie ihre Schüler lehren, sich der Arithmetik gegenüber kritisch zu verhalten. Sie sollten sie die Kunst lehren, 114,72 durchzustreichen und statt dessen 100 zu schreiben.«

Für die staatskundliche Statistik des 18. und 19. Jahrhunderts mögen sorgsam genaue Erhebung und peinlich exakte Rechenoperationen noch das Um und Auf gewesen sein. Die

mathematische Statistik von heute dagegen ist vornehmlich die Kunst, festzustellen, *wie* ungenau errechnete Zahlen vermutlich sind, wie *wahrscheinlich* ein Resultat, eine Hypothese, eine Behauptung ist.
Die Anfänge dieser Erkenntnis reichen weit zurück. Schon Quételet warnte vor mehr als hundert Jahren vor allzu übertriebenem Genauigkeitswahn. Aber immer wieder sind Laien, Amateurstatistiker und – besonders in früheren Jahren – leider auch Berufsstatistiker der Versuchung erlegen, eine Präzision der Resultate vorzutäuschen, die ganz einfach in Wahrheit nicht zu erreichen ist. Oskar Anderson, einer der ersten, der sich im deutschen Sprachbereich für die moderne Statistik einsetzte, schrieb in diesem Sinne – und zwar aus der Defensive heraus – noch vor knapp vierzig Jahren: »Es gelten für mich die folgenden zwei Axiome: 1. Es hat keinen praktischen Zweck, ein Fuder Heu mit Hilfe einer chemischen Präzisionswaage abwiegen zu wollen. 2. Es hilft nichts, wenn man eine Entfernung zwischen zwei Städten ungefähr in Tausenden von Schritten abschätzt und darauf zum Resultat die Dicke der Stadttore in Millimetern addiert.«
Dieses zweite »Axiom« wird auch heute noch keineswegs überall akzeptiert. Die Ehrfurcht vor der Präzision der Arithmetik, die Moroney vorhin so verflucht hat, wirkt immer noch fort. Und wenn wirklich einmal grob geschätzt wurde, wird dieser Schätzwert vom nächsten, dem er in die Hände fällt, sofort wie ein Heiligtum behandelt. Und so kann man dann lesen, daß 1609 Kilometer hoch im Weltraum oder 1609 Kilometer von einer Küste entfernt dies oder jenes geschehen ist. *Die Schätzung »tausend (See-)Meilen«* wurde peinlichst genau umgerechnet. Aus dem gleichen Grunde kommt es auch so häufig genau 32 Kilometer außerhalb von Saigon oder San Francisco zu Katastrophen – da spielt sich irgend etwas *in annähernd zwanzig Meilen Entfernung* ab.
Diese Art von Rechenkunst wird von der Statistik verabscheut – und mit Recht. Gewiß, eine statistische Aussage mag auf Dezimalstellen genau angegeben sein – aber in einer wirklich guten Statistik wird nie der Hinweis darauf fehlen, wie groß die Wahrscheinlichkeit für die annähernde Richtigkeit dieser Zahl ist. Wenn der Statistiker nicht sagen will »etwa 1600«, dann wird er sagen: »Mit 95 Prozent Wahrscheinlichkeit nicht weniger als 1583 und nicht mehr als 1631.«
Es wäre falsch, *diese Betonung der Wahrscheinlichkeit und dieses Herausstellen der Ungenauigkeit* nun der Statistik ankreiden zu wollen. Hier wird nur etwas offen ausgesprochen, was wir im Alltag, in der Umgangssprache – und oft auch in der Wissenschaft – nicht wahrhaben wollen: daß auch unser »ja« und »nein« sogar unser »ganz sicher« und »bestimmt nicht« oft mit einer Unsicherheit, einem – vielleicht nur ganz leisen – Zweifel behaftet sind. Aus Gründen der Vereinfachung, und um nicht in heillose Verwirrung zu geraten, sehen wir über die Zufälligkeiten, die Überraschungen, das doch eintretende unwahrscheinliche in der Regel hinweg. Die mathematische Statistik aber macht es sichtbar, *sie definiert die Grenzen der Wahrscheinlichkeit* – zahlt den Preis dafür: *Sie stellt die Präzision in Frage.*
Aber nochmals müssen wir mit Moroney fragen: *Wozu dieses Streben nach Präzision?* Für die Bundesbahn mag es wichtig sein, zu wissen, wie viele Italienreisende im nächsten Juli vermutlich von Hamburg nach Süden fahren werden – aber dazu genügt es vollauf, auf runde Tausend zu wissen, wie viele es im vergangenen Jahr waren. Ein paar Hundert auf oder ab spielen keine Rolle.
Selbst eine Vollerhebung ist niemals

fehlerfrei, gar nicht selten ist sie mit ärgeren Fehlern belastet als eine gut und gewissenhaft durchgeführte Stichprobenerhebung. Wie problematisch wird bei näherem Hinsehen selbst eine auf den ersten Blick ganz simple Frage, wie etwa die nach der Zahl der Italienreisenden aus der Bundesrepublik im vergangenen Sommer. Sommer – was heißt Sommer? Definieren wir: von Anfang Juni bis Ende September. Was nun? Sollen wir alle großen und kleinen Reisebüros abklappern und die Italienbuchungen addieren? Und die Zollbeamten an der Südgrenze bitten, jeden Pkw-Fahrer nach seinem Urlaubsziel zu fragen? Dann fehlen immer noch die Einzelreisenden mit der Bahn und die, die über Frankreich reisen. Aber die Pkw-Fahrer mit Pauschalarrangement sind schon doppelt gezählt. Und was ist mit den Leuten, die eine Flugpassage nach Rom gebucht haben, aber von dort vielleicht nach Kairo oder Madrid weiterfliegen? Sind Urlauber am Wörthersee, die auf drei Tage nach Venedig fahren, auch als Italienurlauber zu zählen?

Zieht man die Nächtigungsziffern und Anmeldungen im Ausland heran, dann werden die Zahlen zwar anders, aber nicht unbedingt besser. So mancher Privatzimmervermieter meldet seine Gäste lieber nicht an. Und wer im Wohnwagen durchs Land zieht, ist überhaupt kaum zu erfassen. Eine Umfrage unter einer Stichprobe von wenigen tausend Bundesbürgern wird daher vermutlich ein richtigeres Resultat erbringen als all diese Versuche einer Totalerfassung.

Noch weit schlimmere Fehlerquellen bergen Angaben darüber, wie viele DM oder Dollars etwa der Durchschnittsurlauber in Spanien, Österreich oder Griechenland ausgegeben hat. Denn nicht alle Devisen finden den Weg zur Nationalbank, und nicht immer müssen Dollars von Amerikanern und DM von Deutschen stammen. Wenn Sie daher lesen, daß die Bundesbürger in Italien pro Kopf und Tag im Schnitt 3567 Lire ausgeben, dann ist erstens diese Zahl nur eine Schätzung und muß richtig etwa lauten: »Mit 95 Prozent Sicherheit zwischen 3500 und 3630 Lire«, und zweitens ist dieser Durchschnitt eine mechanische Aufteilung aller in Italien ausgegebenen DM auf alle deutschen Italienreisenden. Aber die Durchschnitte spielen nun einmal in der Statistik eine sehr große – und oft recht mißverstandene – Rolle. Wir wollen ihnen daher gleich zu Anfang unser Augenmerk zuwenden.

2. Fug und Unfug der Durchschnitte

2.1 Das Arithmetische Mittel

Der Durchschnitt spielt in der Statistik eine sehr wesentliche Rolle – und in der Vorstellung, die man sich von der Statistik gemeinhin macht, eine noch weit größere. Aber der Statistiker kennt auch die Tücken und Mängel so mancher »Durchschnitte«, während der Laie dazu neigt, einem solchen Durchschnitt eine Bedeutung zu verleihen, die er in Wahrheit gar nicht hat. Hier, so meint der Nichtfachmann, habe er nun endlich jene konzentrierte, informationsgeladene Zahl, die mit einem Schlag all das auszudrücken vermag, was sonst in endlosen, verwirrenden Tabellen verborgen ist. Und so wird der Durchschnitt nur allzuleicht zu einer wahrhaft magischen Zahl hochgespielt.
Gewiß, auch für den Statistiker ist der Durchschnitt wichtig, weil er ein Ergebnis der Auswertung unübersichtlicher Zahlenmassen ist und Ordnung und Übersicht in Tausende oder auch Millionen von Einzelinformationen bringt – und dieses Ordnen und Übersichtlichmachen ist ja eine der Hauptaufgaben der Statistik. Aber der Durchschnitt ist für den Fachmann eben nur *ein* Mittel der vereinfachenden Darstellung – und selbst dieses eine Mittel läßt sich in mehrere Mittel unterteilen. (Damit sind wir in ein unerwartetes Wortspiel hineingeschlittert, denn »Mittel« ist in der Sprache der Statistik annähernd ein Synonym zu »Durchschnitt«.)
Aber sehen wir uns vorerst jenen Durchschnitt an, an den der Nichtstatistiker in der Regel denkt, wenn er dieses Wort hört. Da wird eine mehr oder minder große Anzahl von einzelnen Meßergebnissen oder sonstigen Daten addiert und danach die Summe durch die Zahl der Summanden dividiert. Diese »Division« ergibt etymologisch bereits recht genau den »Durchschnitt«, denn sie ist die Teilung oder Schneidung und erbringt als Rechenresultat das Aufgeteilte, den Durchschnitt: Wenn ich 10 durch 5 dividiere, also zehn Einheiten in fünf gleiche Teile zerschneide, dann besteht jeder Teil aus zwei Einheiten. Wenn also fünftausend Familien zusammen zehn Millionen Mark im Monat an Einkünften haben, dann verdienen sie »im Durchschnitt« zweitausend Mark. Oder, wie das alte Scherzwort lautet: »Wenn ich zwei Gänse esse und du keine, dann haben wir im Durchschnitt jeder eine gegessen.«
Dennoch geht von diesem Durchschnitt eine magische Wirkung aus, die den Laien vergessen läßt, daß es sich hier nur um eine Art von *Orientierungshilfen in den Größenordnungen* handelt, keineswegs aber um eine Prognose für den Einzelfall. Die Lebenserwartung eines dreißigjährigen männlichen Bundesbürgers mag etwa im Durchschnitt weitere 41,2 Jahre betragen, aber das besagt gewiß nicht, daß alle heute dreißigjährigen Männer kurz nach Beendigung des einundsiebzigsten Lebensjahres sterben werden (oder auch nur ein erheblicher Teil).
Der Durchschnitt im allgemeinen und das Arithmetische Mittel im besonderen dienen ja dazu, recht unterschiedliche Zahlen unter einen Hut zu bringen. Der einzelne Dreißigjährige kann morgen einem Verkehrsunfall zum Opfer fallen, er kann aber auch in voller geistiger Frische das Jahr 2020 erleben. Als Bestandteil einer *»Population«* im doppelten Sinne des Wortes, nämlich einer Be-

völkerung und einer statistischen Grundgesamtheit, ist sein persönliches Schicksal bereits in der *»durchschnittlichen Lebenserwartung«* reflektiert, wie immer es verlaufen mag. Für die »große Zahl«, die Gesamtzahl aller Dreißigjährigen, läßt sich die durchschnittliche Lebenserwartung erstaunlich präzis angeben, weil sie aus der noch größeren Zahl bisheriger Erfahrungswerte ermittelt wurde – für die Einzelperson jedoch ist sie von relativ geringer Bedeutung.

Vor allem dann wird die individuelle Bedeutung gering sein, wenn die *»Streuung«* (von der wir noch ausführlich reden werden – s. S. 37) relativ groß ist, wenn also etwa ebenso viele Dreißiger schließlich im sechzigsten wie im siebzigsten oder achtzigsten Jahr sterben. Je geringer hingegen diese Streuung ist, um so aussagekräftiger ist der Durchschnitt auch für den Einzelfall, denn wenn die Statistik etwa bewiese, daß die überwiegende Mehrzahl aller Menschen zwischen dem siebzigsten und zweiundsiebzigsten Lebensjahr stirbt, dann wäre es vernünftig, sein Leben so zu planen, als würde man nicht älter als zweiundsiebzig werden. Aber die Statistik behauptet das keineswegs. Im einfachsten Fall sieht die Ermittlung eines »Durchschnitts« etwa so aus: Die Firma X hat im Januar 55 500 Radioapparate (oder auch Zahnstocher) erzeugt, im Februar 47 500, im März 53 200, im April 55 800, im Mai 51 600 und im Juni 48 400. Um den Durchschnitt zu ermitteln, addieren wir diese sechs Zahlen, teilen das Ergebnis durch sechs und erhalten so den Monatsdurchschnitt von 52 000 Produktionseinheiten für das erste Halbjahr.

Betrachten wir nun noch einmal die Produktionsziffern der einzelnen Monate, dann zeigt sich, daß nur die Erzeugung im Monat Mai mit 51 600 dem Durchschnitt (52 00) sehr nahe kommt, während im Januar, März und April erheblich mehr, im Februar und Juni wesentlich weniger erzeugt wurde. Das ist eine Eigenheit aller mathematischen Durchschnitte, auch des Arithmetischen Mittels: Die errechnete Durchschnittszahl hat zumeist keine Entsprechung in der Wirklichkeit.

Diese Tatsache hat der Statistik ganz allgemein viel unberechtigten Spott eingetragen, der allerdings mitunter geradezu herausgefordert wird, wenn etwa Durchschnitte wie 2,4 Kinder oder 0,36 Unfallopfer errechnet werden. So schrieb die englische humoristische Zeitschrift »Punch« einmal: »Da die Zahl von 2,2 Kindern pro erwachsene weibliche Person als in mancher Hinsicht recht eigenartig schien, regte eine Königliche Kommission an, dem Mittelstand finanzielle Unterstützung zu gewähren, um zu einer runderen und bequemeren Durchschnittsziffer zu gelangen.«

Ein solches Arithmetisches Mittel kann aber auch etwas verschleiern. Wenn wir zum Beispiel in einer Schulklasse von dreißig Jungen eine Durchschnittsgröße von 1,67 Meter und ein Durchschnittsgewicht von 58,3 Kilogramm ermitteln, dann ist es zunächst einmal sehr wahrscheinlich, daß kein einziger der dreißig jungen Leute genau diese Maße hat und Quételets idealem »homme moyen« entspricht. Aber mehr noch – die Klasse könnte sogar aus zwei extremen Gruppen bestehen: einem guten Dutzend von Schwergewichtlern und etwa ebenso vielen kleinen, zarten Bürschchen. Der »Durchschnitt« würde das völlig verdecken. In der Frühzeit der Herren- und Damenkonfektion erlagen manche Produzenten solchen Trugschlüssen und stellten Durchschnittsgrößen her, nach denen kaum Nachfrage herrschte, weil die dazu passenden »Idealgestalten« viel zu selten waren.

Ein anderes Beispiel: Wenn wir einen idealen Wohnort mit angenehmer Jahresdurchschnittstemperatur suchen – und Geld keine Rolle spielt –, dann könnten wir etwa Peking, Mailand und Quito gleichermaßen in die engere Wahl ziehen, denn diese drei Orte haben jeweils ein *»Jahresmittel«* von ungefähr 12° C. Aber in Peking ist es im Winter kälter als in Stockholm und im Sommer so heiß wie in den Hitzemonaten von Rio de Janeiro. Das »Mittel« von Peking ergibt sich also durch Addition und Division von Extremen. In Mailand halten sich die Schwankungen in den für Mitteleuropa üblichen Grenzen, und das Jahresmittel ist daher das Resultat von mäßig kalten Wintern und mäßig warmen Sommern. In Quito schließlich, der Hauptstadt von Ecuador, ist die Lufttemperatur praktisch das ganze Jahr hindurch nahezu unverändert – das macht einerseits die Höhenlage von fast 3000 Metern und andererseits die Nähe des Äquators.

Oder denken wir an eine große Aktiengesellschaft, etwa eine »AG für Statistik und Zahlenforschung«, deren Aktienkapital in 500 000 Aktien aufgeteilt ist. Nicht weniger als 50 000 Personen besitzen Papiere dieser Gesellschaft, im Durchschnitt hat also jeder Aktionär zehn Aktien. Bei näherer Betrachtung könnte sich aber sehr wohl zeigen, daß etwa ein einziger Mehrheitsaktionär allein 320 000 Anteile besitzt, ein weiterer 30 102, hundert Personen haben je tausend Aktien, die restlichen 49 898 Aktionäre haben dagegen nur je einen einzigen Anteilschein in ihrem mageren Portefeuille. Wenn ich diesen Tatbestand verschleiern und doch nicht bloß von dem simplen Durchschnitt sprechen will, dann kann ich immer noch sagen, der Aktienbesitz sei »ungemein breit gestreut«: Über 99 Prozent der Aktionäre besitzen weniger als 500 Aktien pro Person. (Ich kann auch sagen »weniger als 800« – was immer die zweckmäßigere Formulierung ist). In einer Statistik der General Motors Corporation hieß es einmal, 78 Prozent der Aktionäre besäßen weniger als 50 Aktien und nur acht Prozent mehr als 100 – aber unter diesen acht Prozent könnte sehr wohl ein einzelner Mann mit der absoluten Aktienmehrheit sein.

2.2 Der Modus und der Median

Wenn wir aber den »Durchschnittsaktionär« unserer AG für Statistik mit seinen zehn Aktien ins Reich der Phantasie verweisen, dann müssen wir nun statt dessen einen Repräsentanten von mehr Lebenswahrheit suchen. Wir könnten etwa fragen: Welches ist denn der »typische« Aktionär, welcher ist am häufigsten vertreten? Das ist in unserem Fall leicht und eindeutig zu beantworten: Da 49 898 von insgesamt 50 000 Aktionären nur je einen einzigen Anteil besitzen, ist dieser Typ des Kleinstaktionärs unzweifelhaft am häufigsten vertreten und insofern *»typisch«*.

Tatsächlich erkennt die Statistik den sogenannten *»häufigsten Wert«* (oder *»Modus«*) als wichtige Form eines Durchschnitts an – aber es ist offenkundig, daß in dem von uns gewählten Beispiel auch dieser häufigste Wert nicht recht zu befriedigen vermag, denn der Mehrheitsaktionär mit seinen Millionen geht dadurch völlig verloren. Der »häufigste Wert« sagt nämlich gar nichts über die Extreme aus – er verrät nicht, in welcher Richtung sie liegen und wie extrem sie sind. Dagegen verrät er zuweilen eine fehlerhafte statistische Konstruktion: Gibt es nämlich in einer Verteilung zwei *»häufigste«* (also annähernd gleich häufige) Werte, dann wurden vermutlich zwei verschiedene Gesamtheiten irrtümlich vermischt. Eine solche *»bimodale«* oder zweigipflige Verteilung wird etwa die Körpergröße der gesamten erwachsenen Bevölkerung eines Landes aufweisen – nämlich einen häufigsten Wert für die Männer, einen zweiten für die Frauen.

Aber versuchen wir es zunächst mit einem weiteren Durchschnitt. Dazu wählen wir eine Abiturientenklasse des Jahrganges – sagen wir – 1965 und befragen sie nach ihren Einkommensverhältnissen. Über die Problematik der Befragungen werden wir uns noch ausführlich zu unterhalten haben; hier wollen wir zunächst naiverweise annehmen, wir hätten richtige Angaben erhalten und dabei folgendes festgestellt:

Zahl der Befragten	verdient/ verdienen	Mark im Jahr
1		100 000
1		60 000
2	je	40 000
3	je	25 000
5	je	20 000
1		18 000
12	je	13 000

Mit einem Blatt Papier und Bleistift oder mit einer kleinen Bürorechenmaschine stellen wir rasch das Arithmetische Mittel fest: Summe der Einkünfte 589 000 Mark, Durchschnitt 23 560 Mark – also wieder einmal ein Betrag, den keiner tatsächlich verdient.

Der häufigste Wert liegt fernab davon: Ihn repräsentieren die zwölf armen Teufel am Ende der Liste mit ihren je 13 000 Mark. Was nun?

Nach einigem Überlegen bietet sich folgende Lösung an: Als Durchschnittseinkommen könnten wir vielleicht am ehesten jenes ansehen, das das »mittelste« ist – das mittelste in der nach Einkommenshöhe geordneten Tabelle. Mit anderen Worten: Wir suchen unter den 25 Personen diejenige heraus, die zwar mehr verdient als die zwölf ärmsten, aber weniger als die zwölf reichsten. Das ist, wie ein Blick auf die Liste rasch zeigt, der Mann mit den 18 000 Mark.

Nun, die Statistik hat diesen *»mittelsten Wert«*, *»Zentralwert«* oder *»Median«* schon lange entdeckt und verwendet. Er hat unter anderem den Vorteil, auch in sogenannten *»topologischen Skalen«* oder Rangordnungen verwendet werden zu können, bei denen eine Errechnung des Arithmetischen Mittels unmöglich oder doch sinnlos wäre. Man wird etwa den »mittelsten Schüler« einer Klasse feststellen können – über ihm sind 15 bessere, unter ihm 15 schlechtere, während ein Arithmetisches Mittel aus der Summe von Zeugnisnoten eher verwirrend wäre. Des weiteren kann der Median auch in *»offenen Skalen«* verwendet werden: Hätten wir etwa gesagt, zwei unserer Abiturienten verdienten »über 50 000 Mark«, dann wäre kein Arithmetisches Mittel mehr zu errechnen gewesen, der Median aber wäre derselbe geblieben.

Daher können wir ihn etwa in der amtlichen österreichischen Statistik des Heiratsalters finden, weil hier die Spanne der Eheschließenden doch etwa vom fünfzehnten bis zum neunzigsten (und vereinzelt darüber hinaus) Lebensjahr reicht und der mittelste Wert recht anschaulich ist: Wenn es hier also heißt, daß das mittlere Heiratsalter lediger Bräute im Jahre 1969 21,6 Jahre betrug, dann wissen wir, daß die Hälfte aller bis dahin ledigen Bräute *weniger* und die Hälfte *mehr* als 21,6 Jahre alt war – ob nun Sechzigerinnen dabei waren oder nicht, das ver-

Jahre	Familienstand vor der Eheschließung							
	des Bräutigams				der Braut			
	ledig	verw.	gesch.	insg.	ledig	verw.	gesch.	insg.
1937	28,3	50,2	38,6	28,9	25,5	42,6	34,0	25,8
1959	25,8	56,7	39,3	27,0	22,3	46,2	35,6	23,3
1969	24,7	58,3	36,5	25,6	21,6	48,8	30,9	22,2

schweigt der Median. Er wird daher nutzbringend vor allem dort verwendet, wo Begrenzungen nach oben und unton fehlen, indem etwa alle niederen und alle hohen Werte unter Bezeichnungen wie »mehr als ...« und »weniger als ...« zusammengeworfen werden.

Dennoch hat auch dieser »Zentralwert« seine Nachteile. Am Beispiel etwa unserer Aktionäre sehen wir, daß er einen der 49 898 Kleinstaktionäre als »mittelsten« angeben müßte, obwohl alle gleich wenig haben. Ebenso hat er sich bei Ein-Kind-Familie als ungeeignet erwiesen. Und selbst in unserer Abiturientenklasse stellt er keine Ideallösung dar. Was wäre nämlich, wenn der Mann mit den 18 000 Mark, unser »mittelster Verdiener«, statt dessen bloß 14 000 oder 19 000 verdiente? Der Median würde getreulich mit ihm wandern, während das Arithmetische Mittel auf diese Änderung nur minimal reagieren würde. Ein Durchschnitt aber, der sich durch ein Zufallsergebnis so sehr verändern läßt, muß zweifellos mit Skepsis betrachtet werden.

Dazu ist freilich zweierlei zu sagen. Erstens ist das weite Gebiet der beschreibenden Statistik, der klassischen Statistik der Massenerscheinungen, von solchen Gefahren kaum betroffen; nur bei Stichproben kleinen Umfangs ist höchste Vorsicht geboten. Je umfangreicher aber das Zahlenmaterial aus der Erhebung ist, um so geringer wird die Gefahr, daß ein Mittel trügt. Hätten wir statt 25 Einkommensbeziehern 2000 tabelliert, dann gäbe es, selbst bei strukturell ganz ähnlicher Verteilung, gewiß keine Lücke zwischen 14000 und 19 000, und der Zentralwert wäre dann präzis und von Zufallsschwankungen gefeit festgelegt.

Zweitens aber liegt es im Wesen aller Durchschnitte, daß sie etwas unausgedrückt lassen. Wir schaffen Durchschnitte ja eigens mit der Absicht, uns vom Zahlenwust der Einzeldaten zu befreien. Und deshalb können wir nicht von ihnen verlangen, daß sie sowohl auf einen Blick das Wesentliche sagen als auch gleichzeitig alle Detailfragen lösen. *Jeder Durchschnitt verdeckt und glättet Extreme* – und wird gleichzeitig von ihnen beeinflußt. Im Zweifelsfall ist er daher nur mit zusätzlichen Angaben, etwa über die Streuung, zu verwenden. Und im Zweifelsfall ist immer zu fragen: Ja, um welchen der vielen Durchschnitte handelt es sich denn? (Oder richtiger: um welchen der vielen Mittelwerte? Denn die Statistik verwendet den Begriff »Durchschnitt« nicht sehr gern – und das um so weniger, als die Mengenlehre damit etwas ganz anderes ausdrückt, wie unter anderem in *»Knaurs Buch der modernen Mathematik«*, S. 177, nachzulesen ist).

Wenn wir also die bisher erwähnten Mittelwerte Revue passieren lassen, dann finden wir:

1. das *Arithmetische Mittel* (die einzelnen Werte werden addiert und durch deren Anzahl dividiert)
2. den häufigsten Wert oder *Modus* (er gibt an, welches Einzelergebnis am häufigsten vertreten ist)
3. den mittelsten Wert oder *Median*, auch Zentralwert genannt (er hat über sich und unter sich gleich viele Einzelmeßwerte).

Bei einer geraden Zahl von Beobachtungen oder Messungen gibt es, wie leicht einzusehen, keinen realen Zentralwert; man definiert ihn dann als das Arithmetische Mittel aus der höchsten Zahl der unteren und der niedrigsten Zahl der oberen Hälfte der nach Größenordnungen aufgereihten Daten.

So haben wir also drei Mittelwerte – und dennoch können wir keinen von ihnen verwenden, wenn wir etwas so Alltägliches wie die *durchschnittliche Fahrgeschwindigkeit* eines Autos berechnen wollen. Nehmen wir an, wir fahren dreißig Kilometer weit, und zwar die ersten zehn Kilometer mit einer Geschwindigkeit von 60

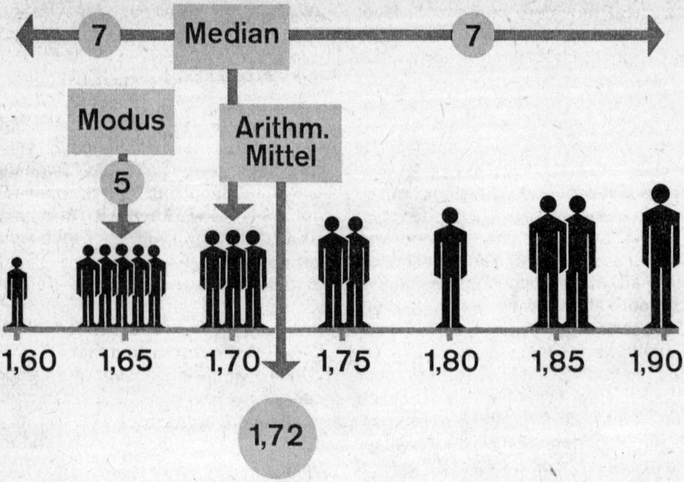

Drei Durchschnitte, drei verschiedene Werte. Der »häufigste Wert« *(Modus)* ist 1,65, denn mehr Personen haben diese Größe als irgendeine andere. Der »mittelste Wert« *(Median)* ist durch jenen Mann repräsentiert, der auf der einen Seite 7 größere, auf der anderen 7 kleinere neben sich hat. Das *»Arithmetische Mittel«,* der praktisch wichtigste Mittelwert, ist nur eine rechnerische Größe, entstanden aus der Addition aller Körpergrößen und der Division durch 15. Es beträgt 1,723 Meter. – Die Größenmaßstäbe sind der Deutlichkeit wegen stark verzerrt – das ist in diesem Fall durchaus legitim. Später jedoch werden wir bildstatistische Darstellungen kennenlernen, in denen solche Verzerrungen gefährlich täuschen.

km/h, die nächsten zehn mit 80 km/h, die letzten zehn mit 100 km/h. Welche Durchschnittsgeschwindigkeit haben wir erzielt?

Das Arithmetische Mittel gibt eine scheinbar eindeutige Antwort: 80 km/h, denn 60+80+100 = 240 : 3 = 80. Wenn man bei drei Zahlen von einem mittelsten Wert sprechen will – der Median bestätigt diese Aussage; einen häufigsten Wert haben wir nicht. Also »ein Schnitt von 80 km/h«? Vorsichtig, wie wir beim Umgang mit Durchschnitten nun schon sind, haben wir bei Start und Ziel auf die Uhr gesehen und 23 Minuten und 30 Sekunden gestoppt. Das aber ergibt nach einigem Kopfkratzen und Herumrechnen schließlich eine Durchschnittsgeschwindigkeit von knapp 77 km/h, genau von 76,6.

Geht nun die Uhr falsch, oder geht die Statistik falsch? Keines von beiden. Es ist bloß falsch gemittelt worden. Wenn man einen Extremfall betrachtet, wird schon deutlicher, was da passiert ist: Wir fahren die halbe Strecke (fünfzehn Kilometer) mit 15 km/h im ersten Gang und benötigen daher eine Stunde; die zweiten fünfzehn Kilometer fahren wir mit 75 km/h und brauchen daher für dieses Teilstück bloß 12 Minuten. Gesamtfahrtdauer 60+12 = 72 Minuten. Das Arithmetische Mittel aber gaukelt uns einen »Schnitt« von 15 + 75 = 90 : 2 = 45 km/h vor, der uns binnen vierzig Minuten ans Ziel hätte bringen müssen. Wir hätten richtig die Fahr*zeiten* für die beiden gleich großen Strecken mitteln müssen: 60 min + 12 min = 72 min : 2 = 36 min für je fünfzehn Kilometer Fahrstrecke, Schnitt daher 25 km/h.

2.3 Harmonisches und Geometrisches Mittel

Man kann aber auch mit den Geschwindigkeiten direkt arbeiten, wenn man sich des sogenannten *»Harmonischen Mittels«* bedient. Das wollen wir an unserem ersten Beispiel vorführen. Zunächst addieren wir die reziproken Geschwindigkeiten, also die Kehrwerte: 1/60+1/80+1/100 = 47/1200. Diese Zahl setzen wir in den Nenner eines Bruches, in dessen Zähler wir die Zahl der Messungen (drei) einsetzen. Das sieht dann so aus:

$$\frac{3}{\frac{47}{1200}} = \frac{3600}{47} = 76{,}6.$$

Auf diese Weise also kommen wir zum richtigen Durchschnitt der Geschwindigkeiten. Kontrollieren wir nun auch noch unser Extrembeispiel mit dieser Methode:

1/15+1/75 = 6/75; zwei Messungen.

$$\frac{2}{\frac{6}{75}} = \frac{150}{6} = 25.$$

Und nun wollen wir gleich auch noch die Formel zu diesem Rechenvorgang angeben. Mathematische Formeln haben vielen von uns das Schulleben vergällt, aber in vernünftiger Dosis genossen sind sie doch wichtig und wertvoll. Besonders als einfachste allgemeine Darstellung eines Rechenvorganges, wie wir ihn hier vor uns haben, sind sie zweifellos sehr nützlich. Die Berechnungsformel für das Harmonische Mittel heißt also:

$$M_h = \frac{n}{\sum\left(\frac{1}{x}\right)}$$

Das sieht böser aus, als es ist. Das große griechische Sigma (Σ) ist das Summenzeichen: Alles, was hinter ihm steht, soll addiert werden; hier also alle $\frac{1}{x}$, also alle reziproken Werte der Meßergebnisse (1/60, 1/80, 1/100). Die Zahl der Messungen ist n. Das M_h steht für »Harmonisches Mittel«, das zuweilen auch H oder HM abgekürzt wird.

Postskriptum zum M_h oder HM: Nur für gleichmäßig unterteilte Fahrtstrecken verwenden! Zehn Kilometer à 60 km/h und sechzig Kilometer à 80 km/h ergeben sieben Messungen von 10-km-Strecken.

Und nun zum Arithmetischen Mittel:

$$M_a = \frac{\Sigma x}{n}$$

Im Zähler steht also hier die Summe der Einzelmeßergebnisse, im Nenner die Zahl der Messungen. Denken wir an die Firma, die in den Monaten Januar bis Juni der Reihe nach 55,5–47,5–53,2–55,8–51,6 und 48,4 tausend Einheiten erzeugte, was das Arithmetische Mittel 52 ergab (Summe der Produktionsziffern geteilt durch sechs). M_a ist das Arithmetische Mittel; es tritt auch als AM, à und vor allem $\bar{x}$ (sprich x quer) auf; häufig auch als μ (My, sprich: mü).

Zwischen $\bar{x}$ und μ besteht allerdings insofern ein Unterschied, als in der Regel die griechischen Buchstaben μ und σ dann verwendet werden, wenn es um die Beschreibung von *Grundgesamtheiten* geht, während $\bar{x}$ und s verwendet werden, wenn *Stichproben* charakterisiert werden sollen.

Was wir eben mit

$$M_a = \frac{\Sigma x}{n} \text{ oder auch } \bar{x} = \frac{\Sigma x}{n}$$

ausgedrückt haben, kann man übrigens auch folgendermaßen formuliert finden:

$$\bar{a} = \frac{1}{n}\sum_{i=1}^{n} a_i \quad \text{oder } \mu = \frac{\sum_{i=1}^{N} a_i}{N}$$

Das Prinzip ist selbstverständlich das gleiche. Aber der Leser muß damit rechnen, zuweilen auf andere (wenn auch sinngemäß gleiche) Formeln zu stoßen als die, die wir hier verwenden. (N statt n steht in der einen Formel, weil es bei μ um die Grundgesamtheit geht und die Maße der Grundgesamtheit meist mit Großbuchstaben, die der Stichproben mit Kleinbuchstaben bezeichnet werden. Was das »a_i« betrifft, so ist es »ein beliebiges aus vielen a«, also zum Beispiel irgendeiner der fünf Meßwerte a_1, a_2, a_3, a_4 und a_5. Die Summe aller Messungen wird daher Σ a geschrieben.)

Formeln gibt es auch für die sogenannten *»lagetypischen« Mittelwerte*, nämlich den Median (Zentralwert, mittelster Wert) und den Modus (häufigster Wert). Sie interessieren uns hier nicht weiter. Aus gegliederten Tabellen können sie meist »mit freiem Auge« abgelesen beziehungsweise leicht errechnet werden.

Einen Mittelwert müssen wir nun noch nachtragen – das sogenannte *»Geometrische Mittel«*, dem meist eine Spezialaufgabe zugewiesen wird. Nehmen wir etwa an, eine rasch wachsende Stadt habe im Jahre 1960 200 000 Einwohner gezählt, im Jahre 1970 300 000. Aus der Zwischenzeit liegen keine Erhebungen vor, aber wir wollen dennoch wissen, wieviel Einwohner die Stadt im Jahre 1965 gezählt hat (unter der Annahme eines gleichmäßigen organischen Wachstums, also ohne einen sprungartigen Zuzug etwa im Jahre 1964 oder 1967). Das Arithmetische Mittel würde die Antwort liefern: 250 000, und das sieht auf den ersten Blick recht glaubwürdig aus. Wenn wir jedoch genauer überlegen, kommen uns doch Zweifel: Sollte der Zuwachs von 100 000 Einwohnern sich gleichmäßig auf die beiden Jahrfünfte aufgeteilt haben, oder stehen wir nicht eher einer »Bevölkerungsexplosion im Kleinen« gegenüber, mit dem dafür typischen Lawineneffekt, dem *»Exponentialwachstum«* mit seiner immer rascheren Verdoppelung? Sollte das der Fall sein, dann suchen wir das Geometrische Mittel. Seine Formel lautet:

$$M_g = \sqrt[n]{x_1 \cdot x_2 \cdot \cdots \cdot x_n}$$

Es ist also die n-te Wurzel aus dem Produkt der n Meßergebnisse zu ziehen. Bei unseren zwei Meßergebnissen haben wir es leicht: n = 2, und wir ziehen die Quadratwurzel aus dem Produkt von 200 000 und 300 000, also

$\sqrt{60 \text{ Milliarden}} \approx 245\,000$. (Das $\approx$ steht für »annähernd gleich«.)

Aber wie zieht man eine vierte, neunte, zwanzigste Wurzel? Gar nicht. Man verwendet statt dessen *Logarithmen.*

Wir können und wollen hier keinen Wiederholungskursus über das Rechnen mit Logarithmen einschieben, müssen aber darauf hinweisen, daß es sich bei den Logarithmen für den Statistiker um *das* elementarste Rechenverfahren handelt, von ähnlicher Bedeutung für ihn wie der Rechenschieber, der sein simpelstes Werkzeug ist. Beide kommen seiner Arbeitsweise übrigens auch insofern entgegen, als sie meist zwangsläufig jene Rundungen ergeben, die ohnehin unvermeidlich sind, wie wir noch sehen werden. Doch zunächst wollen wir noch ein wenig bei den Durchschnitten bleiben.

Vor allem müssen wir auf einen wesentlichen *Unterschied zwischen den errechneten und den lagetypischen Mittelwerten* hinweisen, den wir zu Beginn dieses Kapitels schon kurz angedeutet haben: Die mathematischen Durchschnitte (Arithmetisches, Geometrisches, Harmonisches Mittel) sind nur in den seltensten Fällen im wirklichen Leben vorhanden oder auch nur vorstellbar: Es kann keine »Durchschnittsfamilie« mit 1,7 oder 2,2 Kindern geben.

Ähnlich ist es mit den Verteilungen auf den »Kopf der Bevölkerung«: Teilt man den Zigarrenverbrauch gleichmäßig auf, dann rauchen schon die Säuglinge, teilt man die Produktion von Kunstdruckpapier auf, dann entfällt auch auf jede Kleinbauernhütte ein ganzer Stoß davon. Man darf eben derartige Durchschnitte nicht allzu wörtlich und bildlich nehmen, sondern muß sie als das nehmen, was sie sind: nützliche Rechenbehelfe und Vergleichszahlen.

Will man eine Durchschnittszahl haben, die tatsächlich vorhanden ist, dann muß man sich an die lagetypischen Mittel wie den mittelsten oder den häufigsten Wert halten. Aber auch hier ist man vor Überraschungen nicht gefeit, wenn man nicht große Sorgfalt walten läßt.

So kann zum Beispiel der Median, der mittelste Wert, bei ungleichmäßiger Verteilung der statistischen Masse ein Extrem betonen. So ist etwa der Median in der Reihe 10, 10, 9, 9, 8, 3, 3, 3, 3, 2, 2 die mittelste der nach der Größe geordneten elf Zahlen, also eine 3. Ändern wir die Reihe nur geringfügig auf 10, 10, 9, 9, 8, 8, 3, 3, 3, 2, 2, so beträgt der mittelste Wert nun 8. (Das Arithmetische Mittel ergäbe im ersten Fall 62/11 = 5,62, im zweiten Fall 67/11 = 6,07 – die Geringfügigkeit der Veränderung käme darin gut zur Geltung, aber eine 6 ist in keiner der beiden Reihen enthalten.)

Der häufigste Wert (der Modus) wiederum kann ein bloßes Zufallsprodukt sein, aber keine wirkliche Aussagekraft haben. Wenn wir wieder eine Reihe aus elf Zahlen bilden, dann könnte sie zum Beispiel so aussehen: 10, 10, 8, 7, 6, 5, 4, 3, 2, 1, 0. Das ergibt den »häufigsten Wert« 10 (der als einziger zweimal vorkommt), aber das Arithmetische Mittel beträgt 56/11 = 5,1. Wenn wir Hunderte oder Tausende von Meßwerten vor uns haben, wird es zu solchen Verzerrungen kaum kommen, aber nicht immer hat es die Statistik nur mit »großen Zahlen« zu tun, sondern oft auch mit Stichproben, die aus nur wenigen Daten bestehen. Jedenfalls haben Median und Modus meist nur Spezialaufgaben, während das Arithmetische Mittel in der Regel »das Mittel der Wahl« ist.

Man hat die Statistik zuweilen schlechthin die »Lehre von den Mittelwerten« genannt. Wenn das auch eine allzu pointierte Formulierung ist, so kann doch kein Zweifel daran bestehen, daß die Mittelwerte und deren richtige Auswahl eine kaum zu überschätzende Rolle in der Statistik spielen.

2.4 Statistik in Neureichenbach

Als Illustration der vielen Mittelwerte möge nun eine Geschichte dienen, die in einem Märchenland spielt, wo man nach Talern rechnet, im übrigen aber die Verhältnisse den unseren sehr ähneln. In diesem Land kam eines Tages ein Mann zu einem Grundstücksmakler und sagte: »Ich möchte ein Grundstück auf dem Lande, waldig, mit Wiesen, aber nicht zu weit von der Stadt, eine bessere Gegend, für die man sich nicht schämen muß. Und natürlich preisgünstig.« Der Grundstücksmakler dachte angestrengt nach, dann strahlte er: »Neureichenbach am Kleinen Protz! Genau das, was Sie suchen. Da hätte ich noch zwanzig Hektar herrlichen Grund.«

Der Interessent rümpfte die Nase: »Ich bin kürzlich durch dieses Kaff gefahren, das sieht eher armselig aus.« Der Makler schüttelte den Kopf: »Sie müssen sich getäuscht haben. Hier – die neuesten Zahlen: Durchschnittseinkommen in Neureichenbach 82320 Taler, das ist ein Schnitt, wie Sie ihn in Villenvororten nicht leicht finden.«

Der Käufer versprach, sich die Sache durch den Kopf gehen zu lassen, und

begab sich zu einem alten Bekannten, einem Bankdirektor, um ihn zu fragen, ob er vielleicht etwas über Neureichenbach wisse. Der kramte in seinen Papieren und sagte: »Da habe ich doch eben erst eine Statistik – wo ist sie denn – ah, das ist der Auszug. Ja, also, mehr als die Hälfte der Bevölkerung hat ein Jahreseinkommen von 29 000 Talern und darüber. Das ist im Augenblick alles, was ich habe, aber ich werde noch genauer nachsehen lassen.«
Der Käufer überlegte: Durchschnittseinkommen 82 320 Taler – und mehr als die Hälfte der Bevölkerung hat über 29 000 Taler; nicht unbedingt ein Widerspruch, aber doch seltsam. Und so setzte er sich kurz entschlossen in seinen Straßenkreuzer und brauste ab, Richtung Neureichenbach. Fünf Kilometer vorher hielt er im Landratsamt und erkundigte sich dort. Und hörte: »Ein ziemlich armer Ort, das Durchschnittseinkommen liegt bei 29 000 Talern. Wenn Sie Näheres wissen wollen, sprechen Sie doch mit dem Lehrer Rechenmeier. Der ist in Neureichenbach daheim und hat erst kürzlich die Ortsstatistik genau studiert. Er ist zwar ein Schwarzseher und Pessimist, aber gewissenhaft und ein kluger Kopf.«
Der Interessent dankte, rief aber zunächst noch vom Landratsamt seinen Freund, den Bankdirektor, an, ob er weitere Unterlagen habe auffinden können. »Ein ganz interessantes Detail«, sagte der Direktor. »Die am stärksten vertretene Einkommenskategorie ist die von 12 000 bis 24 000 Taler; das häufigste Einkommen ist ziemlich genau 18 000 Taler.«
Wutschnaubend setzte sich der Käufer in seinen Wagen und brauste zum Lehrer Rechenmeier in das nach wie vor sehr armselig aussehende Neureichenbach. Nach der Einkommensstruktur des Ortes befragt, lachte der Lehrer bitter auf: »Trostlos ist noch milde gesagt. Zwei Drittel der Familien haben weniger als 30 000 Taler. Was das Pro-Kopf-Einkommen anlangt, hat die Mehrzahl der Leute nicht einmal 7500 Taler pro Jahr, und 88 Prozent haben weniger als 22 500. Nur unser Herr Dorfmillionär lebt auf seinem Gut herrlich und in Freuden, umgeben von ein paar Dutzend armer Sklaven.«
Tags darauf, als sich der Kaufinteressent ein wenig beruhigt hatte, rief er schließlich einen ihm von Freunden empfohlenen Beamten der Statistischen Behörde an, ersuchte ihn höflich um authentisches Zahlenmaterial und skizzierte ihm, was sich zugetragen hatte. Der Beamte versprach, die Auskunft zu beschaffen. Zwei Tage später berichtete er: »Das Landratsamt hatte Ihnen eine ganz richtige Zahl genannt – die 29 000 Taler sind der Median. Auch Ihr Freund an der Bank hat Sie richtig informiert, denn der häufigste Wert liegt tatsächlich bei 18 000 Talern. Was den Lehrer Rechenmeier betrifft, so hatten Sie mir nicht den genauen Wortlaut seiner Erklärung mitgeteilt, aber ich kenne ihn als äußerst gewissenhaften Amateurstatistiker und kann mir nicht vorstellen, daß er Ihnen falsche Zahlen angegeben hätte.«
»So hat also bloß der Makler gelogen mit seinen 82 320 Talern?« fragte der Interessent verstört. Und der Beamte antwortete milde: »Das Arithmetische Mittel ist in diesem Fall nicht gut geeignet, aber es beträgt in der Tat genau 82 320 Taler. Das Geometrische Mittel trifft die Situation besser – es liegt bei 32 730 Talern.«
Bei diesen Worten hängte der Interessent kurzerhand ein, denn nun wußte er zweifelsfrei, was er immer schon geahnt hatte: Die Statistiker sind notorische Lügner und Wahrheitsverdreher. Nach seinen Erfahrungen kann man ihm diese Meinung nicht einmal völlig verdenken – auch sonst recht kluge Leute reagie-

ren zuweilen nicht sehr vernünftig, wenn sie es mit statistischen Zahlen zu tun bekommen.
Da war zum Beispiel jener britische Kriegsminister, der einen seiner Wirtschaftsstatistiker fragte: »Was kostet derzeit Wolle?« Dieser begann zu erklären, es gebe da sehr große Schwankungen je nach Qualität und Herkunftsland, für Bar- und Terminkäufe und ... worauf ihn der Lord unterbrach und sagte: »Ich habe Ihnen eine einfache Frage gestellt, und ich will darauf eine einfache Antwort.« Nun, unsere einfache Frage hat gelautet: Wie hoch ist das Durchschnittseinkommen in Neureichenbach? – Und wenn jemand darauf eine einfache Antwort haben will, dann muß er riskieren, daß sie nicht eindeutig ist.
Falls Sie übrigens an dem »Fall Neureichenbach« selbst noch weiterrechnen und die Aussagen überprüfen wollen, dann geben wir Ihnen hier die *»Urliste«* mit den Einkommen der 25 Familien und (in der Klammer) der Kopfzahl jeder Familie:

1 200 000 (3)	60 000 (1)	45 000 (2)
150 000 (5)	51 000 (3)	42 000 (2)
86 000 (4)	49 000 (4)	38 000 (4)
37 000 (3)	20 000 (7)	14 000 (1)
35 000 (5)	18 000 (3)	13 000 (4)
32 000 (3)	18 000 (8)	11 000 (1)
29 000 (3)	18 000 (4)	10 000 (2)
26 000 (4)	16 000 (3)	
24 000 (4)	16 000 (2)	

Die krasse Verzerrung des Arithmetischen Mittels ist also dadurch gekommen, daß die Familie des Millionärs den 24 anderen Familien drückend überlegen war: Sie verdient mehr als alle anderen zusammen. Und wie die anderen Zahlen zustande gekommen sind, die unseren Grundstücksinteressenten so verwirrt haben, läßt sich relativ leicht mit Hilfe des in diesem Kapitel Gelernten ausrechnen. Die Lehre aber lautet: *Es kommt auch in der Statistik auf die richtige Fragestellung an.* Aber nicht nur darauf: Es gehört auch Verständnis der Situation dazu. Es gibt kein unfehlbar richtiges Mittel. Gerhard Mackenroth sagt dazu: »Es gibt nicht einen richtigen Mittelwert, sondern dem Statistiker muß es mit Rücksicht auf sein Material und sein Problem überlassen bleiben, welchen Mittelwert er wählt.«

2.5 Standardabweichung und Varianz

Aus allem, was wir bisher über die Durchschnitte erfahren haben, ist eines immer deutlicher geworden: *Die Mittelwerte* (und vor allem das so häufig gebrauchte Arithmetische Mittel) *bedürfen eines zweiten Maßes,* wenn sie in ihrer Bedeutung und Ausagekraft richtig abgeschätzt werden sollen.
Die einfachste derartige Ergänzung bestünde darin, daß man angibt, *wie weit die Extreme voneinander entfernt sind:* »Das niedrigste Einkommen beträgt 13 000 Mark, das höchste 100 000, das Arithmetische Mittel 23 560.« Aber diese Spanne »zwischen 13 000 und 100 000« sagt nichts darüber aus, wie die Einzelwerte verteilt sind: Liegen fast alle rund um 23 000 und nur zwei Extremwerte oben und unten, oder verdienen fast alle 13 000 Mark und zwei Personen 100 000, und ist das Arithmetische Mittel daher so sinnlos wie bei den beiden Gänsen, von denen der eine keine und der andere beide gegessen hat?
Die Statistik kennt zwar auch die »Spannweite«, hat aber ein besseres Maß ersonnen, das in Verbindung mit dem Mittel einen guten Überblick über die Verteilung der im Mittel zusammengefaßten Einzelwerte ermöglicht. Es ist dies die sogenannte *»Standardabweichung«* – das Maß der *Streuung.* Man erklärt es zumeist am Beispiel der Schießscheibe: Wenn auf eine Scheibe fünfzig Schüsse abgefeuert werden,

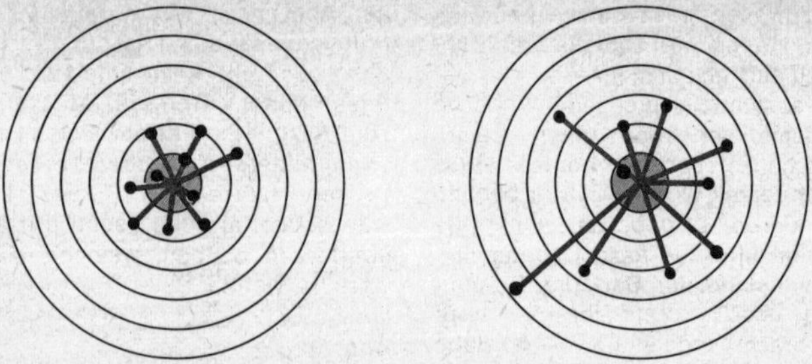

Die zehn Schüsse des guten Schützen liegen nahe dem Mittelpunkt der Scheibe, sie »streuen« nur wenig. Die Einschläge des schlechten Schützen liegen meist weit vom Scheibenmittelpunkt, sie streuen stark.

dann »streuen« sie rund um das Zentrum. Liegen sie sehr knapp daran, war also ein guter Schütze am Werk, dann sind die Entfernungen zum Mittelpunkt fast durchweg sehr klein. Hat ein schlechter Schütze geschossen, dann werden die Einschläge weit auseinanderliegen.

Auf die Statistik übertragen: Sind die einzelnen Meßdaten oder Beobachtungswerte vom Arithmetischen Mittel nur wenig entfernt, dann ist die Streuung gering. Werden dagegen weit abliegende Zahlen gemittelt, dann ist die Streuung groß – so wie bei Treffern am linken und rechten Scheibenrand, zwischen denen genau in der Mitte das Schwarze liegt.

Die Berechnung der »Standardabweichung« wollen wir zunächst an einem ganz simplen Beispiel veranschaulichen. Das Arithmetische Mittel der drei Zahlen 7, 8 und 9 ist 8. Aber auch das Arithmetische Mittel von 1, 10 und 13 ist 8. Diese völlig andersartige Situation muß von unserem Streuungsmaß erfaßt werden können. Beginnen wir mit der ersten Zahlengruppe (7, 8, 9).

Wir vergleichen zunächst jede einzelne Zahl mit dem errechneten Arithmetischen Mittel und stellen die Differenz fest – auf die Schießscheibe übertragen: Wir messen bei jedem Einschlag nach, wie weit er vom Mittelpunkt entfernt ist. Das ergibt:

7	ist von	8	–1	entfernt
8		8	0	
9		8	1	

Im zweiten Fall:

1	ist von	8	–7	entfernt
10		8	2	
13		8	5	

Nun haben wir negative und positive Abweichungen, die wir selbstverständlich nicht gegeneinander aufrechnen können. Wir machen sie vielmehr durchwegs positiv, indem wir sie quadrieren – und damit erreichen wir überdies, daß die weit abliegenden Extreme besonders deutlich zur Geltung kommen und uns mahnen: Vorsicht, hier ist sehr weit gestreut!

Wir rechnen daher weiter:

Erste Gruppe

Abweichung	Quadrat der Abweichung
–1	1
0	0
1	1
	2

Zweite Gruppe

Abweichung	Quadrat der Abweichung
–7	49
2	4
5	25
	78

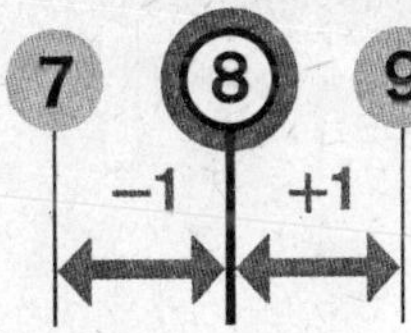

Das Arithmetische Mittel sagt über die Streuung nichts aus. Das Mittel aus 7, 8 und 9 ist ebenso 8 wie das Mittel aus 1, 10 und 13.

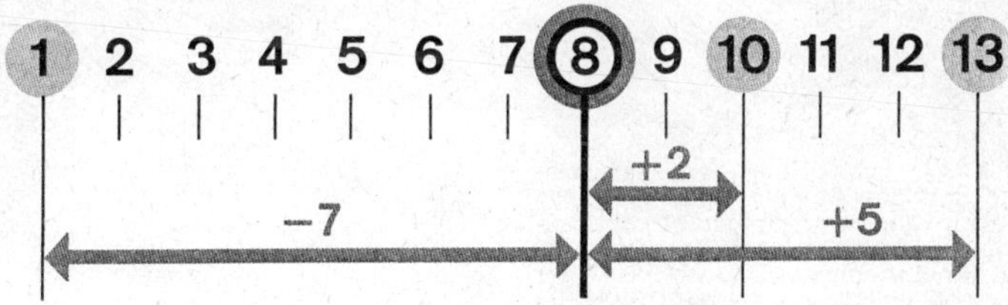

Der Unterschied von 78 und 2 springt in der Tat in die Augen. Aber diese Zahlen täuschen beide noch: Sie werden ja um so größer, je mehr Einzelmessungen addiert werden. Um die Zahl der Messungen entsprechend zu berücksichtigen, werden sie also durch diese Zahl – in unserem Fall hatten wir je drei Werte – dividiert. Das ergibt nun ein erstes Streuungsmaß, die sogenannte *»Varianz«* (V oder σ^2).

In einer Zeit, die noch von den Quételetschen Begriffen des »homme moyen« als Idealtypus geprägt war, bezeichnete der amerikanische Astronom Simon Newcomb dieses Streuungsmaß als »evil«, als »das Böse«. Heute halten wir uns lieber an das wertfreie *»Varianz«* oder *»Streuung« und errechnen in unserem Beispiel:*

$$V_1 = \frac{2}{3} = 0{,}67; \quad V_2 = \frac{78}{3} = 26$$

Diese Varianzen ziehen sich fast wie der sprichwörtliche rote Faden durch das ganze weite Gebiet der Statistik. Immer wieder werden Abweichungen, Entfernungen zu quadrieren sein – von diesem elementaren Ausgangspunkt an bis zu den noch fernen Höhen der Varianzanalyse. Wir wollen daher noch einmal auf die Bedeutung dieser rechnerischen Manipulation hinweisen: Sie eliminiert erstens die negativen Werte, und sie hebt zweitens und vor allem die größeren Abweichungen hervor. Wenn wir etwa die absoluten Abweichungen 0, 0, 0 und 4 haben, dann würden wir zunächst an eine »durchschnittliche« Entfernung von nur 1 denken. Quadrieren wir aber zunächst zu 0, 0, 0 und 16 und ziehen dann die Wurzel aus 16/4, dann erhalten wir immerhin 2 – ein schon wesentlich charakteristischeres Maß, wenn man bedenkt, daß einer von vier Schüssen 4 Einheiten vom Ziel entfernt war!

Genau das machen wir nun in unserem Beispiel: Um die ursprünglichen Größenordnungen wiederzuerhalten, um also feststellen zu können: »Im Durchschnitt sind die Treffer soundso weit vom Mittelpunkt entfernt«, wird die Wurzel gezogen, und wir erhalten die *Standardabweichung* (s oder σ, denn zumeist wird sie mit dem kleinen griechischen Buchstaben Sigma bezeichnet). Wir hatten die

Varianzen $\sigma_1^2 = \frac{2}{3} = 0{,}67$ und $\sigma_2^2 = 26$

und erhalten daher nun:

$$\sigma_1 = \sqrt{0{,}67} = 0{,}82; \quad \sigma_2 = \sqrt{26} = 5{,}1$$

Jetzt ist vollends deutlich geworden, wie unterschiedlich das gleiche Mittel $\mu = 8$ in den beiden Verteilungen zu

Standardabweichung
s auf Rechner = σ

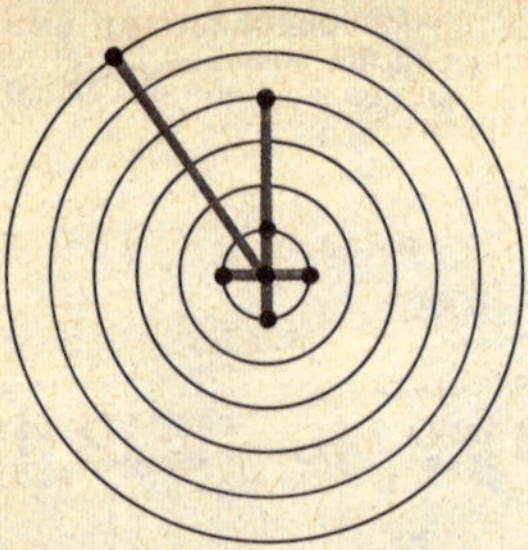

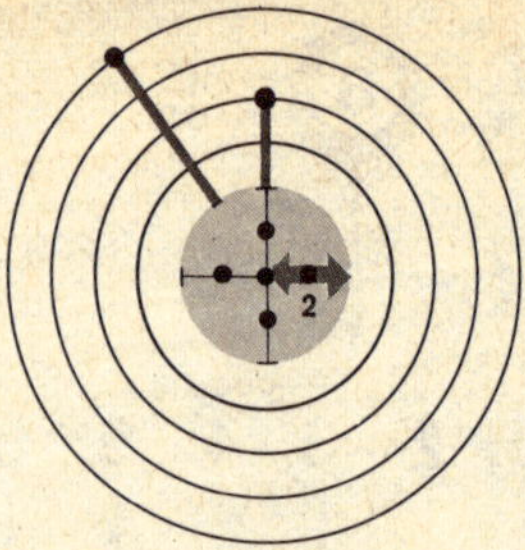

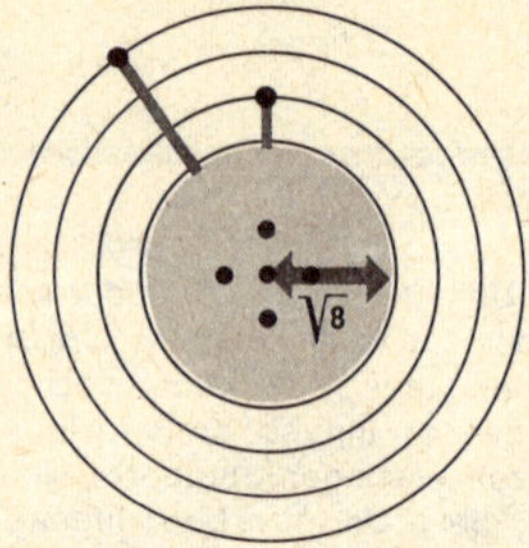

Wie läßt sich ein einigermaßen aussagekräftiges Streuungsmaß für diese sieben Einschläge in der Scheibe angeben? Einer sitzt im Mittelpunkt, vier in der Entfernung 1, einer ist 4, der letzte 6 Einheiten entfernt. Das Mittel ($0 + 1 + 1 + 1 + 1 + 4 + 6 = 14/7 = 2$), rechts oben dargestellt, läßt die Streuung zu gering erscheinen. Die Entfernungen werden daher quadriert, wodurch die Extreme stärker berücksichtigt werden: $0 + 1 + 1 + 1 + 1 + 16 + 36 = 56/7 = 8$ – und daraus wird die Wurzel gezogen. Unser Streuungsmaß (»Standardabweichung«) im Beispiel ist daher $\sqrt{8}$.

deuten ist. Die Standardabweichung im ersten Fall beträgt weniger als 1, im zweiten Fall dagegen mehr als 5. Diese beiden Zahlen müssen im Zusammenhang mit dem Mittelwert 8 gelesen werden und besagen dann im ersten Beispiel: Die meisten Zahlen werden von dem Mittelwert 8 um weniger als 1 nach beiden Richtungen hin abweichen, also zwischen 7 und 9 liegen. Im zweiten Fall heißt das: Die meisten Zahlen werden von dem Mittelwert 8 mehr als 5 nach beiden Richtungen hin abweichen, also zwischen 3 und 13 liegen.

Wir hatten der Einfachheit halber nur je drei Zahlen gewählt. Man kann sich aber unschwer ausmalen, daß bei fünfzig, hundert oder gar zehntausend Zahlen die Charakterisierung durch die Standardabweichung sofort ein gutes Bild ergibt, ohne daß man erst Zahlenkolonnen studieren oder auch nur überfliegen müßte. Der Statistiker hat die Berechnung durchgeführt, und von nun an genügen dem Fachkundigen die beiden Angaben über Mittel und Streuung, um zu erkennen, wie die Situation ist.

Das heißt bei unserem zweiten Beispiel: Wenn das Mittel 8, die Standardabweichung aber mehr als 5 beträgt, dann ist dieses Mittel uncharakteristisch; man hat höchstwahrscheinlich völlig unhomogene Massen von Daten zusammengeworfen.

Hängt die Standardabweichung ihrem absoluten Wert nach vom Arithmetischen Mittel ab, so läßt sie sich doch auch in einer Weise darstellen, die nur die Relation zwischen diesen beiden Maßen zeigt: Setzt man nämlich die Standardabweichung in den Zähler, das Mittel in den Nenner eines Bruches und multipliziert mit 100, dann erhält man den sog. *Variationskoeffizienten* (CV); bei uns:

$$CV_1 = \frac{0{,}82}{8} \cdot 100 = 10{,}2\%$$

$$CV_2 = \frac{5{,}1}{8} \cdot 100 = 63{,}5\%$$

Eine Faustregel besagt dazu, daß Variationskoeffizienten von mehr als

50 Prozent eine starke »Inhomogenität der statistischen Masse« erkennen lassen – in einem Ausmaß, das die Verwendung des Arithmetischen Mittels kaum noch gerechtfertigt erscheinen läßt. Genau das haben wir ja bei der zweiten Gruppe unserer Zahlen schon festgestellt: 1, 10 und 13 ergeben nur »mit Gewalt« den Mittelwert $\mu = 8$.
Gewiß sind Durchschnitte dazu da, unterschiedliche Daten, Messungen und Beobachtungswerte vereinfacht vorzustellen, aber ein Minimum von Ähnlichkeit innerhalb dieser Werte ist eben doch erforderlich. Wenn man zwanzig Pygmäenfrauen aus dem Kongo-Urwald und zwanzig Massaikrieger aus den Steppen Tansanias auf ihre Körpergröße hin untersucht und auf diese Weise feststellt, »Afrikaner« seien im Durchschnitt 1,65 Meter groß, dann würden Standardabweichung und Variationskoeffizient sofort zu erkennen geben, daß hier eine »Population« aus inhomogenen Elementen gebildet wurde. (Und, wir erinnern uns: Es gäbe zweifellos zwei Modi, wie bei der Körpergröße der Gesamtbevölkerung, s. S. 29).
Auf ähnliche Weise ließen die Streuungsmaße sehr bald erkennen, was es mit den Durchschnittstemperaturen von Peking, Mailand und Quito auf sich hat, von denen wir am Beginn dieses Kapitels einmal gesprochen haben. Man müßte bloß anstelle des Jahresmittels die zwölf Monatsmittel der drei Städte als Berechnungsgrundlage heranziehen und untersuchen, wie sehr sie vom Jahresmittel »streuen«. Zweifellos erhielten wir dann in Peking einen sehr hohen Variationskoeffizienten, in Quito dagegen nur eine sehr geringe Streuung; dort ist ja die Masse (nämlich die Gesamtheit der Monate) sehr homogen, die Durchschnittswerte des Mai sind nicht sehr verschieden von jenen des Juli, des Oktober oder des Februar. Und man könnte – ein unnützes rechnerisches Spiel – sogar so weit gehen, aus den jeweils 365 Tagesmitteln (die ihrerseits den Durchschnitt von drei Messungen pro Tag bilden!) die Streuung gegenüber dem Jahresmittel zu errechnen. Das Ergebnis wäre im Prinzip dasselbe: geringe Standardabweichung für Quito, höhere für Mailand, sehr hohe für Peking.
Wir könnten nun auch noch versuchen, die Standardabweichung im Einkommen der Neureichenbacher zu berechnen, aber das wäre, wie wir ja schon wissen, wenig sinnvoll. Eine kurze Überlegung zeigt ja bereits, daß allein das Einkommen des Millionärs um über 1,1 Millionen vom Durchschnittswert $\bar{x} = 82\,300$ abweicht; das ergibt quadriert an die 1200 Milliarden. Die Varianz wird bei etwa 50 Milliarden liegen (1200 Milliarden durch 25 ergibt allein schon fast diesen Betrag), die Standardabweichung daher bei rund 230 000 Talern. Da das Arithmetische Mittel aber nur 82 000 beträgt, ist die Standardabweichung rund dreimal so groß, das heißt, der Variationskoeffizient liegt bei fast 300 Prozent. Der Aberwitz eines solchen Mittelwerts läßt sich daraus jedenfalls deutlich erkennen.
Aussichtsreicher erscheint es, statt dessen die erforderlichen Rechenoperationen mit unseren 25 Angehörigen des Abiturjahrganges 1965 vorzunehmen, obwohl wir ja auch hier wissen, daß ein besonders hohes Einkommen die Verteilung recht ungleichmäßig erscheinen läßt. Die Spannweite, die übrigens in der statistischen Berechnung kaum je in Erscheinung tritt, reicht von 13 000 bis 100 000 bei nur 25 Messungen! Aber versuchen wir unser Glück:

Das ergibt eine Varianz V von

$$\frac{9136}{25} = 365{,}4$$

und damit eine Standardabweichung σ von etwas mehr als 19 (19,1) und schließlich einen Variationskoeffizienten von $100 \cdot \frac{19}{23{,}5} = 81\%$.

Einkommen (in Tausend)	Häufigkeit	Abweichung vom Mittel ($\bar{x} = 23{,}5$)	Quadrat der Abweichung (ca.)
100	1	76,5	5850 · 1 = 5850
60	1	36,5	1330 · 1 = 1330
40	2	16,5	270 · 2 = 540
25	3	1,5	2 · 3 = 6
20	5	— 3,5	12 · 5 = 60
18	1	— 5,5	30 · 1 = 30
13	12	—10,5	110 · 12 = 1320
	25		9136

Dieser hohe Wert des Variationskoeffizienten läßt deutlich erkennen, daß die Streuung groß ist. Fiele der Spitzenverdiener fort, wäre die Situation mit einem Schlag geändert.
Der Wegfall eines Extremwertes bringt stets eine erhebliche Reduzierung der Streuung und der Standardabweichung mit sich.
Eines ist noch nachzutragen. Wir haben nun des öfteren den Mittelwert mit $\bar{x}$, die Standardabweichung aber griechisch mit σ bezeichnet statt mit s. Das ist zwar etwas inkonsequent, aber nicht ganz unberechtigt. Man spricht nämlich in der Qualitätskontrolle unter anderem ganz allgemein etwa von der *»Zwei-Sigma-Regel«*, auch wenn es dabei gar nicht um die Verteilung einer Gesamtheit geht. Das griechische μ für den Mittelwert wird dagegen meist sehr genau nur dann geschrieben, wenn es um das Arithmetische Mittel einer Grundgesamtheit geht, während das Stichprobenmittel stets $\bar{x}$ geschrieben wird.
Was die Standardabweichung der Stichprobe betrifft, so ist die Situation leider etwas komplizierter. Zwar entspricht dem σ der Gesamtheit in der Stichprobe das s, aber dieses s wird zumeist nicht in der genau gleichen Weise errechnet wie unser σ, sondern indem man die gesamte Streuung nicht durch die Zahl der Messungen, vielmehr nur durch die um 1 verminderte Zahl der Messungen teilt und erst daraus die Wurzel zieht. Während wir also schreiben müßten:

$$\sigma^2 = \frac{\Sigma\,(x-\mu)^2}{n},$$

würde es heißen: $s^2 = \dfrac{\Sigma\,(x-\bar{x})^2}{n-1}$

Wir werden viel später erfahren, warum das so ist, und zunächst unsere Streuungsberechnungen weiter nach dem bisher für σ festgestellten einfachen Schema durchführen, auch wenn wir zuweilen von s sprechen werden. Im Prinzip ist der Grund für die unterschiedliche Berechnung der, daß das s der Stichprobe dadurch etwas größer wird und so einen richtigeren Schätzwert für die wahre Streuung der Gesamtheit gibt. Aber noch sind wir ja nicht bei der Stichprobentheorie angelangt.

2.6 Klassenbildung

Wir müssen ein Eingeständnis machen: Es ist keineswegs so, daß fünf unserer Abiturienten genau 20 000 Mark im Jahr verdienen, drei genau 25 000 und die anderen ebenfalls so schöne glatte Summen, die uns die Rechnung erleichtern. Wir haben da vielmehr eine Vereinfachung vorgenommen, für die wir uns aber nicht nur nachträglich entschuldigen wollen, sondern die wir auch rechtfertigen können, denn sie führt uns zu den wichtigen Begriffen der Urliste und der Häufigkeitsverteilung.

Die *Urliste* ist die Aufstellung aller ermittelten Daten, wahllos niedergeschrieben oder, der Übersichtlichkeit halber, der Größe nach hintereinandergereiht. Die 25 Personen haben bei der Erhebung ihrer Einkommensverhältnisse etwa die folgenden Angaben gemacht (bereits geordnet vom niedrigsten zum höchsten Einkommen):

Person	Mark	Person	Mark
1	11 850	14	19 100
2	12 200	15	19 300
3	12 342	16	20 000
4	12 700	17	20 300
5	12 750	18	22 000
6	12 917	19	24 300
7	13 000	20	24 950
8	13 000	21	26 000
9	13 380	22	38 500
10	13 500	23	41 000
11	14 000	24	61 500
12	14 439	25	105 000
13	18 000		

Was wir gemacht haben, war eine *Zusammenfassung* dieser Zahlen *zu charakteristischen Gruppen:* Die Personen 1 bis 12 haben wir mit einem Einkommen von »durchschnittlich 13 000 Mark« eingestuft, die Person 13 mit 18 000, die Person 14 bis 18 mit »durchschnittlich 20 000«, 19 bis 21 mit durchschnittlich 25 000, 22 und 23 mit durchschnittlich 40 000. Bei den beiden Spitzenverdienern haben wir die Beträge auf eine runde Summe abgerundet: 60 000 beziehungsweise 100 000 Mark.
War dieses Vorgehen unkorrekt?
Grundsätzlich nicht. Aber wir müssen uns bewußt sein, daß wir ein Element von Willkür eingeführt haben. Hätten wir nicht ebensogut die Personen 13 bis 21 mit »durchschnittlich 21 000 Mark« einstufen können oder, umgekehrt, die Personen 1 bis 6 in eine Gruppe »weniger als 13 000 Mark« absondern sollen? Hier haben wir nach freiem Ermessen geurteilt, und ist gerechtfertigt, solange es dem Zahlenmaterial entspricht.

Die Zusammenfassung in Gruppen ist nämlich eines der wesentlichsten statistischen Verfahren, da sie ja dazu dient, eine unübersichtliche Fülle von Einzeldaten übersichtlich gegliedert darzubieten, und diese *Gliederung der Grundgesamtheit in Gruppen (Teilgesamtheit)* nach bestimmten Zugehörigkeitsmerkmalen ist eine Hauptaufgabe der deskriptiven Statistik.
Wenn wir die 25 Einkommen in »*Klassen*« ordnen wollen, dann müssen wir zunächst *gleichmäßige Klassengrenzen* festsetzen. Versuchen wir es etwa mit dem Intervall 20 000:

Einkommen von	Personen
0— 20 000 Mark	16
20 001— 40 000	6
40 001— 60 000	1
60 001— 80 000	1
80 001—100 000	0
100 001—120 000	1

Hätten wir übrigens die Grenzen um eine einzige Mark verschoben, dann wäre bereits eine vielleicht nicht unwesentliche Veränderung eingetreten, denn die ersten beiden Klassen sähen dann so aus:

Einkommen von	Personen
0—19 999 Mark	15
20 000—39 999	7

Bleiben wir nun bei der zuerst gewählten Liste, dann ermitteln wir für die weitere Berechnung die *Klassenmitte*, das heißt

Intervall	Klassenmitte	Besetz. (Zahl d. Pers.)
0— 20 000	10 000	16
20 001— 40 000	30 000	6
40 001— 60 000	50 000	1
60 001— 80 000	70 000	1
80 001—100 000	90 000	0
100 001—120 000	110 000	1

Dieser Vorgang beruht allerdings schon auf der Annahme, daß innerhalb der Intervalle die Verteilung annähernd symmetrisch ist, was in unserem Beispiel nicht der Fall ist, da das erste Intervall (0—20 000) ausnahmslos Einkommen über 10 000 aufweist. Aber nehmen wir dies einmal der Einfachheit halber in Kauf.

Der weitere rechnerische Vorgang zur Ermittlung von Durchschnittseinkommen und Standardabweichung spielt sich nun auf folgende bereits bekannte Weise ab:

Klassenmitte	Anzahl	Klassenmitte mal Anzahl
10 000	16	160 000
30 000	6	180 000
50 000	1	50 000
70 000	1	70 000
90 000	0	0
110 000	1	110 000
6 Klassenmitten	25	570 000

Arithmetisches Mittel

$\bar{x}$: $\frac{570\,000}{25} = 22\,800$

Dieses »Durchschnittseinkommen« ist zwar ähnlich demjenigen, das wir mit den anfangs runden Zahlen ermittelt hatten (es belief sich auf 23 560), aber es ist immerhin doch um einiges niedriger. Führen wir nun die Berechnung weiter fort zur Ermittlung von Standardabweichung und Variationskoeffizient:

Abermals sind die Zahlen ähnlich, aber nicht gleich jenen, die wir mit der ursprünglichen Annahme erhalten haben. Jede neue Berechnungsmethode (andere Intervalle, andere Klassenmitten) würde andere, *aber stets einigermaßen ähnliche* Werte ergeben.

Es bleibt uns nun noch ein Hinweis: Abermals haben wir einen völlig legitimen Prozeß ohne ausdrücklichen Nachweis der Berechtigung durchgeführt. Beim Errechnen der Streuung haben wir jeweils das Quadrat der Abweichung mit der Zahl der Personen dieser Klasse *»gewogen«*, also etwa 16mal 164, aber nur einmal 1380. Wir haben auf diese Weise das richtige gewogene Arithmetische Mittel erhalten.

Nehmen wir nun folgendes an: Unsere 25 Abiturienten zerfallen in zwei große Kategorien: a) Arbeitnehmer, b) Selbständige. Arbeitnehmer sind die ersten zwanzig unserer Urliste, selbständig sind die letzten fünf. Jetzt errechnen wir das Durchschnittseinkommen der Unselbständigen und erhalten etwa $\bar{x}_1 = 16\,200$, das Durchschnittseinkommen der Selbständigen ergibt $\bar{x}_2 = 54\,400$. Nun liegt die Gefahr nahe, weiter so zu argumentieren: Wenn das Durchschnittseinkommen der Arbeitnehmer 16 200 beträgt und das der Selbständigen 54 400, dann ist das Arithmetische Mittel beider Einkommensarten (16 200 + 54 400) / 2 = 35 300. Das wäre jedoch ein fehlerhaftes, ungewogenes Mittel, wie wir es später an einem Beispiel aus der Frühge-

Klassenmitte (in Tausend)	Anzahl	Abweichung vom Mittel ($\bar{x}$ = 22,8)	Quadrat der Abweichung
10	16	—12,8	16 · 164 = 2 624
30	6	+ 7,2	6 · 52 = 312
50	1	+37,2	1 · 1 380 = 1 380
70	1	+57,2	1 · 3 260 = 3 260
90	0	+77,2	0 · 5 950 = 0
110	1	+97,2	1 · 9 450 = 9 450
	25		17 026

Varianz: $V = \frac{17\,026}{25} = 68{,}1$; $\sigma = \sqrt{68{,}1} = 8{,}25$; $CV = 100 \cdot \frac{8{,}25}{22{,}8} = 36\%$

Münchner Industriebetriebe nach Größenklassen						
Betriebe mit ... Beschäftigten	Betriebe		Beschäftigte		Umsatz (1000 DM)	
	absolut	%	absolut	%	absolut	%
1—9	1 107	56,2	3 483	1,8	14 626	1,4
10—19	205	10,4	2 903	1,5	25 936	2,5
20—49	272	13,8	8 594	4,6	42 685	4,0
50—99	144	7,3	10 189	5,4	72 167	6,8
100—199	111	5,6	15 594	8,3	67 527	6,4
200—499	75	3,8	23 603	12,5	180 663	17,1
500—999	24	1,2	17 419	9,2	136 924	13,0
1000 und mehr	34	1,7	107 021	56,7	514 283	48,8
Insgesamt	1 972	100	188 806	100	1 054 811	100

schichte der statistischen Indexzahlen noch kennenlernen werden (s. S. 94). Mittelwerte können nicht addiert und daher nicht neuerlich gemittelt werden sofern nicht jene zusätzlichen Informationen vorliegen, die eine Gewichtung ermöglichen.

Wenn ich dagegen weiß, daß für $\bar{x}_1$ 20 (oder ganz allgemein: m) Einzelwerte, für $\bar{x}_2$ fünf (oder n) Einzelwerte zur Berechnung gedient haben, dann läßt sich das gewogene Mittel aus beiden Gruppen errechnen:

$$\bar{x} = \frac{20\,\bar{x}_1 + 5\,\bar{x}_2}{25}$$

$$= \frac{20 \cdot 16\,200 + 5 \cdot 54\,400}{25}$$

$$= \frac{324\,000 + 272\,000}{25}$$

$$= 23\,840$$

oder allgemein: $\bar{x} = \dfrac{m\bar{x}_1 + n\bar{x}_2}{m + n}$

Diese 23 840 Mark Durchschnittseinkommen (»gewogenes Arithmetisches Mittel«) sind übrigens der präziseste der bisher festgestellten Werte, da er direkt aus der Urliste errechnet wurde, ohne Verzerrungen durch Abrundungen und Klassenbreite. Da liegt nun die Frage nahe, warum man nicht von vornherein diesen direkten Weg einschlägt. Die Antwort ist klar: Wenn es sich, wie in unserem einfachen Beispiel nur um eine Grundgesamtheit von 25 Personen (oder allgemein: Merkmalträgern) handelt, wird kein vernünftiger Mensch auf die Idee kommen, statistische Methoden der geschilderten Art anzuwenden. Es ist aber auch einleuchtend, daß es wesentlich leichter und dabei hinreichend genau ist, bei 250 oder gar bei 2500 oder 25 000 Einzeldaten nicht mit der Urliste, sondern mit Häufigkeitsverteilungen in einer begrenzten Anzahl von zweckmäßig gegliederten Klassen zu arbeiten, die dann auch enger unterteilt werden können, was dann etwa wie in obiger Tabelle aussehen kann.

In diesem Fall hat es sich übrigens als zweckmäßig erwiesen, die Klassenbreiten unterschiedlich weit zu wählen – hätte man die Kategorie »500 bis 999 Beschäftigte« in Zehner-Intervalle geteilt, wäre die Tabelle endlos und unübersichtlich geworden und hätte damit der Hauptaufgabe aller deskriptiven Statistik nicht mehr entsprochen, nämlich eine Vielzahl von Daten übersichtlich aufzubereiten und darzubieten. Allerdings besteht in allen jenen Fällen, wo die Gruppen der Tabelle nach oben oder unten offen sind, auch stets die Gefahr, daß – absichtlich oder unabsichtlich – Informationen unterdrückt werden.

Greifen wir noch einmal auf unsere Abiturienten zurück, und nehmen wir folgende Einteilung vor:

Einkommen		
unter	15 000 Mark	12
15 001—20 000 Mark		4
20 001—25 000 Mark		4
25 001—30 000 Mark		1
über	30 000 Mark	4

Diese Liste ist vollkommen unbefriedigend. Es fehlt jede Andeutung darauf, wie weit die zwölf niedrigsten Einkommen unter der 15 000-Mark-Grenze liegen (sie könnten theoretisch auch bloß ein paar hundert Mark betragen), und ebenso bleibt offen, ob die vier Herren der Gruppe »über 30 000« nur knapp darüber liegen oder ob drei von ihnen Millioneneinkünfte haben.

Die oben angeführte Betriebsstatistik entgeht dieser Gefahr vor allem dadurch, daß auch die Gesamtzahl der Beschäftigten angegeben ist, so daß aus diesen Zahlen die Kategorie »1000 und mehr« annähernd abgeschätzt werden kann. Auch ohne statistische Kenntnisse ist ja sofort zu ersehen, daß die 34 Betriebe dieser Kategorie zusammen mindestens 34 000 Beschäftigte haben müssen; es bleiben also noch 73 021 Beschäftigte zum Aufteilen übrig. Das heißt: Mit absoluter Gewißheit hat kein einziges Unternehmen mehr als 74 021 Beschäftigte (dies nämlich unter der grotesken Voraussetzung, daß die anderen 33 Firmen je genau 1000 Arbeitnehmer haben), mit größter Wahrscheinlichkeit aber wird kein einziges Unternehmen auch nur 50 000 Beschäftigte zählen, obwohl es durchaus denkbar wäre, daß in dieser Kategorie neben einem Mammutunternehmen 33 Großbetriebe der Kategorie 1000–2000 enthalten sind.

2.7 Histogramm und Häufigkeitspolygon

Häufigkeiten – Häufigkeitsverteilungen – wie ein roter Faden ziehen sich diese Begriffe, auch wenn sie nicht immer ausdrücklich genannt sind, durch die ganze Statistik. Sie lassen sich in Tabellen darstellen, man kann sie aber auch graphisch ausdrücken. Über die Vor- und Nachteile bildstatistischer Darstellungen werden wir uns später noch ausführlich zu unterhalten haben. Hier wollen wir zunächst zwei elementare Darstellungsmöglichkeiten vorstellen: das Histogramm und das Häufigkeitspolygon. Beides klingt grimmiger als es ist.

Das *Histogramm* definiert das Lexikon, vom Medizinischen ausgehend, als »*mikroskopische Abbildung eines Gewebeverbandes*«; in unserem Zusammenhang wäre das sinngemäß am ehesten mit »*Strukturbild*« zu

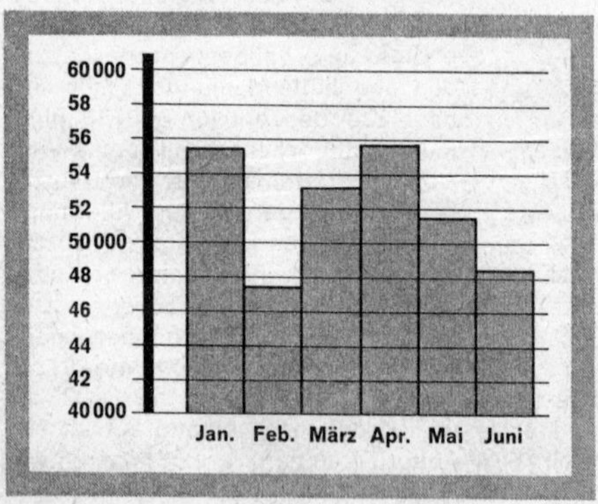

Histogramm der Produktionszahlen aus unserem früheren Beispiel.

übersetzen. Das sieht im einfachsten Fall so aus, daß verschiedene große Blöcke (zweidimensional dargestellt, also eigentlich Flächen) nebeneinandergestellt werden, um Größenverhältnisse oder Häufigkeitsverhältnisse darzustellen. Ein Histogramm der zu Beginn dieses Abschnittes erwähnten Halbjahresproduktion eines Werkes, das Rundfunkgeräte herstellt, zeigt das Bild auf Seite 46.

Oder, um ein Beispiel aus einer amtlichen Statistik zu bringen und gleichzeitig die Aufteilung innerhalb solcher Stäbe oder Flächen zu zeigen, ein Histogramm der Milchverwendung in Österreich (wobei es nur um die Verwendung der in dem betreffenden Bereich selbst erzeugten Milch geht, daher die minimale »Verwendung« in der Millionenstadt Wien, in der es ja nur sehr wenige Kühe gibt; vgl. Abb. rechts).

Das *Häufigkeitspolygon*, das zuweilen gar kein Häufigkeits-, sondern irgendein anderes Polygon ist, entpuppt sich bei sprachlicher Analyse als ein »Vieleck«, eng verwandt mit dem fünfeckigen Pentagon und der Trigonometrie, in der das Dreieck steckt. In dieser Darstellungsweise sähen die Häufigkeiten der Werksproduktion aus wie in Abb. unten.

Der Zusammenhang zwischen Histogramm und Polygon wird deutlich,

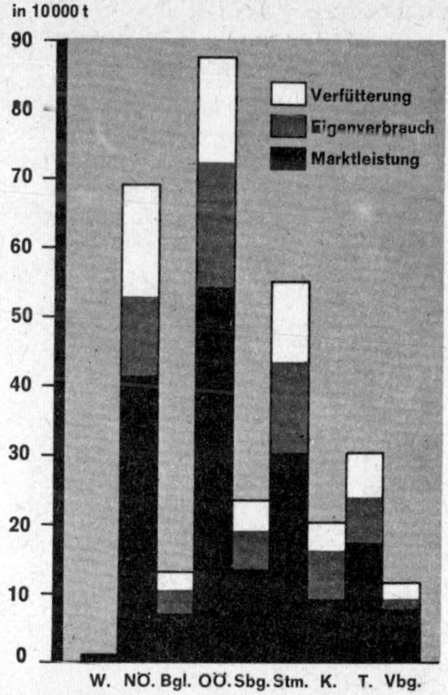

Stabdiagramm: Milchverwendung (in 10 000 Tonnen) der in österreichischen Bundesländern erzeugten Milch.

wenn wir beide Darstellungen übereinanderprojizieren: Es wird gewissermaßen jeweils in der Mitte der oberen Begrenzung der einzelnen Histogrammsäulen ein Punkt fixiert, und diese Punkte verbindet man durch eine Linie, die zuweilen zur Kurve wird (s. Abb. S. 48 unten).

Die Linien- beziehungsweise Kur-

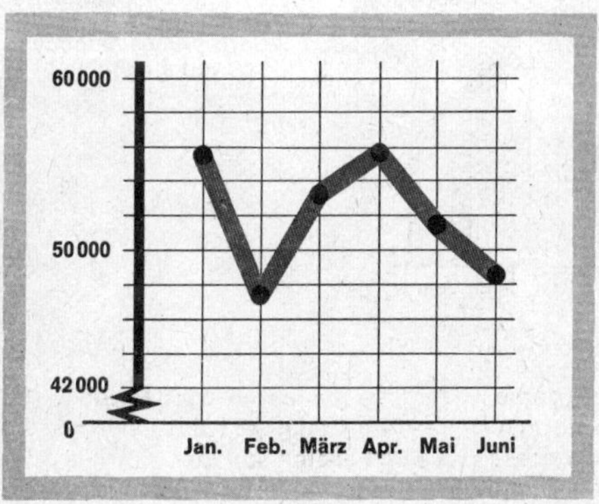

(Häufigkeits-)Polygon derselben Produktionsdaten.

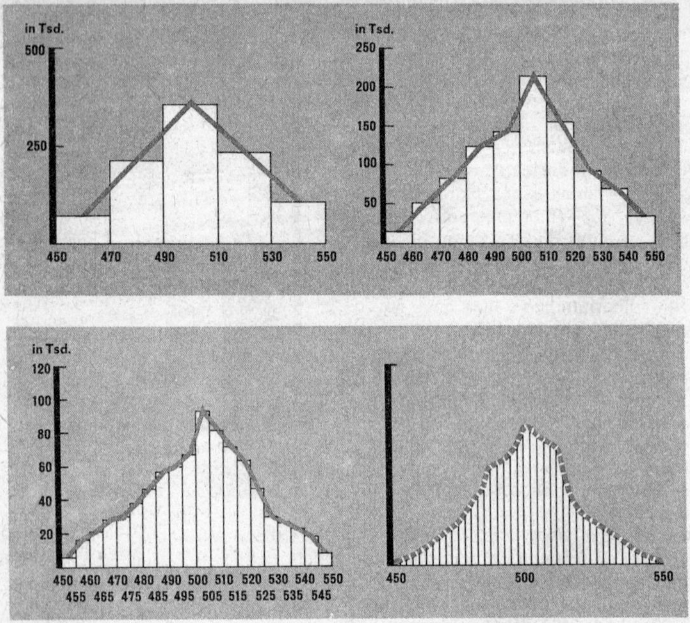

Mit fortschreitender Unterteilung der Gesamtheit in immer mehr Klassen von immer schmälerer Klassenbreite werden die Stäbe des Diagramms allmählich zur feinen Schraffierung, die zunächst geraden Linien des Polygons werden zur Kurve, die Häufigkeit wird zur Dichte.

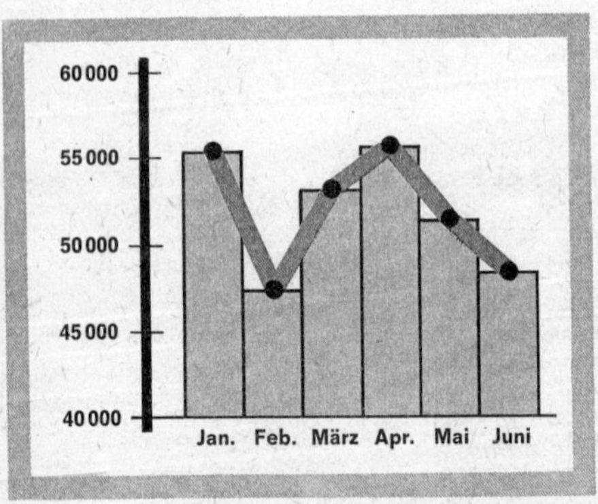

Histogramm — Polygon: Hier die gleiche Aussage mit unterschiedlichen optischen Mitteln. Allerdings läßt sich nicht in allen Fällen der Austausch der beiden Darstellungsmethoden sinnvoll durchführen.

vendarstellung wird besonders gerne bei Zeitreihen gewählt, also bei der graphischen Darstellung von Werten, die über einen längeren Zeitabschnitt hinweg gemessen worden sind. Dabei trägt man fast ausnahmslos die Zeitdimension auf der x-Achse (der Abszisse) auf. Auch dazu ein ein-

faches Beispiel aus der Kommunalstatistik:
Viele Häufigkeitsverteilungen ergeben in graphischer Darstellung eine sehr charakteristische Form. Eine der wichtigsten und berühmtesten dieser Verteilungskurven ist die sogenannte *Normal- oder Glockenkurve,* der wir ihrer überragenden Bedeutung wegen den größten Teil des nächsten Abschnitts widmen werden. Zuvor aber noch ein Hinweis. Bei gewissen Maßzahlen ist es unmöglich, eine graphische Verfeinerung durchzuführen. In anderen Fällen hingegen ist eine nahezu unbegrenzte Verfeinerung der Merkmale denkbar. Angenommen, wir stellen das Gewicht von einer Million gleichartiger Büroklammern dar, das im Mittel $\overline{x} = 0{,}5$ g betragen möge. Wir können dann die Gewichtsschwankungen innerhalb der Produktion in beobachteten Häufigkeiten unter anderem in fünf, zehn oder fünfzehn Klassen darstellen. Wir können aber

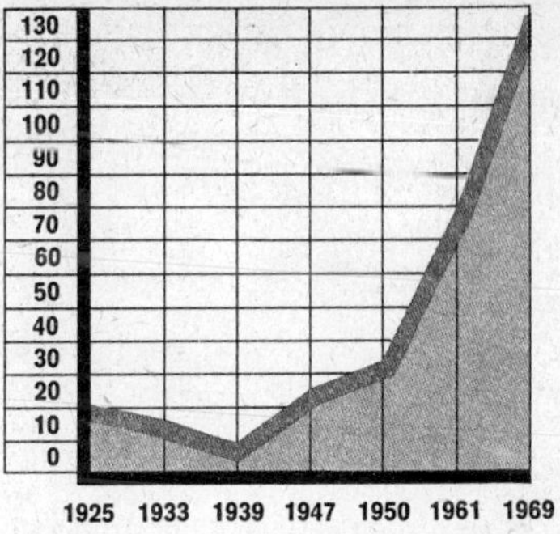

Zahl der Ausländer in München während der letzten 45 Jahre. (Nach einer Darstellung des Münchner Amts für Statistik und Datenverarbeitung.)

auch die Genauigkeit der Wägungen immer noch weiter steigern, bis die Zahl der Klassen theoretisch unbegrenzt wird und wir nur noch für die Einheit »Gesamtproduktion« eine Dichteverteilung ausdrücken.

3. Die Normalverteilung

3.1 Merkmale und relative Häufigkeiten

Die Statistik befaßt sich nicht mit der Einzahl, dem Individuum, sondern stets *mit der Mehrzahl, mit Massen, mit der »großen Zahl« oder zumindest mit Stichproben,* die aber ihrerseits immerhin aus einer Mehrzahl zusammengesetzt sind und Schlüsse auf eine noch größere Gesamtheit ermöglichen sollen.
Es ist daher nur naheliegend, bei der Zusammenstellung statistischen Materials absolute Zahlen nicht lediglich vorzuweisen, sondern *diese Zahlen mit Bezug auf eine Gesamtheit* darzustellen, also eine Relation, *ein Verhältnis zwischen der statistischen Masse* (oder der Stichprobe) einerseits und dem *statistischen Merkmal* andererseits herzustellen, indem man etwa erklärt: 10,3 Prozent der Münchner Wohnbevölkerung im Jahre 1969 waren Ausländer und Staatenlose. Damit ist ein klares Verhältnis zwischen der Gesamtheit »Münchner Wohnbevölkerung« und jener Untergruppe geschaffen, die durch das Merkmal »Ausländer und Staatenlose« charakterisiert ist.
Bei den sogenannten *diskreten Merkmalen* ist die Herstellung eines solchen Verhältnisses meist sehr leicht vorzunehmen. Diskrete Merkmale sind nämlich solche, die eindeutig und klar zu unterscheiden sind – zumindest in der Theorie: also Männer und Frauen (obwohl es vereinzelt Hermaphroditen gibt), Ausländer und Einheimische (wobei das Problem der doppelten Staatsangehörigkeit auftreten kann) und so fort. Hier läßt sich mit Hilfe einer Stichprobe oder einer Gesamterhebung relativ klar feststellen: Soundsoviel Prozent haben das Merkmal A, die übrigen haben es nicht. Die beliebteste graphische Darstellungsform ist dabei meist der Kreissektor, die *»Tortenschnitte«*: Die Kreisfläche ist die Gesamtheit, der Kreissektor der Anteil.
Einen nur scheinbaren, nicht aber tatsächlichen Gegensatz zu den diskreten Merkmalen bilden die sogenannten *»stetigen« Merkmale*. Sie werden gemessen (während die »diskreten« meist gezählt werden), und ihre zahlenmäßige Festlegung hängt letztlich von der Präzision der Meßinstrumente ab. Wenn man mich nach meinem Gewicht fragt, werde ich antworten: »70 Kilo«. Auf einer Badezimmerwaage werde ich vielleicht 70,5 Kilo feststellen können, auf einer genauer arbeitenden Waage 70 Kilo und 450 Gramm – und schließlich wird es eine Präzisionswaage geben, die bei jedem Ein- und Ausatmen einen deutlichen Ausschlag zeigt.
In derartigen Fällen eines stetigen Merkmals wird schon die Erhebung Vergröberungen durch Meßungenauigkeiten erbringen, und bei der statistischen Aufbereitung der ermittelten Daten wird man vermutlich zu einer Klassenbildung übergehen müssen, wie wir sie am Ende des vorigen Abschnitts skizziert haben. Sind diese Klassen aber einmal gebildet, kann die Häufigkeitsverteilung innerhalb der Grundgesamtheit in gleicher Weise vorgenommen werden wie bei diskreten Merkmalen. Es heißt dann eben: »8,5 Prozent der erwachsenen weiblichen Bevölkerung wiegen zwischen 50 und 55 Kilo« oder »16 Prozent der Familien in Neureichenbach beziehen ein Jahreseinkommen von weniger als 15 000 Talern«.
Einen Sonderfall bilden *jene Merkmale, die zahlenmäßig zunächst überhaupt nicht zu erfassen sind.* Wie soll man etwa Arbeitnehmer in

zufriedene und unzufriedene einteilen? Gewiß, man kann sie – mehr oder weniger direkt – danach befragen, man kann mit psychometrischen und soziometrischen Verfahren darüber Aufschlüsse gewinnen, aber als Berechnungsbasis bleiben letztlich doch nur reichlich vage Intensitätsmerkmale (sehr zufrieden, zufrieden, einigermaßen zufrieden, unzufrieden) übrig. Der Statistiker wird in solchen Fällen (wie alle Wissenschaftler) danach streben, eine exakte Quantifizierung über irgendwelche Meßvorgänge oder Tests zu erreichen – wie etwa beim Intelligenzquotienten, dem IQ –, aber oftmals bleibt dann doch nur eine Ordnungs- oder Präferenzskala übrig, aus der sich wohl meist ein »häufigster Wert« und auch ein Zentralwert ergeben, kaum jedoch ein mathematischer Mittelwert. Man wird dann eben eine grobe Klassenbildung vornehmen und mit Blick auf die Grundgesamtheit etwa sagen: »32 Prozent aller Tertianer haben einen befriedigenden Schulerfolg in Physik aufzuweisen.«
Warum diese Betonung der *relativen Häufigkeit?* Weil auf ihr – weit mehr als auf den absoluten Meßwerten – *das Gebäude der modernen Statistik errichtet ist.* Denn durch die Standardisierung auf eine einheitliche Bezugsgesamtheit werden Strukturvergleiche möglich, die andernfalls in einem Wust von Zahlen unterschiedlicher Größenordnung verlorengingen. Wir werden sehr bald die Standard-Normalverteilung kennenlernen, in der alle Messungen auf den einheitlichen Wahrscheinlichkeitsraum 1 bezogen sind, und diese Normalverteilung beherrscht die Stichprobentheorie und mit ihr fast alle neueren statistischen Verfahren. Aber auch für die klassische Statistik, die beschreibende Statistik der Gesamterhebung und der Volkszählung, ist die *Umrechnung in Prozentsätze* besonders zu Vergleichszwecken immer dann nützlich, wenn die verglichenen Grundgesamtheiten unterschiedlich groß sind: Es ist eher der *relative* Anteil der Bauern an der Bevölkerung Schottlands im Jahre 1900, der einen Strukturvergleich mit heute ermöglicht, als die absolute Zahl. Ebenso lassen sich die Analphabeten im kleinen Ghana mit denen im großen Brasilien nur auf Prozentbasis sinnvoll vergleichen. Wobei übrigens gleich hinzugefügt werden muß, daß es nur sehr wenige internationale Vergleiche gibt, die völlig unproblematisch sind. Denn trotz aller Bemühungen um einen einheitlichen Begriffsinhalt und -umfang besagen die Rubriken »Unfalltote« und »Arbeitslose«, »Vorbestrafte« oder »Hochschüler« nicht überall genau das gleiche. So heißt es im Statistischen Jahrbuch der Bundesrepublik unter anderem: ». . . ist zu beachten, daß die Statistik der DDR vielfach mit anderen Bezeichnungen oder systematischen Gruppierungen als die Statistik der Bundesrepublik Deutschland arbeitet. Ein Vergleich ist deshalb . . . oft nur mit Einschränkungen möglich.« Und die Fußnoten internationaler Statistiken wimmeln von Hinweisen auf unterschiedliche Begriffsinhalte.
Wo es hingegen nicht um Vergleiche – sei es mit anderen Ländern oder mit anderen Zeitpunkten – geht, sind die in der Populärstatistik so beliebten Zahlen »pro Kopf der Bevölkerung« oft eher verwirrend als hilfreich: »In Österreich entfallen auf den Kopf der Bevölkerung 150 Schilling für Forschungsaufgaben«, sagt dem Laien gar nichts. Er kann jedoch durch Beifügungen wie »nur« oder »lächerliche« dazu verleitet werden, die Zahl als sehr niedrig anzusehen. Hieße es statt dessen »immerhin« oder »ansehnliche«, dann erschiene ihm dieselbe Zahl weit größer. Wenn wir uns später mit demagogischen Interpretationen von Statistiken beschäftigen, werden wir auf dergleichen Nuancen zurückkommen.
Hier wollen wir noch auf andere *Bezugsgrößen* hinweisen: Es ist nicht

immer die ganze Bevölkerung, auf die etwas entfällt, es können auch lediglich die »Erwerbstätigen« oder die »Pkw-Besitzer« sein. Zuweilen sind solche Bezugsgruppen statistisch viel aussagekräftiger (etwa, wenn Geburten auf die Zahl der Frauen im gebärfähigen Alter und nicht auf die Gesamtbevölkerung bezogen werden), zuweilen handelt es sich nur um Taschenspielertricks, durch die eine Situation anders erscheinen soll, als sie wirklich ist.

Vorerst aber sind es nicht so sehr die Bezugszahlen, mit denen wir uns beschäftigen müssen, sondern die *Verteilung der Merkmale in einer Gesamtheit oder in einer Stichprobe.* Denn Brillenträger oder Mopedfahrer, Blondinen oder Kurzstreckenläuferinnen sind ja – ebenso wie die Träger aller anderen »Merkmale« – in der »Population«, der Gesamtbevölkerung, irgendwie verteilt – wie ja auch die Zahl 25 in der Folge der gezogenen Lottozahlen oder den Ergebnissen am Roulettisch unter der Gesamtheit der 49 oder 37 Zahlen »verteilt« ist, wie auch fehlerhafte Glühbirnen oder überlange Schrauben in einer Fließbandproduktion verteilt sind. Unser Interesse gilt also zunächst der Grundstruktur dieser Merkmalverteilungen und damit der elementaren Wahrscheinlichkeitstheorie.

3.2 Wahrscheinlichkeitsrechnung und Statistik

Es wird zuweilen gesagt, *Statistik sei angewandte Wahrscheinlichkeitsrechnung,* und an dieser Behauptung ist zweifellos etwas Wahres, wenn man sie nicht allzu wörtlich nimmt. Wir müssen hier eine Überlegung ins Gedächtnis rufen, die wir schon im Einleitungskapitel dieses Buches angestellt haben: *Statistik läßt sich unterteilen in deskriptive und in induktive Statistik.*

Die *beschreibende (deskriptive) Statistik*, die am typischsten bei der Volkszählung und ähnlichen Gesamterhebungen auftritt, beschäftigt sich vornehmlich damit, eine unübersehbare Fülle von Daten übersichtlich aufzubereiten, ihre Strukturmerkmale deutlich zu machen, überall dort Vereinfachungen vorzunehmen, wo der Aussagewert dadurch nicht vermindert wird. In diesem Sinne einer *Beschreibung des öffentlichen Lebens, einer »politischen Arithmetik«, einer mathematischen Staatswissenschaft* hat man Statistik bis ins zwanzigste Jahrhundert vornehmlich betrieben.

Mehr und mehr tritt aber jetzt die *induktive Statistik*, die statistische Analyse, in den Vordergrund des Interesses. Auch sie arbeitet mit Messungen, Zählungen, Erhebungen – aber ihr stehen nicht Gesamtheiten, ja oft nicht einmal größere Teile dieser Gesamtheiten als Material zur Verfügung, sondern sie basiert auf Stichproben, auf kleinen, zwangsläufig zuweilen sogar auf kleinsten Teilmengen einer Gesamtheit, die nun aufgrund dieser Stichprobenresultate in ihrer Struktur und Zusammensetzung erfaßt und dargestellt werden soll.

Die Brücke zwischen diesen beiden Hauptbereichen statistischer Arbeit bildet die *Wahrscheinlichkeitstheorie*. Sie liefert die mathematische Basis für die Beurteilung der Zuverlässigkeit und Genauigkeit aller Stichprobenverfahren und auch für die Zuverlässigkeit und Genauigkeit der Methoden, mit denen diese Stichproben bearbeitet werden. Daß die Wahrscheinlichkeitsrechnung eine Disziplin der Mathematik ist, darf dabei nicht darüber hinwegtäuschen, daß die Betonung auf dem ersten Teil des Wortes liegt, auf der Wahrscheinlichkeit. Die Rechnung läßt sich oft auf -zig Dezimalstellen ausführen, aber die Wahrscheinlichkeit hört meist noch vor dem Komma auf! Die *»Gesetze der Wahrscheinlichkeit«* sind daher Gesetze ganz

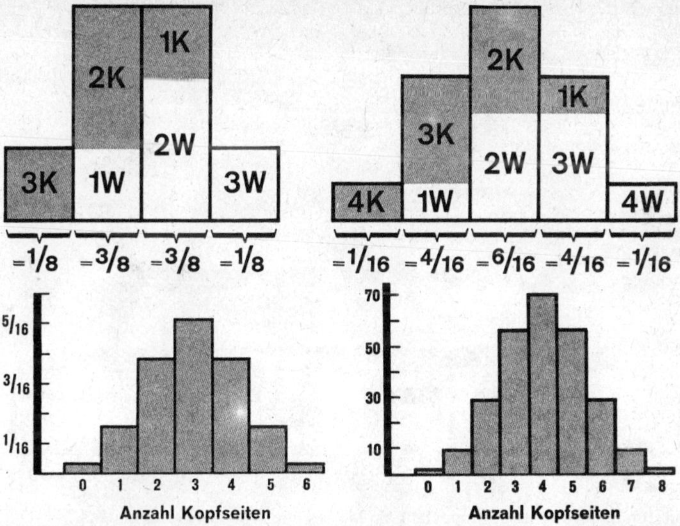

Wahrscheinlichkeiten des Resultats beim drei-, vier-, sechs- und achtmaligen Werfen einer Münze. Die relativen Häufigkeiten ergänzen sich stets zur Gesamtheit 1 aller Möglichkeiten. In der Graphik für das achtmalige Werfen sind dagegen absolute erwartete Häufigkeiten angegeben (Gesamtheit = 256, die relativen Wahrscheinlichkeiten errechnen sich durch Division: Die Wahrscheinlichkeit für je vier Kopf und Wappen beträgt zum Beispiel 70/256).

besonderer Art – tolerant, flexibel, skurrillen Extremen nicht prinzipiell im Wege stehend und doch auf lange Sicht zuverlässig, unfehlbar und vertrauenswürdig. Wir werden uns also zumindest mit einigen elementaren Grundbegriffen der Wahrscheinlichkeitsrechnung ein wenig befassen müssen.

Fast jede Erörterung des Begriffs der mathematischen Wahrscheinlichkeit nimmt auf das Münzwerfen Bezug, und wir wollen dieser alten Tradition treu bleiben. Wenn man eine Münze wirft, kann sie bekanntlich hinterher entweder Kopf (K) oder Wappen (W) zeigen. Die Wahrscheinlichkeit für jedes dieser beiden Ereignisse ist a priori gleich groß; wir nehmen ja an, daß die Münze nicht verfälscht ist.
Diese Gleichwahrscheinlichkeit wird nun so ausgedrückt, daß man sagt: $p_K = p_W$, oder, wie ebenfalls häufig geschrieben wird: $P(K) = P(W)$.
In diesem Fall gilt: $p_K = 0{,}5$, und auch $p_W = 0{,}5$, denn jedes einzelne Ereignis ist halb so wahrscheinlich wie die absolute Gewißheit, daß eines der beiden Ereignisse eintreten wird. Diese Gewißheit, dieser Gesamtraum aller nur denkbaren Möglichkeiten, wird also mit der Einheit, mit 1, bezeichnet. Eine Addition von Einzelwahrscheinlichkeiten kann daher unter gar keinen Umständen mehr als 1 ergeben.
Wir kennen diese mathematische Wahrscheinlichkeit übrigens auch in umgangssprachlicher Formulierung. Man hat die Werte nur mit 100 multipliziert und sagt dann: Die Chance ist fifty-fifty. Hier aber sind wir korrekt: $p_K = 0{,}5$, $p_W = 0{,}5$. Das sind die Wahrscheinlichkeiten für das einmalige Werfen der Münze.
Werfen wir die Münze nicht nur ein-

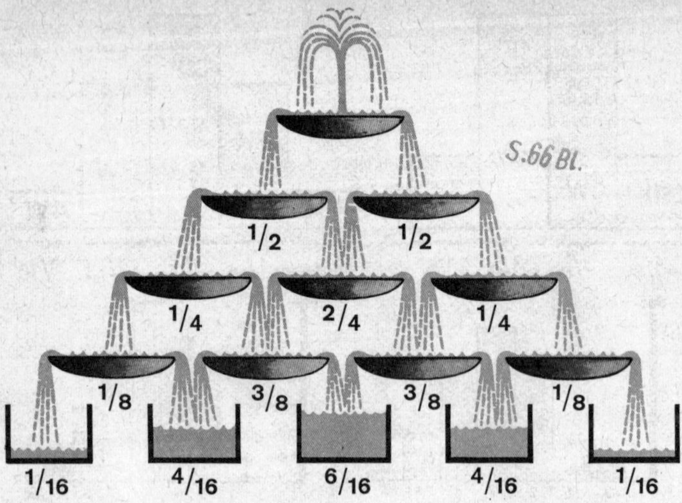

Die Binomialverteilung, dargestellt am Modell eines Römischen Brunnens.

mal, sondern öfter, so läßt sich die Wahrscheinlichkeit der einzelnen Resultatkombinationen (KWW, KWK, KKK und so weiter) durch Multiplikation der Ausgangswahrscheinlichkeiten (p_K = 0,5, und so weiter) errechnen, da wir es hier mit voneinander unabhängigen Versuchen zu tun haben; denn die Münze oder der Würfel sind ja nicht durch die früheren Resultate beeinflußt. (Anders wäre es bei einer Wetterprognose: Wenn es heute schön ist, dann ist die Wahrscheinlichkeit, daß es auch morgen schön ist, größer, als wenn es heute regnet – das Wetter heute und das Wetter morgen sind voneinander nicht unabhängig.)
Für das Ereignis »zweimal Kopf« erhalten wir auf diese Weise: (p_K = 0,5) · (p_K = 0,5) = p_{KK} = 0,25; ebenso p_{WW} = 0,25. Dazu kommen noch die beiden Möglichkeiten für »1 Kopf, 1 Wappen«, nämlich p_{WK} = 0,25 (also zuerst Wappen, dann Kopf) und p_{KW} = 0,25 (zuerst Kopf, dann Wappen). Ist man nur am Gesamtresultat interessiert, nicht aber an der Reihenfolge, dann erhalten wir beim zweimaligen Münzwurf die Wahrscheinlichkeiten: p_{KK} = 0,25, p_{WW} = 0,25, p_{WK} (in beliebiger Reihenfolge) = 0,5.
In ähnlicher Weise lassen sich die erwarteten Häufigkeiten bei drei, vier und mehr Münzwürfen errechnen, und wir erhalten eine Häufigkeitsverteilung, die sich, als *Histogramm* dargestellt, in folgender Weise entwickelt.
Es ist deutlich zu sehen, wie sich eine ganz charakteristische Form herausbildet, die noch stärker in Erscheinung tritt, wenn wir ein *Frequenzpolygon* über das Histogramm stülpen – ähnlich, wie wir es zu Ende des Abschnitts 2.7 getan haben – und gleichzeitig die Zahl der Versuche noch weiter vermehren (s. die beiden unteren Abb.).
Ein gutes Bild einer solchen Verteilung bietet auch das Modell des *»Römischen Brunnens«*, bei dem das überfließende Wasser aus jeder Schüssel gleichmäßig nach rechts und links abfließt (s. Abb. oben).

Ein weiteres Modell zur Veranschaulichung einer Aufeinanderfolge gleichartiger Zufallswahrscheinlichkeiten stellt das sogenannte *Galtonsche Nagelbrett* dar, das – popig und pseudoelektronisch aufgemacht – bis auf den heutigen Tag das entscheidende Konstruktionsprinzip zahlreicher simpler Glücksspielautomaten ist. Der Grundgedanke ist dabei der, daß eine Kugel auf einem geneigten Brett, von oben herabrollend, gegen einen Stift stößt, von dem sie nun nach rechts oder links unten abgleitet. Dort trifft sie auf zwei Stifte, wird abermals vom Zufall abgelenkt, trifft auf eine Dreierreihe von Stiften und so fort. Nach einer beliebigen Anzahl von Stiftreihen landet die Kugel in einem Auffangbehälter – besonders häufig in der Mitte, etwas weniger häufig kurz daneben, ganz selten in den äußersten Fächern.

3.21 Die Binomialverteilung

Wir haben in diesen Fällen eine sogenannte *Binomialverteilung* vor uns. Sie ist dadurch gekennzeichnet, daß sie nur *zwei verschiedene Merkmalsausprägungen* aufweist, die aber zusammen den gesamten Wahrscheinlichkeitsraum ausfüllen. Beim Münzwurf versteht sich das von selbst, da es ja nur zwei Merkmale (Kopf oder Wappen) gibt. Aber schon beim Ziehen einer Spielkarte haben wir es mit vier »Farben« zu tun! In solchen Fällen – und sie sind in der Praxis sehr häufig – unterscheidet man einfach zwischen *»gesuchtem Merkmal«* und *»alles andere«*. Wie groß ist die Wahrscheinlichkeit, aus einem gut gemischten Spiel eine Pik zu ziehen? Offenbar $^1/_4$ – und der Rest, $^3/_4$, bleibt für die »Nicht-Pik«, die Kreuz, Herz und Karo, oder wie immer sie heißen mögen.
Es wird daher der Wahrscheinlichkeit p, daß das »Ereignis« eintritt, meist der Komplementärwert (1 — p), der auch q geschrieben wird, entgegengestellt. Und: $p + q = 1$. Daher: je kleiner p, um so größer q, und umgekehrt. Wenn ich das Merkmal »männlich« habe, dann ist in jeder einigermaßen repräsentativen Stichprobe einer Bevölkerung p nur minimal geringer als q. Wenn das Merkmal »Männer über 40, die im vergangenen Jahr in Portugal waren« lautet, dann ist p sehr klein, denn im q stecken dann nicht nur alle Frauen, sondern auch alle Männer unter 40 und alle, die nicht in Portugal waren.
Die Binomialverteilung gibt nun an, *welche Wahrscheinlichkeit für ein bestimmtes Stichprobenergebnis besteht*. Sie liefert damit die empirische Basis der Stichprobentheorie. Aus einer genau bekannten Grundgesamtheit, etwa dem Spiel mit 52 Karten, ermöglicht sie uns, die Wahrscheinlichkeiten für jede Reihenfolge von Ziehungsergebnissen festzustellen. In der Praxis der Stichprobenziehung kennen wir die wahre Grundgesamtheit *nicht*, aber wir wissen nun, wie wahrscheinlich es ist, daß Stichproben auf diese oder jene Weise ein wahres oder verzerrtes Bild der Gesamtheit liefern.
Sehen wir uns etwa an, wie viele Pik »wahrscheinlich« gezogen werden, wenn man fünfmal hintereinander aus einem gut gemischten Spiel eine Karte zieht. (Die gezogene Karte wird dabei jedesmal zurückgelegt und wieder mitgemischt; andernfalls haben wir nämlich das Modell der *»hypergeometrischen Verteilung«* vor uns.)
Bei einer einmaligen Ziehung gilt $p = 0{,}25$. Bei einer fünfmaligen Ziehung beträgt daher der rechnerische »Erwartungswert« $5p = 1{,}25$. Nun ist es aber nicht gut möglich, 1,25 Pik zu ziehen, der Erwartungswert dient daher hier (und in vielen anderen Fällen) nur als eine Art Orientierungshilfe. Wir können schon jetzt annehmen, daß »eine Pik unter fünf Karten« verhältnismäßig oft auftreten

1
1 1
1 2 1
1 3 3 1
1 4 6 4 1
1 5 10 10 5 1
1 6 15 20 15 6 1
1 7 21 35 35 21 7 1
. . . .
. . . .

Das Pascalsche oder arithmetische Dreieck bildet gewissermaßen den Übergang von der Zahlenmagie zur Wahrscheinlichkeitstheorie. Aus den einzelnen Zeilen des Dreiecks lassen sich die Wahrscheinlichkeiten von Zufallsereignissen aller Art ablesen.

wird. Aber am einfachsten ist es, zuerst die beiden Extreme zu errechnen: fünf Pik beziehungsweise keine Pik. Da es sich bei den Ziehungen um voneinander unabhängige Zufallsereignisse handelt (wir haben ja die gezogene Karte wieder zurückgegeben und gut gemischt), gilt die Multiplikationsregel der Wahrscheinlichkeit: $p_{5\,\text{Pik}} = (0{,}25)^5$ – in rund tausend Versuchsserien wäre dieses Ergebnis ein einziges Mal zu erwarten. Häufiger kann man mit fünf Nicht-Pik rechnen: $q_{5\,\text{Nicht-Pik}} = (0{,}75)^5$. Das wüßten wir. Aber was nun? Wie oft wird es 1 Pik und 4 Nicht-Pik geben?

Wie können errechnen, was $(0{,}25) \cdot (0{,}75)^4$ ergibt – aber dieses Resultat kann auf mehr als nur *eine* Art zustande kommen, denn die eine Pik kann als erste, aber auch erst als zweite, dritte, vierte oder gar fünfte Karte gezogen werden: fünf verschiedene Möglichkeiten. Was hier noch bequem abzuzählen ist, läßt sich bei komplizierteren Fällen (etwa 3 Pik aus 8) nicht so leicht feststellen. Hilfe in dieser schwierigen Situation finden wir dann bei einer seltsamen Zahlenanordnung, die als *»Pascalsches Dreieck«* bekannt ist – eigentlich sehr zu Unrecht, denn Pascal hat sie nicht einmal wiederentdeckt, sondern von seinem Lehrer Hérigone kennengelernt. Aber schon 150 Jahre früher finden wir eine ganz ähnliche Anordnung in Michael Stifels *»Arithmetica integra«* (Nürnberg 1544), und im persischen und chinesischen Schrifttum des 13. und frühen 14. Jahrhunderts ist diese Zahlenfigur ebenfalls schon zu sehen, die man daher besser neutral als *»arithmetisches Dreieck«* bezeichnet. Wie sieht diese Zahlenanordnung nun aus?

Eine Schicht von Einsern umgibt ein Dreieck, in dem jede Zahl aus der Summe der beiden – rechts und links – schräg über ihr stehenden Zahlen gebildet ist. Was zunächst wie eine wunderliche Spielerei aussehen mag, gewinnt jedoch rasch an Bedeutung, wenn man abermals einen Römischen Brunnen konstruiert und das Wasser ebenfalls von Stufe zu Stufe in zwei, drei. vier ... Becken plätschern läßt. Nehmen wir in der obersten Schale eine »Einheit« Wasser an, dann teilt sich diese in der nächsten Etage in $^1/_2 + {}^1/_2$, in der dritten in $^1/_4 + {}^2/_4 + {}^1/_4$, in der folgenden in $^1/_8 + {}^3/_8 + {}^3/_8 + {}^1/_8$, und so weiter, wie in der Skizze dargestellt.

Das entspricht genau unseren Münzwurfresultaten: Wahrscheinlichkeit bei einem Wurf $^1/_2$ zu $^1/_2$, beim nächsten Wurf Verteilungswahrscheinlichkeit $^1/_4$ (KK) zu $^1/_2$ (KW beziehungsweise WK) zu $^1/_4$ (WW); bei drei Würfen $^1/_8$ KKK, $^3/_8$ KKW, $^3/_8$ KWW, $^1/_8$ WWW und so fort.

Vielleicht ruft dieser Aufbau aber auch die Erinnerung an halb vergessene Schulmathematik wach. Da gab es den *binomischen Lehrsatz:* $(a + b)^2 = a^2 + 2ab + b^2$, Verteilung also 1 ($a^2$) zu 2 (ab) zu 1 ($b^2$), ganz wie im Pascalschen Dreieck, beziehungsweise im Zähler der Brüche unseres Römischen Brunnens. Im Falle von $(a + b)^3 = a^3 + 3a^2b + 3ab^2 + b^3$ bestätigt sich das – und es erweist sich generell, *daß im Pascalschen Dreieck die Binomialkoeffizienten fein säuberlich aufgereiht sind.* Das zunächst für den

Nichtmathematiker schier unlösbare Problem $(a + b)^5$ etwa läßt sich nun fast mühelos lösen, nämlich lesen – ablesen: Die »5er-Zeile« lautet 1 — 5 — 10 — 10 — 5 — 1, daher:
$(a + b)^5 = a^5 + 5a^4b + 10a^3b^2 + 10a^2b^3 + 5ab^4 + b^5$.
Jetzt ist gar nichts anderes mehr nötig, als für a und b nunmehr p und q zu setzen, und wir können die Wahrscheinlichkeit aller Kombinationen bei fünf Ziehungen aus dem Kartenpaket ausrechnen. Wir suchen vor allem den Fall pq^4, nämlich 1 Pik und 4 Nicht-Pik. Da $pq^4 = (0{,}25)\ (0{,}75)^4$, und $(0{,}75)^4 = 0{,}317$, erhalten wir die Wahrscheinlichkeit 0,08, die nun noch mit der Häufigkeit 5 zu multiplizieren ist – die Zeile lautet ja $p^5 + \ldots + 5\ pq^4 + q^5$. Da $(0{,}08) \cdot 5 = 0{,}4$, ist die gesuchte Wahrscheinlichkeit »eine Pik in fünf Ziehungen« etwa 0,4.
In ähnlicher Weise ist zu errechnen:

keine Pik:		$(0{,}75)^5$	= 0,24
eine Pik:		(siehe oben)	= 0,40
zwei Pik:	10	$(0{,}25)^2\ (0{,}75)^3$	= 0,26
drei Pik:	10	$(0{,}25)^3\ (0{,}75)^2$	= 0,09
vier Pik:	5	$(0{,}25)^4\ (0{,}75)$	= 0,01
fünf Pik:		$(0{,}25)^5$	= 0,001

Und die Summe all dieser Ausdrücke ergibt wieder 1, nämlich den Wahrscheinlichkeitsraum aller Stichproben im Umfang von fünf Ziehungen. Die größte Teilsumme davon ist jenes $5\ (0{,}25)\ (0{,}75)^4 = 0{,}4$, das wir für eine Pik errechnet haben – und das ist nur recht und billig, denn »eine Pik« gibt ja die Situation »Erwartungswert 1,25« am bestmöglichsten wieder.
Die *Binomialkoeffizienten* sind aber auch noch in einer anderen Hinsicht von großer Bedeutung für die Wahrscheinlichkeitstheorie: *Sie helfen uns, Kombinationen zu errechnen.* Wenn ich zum Beispiel drei Personen in einem zweisitzigen Sportwagen Platz nehmen lassen will, dann gibt es drei Möglichkeiten, solche Zweierkombinationen zu bilden: AB, BC und AC. Allgemein und mathematisch formuliert lautet die Frage: Wie viele aus k bestehende Kombinationen kann man aus insgesamt n Einheiten bilden?

Die Antwort lautet: $\binom{n}{k}$,

wird gelesen »n über k« und wird nach folgender Formel errechnet:

$$\binom{n}{k} = \frac{n!}{k!\,(n-k)!}$$

Dieses Rufzeichen wird als *»Fakultät«* gelesen (»n Fakultät«) und besagt, daß die betreffende Zahl mit ihren jeweils um eins verminderten Werten durchlaufend zu multiplizieren ist: $4! = 4 \cdot 3 \cdot 2 \cdot 1 = 24$, und so weiter.
Wenn nun etwa n = 5 und k = 2, dann haben wir

$$\binom{n}{k} = \binom{5}{2} = \frac{5!}{2! \cdot 3!} = \frac{5 \cdot 4 \cdot 3 \cdot 2 \cdot 1}{2 \cdot 1 \cdot 3 \cdot 2 \cdot 1}$$

was nach Kürzung 10 ergibt – und das ist jene 10, die die Kombinationsmöglichkeiten von k = 2 Pik in n = 5 Ziehungen angibt.

Ebenso bei k = 1, $\binom{5}{1} = 5$. Aber wie ist es bei k = 0? Hier ist zu berücksichtigen, daß definitionsgemäß »null Fakultät« (0!) nicht etwa null, sondern eins ist! Daher $\binom{5}{0} = \frac{5!}{0! \cdot 5!} = 1$; das 1 von 1 p^5 beziehungsweise 1 q^5.
Allerdings wenn n auf mehr als 10 anwächst, wachsen 11! – und so fort – zu unhandlichen Größen und können bald nur noch durch Näherungsformeln bestimmt werden.
Glücklicherweise ist aber dann die Verteilung nicht nur im Fall p = q = 0,5 durch die weit bequemere Normalverteilung wiederzugeben, sondern auch bei kleinerem p ist die Normalverteilung gut genug – und bei sehr kleinem p bedient man sich der *Poisson-Verteilung*, die wir auch noch kennenlernen werden.

Und damit wollen wir diesen Erste-Hilfe-Kursus in Wahrscheinlichkeitsrechnung und Kombinatorik abschließen.

Postskriptum für *Amateuretymologen:* warum *»binomisch«, »binomial«, »Binom«*? Ex binis nominibus, »aus zwei Ausdrücken« (nämlich p und q, Pik und Nicht-Pik und so fort).

3.22 Das Gesetz der großen Zahlen

Spielkasinos gehen in der Regel nicht bankrott. Es gibt dafür mehrere Gründe, die zwei wichtigsten sind wohl die: Erstens ist bei fast jedem Kasinospiel eine Chance der Bank dergestalt eingebaut, daß auf lange Sicht die Bank gewinnen muß, und zweitens haben fast alle Spieler eine abergläubisch verzerrte Vorstellung vom *»Gesetz der großen Zahlen«*. In ihrer Vorstellung mischen sich elementare Wahrscheinlichkeitsrechnung und naiver Optimismus mit fehlerhafter Mathematik zu einer phantastischen Legende, die etwa folgendes besagt: »Wenn zehnmal hintereinander Rot gekommen ist, dann muß über kurz oder lang Schwarz häufiger kommen, denn das Gesetz der großen Zahlen fordert gebieterisch, daß letzten Endes Rot und Schwarz gleich oft erscheinen.«

Das gleiche Argument kann für das lange Ausbleiben einer einzelnen Roulett- oder Lottozahl geltend gemacht werden. Es gibt eine ganze Reihe von Lottospielern, die systematisch jene Zahlen setzen, die besonders lange ausgeblieben oder überdurchschnittlich selten gezogen wurden, weil sie der Überzeugung sind, diese Zahlen seien nun reif, ja überreif. Es ist dies die Legende von der *»Maturität der Chancen«*.

Nach einem Bonmot eines französischen Mathematikers hat das Roulett »weder Gewissen noch Gedächtnis«. Aber die wenigsten Menschen wollen das glauben und klammern sich statt dessen an die schlecht verdaute Weisheit vom *»Gesetz der großen Zahlen«*, das angeblich die Kompensation verspricht, indem es kategorisch fordert, daß sich auf lange Sicht der wahrscheinlichkeitstheoretische Erwartungswert unweigerlich einstellt. Wenn man eine Münze hundertmal wirft, dann muß Kopf und Wappen gleich oft kommen – und wenn das bei hundertmal noch nicht klappt, dann bei tausend- oder zehntausendmal oder auch noch später.

Wie lange nicht gezogen?

1 3	2 2	3 3	4 3	5 23	6 4	7 8
8 2	9 27	10 10	11 16	12 3	13 4	14 10
15 15	16 6	17 —	18 16	19 5	20 8	21 1
22 20	23 5	24 —	25 3	26 —	27 4	28 12
29 22	30 2	31 5	32 1	33 11	34 1	35 15
36 15	37 2	38 4	39 —	40 2	41 6	42 1
43 —	44 7	45 1	46 21	47 17	48 6	49 ≡

LINKS: Die in der Mitte jedes Kästchens stehende Ziffer zeigt an, seit wie vielen Ausspielungen die links oben stehende Zahl nicht mehr gezogen wurde. Ein Strich bedeutet, daß die Ziehung in der letzten Ausspielung erfolgt ist. Zwei oder mehr Striche geben an, daß die betreffende Zahl dementsprechend oft in den letzten Ausspielungen – in ununterbrochener Folge – gezogen wurde. – RECHTS: Die in der Mitte jedes Kästchens stehende Ziffer mit x-Zeichen zeigt an, wie oft die betreffende Zahl bisher gezogen wurde (Zusatzzahl nicht berücksichtigt).

Ziehungshäufigkeit der Zahlen
nach der 8. Ausspielung vom 20. Februar 1971
(insgesamt 802 Ausspielungen)

1 94x	2 101x	3 91x	4 95x	5 94x	6 104x	7 81x
8 91x	9 111x	10 97x	11 95x	12 96x	13 77x	14 107x
15 92x	16 84x	17 97x	18 101x	19 104x	20 84x	21 112x
22 109x	23 96x	24 92x	25 101x	26 100x	27 97x	28 86x
29 100x	30 95x	31 100x	32 108x	33 102x	34 97x	35 94x
36 116x	37 89x	38 108x	39 106x	40 107x	41 94x	42 93x
43 96x	44 102x	45 101x	46 99x	47 92x	48 110x	49 114x

Die Ziehungshäufigkeit der Lottozahlen weist eine Zufallsverteilung auf. Bei 802 Ausspielungen wurden 4812 Zahlen gezogen, jede der 49 Zahlen hatte einen Erwartungswert der Ziehungshäufigkeit von 4812/49, also etwa 98. Keine einzige ist jedoch (Zufall!) genau 98mal erschienen, wohl aber die meisten im Bereich zwischen 88 und 108. Ganz selten sind die extremen Abweichungen: die 13 ist nur 77mal erschienen, die 36 dagegen 116mal. Schwieriges Problem für die Spieler: Ist die 13 »überfällig«, oder empfiehlt sich die siegreiche 36?

Das »Gesetz der großen Zahlen« ist in seiner ursprünglichen Fassung mehr als ein halbes Jahrtausend alt. Es taucht in Jakob Bernoullis *»Ars coniectandi«*, die nach dem Tode des Verfassers 1713 veröffentlicht wurde, zum erstenmal auf und besagt etwa folgendes: Wenn Versuchsreihen lang genug sind und oft genug wiederholt werden, dann kann die errechnete Wahrscheinlichkeit im Durchschnitt dieser Versuche mit jeder beliebigen Präzision erreicht werden. Der Akzent liegt dabei auf dem *Durchschnitt zahlreicher* Versuchsreihen.

An einem praktischen Beispiel illustriert, sieht das etwa so aus: Die Wahrscheinlichkeit, mit einem korrekten Würfel eine Vier zu würfeln, ist, da der Würfel sechs Flächen hat, gleich $^1/_6$. Da der Erwartungswert bei voneinander unabhängigen Versuchen gleich der Erfolgswahrscheinlichkeit (p), multipliziert mit der Versuchszahl (n) ist, ergibt sich bei 6 Versuchswerten der Erwartungswert 1 (aus: $6 \cdot {}^1/_6$), bei 300 der Erwartungswert 50 ($p = {}^1/_6$, $n = 300$), bei 9000 der Erwartungswert 1500.

Das »Gesetz der großen Zahlen« sagt nun nicht etwa, daß ich bei 9000 Würfen *sicherlich* 1500 Vieren würfeln werde, wie immer die Pech- oder Glückssträhnen sein mögen, in die ich zwischendurch gerate. Es geht vielmehr darum, daß es möglich ist, jene Zahl von Dreihunderter-, Tausender- oder anderen Serien festzulegen, deren Ergebnisse als Arithmetisches Mittel schließlich ganz gewiß nicht um mehr als 1 oder 3 oder 7 oder einen anderen beliebigen Wert vom Erwartungswert abweichen werden. In einer einzelnen Versuchsreihe kann von einer Kompensation im Laufe der Reihe keine Rede sein. Was eintritt – und was wir andeutungsweise auch schon im Pascalschen arithmetischen Dreieck beobachten können –, ist eine Konzentrierung der Häufigkeiten in der *Nähe* des Erwartungswertes, gleichzeitig aber eine immer breitere Gesamtstreuung. Beim zweimaligen Münzwurf wird der Erwartungswert 1 Kopf ($p = {}^1/_2$, $n = 2$) in der Hälfte der Versuchsserien auftreten, beim zwölfmaligen Werfen wird der Erwartungswert 6 ($p = {}^1/_2$, $n = 12$) aber nur in $^{924}/_{4096}$ = 22,5 Prozent oder weniger als einem Viertel aller Fälle auftreten. Wohl aber ergibt die Summe der »nahen« Resultate (nämlich 4, 5, 6, 7 und 8 Kopf) zusammen eine Wahrscheinlichkeit von rund 70 Prozent, während die unteren und oberen Extremfälle (0, 1, 2, 3 und 9, 10, 11, 12 Kopf) nicht einmal mehr auf zusammen 30 Prozent kommen.

Was das »Gesetz der großen Zahlen« für die Statistik besonders wichtig macht, ist aber nicht sein Wert oder Unwert im Spielkasino, sondern seine Bedeutung für die Auswertung von Stichproben. Denn da eine Versuchsreihe praktisch eine Stichprobe ist, gilt auch hier: *Es ist möglich, den Erwartungswert (beziehungsweise den wahren Wert der Gesamtmenge) mit einer beliebigen Genauigkeit zu bestimmen*, wenn nur ausreichend große Stichproben gezogen werden. Daß man in der Praxis meist sehr bescheidene Kompromisse schließen muß, werden wir noch sehen, wenn wir uns eingehender mit den Stichproben befassen.

3.3 Die Normalverteilung

Wenn alle Raben schwarz sind, muß man nicht erst Stichproben ziehen und überlegen, wie viele Raben grau oder hellblau sein könnten. Ist die Wahrscheinlichkeit, daß Raben schwarz sind, $p = 1$, dann ist es eben eine feststehende Gewißheit.

Anders ist es, wenn ich etwa auf einer Vogelwarte hundert, tausend oder auch noch mehr Raben nach ihrem Gewicht untersuche. Selbst wenn dabei Jungtiere ausgeschieden werden, ergeben sich Schwankungen innerhalb der untersuchten Stich-

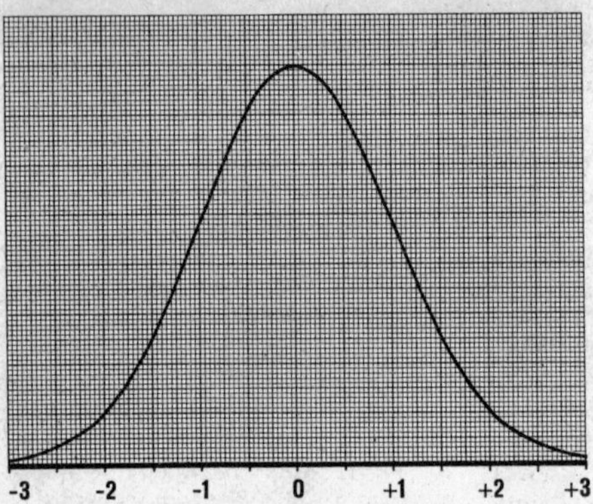

Die Normalkurve oder besser *eine* Normalkurve, denn man könnte sie auch noch steiler oder viel flacher zeichnen. Wesentlich ist nur das Verhältnis der Kurvenhöhe in den entsprechenden Standardabweichungen. So ist etwa bei plus oder minus zwei Standardabweichungen die Kurve fast genau 1/8 so hoch wie auf dem Gipfel (über dem Mittel 0).

probe. In ähnlicher Weise weicht die Körpergröße erwachsener Männer voneinander ab, ebenso der Intelligenzquotient von Schulkindern, die Anzahl von Wörtern auf vollbedruckten Seiten eines Buches, die genaue Länge serienmäßig erzeugter Wandhaken, die Funktionsdauer elektrischer Glühbirnen, ja die unabhängig voneinander vorgenommenen Messungen ein und derselben Entfernung.

Es läge nahe, auch an die Einkommensverteilung zu denken, wie wir sie bei unseren 25 Abiturienten und bei den Einwohnern von Neureichenbach kennengelernt haben, aber gerade diese Verteilung müssen wir aus unseren jetzigen Betrachtungen vorerst ausschließen. Dagegen passen die Überlegungen, die wir im Zusammenhang mit der Binomialverteilung und dem Gesetz der großen Zahlen angestellt haben, sehr gut hierher. Die Resultate von je zwanzig Münzwürfen oder von nahezu jeder Art von Stichprobenerhebungen weisen nämlich ebenfalls die charakteristischen Merkmale der sogenannten Normalverteilung auf, mit der wir uns nun zu beschäftigen haben.

Ob das Wort *»Normalverteilung«* sehr glücklich gewählt ist, mag umstritten sein (man kritisiert zuweilen, daß durch das »normal« eine Art von billigender Wertung angedeutet sei), man spricht jedenfalls in allen Weltsprachen von *»Normalverteilung«, »normal distribution«* und *»distribution normale«* – und das Wort ist aus der Terminologie der Statistik nicht wegzudenken –, ohne daß der Statistiker deswegen auf den Gedanken kommt, eine von der Normalverteilung abweichende Verteilung sei »abnormal«. Ebensowenig wird er fordern, daß sich die vorhandenen Zahlen und Meßwerte in allen Fällen peinlich genau mit dem Idealbild der Normalverteilung in Einklang bringen lassen. *Die Normalverteilung*, wie jede andere Verteilung der Statistik, *ist vor allem ein Denkmodell und eine Rechenhilfe,* aber kein exaktes Naturgesetz, das mit minuziöser Präzision erfüllt werden müßte.

Da die Statistik aber immer dann, wenn sie als induktive Statistik auftritt, also aus Stichproben und Teilbeobachtungen auf das Ganze zu schließen sucht, ohnehin nur mit mehr oder weniger wahrscheinlichen Schätzwerten aufwarten kann, wäre es doppelt absurd, eine Genauigkeit vorzuspiegeln, die erstens in der Wirklichkeit in dieser Exaktheit nicht gegeben ist und die zweitens allein schon durch den Zufallscharakter jeder Stichprobe ausgeschlossen ist.

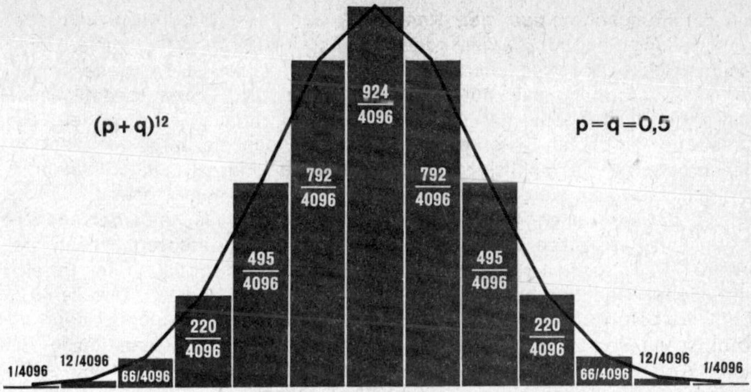

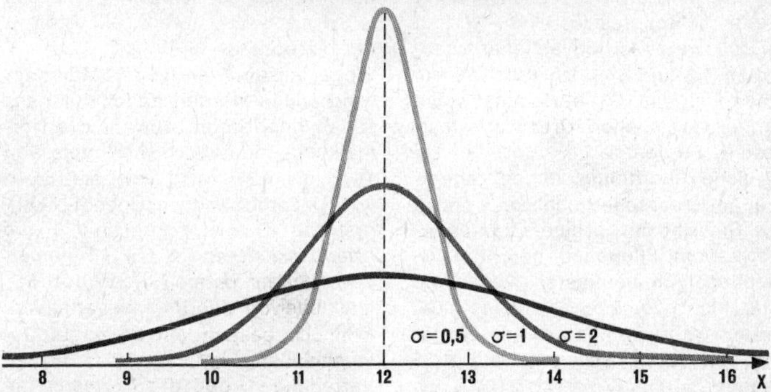

Die Binomialverteilung $(p + q)^{12}$ läßt schon deutlich die Gestalt der Normalkurve erkennen.
Drei Normalverteilungen rund um den Mittelwert $\mu = 12$. Streut die Verteilung stark ($\sigma = 2$), dann wird die Kurve flach und ausladend, streut sie wenig ($\sigma = 0{,}5$), wird sie steil und hoch. Die mittlere Kurve weist die Proportionen der »standardisierten Normalverteilung« auf.

Theorie und Praxis haben jedoch bewiesen, daß die Annahme, die Normalverteilung gelte für fast alle Stichprobenentnahmen und für sehr viele Verteilungen von erfaßbaren Gesamtheiten, durchaus zu Recht besteht.
Diese Normalverteilung hat zunächst eine sehr angenehme Eigenschaft, die ihre Beliebtheit leicht erklärt: Um welche Objekte, Phänomene, Messungen oder Zählungen es sich auch handeln mag, *sie wird jeweils durch Mittelwert und Streuung eindeutig bestimmt*. Bei »Mittelwert« denkt man in der Regel zu Recht an das Arithmetische Mittel $\bar{x}$ oder μ, und das stimmt auch für die Normalverteilung. Bei ihr kommt allerdings noch hinzu, daß auch Modus und Median (häufigster Wert und Zentralwert) denselben Wert haben wie das Arithmetische Mittel. Eine kurze Überlegung beweist nun sofort, daß die Normalverteilung mit der größten Häufigkeit »in der Mitte« symmetrisch sein muß. In der Tat sieht die Normalkurve, die graphische Darstellung der Normalverteilung, so aus wie auf der Abb. S. 60.

Die Erfahrungsgrundlage der Normalverteilung beruht darauf, daß zahllose Merkmale und Merkmalswerte so auftreten, daß eben ein Meß- oder Zählergebnis das häufigste ist und »zu beiden Seiten davon« die Ergebnisse allmählich immer weniger zahlreich werden, bis sie schließlich nur einen vereinzelten Extremwert aufweisen. Ein frühes Beispiel einer solchen Normalverteilung stellte Quételet bei der Messung des Brustumfangs von 5738 schottischen Soldaten fest. Der häufigste Wert war (auf ganze Zoll gerundet) 40 Zoll, fast ebensohäufig waren 39 Zoll festzustellen, 41 und 38 Zoll waren schon seltener anzutreffen, 42 und 37 noch seltener, bis schließlich mit 33 beziehungsweise 48 Zoll vereinzelte Extremwerte festgestellt wurden.
Ähnliche Anordnung zeigen zahlreiche andere Meßergebnisse – etwa das Gewicht der in einer Zigarettenfabrik vom Fließband gerollten Zigaretten: Am häufigsten wogen sie 1,18 bis 1,20 oder 1,20 bis 1,22 Gramm, nur wenige waren leichter als 1,08 oder schwerer als 1,32 Gramm.
Je nach dem Ausmaß der Streuung – und auch je nach dem für die graphische Darstellung gewählten Maßstab – ergibt sich nun, in idealisierter Form, eine flachere oder steilere Kurve.
Im Deutschen spricht man, in Anlehnung an die mittelhohe Kurve, die auch das Modell für die standardisierte Normalkurve gibt, von der *»Glockenkurve«*, in Frankreich sprach man, in Anlehnung an eine etwas flachere Normalkurve von der *»courbe en chapeau de gendarme«* (Polizeimützen-Kurve). Wissenschaftliche Bezeichnungen sind ferner: *»Gaußsche Fehlerverteilungskurve«* und *»De-Moivre-Stochastik«* – mit Bezugnahme auf die beiden Urväter der Glokkenkurve.
Wie immer aber der Maßstab gewählt sein und wie immer sich die Streuung zum Mittel verhalten mag, stets weist die Normalkurve einige Charakteristika auf, von denen wir das für die Praxis bedeutsamste Merkmal herausgreifen wollen: Betrachtet man die unter der »Glocke« liegende Fläche als Gesamtheit, dann liegen immer *genau gleiche Anteile dieser Fläche beiderseits des Maximums* (Mittelwert, häufigster Wert), und zwar liegen im Bereich zwischen $+\sigma$ und $-\sigma$ jeweils 68,26 Prozent, also geringfügig mehr als zwei Drittel der Gesamtfläche; im Bereich zwischen $+2\sigma$ und -2σ fast genau 95 Prozent, zwischen $+3\sigma$ und -3σ bereits 99,7 Prozent der Fläche.
Werte jenseits von drei Standardabweichungen werden daher nur ganz selten beobachtet, obwohl die Normalkurve theoretisch sich stets von $-\infty$ bis $+\infty$, also gewissermaßen von Unendlichkeit zu Unendlichkeit, erstreckt. Dieses *Fortreichen in die Unendlichkeit* sowie der *kontinuierliche Verlauf* unterscheiden die Normalkurve von der Binomialverteilung. Dennoch besteht ein so enger Zusammenhang zwischen den beiden Verteilungen, daß die *Normalverteilung* in fast allen praktisch bedeutsamen Fällen *als* hinreichend genaue *Wiedergabe der Binomialverteilung angesehen* werden kann – wodurch man sich die mühsamen Rechenoperationen erspart, die wir bei unseren Betrachtungen über die Binomialverteilung andeutungsweise kennengelernt haben. Auch in ihrer Geschichte kann die Normalkurve ihre Herkunft von der Theorie des Glücksspiels nicht verleugnen – an ihrer Wiege stand ein Altmeister der Wahrscheinlichkeitsrechnung, Abraham de Moivre.

3.31 Die Geschichte der Normalkurve

Die Normalkurve feiert in wenigen Jahren ihren 250. Geburtstag, und im Unterschied zu vielen anderen

Entdeckungen der Wissenschaft kann man ihn sogar präzise feststellen – es war der 12. November 1733. Das nämlich war das Datum der Veröffentlichung einer kleinen Schrift von Abraham de Moivre, einem als Hugenotte aus Frankreich vertriebenen Mathematiker, der sich in London schlecht und recht durchschlug, indem er Ratschläge an Glücksspieler erteilte. De Moivre begann seine Überlegungen mit den Münzwurfexperimenten, die wir in der Binomialverteilung geschildert haben, vollzog den Gedankensprung von Histogrammstäbchen zu der kontinuierlichen Kurve und fand schließlich sogar die Kurvengleichung der Normalkurve, die wir hier aber nicht wiedergeben wollen, weil sie den Nichtmathematiker eher verwirrt, als daß sie ihm etwas erklärt.

De Moivre beobachtete auch schon die Gleichartigkeit der Flächen innerhalb der Standardabweichungen. Aber für die Theorie des Glücksspiels war aus seinen mathematischen Erkenntnissen nicht viel Neues zu gewinnen, und eine andere praktische Anwendungsmöglichkeit für die elegant geschwungenen Kurven konnte man in der Mitte des 18. Jahrhunderts noch nicht finden; Kurve und Gleichung gerieten in Vergessenheit. Erst als ein praktisches Problem auftauchte, das nach rechnerischer Bewältigung suchte, wurde die Normalkurve wiederentdeckt – als die *Gauß-Laplacesche »Fehlerkurve«.*

Warum Fehlerkurve? Im späten 18. und frühen 19. Jahrhundert standen die Astronomen immer wieder vor der unangenehmen Situation, bei ihren Messungen Werte zu erhalten, die mehr oder weniger voneinander abwichen. Das war vor allem durch die Unvollkommenheit der verfügbaren Instrumente bedingt, ließ sich daher zunächst nicht ändern. Man mußte nun einen Weg finden, aus einer Vielzahl von Meßdaten den wahrscheinlich richtigen Wert festzustellen. Wenn wir uns an das Bild von den rings um das Schwarze einer Schießscheibe gestreuten Treffern erinnern, so standen die Astronomen – und unter ihnen Laplace und

Abraham de Moivre (1667–1754) beschäftigte sich in seinem Werk »Doctrine of Chances« mit der Wahrscheinlichkeitsrechnung. Es ist bedeutsam, daß de Moivre darin erstmals den Übergang von der Binomialverteilung zur Normalverteilung skizzierte.

Der deutsche Mathematiker und Astronom Karl Friedrich Gauß (1777–1855) arbeitete eine Theorie der Beobachtungsfehler aus, die aufs engste verknüpft ist mit der »Normalverteilung«, der »Streuung« und der »Methode der kleinsten Quadrate«.

Sir Francis Galton (1822–1911) befaßte sich unter anderem mit der Verfeinerung von Quételets Vorstellung vom »homme moyen« und mit der Gesetzmäßigkeit von Zufallsabweichungen. Von ihm stammt auch das Modell des »Galtonschen Brettes«, eines elementaren Zufallsmechanismus.

Gauß – gewissermaßen vor dem Problem, aus den Einschlagstellen der Treffer möglichst genau die Lage des Zieles zu berechnen: Aus einer Anzahl mehr oder minder voneinander abweichender Messungen – etwa von Fixsternentfernungen – sollte der der Wirklichkeit am nächsten kommende Wert festgestellt werden.

Gauß dachte zunächst daran, daß Arithmetische Mittel aller Messungen als richtigen Wert anzusehen, dann aber verfielen sowohl Laplace als auch Gauß auf die Vorstellung von der Häufigkeitsverteilung der Meßergebnisse – ganz falsch sind die vereinzelten Extreme, dann werden die Messungen immer ähnlicher und gleichzeitig zahlreicher, bis sie im Mittelwert und zugleich häufigsten Wert der Normalkurve im buchstäblichen Sinne des Wortes kulminieren. Sowohl Laplace als auch Gauß mußten sich übrigens mit der Frage auseinandersetzen, wie man *positive und negative Abweichungen gleichermaßen zur Geltung bringen könnte*. Es ist ja offenbar sinnwidrig, Meßfehler von +2 und +5 durch Meßfehler von —2 und —5 einfach aufheben zu wollen und zu sagen: Per Saldo hat es gar keinen Fehler gegeben. Laplace, vor diese Frage gestellt, entschied sich für den absoluten Wert des Fehlers, indem er gewissermaßen sagte: Ob zwei zuviel oder zwei zuwenig, *jedes von beiden ist »zwei falsch«*. Gauß wählte einen anderen Ausweg – den, den wir bereits bei der Berechnung der Standardabweichung kennengelernt haben: *Er quadrierte die Fehler* und erhielt damit durchwegs positive Werte.

Der große Triumphzug der Normalverteilung begann jedoch erst mit Adolphe-Lambert Quételet, einem belgischen Allroundwissenschaftler, der die Normalverteilung für die Biometrie entdeckte, die Wissenschaft von der Meßbarkeit des Menschen. (Über Quételet, der auch zu den Ahnen der Soziologie gehört, ist ausführlich zu lesen in *»Knaurs Buch der modernen Soziologie«*.) Quételet war einer der Mitbegründer der Royal Statistical Society in London, im Hauptberuf Astronom, aber aus Passion Statistiker, wobei seine Leidenschaft ins Bizarre reichte – er soll einmal das Gesamtgewicht der Bewohner von Brüssel errechnet haben.

Quételet, der sich so viel und so genau mit statistischen Tabellen beschäftigte, stellte im Laufe dieses Stadiums fest, daß überraschend viele Zählungs- und Meßergebnisse Häufigkeitsverteilungen aufwiesen, wie sie für die »Fehlerkurve« charakteristisch waren, die ihm als Astronom wohlvertraut war. Er führte nun Messungen auf eigene Faust durch – darunter als eine der ersten die berühmten Messungen des Brustumfangs schottischer Soldaten. Und er kam zu dem Ergebnis, daß – von dem Verhältnis zwischen Mittelwert und Streuung einmal abgesehen – die Anordnung der Häufigkeiten bei diesen und anderen biometrischen Messungen tatsächlich genau die

gleiche Struktur aufwies wie bei den Meßfehlertabellen: *die Kurve der Normalvertoilung* Und Quételet selbst scheint es gewesen zu sein, der als erster von einer *»Normal«-Verteilung* sprach.
Diese Normalverteilung aber bedeutete nach Quételets Ansicht letztlich nichts anderes, als daß die Natur einen Idealtyp, den *»homme moyen«*, anvisiert und in unterschiedlichem Ausmaß verfehlt hatte. Er verwendete in diesem Zusammenhang tatsächlich das Bild von der Schießscheibe – ». . . eine reichlich kühne Metapher«, kritisierte später der Logiker und Wahrscheinlichkeitstheoretiker John Venn. (Das ist jener Venn, dem die moderne Mathematik die Venn-Diagramme der Mengendarstellungen verdankt.)
»Homme moyen« ließe sich wörtlich etwa mit »Durchschnittsmensch« oder »mittelmäßiger Mensch« übersetzen, aber dieser abwertende Unterton lag dem Denken Quételets völlig fern. Für ihn war der »homme moyen« ein hehres Traumbild, das dem gewissenhaften Statistiker einen präzisen Einblick in die Werkstatt der Natur verlieh und ihm ihre geheimsten Ziele offenbarte. Er stieß mit dieser Vorstellung auf erbitterte Gegnerschaft, gewann aber auch leidenschaftlich begeisterte Anhänger. Zu diesen Anhängern zählten unter anderem die berühmte Krankenpflegerin und Philanthropin Florence Nightingale, eine enthusiastische Amateurstatistikerin, und der Biologe, Kriminologe und Afrikaforscher Francis Galton, der als einer der ersten mit aller Energie quantitative Methoden in die Biologie einführte, wobei er unter anderem Meßskalen für alle nur erdenklichen Körpermerkmale entwarf – sogar für die weibliche Schönheit.
Galton, obschon nicht eigentlich ein Poet, ließ sich von seiner Bewunderung für die Normalverteilung zu einem geradezu dichterischen Ausbruch hinreißen und schrieb unter anderem: »Ich kenne kaum etwas, das unsere Phantasie so mitreißen kann wie die wundervolle Form kosmischor Ordnung, die das ›Gesetz der Fehler-Häufigkeit‹ ausdrückt. Hätten die Griechen es gekannt, sie hätten es personifiziert und als Gottheit angebetet. In der wildesten Konfusion verbreitet es harmonische Ruhe; je ärger die Anarchie, um so souveräner ist seine Herrschaft. Hinter dem Schleier des Chaos tritt es als unerhoffte und wunderschöne Form der Regelmäßigkeit hervor.«

Karl Pearson, der Vater der modernen mathematischen Statistik, war gleichfalls ein Bewunderer der Normalkurve, obwohl ihm ihre Mängel nicht entgingen: Er stellte fest, *daß es in der Natur durchaus auch nicht-normal verteilte Größen* gab, und bemühte sich, auch für diese spezifische Verteilungsschemata auszuarbeiten. Dabei fand er jedoch, daß so manche auf den ersten Blick nicht-normale Verteilung sich bei sorgfältigerer Analyse der Gegebenheiten als eine Verflechtung von zwei und mehr Normalverteilungen entpuppte.
Die leidenschaftlichen Debatten um Wert und Unwert, Berechtigung oder Sinnlosigkeit der Normalkurve sind im 20. Jahrhundert leiser geworden, wenn auch nicht völlig verstummt. Man akzeptiert sie als das, was sie ist – *als wertvollen Behelf in der statistischen Arbeit*. Über ihre philosophische oder auch wissenschaftstheoretische Grundlage spricht man dagegen nicht allzu gerne. Der Physiker Gabriel Lippmann soll dazu einmal boshaft bemerkt haben: »Alle Welt glaubt fest an die Normalverteilung – die Mathematiker, weil sie glauben, es handle sich um eine experimentell nachgewiesene Tatsache; die Experimentatoren, weil sie glauben, es handle sich um ein mathematisches Theorem.« Die beliebteste »Erklärung« der Normalkurve ist immer noch die, die einst Gauß verwendete: Unzählige Einzel-

einflüsse tragen dazu bei, die mehr oder minder großen Abweichungen vom »Durchschnitt« hervorzurufen, die wir überall beobachten können – und diese Zufallskombination zufälliger Einflüsse unterliegt dann eben letztlich den »Gesetzen« des Glücksspiels, den Regeln der Binomialverteilung mit einer nahezu endlosen Zahl von »Versuchen«. Mathematischen Ausdruck findet diese Überlegung im *»Zentralen Grenzwertsatz«*, auf den wir aber hier nicht näher eingehen wollen. Man kann aber mit seiner Hilfe zeigen, daß es immer dann zu einer angenäherten Normalverteilung kommen muß, wenn ein Merkmal durch das Zusammenwirken sehr vieler voneinander unabhängiger Einflußfaktoren bestimmt ist, wie immer auch jeder einzelne dieser Faktoren verteilt sein mag. Mit leiser Ironie könnte man vielleicht meinen, das freie Spiel des Zufalls sei das einzig wahrhaft Normale in der Welt.

Einstein soll gesagt haben: »Gott würfelt nicht.« Aber die Normalverteilung kann nicht als Gegenbeweis dafür angeboten werden. Es ist letztlich eine Frage der individuellen Einstellung, ob man in ihr nur den mathematischen Ausdruck sinnloser Zufallskombinationen sieht oder ein Urgesetz der Schöpfung und einen Beweis für die göttliche Ordnung des Kosmos, so wie einst de Moivre.

3.32 Die standardisierte Normalverteilung

So regelmäßig, symmetrisch und gleichartig die Normalkurven auch sind, ihre große praktische Bedeutung gewinnen sie erst durch einen weiteren Prozeß der *Standardisierung*. Wir müssen, um diese Standardisierung zu verstehen, noch einmal einige Beispiele einer nichtstandardisierten Normalverteilung betrachten. Das charakteristische Verhalten der Kurve ist immer dasselbe: Stets liegt der Wendepunkt der Kurve in der Entfernung $+\sigma$ und $-\sigma$, stets schneidet die Tangente im Wendepunkt der Kurve die Abszisse in der Entfernung $+2\sigma$ und -2σ, stets reicht die Kurve theoretisch zwar zu beiden Seiten ins Unendliche berührt jedoch praktisch schon bei $+3\sigma$ und -3σ die Abszissenachse.

Ungleich aber sind die Meßwerte, die aufgetragen werden. Da mögen einmal die Gewichte von Schrauben um eine Standardabweichung von 0,023 Gramm um ein Mittel von 1,34 Gramm streuen; da mögen ein andermal psychometrische Messungen einer Studentengruppe die Varianz 36 ($\sigma = 6$) rund um einen Intelligenzquotienten von 112 aufweisen; da mögen Körpergewichte, Ernte- und beliebig viel andere Zähl- oder Meßergebnisse annähernd normal um einen Mittelwert verteilt sein, mit einer Standardabweichung, die einmal anderthalb Tage, dann 0,85 Kilogramm, 3,2 Zentimeter, 0,8 Ohm, 35 Mark oder 3,5 Milliliter beträgt.

Sollen all diese verschiedenen Messungen und Zählungen durch die Normalverteilung wirklich nützlich dargestellt werden, dann ist es erforderlich, daß ein *standardisiertes Instrumentarium* vorliegt, mit dem die zunächst unterschiedlichsten Fragen beantwortet werden können: »Wieviel Prozent der Schrauben liegen außerhalb der Toleranzgrenzen von $\pm$ 0,06 Gramm?« – »Weicht die Streuung der Intelligenzquotienten signifikant von der Streuung einer etwa doppelt so großen Vergleichsgruppe ab, die dem gleichen Test unterzogen wurde?« – »Wenn wir eine Stichprobe von fünfzig Glühbirnen ziehen, werden wir dann mit einer Wahrscheinlichkeit von mehr als 68 Prozent mindestens ein Ausschußexemplar darunter haben?« – »Wie groß ist die Wahrscheinlichkeit, daß an einem Roulettisch während der nächsten tausend Coups die Zahl 13 genau 13mal auftritt?«

Eine Reduzierung all dieser vielfältigen Messungen und Fragen und Antworten auf ein einziges Bezugsschema ist dadurch möglich, daß die Normalverteilung durch Standardabweichung und Mittel *eindeutig bestimmt* ist und daß die *Struktur* der Normalverteilung *unverändert bleibt,* ob es nun um Zentimeter, Hektoliter, Ohm oder Roulettziffern geht.

Wenn wir etwa das Schraubenproblem zur Erläuterung heranziehen, so haben wir zunächst den Durchschnittswert 1,34 Gramm und die Standardabweichung 0,023 Gramm. Erster Schritt: Wir lassen die Gramm fallen, es verbleibt $\mu = 1{,}34$ und $\sigma = 0{,}023$. Im zweiten Schritt wird die Abstraktion noch weiter getrieben: Unser Mittel $\mu = 1{,}34$ ist für die standardisierte Normalverteilung eben *das* Mittel, und *das* Mittel der Standard-Normalkurve ist nun einmal grundsätzlich gleich Null. Das ist keine pure Willkür, sondern eine zweckmäßige Konvention, denn von welcher Zahl sonst kann man spiegelbildlich gleiche Abweichungen nach oben und unten so einfach feststellen, wie von Null? Einer Abweichung nach »oben« (etwa: plus 2) entspricht dieselbe Abweichung nach »unten« (minus 2). Die Tabellen der Standard-Normalverteilung, diese unentbehrlichen Hilfsmittel aller statistischen Arbeit, unterscheiden daher auch nicht zwischen positiven und negativen Abweichungen. Dennoch kann man aus ihnen genau die Wahrscheinlichkeit dieses oder jenes Ereignisses, dieser oder jener Häufigkeit ablesen.

Wie sieht das in der Praxis aus? Wir wollen feststellen, wie viele Schrauben in dieser oder jener Richtung um mehr als 0,06 Gramm vom Durchschnittsgewicht abweichen: Wir wissen: $\sigma = 0{,}023$. Wir wissen: Die Verteilung in der standardisierten Normalverteilung hängt jetzt nur noch von der Standardabweichung ab, da wir das Mittel bereits zu null umgeformt haben. Wir vergleichen daher ganz einfach unsere gesuchten 0,06 Gramm mit der Standardabweichung 0,023 und errechnen ohne große Mühe, daß 0,06 gleich 2,6 Standardabweichungen in der standardisierten Normalverteilung sind.

Wir hätten auch anders formulieren können. Etwa so: Unsere Schrauben sollen nicht schwerer als 1,40 Gramm und nicht leichter als 1,28 Gramm sein. Wie wahrscheinlich ist es, daß die Abweichungen darüber hinausgehen werden? Dann hätten wir nach der Formel zur Standardisierung der Normalverteilung die gesuchten Werte mit dem Mittelwert in Verbindung gebracht:

$$\text{Normwert} = \frac{\text{gegebener Wert minus Arithmetisches Mittel}}{\text{Standardabweichung}}$$

Wenn wir diesen »normierten Wert« als z bezeichnen, dann können wir noch kürzer formulieren:

$$z = \frac{x - \mu}{\sigma}$$

Setzen wir unsere Zahlen ein, dann erhalten wir:

$$\frac{1{,}40 - 1{,}34}{0{,}023} = 2{,}6, \text{ und ebenso:}$$

$$\frac{1{,}28 - 1{,}34}{0{,}023} = -2{,}6$$

Das negative Vorzeichen gibt lediglich an, daß es um eine Abweichung *unterhalb* des Mittelwertes geht.

Jetzt wissen wir also: $z = 2{,}6$. Aber was ist z (oder wie immer man diesen Wert bezeichnen mag, denn er taucht unter vielen Pseudonymen auf)? Es handelt sich um standardisierte Standardabweichungen, wenn man so sagen will. So wie wir zunächst den realen Mittelwert $\mu = 1{,}34$ Gramm in $\mu = 0$ verwandelt haben, haben wir nun die reale Standardabweichung $\sigma = 0{,}023$ in die standardisierte Abweichungsgröße $z = 2{,}6$ verwandelt. Und nun können wir jene Tabellen der Normalverteilung zur Hand nehmen, die jedes

Lehrbuch der Statistik in mehr oder minder präziser Form enthält. Damit umzugehen ist für den Anfänger allerdings nicht immer ganz leicht, wie wir sofort sehen werden. Denn wir nehmen nun diesen Wert 2,6 und beginnen in den Tabellen ein *»Resultat«* zu suchen.
Erster Versuch: Wir schlagen nach in den *»Methoden der Statistik«* von Wallis und Roberts und finden:

Normal-Variable 2,6 0047

Gut. Das hätten wir – oder vorsichtshalber einen Vergleich?
Wir nehmen Pfanzagls *»Allgemeine Methodenlehre der Statistik II«* zur Hand und finden dort:

x 2,6 0,495

Das ist ja – also, das ist doch!
Aber da ist noch ein Buch: ein programmierter *»Grundkurs in Statistik«* von Gotkin und Goldstein –

$\frac{x}{\sigma}$ oder z 2,6 0,4953

Um eine Dezimalstelle genauer, aber sonst glücklicherweise dasselbe Resultat. Warum wohl bei Wallis/Roberts etwas anderes steht?
Noch ein Griff zu *»Mathematische Formeln«*, herausgegeben von Bartsch:

λ 2,6 0,9953

Jetzt ist das Chaos komplett. Liegt vielleicht noch ein einschlägiges Werk in der Gegend herum? Aber ja, eine *»Elementare Einführung in die Wahrscheinlichkeitsrechnung«* von Gnedenko und Chintschin, mit einer Wertetabelle im Anhang:

a 2,60 0,991

Fünf Tabellen, vier verschiedene Werte. Wem kann man, wem darf man vertrauen?

3.33 Über den Umgang mit Wahrscheinlichkeitstabellen – Quartile und Perzentile

Nun, der aufmerksame Leser wird bereits mit Mißtrauen verfolgt haben, daß der Wert 2,6 jeweils eine andere Bezeichnung hat: einmal a, dann x, dann wieder λ, dann »Normal-Variable, dann $\frac{x}{\sigma}$ oder z. Da muß selbstverständlich immer etwas anderes herauskommen. Aber nein, erstaunlicherweise – hier liegt das Mißverständnis nicht. Wie immer diese Werte in den diversen Tabellen bezeichnet sein mögen, gemeint ist in allen Fällen dasselbe. Wir haben ja schon früher einmal kurz darauf aufmerksam gemacht, daß die Nomenklatur der Statistik (und vor allem die der Abkürzungen und Symbole) nicht immer ganz einheitlich ist.
Wie aber kommen dann die verschiedenen Werte zustande? Zunächst empfiehlt es sich, auf der Tabelle genau nachzusehen, welche Werte eigentlich mit dem x- oder z- oder t-Wert (so heißt er zuweilen auch) korrespondieren. Da heißt es etwa *im ersten Fall* (.0047): »Wahrscheinlichkeiten, daß gegebene Standard-Normal-Variable übertroffen werden; die Wahrscheinlichkeiten werden für das obere Ende gezeigt.« *Im zweiten Fall* (0,495) heißt es: Φ* (x), *im dritten Fall* mit demselben Wert (0,4953): »Anteil der Gesamtfläche unter der Normalkurve zwischen der Mittelordinate und der Ordinate in einem gegebenen Abstand z vom Mittel.« In den *»Formeln«* (0,9953) steht lakonisch: Φ (λ). *Im letzten Fall* schließlich (0,991) heißt es ähnlich kurz: Φ (a), wozu wir anmerken wollen, daß das dreimal genannte Φ der große griechische Buchstabe Phi ist. Er bezeichnet den Flächenanteil unter der Normalkurve bis zum gesuchten Punkt – nach beiden Seiten hin, wenn er ohne Sternchen auftritt,

Phi-Werte nach drei verschiedenen Tabellen

Normalverteilung

x → Φ* (x)	
x	Φ* (x)
0,0	0,000
0,1	0,040
0,2	0,079
0,3	0,118
0,4	0,155
0,5	0,191
0,6	0,226
0,7	0,258
0,8	0,288
0,9	0,316
1,0	0,341
1,1	0,364
1,2	0,385
1,3	0,403
1,4	0,419
1,5	0,433
1,6	0,445
1,7	0,455
1,8	0,464
1,9	0,471
2,0	0,477
2,1	0,482
2,2	0,486
2,3	0,489
2,4	0,492
2,5	0,494
2,6	0,495
2,7	0,496
2,8	0,497
2,9	0,498
3,0	0,499

Wahrscheinlichkeiten, daß gegebene Standard-Normal-Variable übertroffen werden. Die Wahrscheinlichkeiten werden für das obere Ende gezeigt.

Normal-Variable	0	1	2	3	4	5	6	7	8	9
0.0	.5000	.4960	.4920	.4880	.4840	.4801	.4761	.4721	.4681	.4641
0.1	.4602	.4562	.4522	.4483	.4443	.4404	.4364	.4325	.4286	.4247
0.2	.4207	.4168	.4129	.4090	.4052	.4013	.3974	.3936	.3897	.3859
0.3	.3821	.3783	.3745	.3707	.3669	.3632	.3594	.3557	.3520	.3483
0.4	.3446	.3409	.3372	.3336	.3300	.3264	.3228	.3192	.3156	.3121
0.5	.3085	.3050	.3015	.2981	.2946	.2912	.2877	.2843	.2810	.2776
0.6	.2743	.2709	.2676	.2643	.2611	.2578	.2546	.2514	.2483	.2451
0.7	.2420	.2389	.2358	.2327	.2296	.2266	.2236	.2206	.2177	.2148
0.8	.2119	.2090	.2061	.2033	.2005	.1977	.1949	.1922	.1894	.1867
0.9	.1841	.1814	.1788	.1762	.1736	.1711	.1685	.1660	.1635	.1611
1.0	.1587	.1562	.1539	.1515	.1492	.1469	.1446	.1423	.1401	.1379
1.1	.1357	.1335	.1314	.1292	.1271	.1251	.1230	.1210	.1190	.1170
1.2	.1151	.1131	.1112	.1093	.1075	.1056	.1038	.1020	.1003	.0985
1.3	.0968	.0951	.0934	.0918	.0901	.0885	.0869	.0853	.0838	.0823
1.4	.0808	.0793	.0778	.0764	.0749	.0735	.0721	.0708	.0694	.0681
1.5	.0668	.0655	.0643	.0630	.0618	.0606	.0594	.0582	.0571	.0559
1.6	.0548	.0537	.0526	.0516	.0505	.0495	.0485	.0475	.0465	.0455
1.7	.0446	.0436	.0427	.0418	.0409	.0401	.0392	.0384	.0375	.0367
1.8	.0359	.0351	.0344	.0336	.0329	.0322	.0314	.0307	.0301	.0294
1.9	.0287	.0281	.0274	.0268	.0262	.0256	.0250	.0244	.0239	.0233
2.0	.0228	.0222	.0217	.0212	.0207	.0202	.0197	.0192	.0188	.0183
2.1	.0179	.0174	.0170	.0166	.0162	.0158	.0154	.0150	.0146	.0143
2.2	.0139	.0136	.0132	.0129	.0125	.0122	.0119	.0116	.0113	.0110
2.3	.0107	.0104	.0102	.0099	.0096	.0094	.0091	.0089	.0087	.0084
2.4	.0082	.0080	.0078	.0075	.0073	.0071	.0069	.0068	.0066	.0064
2.5	.0062	.0060	.0059	.0057	.0055	.0054	.0052	.0051	.0049	.0048
2.6	.0047	.0045	.0044	.0043	.0041	.0040	.0039	.0038	.0037	.0036
2.7	.0035	.0034	.0033	.0032	.0031	.0030	.0029	.0028	.0027	.0026
2.8	.0026	.0025	.0024	.0023	.0023	.0022	.0021	.0021	.0020	.0019
2.9	.0019	.0018	.0018	.0017	.0016	.0016	.0015	.0015	.0014	.0014
3.0	.0013	.0013	.0013	.0012	.0012	.0011	.0011	.0011	.0010	.0010

Wertetabelle der Größe Φ (a)

a	Φ (a)
0,00	0,000
0,01	0,008
0,02	0,016
0,03	0,024
0,04	0,032
0,05	0,040
.	.
.	.
.	.
2,50	0,988
2,51	0,988
2,52	0,988
2,53	0,989
2,54	0,989
2,55	0,989
2,56	0,990
2,57	0,990
2,58	0,990
2,59	0,990
2,60	0,991
2,61	0,991
2,62	0,991
2,63	0,991
2,64	0,992
2,65	0,992
2,66	0,992
2,67	0,992
2,68	0,993
2,69	0,993
2,70	0,993
2,72	0,993

Die Tabellen der Normalverteilung geben auf den ersten Blick verwirrend unterschiedliche Zahlen – aber wenn man einmal gelernt hat, mit ihnen sinnvoll umzugehen, dann kann man aus jeder von ihnen das Richtige ablesen.

nach einer Seite, wenn er als Φ* auftritt. Und dieser Flächenanteil wiederum symbolisiert die Wahrscheinlichkeit des gesuchten Ereignisses, wie wir gleich noch zeigen werden.

Im übrigen sind selbstverständlich alle vier Resultate richtig, wie man es von statistischen Tabellen ja wohl auch mit Fug und Recht erwarten darf. Ein Teil des Geheimnisses lüftet sich bereits, wenn wir darauf aufmerksam machen, daß die Angaben sich auf die *Fläche unterhalb der Normalkurve* beziehen und diese Fläche definitionsgemäß *den gesamten Wahrscheinlichkeitsraum erfaßt*. Wahrscheinlichkeilen abor reichen nur von p = 0 = absolute Unmöglichkeit bis p = 1 = absolute Gewißheit. Der Wahrscheinlichkeitsraum (»Ereignisraum«), der sich uns hier gewissermaßen als Wahrscheinlichkeits-*Fläche* darbietet, umfaßt also nicht mehr und nicht weniger als die Einheit 1 der totalen Wahrscheinlichkeit, oder, umgangssprachlich mit 100 multipliziert, jene 100 Prozent, die alle Möglichkeiten, alle denkbaren Ereignisse umfassen.

Sehen wir uns die letzte Zahl (Φ (a) = 0,991) an, dann fällt auf, daß sie schon sehr knapp an 1 liegt; sie be-

sagt, daß 991 Promille aller möglichen Fälle in diesem Bereich liegen, also nur 9 Promille außerhalb. Sollten diese neun Promille unsere übergewichtigen Schrauben sein?
Wenn wir uns aber diese 0,991 noch einmal ansehen, und sie mit dem zweimal aufgetauchten 0,495 vergleichen, dann stellt sich heraus, daß 0,991 genau das Doppelte von 0,495 ist. Und im dritten Fall hieß es doch: »Anteil der Gesamtfläche ... zwischen der *Mittel*ordinate und der Ordinate im Abstand z ...« Hier wird also nur die *eine* Hälfte der Fläche betrachtet, in der anderen Tabelle *beide* Hälften; die Illustration zeigt es deutlich (s. Abb. S. 71).
Wenn man aber einmal weiß, daß die meisten Tabellen nur mit der Hälfte der Fläche operieren, dann gewinnt auch die allererste Zahl (.0047) neue Bedeutung: 0,0047 + 0,4593 (zweites und drittes Beispiel) addieren sich nämlich zu 0,5, genau der halben Fläche unter der Kurve! Alles ist richtig, und wer gehässig ist, kann nun feststellen, daß man nicht nur mit der Statistik im allgemeinen, sondern sogar mit statistischen Tabellen im besonderen alles beweisen kann, was man will.
Bleibt noch der Wert 0,9953, der sich unserem geschärften Auge nun als 0,4953 + 0,5 darbietet – zu der unvollständigen einen Hälfte unter der Kurve wird die vollständige andere Hälfte hinzugefügt.
Doch was sagt das alles über unsere übergewichtigen Schrauben? – Auf unsere Frage: »Wieviel Prozent wiegen mehr als 1,4 Gramm?« erhalten wir folgende genaue Antwort: »Die Wahrscheinlichkeit für das Auftreten solcher übergewichtiger Schrauben beträgt p = 0,0047«), also 4,7 Promille werden vermutlich übergewichtig sein. Zwei weitere Antworten sagen: »In der rechten (oberen) Hälfte der Normalverteilung, die eine Fläche von 0,5 einnimmt, werden 0,4953 von leichteren Schrauben eingenommen; dazu kommt noch die gesamte linke Hälfte – die ja nur solche Schrauben enthält, die *leichter* als das Mittel sind – mit ihren 0,5. Es sind mithin insgesamt 0,9953 leichter, und der Rest, 0,0047, schwerer als 1,4 Gramm.« Sinn der Aussage ist der gleiche wie vorhin: Knapp fünf Promille sind übergewichtig.
Aber wie bringen wir die 0,9953 der Schrauben unter 1,4 Gramm in Einklang mit der Zahl 0,991, die ähnlich, aber nicht gleich ist? Wir erinnern uns, daß diese Zahl die Fläche zu *beiden* Seiten der Mittelordinate umfaßt – aber sie läßt auch zu *beiden*

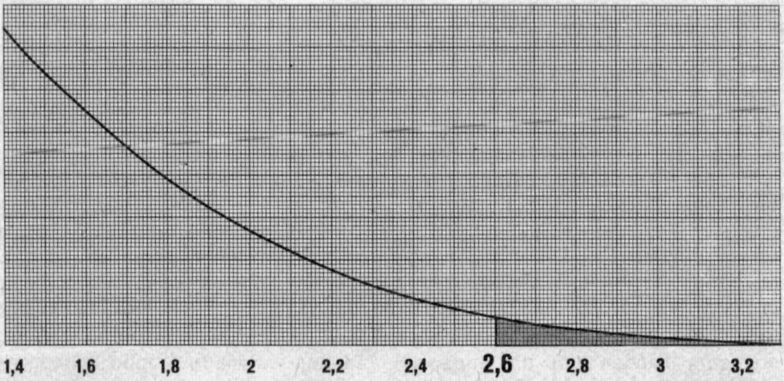

Jenseits von 2,6 liegt nur noch ein winziger Bruchteil der Gesamtfläche unter der Normalkurve. Wir zeigen daher hier nur das »obere Schwanzende« der Kurve. Die gesamte Glockenkurve von —3,3 bis +3,3 wäre etwa fünfmal so breit wie das dargestellte Stück.

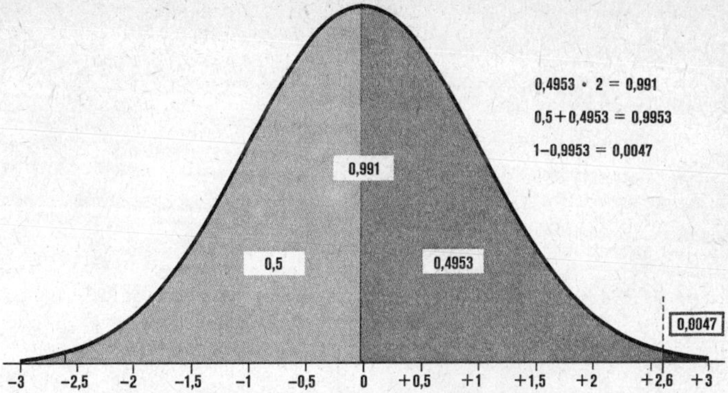

Für den Wert z = 2,6 kann man in den Tabellen verschiedene Werte ablesen. Die Graphik zeigt, wie sie sich zur Gesamtheit unter der Normalkurve ergänzen. Der Wert 0,991 wird meist D (z) genannt, 0,9953 ist Φ (z) und 0,0047 Φ (—z).

Seiten die Extremwerte fort! Wenn aber auf einer Seite 0,0047 besonders schwer sind, dann sind auf der anderen Seite 0,0047 besonders leicht; zweimal 0,0047 aber ergibt 0,0094, abgerundet 0,009 – und das ergänzt sich nunmehr mit 0,991 wieder zur Gesamtfläche unter der Kurve. Hier haben wir also eigentlich die Antwort erhalten: »99,1 Prozent der Produktion weichen um nicht mehr als 2,6 σ vom Mittel ab, die restlichen 0,9 Prozent (genau: 9,4 Promille) liegen jenseits der Toleranzgrenze, und zwar selbstverständlich symmetrisch, je zur Hälfte an den beiden Schwanzenden unserer Kurve.«

Soviel über den Umgang mit Wahrscheinlichkeitstabellen. Im Zweifelsfall schadet es nie, wenn man liest, was am Kopf der Tabelle steht (oft ist auch eine erläuternde Skizze der Normalkurve dabei), und wenn man ein klein wenig selbst überlegt, ob ein angegebener Wert richtig sein kann.

Im Zusammenhang mit der Normalverteilung stehen auch die *Quartile, Dezile* und *Perzentile*, die zuweilen im Schrifttum auftauchen. Noch näher verwandt allerdings sind sie mit dem Zentralwert, dem mittelsten Wert. So wie dieser – erinnern Sie sich? – angibt, daß die Hälfte der Meßwerte oberhalb, die Hälfte unterhalb liegt, so bilden die *Quartile* Trennungsstriche zwischen den Vierteln, die *Dezile* zwischen den Zehnteln, die *Perzentile* zwischen den Hundertsteln. Wohlgemerkt: Da diese »-ile« nur gedankliche Trennungsstriche sind, »enthalten« sie nichts. Sie sind nicht das oberste Viertel oder das letzte Zehntel der Fläche, sondern der Strich, der dieses Viertel oder Zehntel abtrennt. Es gibt daher nur drei und nicht vier Quartile, nur neun Dezile, nur 99 Perzentile. Ausdrücke wie »im neunten Zentil« werden zwar verwendet, aber sie sind falsch.

3.4 Andere Verteilungen

So schön anzusehen und so nützlich zu verwenden die Normalverteilung auch ist und so häufig sie auch mit vollem (oder doch weitgehendem) Recht herangezogen werden kann – alle Tatbestände kann sie nicht erfassen. Es gibt eine ganze Reihe von Dingen zwischen Himmel und Erde, von denen sich die Normalkurve nichts träumen läßt.

Verheiratete Frauen nach der Zahl der lebendgeborenen Kinder

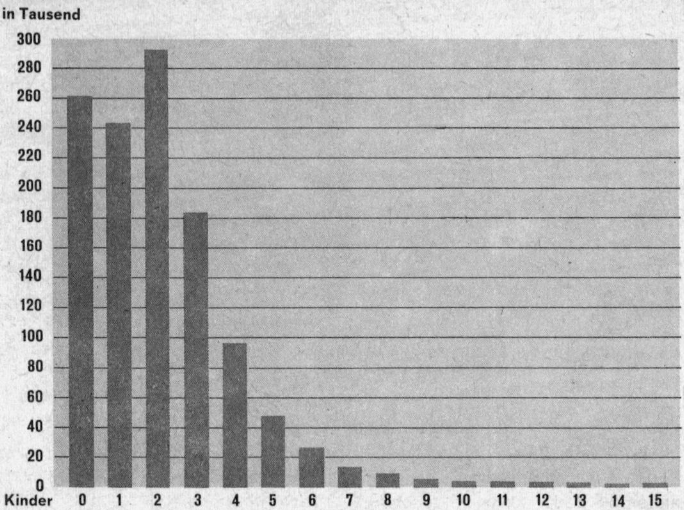

Eine betont »schiefe« Verteilung weist unter anderem die Kinderzahl pro verheirateter Frau (oder auch pro Familie) auf: Die großen Häufigkeiten sind bei 0, 1 und 2 Kindern etwa gleich hoch und nehmen dann stark ab.

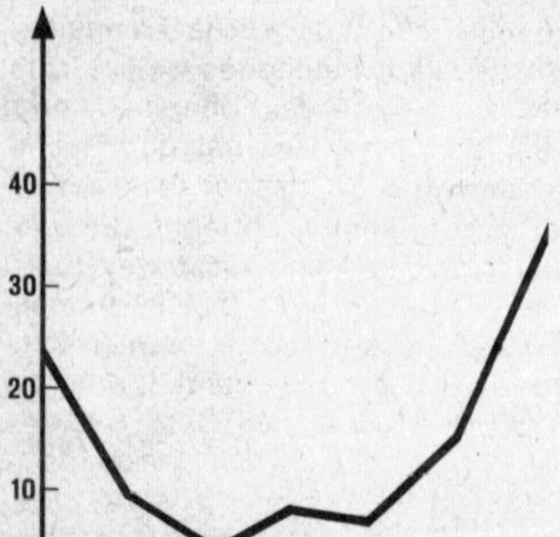

Werden Menschen bis zu den Sternen der Milchstraße reisen? Die Antwort auf diese Frage ergab eine »U-Verteilung«, wobei die Antwort »bestimmt« mit +100, »wahrscheinlich« mit +75, bis hin zu »es ist unmöglich« mit −100 eingesetzt wurde, um eine Bewertungsskala zu erreichen. Die Extreme hatten die höchsten Prozentsätze: 34 Prozent der Befragten antworteten: »Bestimmt«, 23 Prozent: »Es ist unmöglich.«

Einen einfachen, aber sehr anschaulichen Fall haben wir dann, wenn der häufigste Wert relativ nahe bei Null liegt, negative Ergebnisse aber nicht denkbar sind. Das trifft zum Beispiel bei der Kinderzahl von Familien zu: Familien mit 0, 1 und 2 Kindern sind nahezu gleich häufig, dann fällt die Kurve nach rechts zu in einer Weise ab, die der Normalverteilung annähernd entsprechen mag: 3 Kinder sind seltener, 4 noch seltener, und so fort, bis im Bereich von 11 und mehr Kindern Extremwerte erreicht werden. Was steht dem *auf der »linken« Seite der Kurve* gegenüber? Nichts. Keine Frau kann weniger als null Kinder haben. Die Graphik des Eidgenössischen Statistischen Amtes zeigt das sehr schön.

Die Normalverteilung ist hier also nicht geeignet, weil sie an der Nullgrenze auf eine Barriere trifft, von der sie, bildlich gesprochen, schief gequetscht wird. Die *»Schiefe«* der

Verteilung ist übrigens ein wissenschaftlicher Terminus der Statistik, mit dem das Abweichen einer Verteilung von der Normalverteilung in horizontaler Richtung gemessen wird. Als Ergänzung dazu gibt es dann noch den *»Exzeß«*, der die Glockenform der Normalkurve in vertikaler Richtung verzerrt, das heißt, die Glocke wird zu steil beziehungsweise zu flach.

Wenn die Schiefe schließlich so ausgeprägt ist, daß die Kurve bei den niedrigsten Werten die höchsten Häufigkeiten aufweist (dies würde der Fall sein, wenn die kinderlosen Ehen die häufigsten wären), dann ergibt sich schließlich eine *L-Kurve*. Von der rechts flacher werdenden L-Verteilung gibt es die melancholische Redewendung, sie sei die charakteristische Verteilung aller schönen Dinge. Fast jede Einkommensverteilung zeigt – wenn man die Höhe der Einkommen auf der Abszisse angibt und die Zahl der Bezieher dieser Einkommen auf der Ordinate – die Seltenheit der großen Einnahmen und die Häufigkeit kleiner Einkünfte. Wenn man das hohe Alter zu den erstrebenswerten Annehmlichkeiten rechnen will, ergibt sich aus der graphischen Darstellung der Absterbeordnung gleichfalls die absinkende Kurve.

Was auch immer in großer Zahl wertvoll ist, findet sich eben nur bei wenigen Personen. Wollte man die Zahl der Barockfiguren oder auch nur die Zahl der Bücher pro Haushalt graphisch darstellen, ergäbe sich zweifellos wiederum die L-Verteilung der schönen Dinge.

Ausgeprägte J-Kurven sind seltener, weil die unbegrenzte Ausweitungsmöglichkeit nach rechts doch über kurz oder lang zu einer Verflachung führt. Sie können nur dort produziert werden, wo auch rechts eine starre Grenze gesetzt ist, wie sie links meist in der Null besteht.

Schließlich gibt es die *Kombination von J-Kurve und L-Kurve*; das Ergebnis ist die *zweigipfelige U-Verteilung*, für die unter anderen Haseloff ein charakteristisches Beispiel bringt: 326 Versuchspersonen wurden befragt, für wie wahrscheinlich sie es hielten, daß Menschen jemals ferne Sterne des Milchstraßensystems besuchen würden. Es antworteten 34 Prozent der Befragten »bestimmt«, 15 Prozent »wahrscheinlich«, 7 Prozent »möglicherweise«, 8 Prozent »weiß nicht«, 4 Prozent »vermutlich nicht«, 9 Prozent »sicher niemals« und 23 Prozent »es ist unmöglich«. Diese Polarisierung der Meinungen ergibt in graphischer Darstellung eine U-Verteilung.

3.41 Die Poisson-Verteilung

Eine Verteilung aber müssen wir näher betrachten – die sogenannte *Poisson-Verteilung*, benannt nach einem französischen Mathematiker des frühen 19. Jahrhunderts. Sie gilt als die *»Spezial-Verteilung« für geringe Wahrscheinlichkeiten*, als Rechenschema für seltene Ereignisse. Nun gibt es seltene Ereignisse ja auch schon in der Binomialverteilung – zum Beispiel das Erscheinen einer bestimmten Folge von Zahlen im Roulett oder Lotto. Aber als Charakteristikum der Binomialverteilung haben wir die *Ergänzung von Ereignis und Nicht-Ereignis* kennengelernt: Wenn $p = 0{,}2$, dann $(1 - p) = q = 0{,}8$; wenn nach der Zahl der Pik gefragt ist, gilt alles andere als Nicht-Pik. Kurz, es gab jeweils ein Gegenstück zu der gesuchten Wahrscheinlichkeit oder Häufigkeit. Viele Vorgänge jedoch lassen sich in diesem binomialen Vorstellungsschema nicht erfassen.

Wenn auf einem zehn Zentimeter langen Werkstück eine mangelhafte Stelle ist – wie viele Stellen sind dann nicht mangelhaft? Wenn in der Zeit von zehn bis zwölf Uhr vier Kinder geboren werden – wie viele werden dann nicht geboren? Wenn in

...nem Gewitter acht Blitze gezählt werden – wie viele Blitze haben dann nicht geblitzt?

Am deutlichsten, wenn auch am skurrilsten, wird jene Art von Problem, die für die Poisson-Verteilung charakteristisch ist, in einer Tabelle, die der deutsche Statistiker Bortkiewicz zu Beginn unseres Jahrhunderts erstellte. Er zählte in zwanzig deutschen Armeekorps zehn Jahre lang (nach anderer Version: in zehn Armeekorps zwanzig Jahre lang) die Zahl der durch Hufschlag getöteten Militärpersonen und stellte dabei fest: In 109 »Armeekorps-Jahren« gab es keine tödlichen Unfälle, 65mal gab es einen Toten, 22mal zwei Tote, 3mal drei Tote, einmal sogar vier Tote. Die Gesamtzahl der Todesfälle beträgt 122 (= 65 + 44 + 9 + 4), der »Erwartungswert« der Todesfälle pro Jahr und Armeekorps demnach 0,61.

Von diesem Erwartungswert ausgehend läßt sich nun vergleichen, ob diese Unglücksfälle durch eine Poisson-Verteilung annähernd richtig erfaßt werden. Wir wollen zunächst mit Hilfe der Formel den Nachweis führen, daß das so ist, und erst danach die Struktur der Poisson-Verteilung näher betrachten.

$$p_x = \frac{e^{-\lambda} \cdot \lambda^x}{x\,!}$$

Dabei gilt: λ = Erwartungswert, x = Zahl der gesuchten Ereignisse.

Den Erwartungswert λ kennen wir, er beträgt 0,61. Nun suchen wir also zunächst die Wahrscheinlichkeit, daß das Ereignis (Tod durch Hufschlag) nullmal eintritt (x = 0). Wir erhalten:

$$p_0 = \frac{e^{-0,61} \cdot (0,61)^0}{0\,!}$$

Die Zahl e hat den Wert 2,718, ihre Entstehung werden wir gleich skizzieren. Jede Zahl die mit 0 potenziert wird, ergibt 1; 0 ! ist, wie wir bereits wissen, definitorisch festgelegt mit 0 ! = 1. Erinnerung an Oberschulmathematik:

$$a^{-c} = \frac{1}{a^c};$$

das gibt in unserem Fall:

$$e^{-0,61} = \frac{1}{e^{0,61}}; \quad e^{0,61} = 1,841; \text{ also}$$

$$e^{-0,61} = \frac{1}{1,841} = 0,543; \text{ das ergibt insgesamt}$$

$$p_0 = \frac{0,543 \cdot 1}{1} = 0,543$$

Vom gesamten Wahrscheinlichkeitsraum p = 1 ist also mehr als die Hälfte erfüllt von null Ereignissen. Nach der Poisson-Verteilung dürfte das Ereignis »kein Toter durch Hufschlag« in 543 von 1000 »Armeekorps-Jahren« eintreten beziehungsweise in 109 von 200 Beobachtungen.

Nächster Schritt: x = 1, wie oft wird *ein* Todesfall zu beklagen sein?

$$p_1 = \frac{e^{-0,61} \cdot (0,61)^1}{1\,!} = \frac{0,543 \cdot 0,61}{1} = 0,331$$

Antwort: in 331 von 1000 Fällen, das heißt in etwa 66 von 200.

Frage nach zwei Toten (x = 2):

$$p_2 = \frac{e^{-0,61} \cdot (0,61)^2}{2\,!} = \frac{0,543 \cdot 0,372}{2} = 0,101$$

Antwort: in 101 von 1000 Fällen, daher in etwa 20 von 200.

Auf diese Weise erhalten wir schließlich p_3 = 0,021 (4 Fälle von 200), p_4 = 0,003 (0,6 Fälle von 200).

Stellen wir nun die tatsächlichen Werte und die von der Poisson-Verteilung ermittelten Zahlen nebeneinander:

	tatsächlich	errechnet
0 Tote	109	109
1 Toter	65	66
2 Tote	22	20
3 Tote	3	4
4 Tote	1	0,6

Einen perfekteren Nachweis dafür, daß die Poisson-Verteilung diesen Sachverhalt treffend wiedergibt, kann man sich kaum vorstellen.

Ehe wir nun weiter von den Leistungen der Poisson-Verteilung berichten, wollen wir noch kurz einen Blick auf die sehr bemerkenswerte Zahl e richten, die ja auch als *»Basis der natürlichen Logarithmen«* bekannt ist. Dieses e ist die Summe einer unendlichen Reihe und zugleich ein »Grenzwert«. Man kann e nämlich als das extreme Resultat einer Zinseszinsrechnung ansehen: Ein Betrag, sagen wir 1000 Mark, soll sich mit 100 Prozent jährlich verzinsen. Das ergäbe, bei jährlicher Zahlung, zu Jahresende 2000 Mark. Wird aber halbjährlich abgerechnet, dann verzinsen sich ab Anfang Juli nicht mehr 1000, sondern schon 1500 Mark, und zu Jahresende liegen 2250 Mark auf der Bank. Wird vierteljährlich verzinst, dann werden ab 1. April 1250 Mark, ab 1. Juli und 1. Oktober entsprechend höhere Beträge verzinst, und zu Jahresende sind es nun schon rund 2440 Mark.

Diese Zinseszinsrechnung läßt sich theoretisch immer weiter herabdrükken: Monatlich, wöchentlich, täglich, stündlich. Der zu Jahresende verfügbare Betrag wird dabei ständig anwachsen, aber nicht endlos, sondern zuletzt in immer kleineren Schritten, deutlich einer Grenze zustrebend – mehr als 2718 Mark und 28 Pfennig werden es auf keinen Fall werden: *Unsere ursprünglichen 1000 Mark, multipliziert mit e.*

Diese Zahl e läßt sich aber auch in anderer Weise darstellen, und zwar durch folgende Reihe:

$$e = \frac{1}{0!} + \frac{1}{1!} + \frac{1}{2!} + \frac{1}{3!} + \frac{1}{4!} + \frac{1}{5!} + \ldots = 2{,}7183\ldots$$

Wir treffen also bei dieser Gelegenheit wieder jene Zahlen mit dem Rufzeichen an (gesprochen: »Fakultät«), die wir bei der Binomialverteilung kennengelernt haben und von denen wir bereits wissen: $0! = 1$; $1! = 1$; $2! = 2 \cdot 1 = 2$; $3! = 3 \cdot 2 \cdot 1 = 6$; $4! = 4 \cdot 3 \cdot 2 \cdot 1 = 24$; und so fort.

Wir wollen hier nicht die mathematische Ableitung der Poisson-Verteilung aus der Binomialverteilung vorstellen, sondern lediglich auf den prinzipiellen Gedanken hinweisen. Wir zerlegen gewissermaßen die 200 Armeekorps-Jahre in $200 \cdot 365 = 73\,000$ einzelne Tage (oder rund 1,8 Millionen Stunden und so weiter), so daß höchstens *ein* Ereignis in einem solchen Zeitabschnitt auftritt. Wir haben dann gewissermaßen ein »Kartenspiel« aus 73 000 Tagen, worunter 122 Hufschlag-Todestage sind. Aus einem solchen Kartenspiel können Ziehungswahrscheinlichkeiten grundsätzlich ebenso ermittelt werden wie bei der Ziehung einer Pik aus einem normalen Kartenspiel, nur eben mit weit höheren Zahlen.

Diese nahezu unendliche Unterteilung einer Zeitstrecke findet nun Ausdruck in jener Zahl e, für deren Erklärung wir ja ebenfalls eine unendliche Unterteilung einer Zeitstrecke herangezogen haben.

Für unsere Betrachtungen in diesem Buch ist aber nicht so sehr der Zusammenhang der Poisson-Verteilung mit der Binomialverteilung wesentlich, als vielmehr die Tatsache, daß sie – zum Unterschied von der Normalverteilung – durch die einzige Variable λ bestimmt ist. Lediglich die bisher festgestellte durchschnittliche Ereignishäufigkeit, diese Trefferwahrscheinlichkeit, geht in die Formel ein, während zur Festlegung der Normalverteilung sowohl Mittelwert als auch Streuung erforderlich sind.

Diese Tatsache ermöglicht bei der Verwendung der Poisson-Verteilung eine weitere Vereinfachung. Da es ja praktisch in meinem Belieben steht, festzusetzen, auf welche Grundgröße ich die Ereignishäufigkeit beziehe, kann ich jederzeit λ gleich 1 (oder annähernd gleich 1) setzen, was dann eine vereinfachte Formel ergibt:

$$p_x = \frac{1}{e} \cdot \frac{1}{x!}$$

Freilich kommen bei dieser Vereinfachung zuweilen etwas merkwürdige Bezugsgrößen zustande. Im Falle der Hufschlagopfer müßte man bei $\lambda = 1$ die Häufigkeit der Todesfälle pro Armeekorps im Laufe von etwa 19 Monaten untersuchen. Dann ergäbe sich

$$p_0 = \frac{1}{e} = 0{,}368$$

Ebenso erhielten wir die gleiche Wahrscheinlichkeit für einen Todesfall

$$p_1 = \frac{1}{e} = 0{,}368$$

Durch den verlängerten Zeitraum ist nämlich die Wahrscheinlichkeit für *mehr* als einen solchen Unfall angewachsen:

$$p_2 = \frac{1}{e} \cdot \frac{1}{2!} = 0{,}184$$

$$p_3 = \frac{1}{e} \cdot \frac{1}{3!} = \frac{1}{6e} = 0{,}061$$

Und nun setzt sich eine interessante Reihe fort: p_4 wird ein Viertel des Ergebnisses von p_3 erbringen, p_5 ein Fünftel von p_4, und so weiter, so wie bereits p_2 die Hälfte von p_1 und p_3 ein Drittel von p_2 war.

Voraussetzung für die Anwendbarkeit der Poisson-Verteilung ist stets die Zufallsabhängigkeit von λ. Die Zahl der in einem Kaufhaus täglich gefundenen und abgegebenen Gegenstände wies zum Beispiel eine deutliche Poisson-Verteilung auf. Typische Fälle sind ferner die Anzahl der innerhalb einer bestimmten Zeitspanne eintreffenden Telefonanrufe (vergleiche dazu später über die »Theorie der Warteschlangen« im achten Kapitel) oder die Zahl der Unfälle pro Arbeiter in einem Jahr. Und so manches Problem der Binomialverteilung läßt sich mit der Poisson-Formel viel schneller lösen – zum Beispiel die Frage nach der einen Pik bei fünf Ziehungen, wobei freilich große Vorsicht geboten ist, da die Wahrscheinlichkeit $p = 0{,}25$ eigentlich viel zu groß ist. Aber es ist ganz interessant, den Versuch zu unternehmen und den Unterschied aufzuzeigen. Der Erwartungswert ist, wie wir noch wissen, 1,25, und das nennen wir also jetzt λ. Und schon können wir in die Formel einsetzen:

$$p_{1\,Pik} = \frac{e^{-1,25} \cdot (1{,}25)^1}{1} = \frac{1}{e^{1,25}} \cdot 1{,}25$$

$$= \frac{1{,}25}{3{,}5} = 0{,}36$$

Wir erhalten bei dieser Berechnung also $p = 0{,}36$ gegenüber $p = 0{,}40$ in der Binomialverteilung. Aber wir haben ja gewarnt, daß in diesem Fall die Poisson-Verteilung nicht ganz das richtige ist, weil es sich um kein »seltenes Ereignis« handelt. Dazu kommt aber noch etwas anderes: Die Poisson-Verteilung geht von der stillschweigenden Voraussetzung aus, daß n sehr groß ist, und daher taucht dieses n in der Formel gar nicht auf. Es ist also rechnerisch möglich, mit dieser Formel die Wahrscheinlichkeit zu errechnen bei *fünf* Ziehungen *sechs* Pik zu erhalten:

$$p_{6Pik} = \frac{1}{e^{1,25}} \frac{(1{,}25)^6}{6!}$$

Das ergibt immerhin etwa ein Tausendstel und ist doch völlig absurd! Das beweist aber nicht, daß die Poisson-Formel unsinnig ist, sondern nur, daß man eben wissen muß, wann und wie man sie gebrauchen kann. Und es beweist wieder einmal, daß man mit exakten Rechenoperationen zu den eindrucksvollsten Zahlen gelangen kann, die bloß den Schönheitsfehler haben, bedeutungslos zu sein. *Statistik ohne Vernunft ergibt Unsinn* – und das gilt nicht nur für die Statistik.

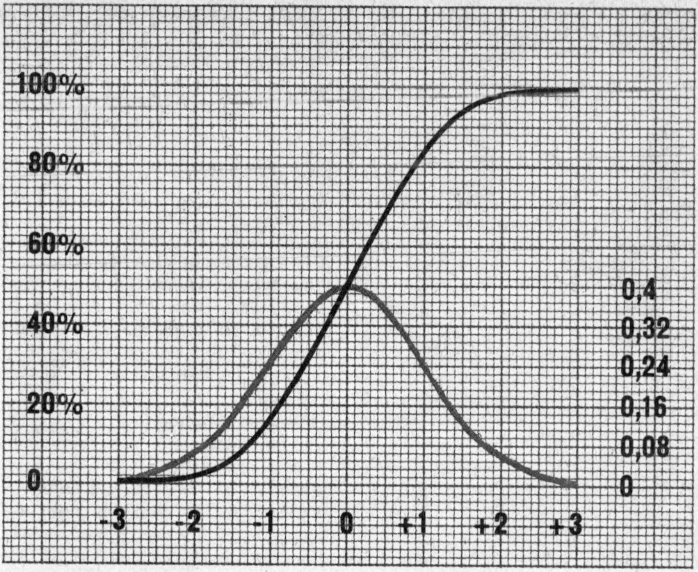

Aus der Summenkurve der Normalverteilung (schwarze Kurve, linke Prozentskala) läßt sich ablesen, wieviel Prozent der Fläche unter der Normalkurve (blaue Kurve) bis zu jedem gegebenen Punkt der Standardabweichung »aufgebraucht« sind. Bis –1 sind es zum Beispiel rund 16 Prozent, bis +1 rund 84 Prozent. Die Zahlen der Skala rechts geben die relative Dichte der Normalverteilung an: Ob die Normalkurve nun steil oder flach erscheinen soll – in jedem Fall müssen diese Zahlenverhältnisse erhalten bleiben. So ist die Kurve etwa im Punkt +1,2 und –1,2 jeweils halb so hoch wie auf dem Gipfel über dem Punkt 0.

Nun noch ein paar Worte über eine Sonderform von Verteilungen und deren Darstellung – über die Summenkurven.

3.5 Summen- und Konzentrationskurven

In den Tabellen zur Normalverteilung ist zu jedem Wert auf der Abszisse (x-Achse) der entsprechende Flächenanteil unter der Normalkurve angegeben – und zwar, wie wir wissen, je nach Tabelle einmal der Anteil vom negativen Ende bis x, dann wieder der Anteil von x aus bis zum positiven Ende der Kurve — und was wir sonst noch an Spielarten kennengelernt haben. Nun ist die Gesamtfläche unter der Normalkurve vereinbarungsgemäß gleich 1, und alle Anteile werden in Promille oder noch kleineren Teilen von 1 angegeben. Beim Höhepunkt der Kurve wird genau der Anteil 0,5 erreicht.

Man kann nun, ausgehend von diesen Tabellen, der Normalkurve eine ganz andere Gestalt geben, indem man sie nämlich zu einer *Summenkurve* umwandelt. Die Einheit 1 wird, was sinngemäß dasselbe ist, gleich 100 Prozent gesetzt und auf der Ordinate aufgetragen, die Abszisse bleibt gegenüber der üblichen Darstellung der Normalkurve völlig unverändert, sie reicht von etwa —3 σ bis etwa + 3 σ. Nun sucht man für einige charakteristische Werte von x in den Tabellen den Flächenanteil

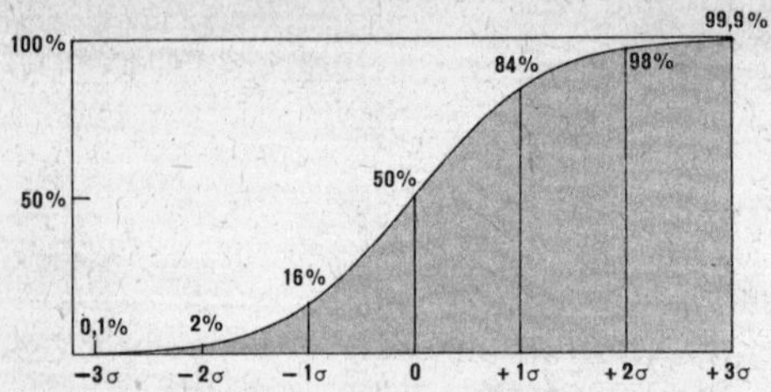

Einzeldarstellung der Summenkurve. Durch den geänderten Maßstab erscheint sie gegenüber der vorigen Darstellung flacher. Aber auch die Normalkurve wäre dementsprechend flacher.

und trägt diesen nun auf der y-Achse auf. Wir bedienen uns zunächst zweckmäßigerweise einer Tabelle, die für das Mittel $\mu = 0$ den Wert 0,5 gibt. Dann erhalten wir zum Beispiel:

	Flächenanteil	wir tragen auf der y-Achse mm ab
x = 3	0,0013	0,1
x = 2,5	0,0062	0,6
x = 2	0,0228	2,2
x = 1,5	0,0668	6,6
x = 1	0,1587	15,8
x = 0,5	0,3085	30,8
x = 0	0,5	50,0

Auf der rechten Hälfte der Kurve ziehen wir nun jeweils die »linken« Werte von der Gesamtheit 1 ab und erhalten auf diese Weise:

x = 0,5	0,6915	69,2
x = 1	0,8413	84,1
x = 1,5	0,9332	93,3
x = 2	0,9772	97,7
x = 2,5	0,9938	99,4
x = 3	0,9987	99,9

Auf Millimeterpapier sorgsam ausgeführt, kann eine solche Karte sogar annäherungsweise eine Tabelle ersetzen. Wo die 25-Prozent-Linie beziehungsweise 75-Prozent-Linie die Kurve schneidet, liegen auf der x-Achse die Werte der Quartile, etwa bei + beziehungsweise —0,675 σ.

Die Summenkurve ist vor allem dann nützlich, wenn man sich auf einen Blick überzeugen will, wie sich ein bestimmter Meßwert in das Gesamtbild der Häufigkeit einordnet. (Man wird dazu allerdings auf der x-Achse zweckmäßigerweise die rohen Meßwerte, nach Errechnung der Standardabweichungen, eintragen und nicht die standardisierten Werte —3, —2 und so fort.)

Trägt man etwa die in einem unserer früheren Beispiele angenommenen IQ-Messungen ($\mu = 112$, $\sigma = 6$) in dieser Weise auf, dann ist sofort zu ersehen, wieviel Prozent der Versuchspersonen einen IQ unter 100, unter 110, über 120 und so fort haben.

Nun gibt es eine andere Art von Summenkurve, die man zunächst eigentlich eine *»Summengerade«* nennen müßte. Sie hat mit der Normalverteilung im statistischen Sinn nichts, aber sehr viel mit der Normalverteilung im Sinne einer perfekt verteilenden Gerechtigkeit zu tun. Wenn nämlich jedermann das gleiche hat – sei es Bargeld, sei es Grundbesitz, seien es Radioapparate –, dann wird bei jeder hinzukommenden Person die Gesamtzahl des Geldes, des Grundbesitzes, der Radioapparate gleichmäßig steigen.

Es muß sich dabei allerdings um Beträge oder Dinge handeln, die aufaddiert werden können – ich kann nicht sagen: A hat einen IQ von 100, B und C auch, alle drei haben also IQ 300.

Da nun irdische Güter fast niemals so gleichartig verteilt sind, ergibt sich in der Regel keineswegs eine Gerade, sondern eine merkwürdige, eingefallene Kurve, die wir am ehesten mit der J-Verteilung vergleichen können. (Hier kann eine echte J-Kurve entstehen, weil am rechten Rand, nach Erreichung der 100 Prozent, eine Abschlußlinie gezogen wird.) Diooo Kurven messen die »Konzentration« von Kapital, Grundbesitz und so weiter, sie werden daher *»Konzentrationskurven«* genannt; die bekannteste ist die sogenannte *Lorenz-Kurve*. An einem Beispiel aus einer ägyptischen Statistik ist sehr deutlich das Prinzip einer solchen Lorenz-Kurve zu ersehen: Auf der Abszisse ist der Prozentsatz des Bodenbesitzes angegeben, auf der Ordinate der Prozentsatz der Grundeigentümer. Die beiden Kurven geben Werte aus den Jahren 1952 beziehungsweise 1965 an und verdeutlichen den Erfolg der Bodenreform in Ägypten.

Man sieht also auf einen Blick, daß im Jahre 1952 10 Prozent der Grundbesitzer 70 Prozent des Bodens besessen hatten (1965 besaßen sie nur noch 50 Prozent).

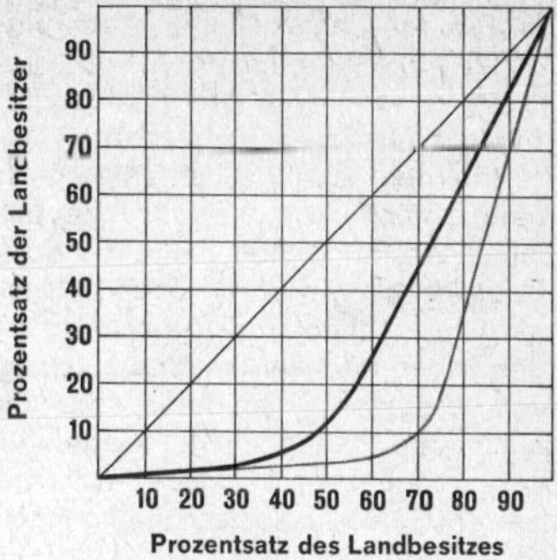

Wenn jeder Landeigentümer gleich viel Land besäße, ergäbe sich die durch die Diagonale ausgedrückte »Idealverteilung«. Eine ägyptische Statistik läßt immerhin erkennen, daß die extrem »ungerechte« Landverteilung des Jahres 1952, rechte Kurve (10 Prozent der Landbesitzer besaßen 70 Prozent des Bodens), durch die Maßnahmen der Landreform bis zum Jahre 1965 (mittlere Kurve) immerhin dem Ideal wesentlich näher gebracht wurde. – Diese Darstellungsweise wird Konzentrations- oder Lorenzkurve genannt.

3.6 Häufigkeit und Dichte

Wir haben zu Beginn dieses Abschnitts von diskreten und stetigen Merkmalen gesprochen und dann gezeigt, wie aus einer diskreten Verteilung bei wachsenden Beobachtungen und wachsender Zahl von möglichen Resultaten allmählich eine stetige Verteilung entsteht, die durch die Normalkurve dargestellt werden kann.

Zu einem bestimmten Punkt der Normalverteilung läßt sich keine Häufigkeit mehr angeben – bestimmen lassen sich nur noch *Häufigkeitsanteile*, die zwischen zwei Punkten liegen. Das ist durchaus logisch, weil es ja zwischen $+3\sigma$ und -3σ unendlich viele Punkte gibt. An jedem dieser Punkte gibt es zwar eine aus der Kurve (und aus Tabellen) ersichtliche *»Dichte«*, aber *keine Häufigkeit* mehr. Wir können den Unterschied wie folgt verdeutlichen.

Wenn ein Flugzeug Bomben abwirft, dann kann man hinterher sagen: Über der Ortschaft A sind 20 Bomben gefallen, zwischen A und B 48, über B 65, zwischen B und C 30, über C 22, zwischen C und D 8, über D 2. Man könnte, um eine von der Ortsgröße unabhängige Vergleichsbasis zu erhalten, auch die Bombenwürfe pro Quadratkilometer bestimmen. Jedenfalls haben wir es mit einer eindeutigen diskreten (wenn man bei Bomben von »diskret« sprechen will) Verteilung, einer abzählbaren Häufigkeit zu tun.

Auch wenn die Flugzeuge statt Bomben erfreulicherweise nur Flugblätter abwerfen, wird man allenfalls noch abzählen können: Über A wurden 360 abgeworfen, zwischen A und B 500, über B 1200 – und so weiter. Wir können uns aber bereits die Landschaft kontinuierlich mit Flugblättern bedeckt vorstellen: Hier liegen sie einzeln verstreut, dort in

großer Zahl, eng neben-, ja übereinander – die Verteilung geht von *»diskret«* in *»stetig«* über, *das Abzählbare ist nur noch abschätzbar.*
Noch einen Schritt weiter – und noch tiefer zurück in den Frieden. Nun fallen keine Flugblätter mehr, sondern Hagelkörner. Zwischen B und C liegen sie zentimeterhoch auf den Feldern, denn dort war der Niederschlag am heftigsten – beiderseits davon nimmt die Häufigkeit der Hagelkörner (und das heißt nun: die Dichte der Hagelkörnerschicht) allmählich ab. Theoretisch könnte ich zwar noch auf das Feld des Bauern Hagelberger zwischen B und C hingehen und sagen: Auf jenem Quadratdezimeter, der das äußerste nordwestliche Stückchen des Rübenackers bildet, liegen genau 598 Hagelschloßen, auf dem Quadratdezimeter links daneben sogar 634. Ich könnte das törichte Spiel noch mit Quadratzentimetern Bodenfläche weitertreiben.
Aber nun lassen wir es schneien – und es ist endgültig mit der diskreten Verteilung vorbei, die Dichte triumphiert. Von jedem einzelnen Punkt der Landschaft kann ich mühelos feststellen: Hier liegt der Schnee 5 Zentimeter oder 18 Zentimeter oder 38 Zentimeter hoch. Aber von keinem Punkt kann ich sagen: Über diesem Stecknadelkopf liegen genau 325 852 Schneeflocken. Wohl aber kann ich sagen: Zwischen diesem Punkt und jenem anderen liegt ein Tausendstel oder ein Achtel oder ein Siebenunddreißigstel der gesamten Schneemenge.
Wir werden im weiteren Verlauf unserer Darstellung auf den Begriff der »Dichte« fast völlig verzichten. Aber da die Normalverteilung, streng mathematisch gesprochen, nun einmal eine Dichtefunktion ist und da der Leser vielleicht einmal in einem Lehrbuch der Statistik den Begriff der »Dichte« antreffen wird, wollten wir doch zum Abschluß dieses Kapitels noch zeigen, *wie Häufigkeit zur Dichte wird* – und warum man niemals an einem *einzelnen* Punkt der Normalverteilung eine Anteilshäufigkeit feststellen kann, sondern immer nur *zwischen* zwei Punkten, indem man eben eine mehr oder minder schmale Schnitte aus der Gesamthäufigkeit herausschneidet.

4. Punkte, Prozente, Indizes

4.1 Zeitreihen

»In Lebensfluten, im Tatensturm / Wall' ich auf und ab, / Webe hin und her! / Geburt und Grab, / Ein ewiges Meer, / Ein wechselnd Weben, / Ein glühend Leben, / So schaff' ich am sausenden Webstuhl der Zeit.« Die nächste Zeile lautet dann: »Und wirke der Gottheit lebendiges Kleid« – und wir hatten schon angenommen, der Geist im *»Faust«* stimme einen Hymnus auf die Zeitreihen an, die wahrlich ein Webmuster aller Lebensvorgänge sind und zwischen Geburt und Grab alles wechselnde Weben und glühende Leben graphisch und in Tabellenform festhalten.

Die Zeitreihen sind es denn auch, die gerade dem Nichtstatistiker besonders häufig unter die Augen kommen – in Tageszeitungen und Fachzeitschriften, mit mehr oder minder originellen, mehr oder minder läppischen Männchen, die bergauf schreiten oder bestürzt auf einer Kurve zu Tal sausen. Eine Zeitreihe ist es auch, die so oft den Hintergrund zu gezeichneten Witzen aus Direktionszimmern und Sitzungsräumen gibt – meist verläuft sie steil bergab, und einer der anwesenden, düster blickenden Herren hat dazu etwas Bissiges zu sagen.

Wenn diese Art der Statistik so »überdurchschnittlich« stark in Erscheinung tritt, dann hat das selbstverständlich eine Ursache. *Die Zeitreihe bringt nämlich ein dynamisches Element in die Statistik;* sie läßt nicht nur das bisher zustande gekommene Muster am Webstuhl der Zeit erkennen, sondern drängt den Betrachter geradezu, sich mit Blick in die Zukunft neue Muster auszumalen.

Aber auch wenn die Zeitreihen beim Betrachter keine phantasievollen futurologischen Visionen heraufbeschwören sollen, sind sie mitreißender als Verhältniszahlen oder stationäre Häufigkeitsverteilungen, denn sie bringen *die Dimension der Zeit ins Spiel,* zeigen mit wenigen Strichen oder Zahlen Entwicklungen auf, die wir nie vermutet oder stets gefürchtet, zumeist nur andeutungsweise geahnt haben.

Dennoch ist die Zeitreihe nicht grundsätzlich verschieden von einer einzelnen, statischen Stichprobe oder Totalerhebung. Wie ein Film aus stehenden Einzelbildern zusammengesetzt ist, ist auch die Zeitreihe eine Aneinanderreihung von solchen Einzelaufnahmen – und wenn wir bei dem Bild vom Film bleiben wollen und die großen Zeiträume bedenken, die in Zeitreihen zumeist übersprungen werden, dann müssen wir geradezu von einem Zeitrafferverfahren sprechen.

Grundsätzlich stellen Zeitreihen eine Verbindung zwischen gleichartigen Aussagen aus verschiedenen Zeiten über den gleichen Sachverhalt her. Dabei mag es sich um kontinuierliche Vergleiche handeln, wie etwa im Falle der Aneinanderreihung der jährlichen Ein- und Ausfuhr der letzten fünfzehn Jahre (s. Abb. S. 83), oder aber um Vergleiche ausgewählter Einzeldaten – etwa Vergleiche der Berufsstruktur in der Schweiz im Jahre 1888, 1920, 1940 und 1960 (s. Abb. S. 82).

Oftmals ist ein kontinuierlicher Vergleich aber gar nicht möglich. Eine Zeitreihe aus Daten der großen Volkszählungen überspringt nämlich nicht nur Zehn-Jahres-Intervalle, sondern liefert überdies nur »Punktdaten« – Erhebungswerte, die, genau-

Berufstätige nach Wirtschaftssektoren seit 1888

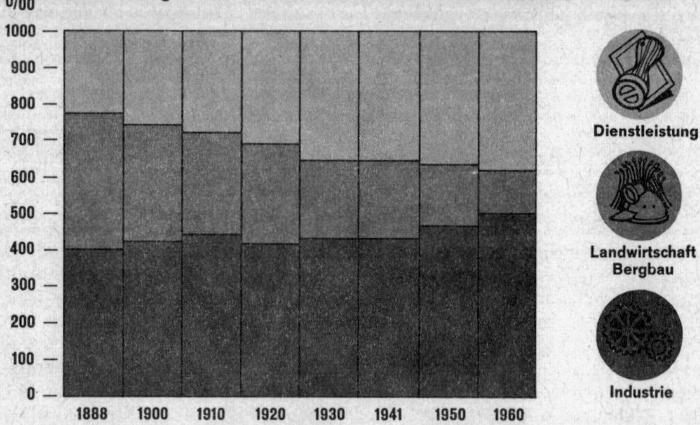

Die graphische Darstellung von Zeitreihen erleichtert das Erkennen einer Entwicklungslinie, wie in diesem Beispiel aus einer Statistik der Schweiz. Der prozentuale Anteil der Berufstätigen im »sekundären Sektor« (Industrie, Verarbeitungsbetriebe) ist – mit geringfügigen Schwankungen – seit 1888 ein wenig angestiegen, während im »primären Sektor« (Urproduktion) ein ständiger Rückgang, im »tertiären Sektor« (Dienstleistungen und so weiter) ein kontinuierlicher Anstieg zu verzeichnen ist. In dieser Art des Zeitreihenvergleichs werden relative Häufigkeiten, also keine absoluten Zahlen, gezeigt – die Säulchen für jedes Jahr sind gleich hoch (nämlich »1000 Promille«). Ob es 1960 mehr oder weniger Berufstätige als 1930 oder 1900 gab, ist nicht zu ersehen. Das ließe sich durch unterschiedliche Höhe der Stäbe ausdrücken, doch wäre dann der Trend der Beschäftigungsstruktur schwerer zu erkennen.

genommen, nur einen einzigen Tag lang Geltung hatten. Wir berühren hier einen Unterschied, der dem Nichtstatistiker selten bewußt wird: *Es gibt Bestandsmassen und Bewegungsmassen.*

Bestandsmassen (auch Streckenmassen genannt) sind Massen, deren Einheiten eine gewisse Dauer haben – das einfachste Beispiel ist die Bevölkerung eines Landes: Individuen werden geboren und sterben, die Bevölkerung insgesamt ist davon auf längere Sicht nur dann betroffen, wenn ein deutlicher Überhang der Geburten oder Todesfälle anhält. Jede Einheit dieser Massen hat eine bestimmte *»Verweildauer«* – beim Menschen ist es die individuelle Lebenszeit, bei der Kurbelwelle deren Aufenthalt im Lager einer Werkstatt und beim Urlaubsgast dessen Aufenthalt im Ferienhotel.

Die *Bewegungsmassen* (auch *Punktmassen* genannt) sind Massen von Ereignissen: Eine gewisse Anzahl von ihnen findet statt, kann aber nur in *der* Weise gemessen werden, daß diese Ereignisse innerhalb bestimmter Zeiträume addiert werden. Die Hufschlagopfer, die wir bei der Poisson-Verteilung zu bedauern Gelegenheit hatten, sind ein Extremfall seltener Ereignisse – kaum eines im Jahresdurchschnitt. Aber es gibt auch sehr große Bewegungsmassen, zum Beispiel Eheschließungen. Auch die beiden Ereignisse, die die Verweildauer begrenzen, können als Bewegungsmassen angesehen werden: Geburt und Tod beziehungsweise Lagerzugang und Lagerabgang.

Bestandsmassen können *zu einem Stichtag* gezählt werden: Am Tage der letzten großen bundesdeutschen

Volkszählung (27. Mai 1970) gab es soundso viele Männer und Frauen, soundso viele Eigenheime, minderjährige Kinder oder auch Fernsehgeräte, Rasenmäher und Gartenzwerge.
Bewegungsmassen müssen hingegen *innerhalb bestimmter Zeiträume* betrachtet und verglichen werden. Die Anzahl aller Fernsehgeräte in Privathaushalten kann – zumindest theoretisch – zu einem genauen Termin ermittelt werden: übermorgen mittag, Schlag zwölf Uhr. Drei Stunden vorher wird es vermutlich im Lande ein paar Geräte weniger, drei Stunden nachher ein paar Geräte mehr geben, aber der Zeitpunkt »zwölf Uhr« gibt eine genaue Darstellung der gewünschten Situation.
Eine Zählung etwa der Bewegungsmasse »Eheschließungen« zum gleichen Zeitpunkt (übermorgen, Schlag zwölf) ergäbe vermutlich null, es sei denn, irgendwo fiele die Trauungsformel genau mit dem Zwölf-Uhr-Schlag zusammen. Der Zeitraum »übermorgen 6 Uhr früh bis 20 Uhr abends« ließe hingegen über tausend Eheschließungen zusammenkommen und ergäbe jedenfalls einen sinnvollen Vergleichswert für »Eheschließungen pro Tag«.
Was ist nun der tiefere Sinn der Zeitreihen? Handelt es sich um ein müßiges Spiel unterbeschäftigter Statistiker, oder steckt mehr dahinter? Die Antwort, die sich sofort aufdrängt, ist die, daß eine solche Zeitreihe zumeist *einen »Trend« deutlich macht* – eine Entwicklungslinie, die nach oben oder nach unten weist, vielleicht auch eine gewisse Wellenbewegung zeigt.
Freilich darf man einen solchen Trend nicht kritiklos hinnehmen, auch wenn er noch so ausgeprägt zu sein scheint. Vergleichen wir etwa die Umsatzergebnisse eines Kaufhauses, so werden sie vermutlich seit Jahren eine steigende Tendenz aufweisen – aber das muß nicht viel besagen. Es wäre durchaus denkbar, daß es nur die schleichende Inflation ist, die dieses kontinuierliche Wachstum vorspiegelt, während der »reale« Umsatz (in dem der Kaufkraftverlust berücksichtigt ist) stagniert oder sogar geringfügig zurückgeht. Dann wäre eine solche Dar-

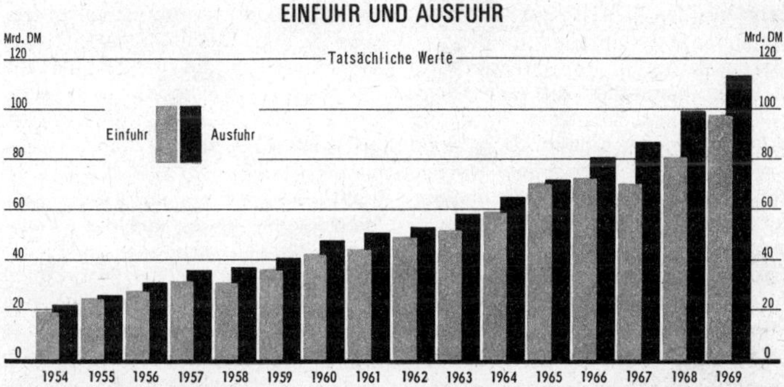

Zeitreihen bringen Dynamik in das statistische Geschehen, denn sie lassen durch den Vergleich von Messungen in regelmäßigen Intervallen die Entwicklung deutlich sichtbar werden – und fordern gleichzeitig auch zur Weiterprojektion dieses Trends in die Zukunft auf, was freilich nicht immer gerechtfertigt ist. Eine typische Zeitreihe, gebildet aus Stäbchen, zeigt diese Darstellung aus dem Statistischen Jahrbuch der Bundesrepublik Deutschland: Die Außenhandelszahlen der 16 Jahre von 1954 bis 1969 sind nebeneinandergestellt und ermöglichen einen Vergleich sowohl der Exporte als auch der Importe und des Exportüberschusses über den gesamten Zeitraum hinweg.

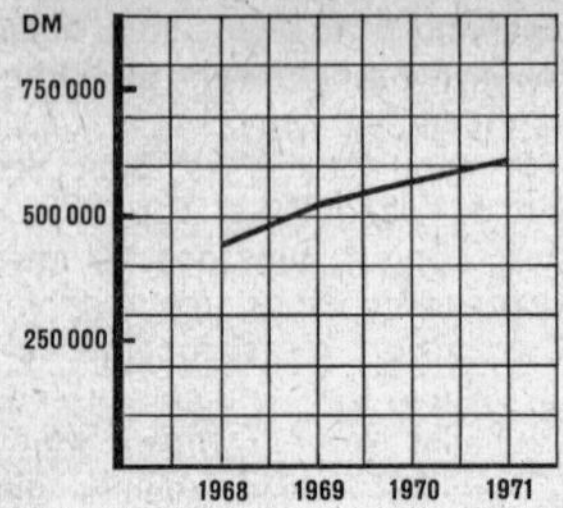

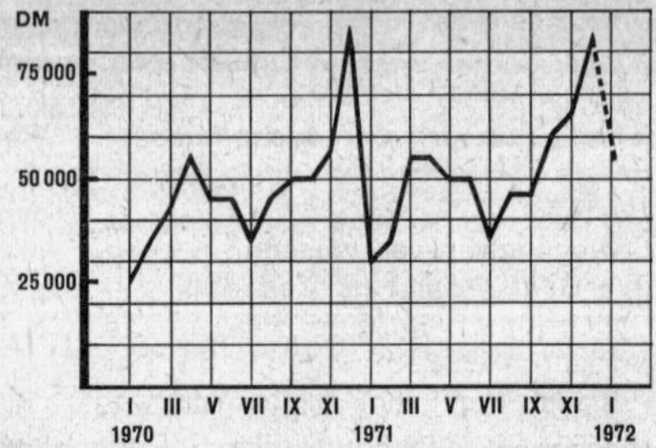

Was über größere Zeitintervalle eine ruhige Linie zeigt, kann bei Aufteilung in kürzere Vergleichsperioden zu hektischem Kurvenverlauf führen – wie die fingierten Umsätze eines Kaufhauses, gegliedert nach Jahren (links), nach Monaten (rechts).

stellung nicht »relevant« – sie würde nicht das aussagen, was sie aussagen sollte: Nicht die Umsatzentwicklung der Firma wäre ersichtlich, sondern vielleich das Ausmaß der Inflation. Man wird also die Umsatzziffern von diesem Störfaktor »bereinigen« müssen.
Aber ein solcher Jahresvergleich kann auch noch andere Probleme aufwerfen – oder auch verdecken. Während nämlich die Linie der Jahresgesamtergebnisse – so nahmen wir an – kontinuierlich »bergauf« weist, verändert sich dieses Bild sehr rasch, wenn wir das Jahr in Quartale oder gar in Monate unterteilen: Die ursprünglich glatte, ruhige Linie wird zu einem hektischen Zickzack. Denn nun spiegeln sich all die Einzeleinflüsse wider, die für die Umsätze in einem Kaufhaus nun einmal typisch sind: die Flaute zu Jahresbeginn, die Belebung des Geschäfts um die Osterzeit, die Räumungsverkäufe, der Hochbetrieb vor Weihnachten. Wir sehen gewissermaßen, wie die einzelnen Monate um den »Monatsdurchschnitt« (Jahresergebnis geteilt durch 12) streuen.
Feiertage und Witterungseinflüsse bringen aber nicht nur in die Umsätze von Kaufhäusern ein Element der Unregelmäßigkeit, sondern sie können vor allem auch die Zahlen der Fremdenverkehrsstatistiken in arge Unordnung stürzen. Ostern und Pfingsten, diese beiden so beweglichen Feste, die in immer noch steigendem Ausmaß zu kleinen Ferienreisen verwendet werden, fallen nun einmal nicht jahraus, jahrein in dieselben Monate.
Fremdenverkehrsstatistiken können daher von einem Monat April zum nächsten und von einem Mai zum nächsten erstaunliche Sprünge vollführen – und das alles bloß, weil Ostern und Pfingsten einmal früh, einmal spät lagen.
Selbst mit den Produktionsziffern großer Betriebe gibt es Schwierigkeiten: Eine andere Urlaubsregelung in den Sommermonaten bringt Unordnung in die Zahlen für Juli und August, und ein Monat wie etwa der Mai 1970, der den 1. Mai, Christi Himmelfahrt, die Pfingstfeiertage und Fronleichnam enthielt und darüber hinaus am Beginn und Ende ein Wochenende hatte, muß die absoluten Produktionsziffern gegenüber dem Vormonat wie dem Nachmonat wesentlich absinken lassen. Was bietet sich als Ausweg an, solange das oft ventilierte und nie realisierte Projekt eines weltweiten einheitlichen Normal-Kalenderjahres noch der Verwirklichung harrt? *Die synthetische Schaffung eines Normalmonats* durch »Bereinigung« – und natürlich auch gleich die *»Saisonbereinigung«* für jahreszeitliche Schwankungen.

Einschneidende ungewöhnliche Ereignisse können in graphischen Darstellungen einer Zeitreihe deutlich sichtbar werden. Wir entnehmen dieses Beispiel der Schrift **»Economic Trends«** des britischen statistischen Zentralamts: Die Pfundabwertung vom Herbst 1967 läßt sich in der Exportentwicklung deutlich erkennen. – Die Skala am rechten Rand ist getrennt für jede Warengruppe und ist logarithmisch unterteilt.

Exporte Großbritanniens in Millionen engl. Pfund, saisonbereinigt

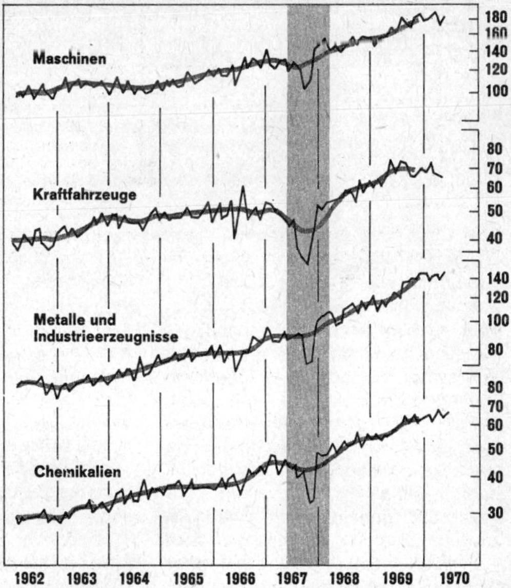

4.2 Die Bereinigung des Kalenders

Liegen Beobachtungen über einen ausreichend langen Zeitraum hinweg vor, so ist es möglich, daß man einen *»Zyklus«* wahrnehmen kann. Wie lang der Zeitraum sein muß, um einen solchen Zyklus erkennen zu lassen, ist a priori nicht zu sagen und ergibt sich aus den Daten. So zeigen etwa Ebbe und Flut im Zeitraum von knapp 24 Stunden einen deutlichen Zyklus, den man aus einer Beobachtungsreihe in Stunden- oder 2-Stunden-Intervallen erkennen könnte. Wollte man hingegen jeden vierten Tag um Punkt zwölf Uhr den Wasserstand an der Küste messen, würde es wohl sehr lange dauern, ehe man aus diesen Messungen die richtigen Schlußfolgerungen ziehen könnte.

In der Regel steht die wissenschaftliche Statistik den Zyklen skeptisch gegenüber. Auf dem Spezialgebiet der Wirtschaftsstatistik ist man eher geneigt, an dem Begriff des *Konjunkturzyklus* festzuhalten, freilich auch hier nicht in der starren Form eines genau nach fünf oder sieben oder zwanzig Jahren wiederkehrenden Rhythmus, sondern eher in Gestalt eines charakteristischen Kurvenverlaufs, der sich in annähernd ähnlich langen Intervallen in annähernd ähnlicher Weise wiederholt.

Allgemeiner Trend, jahreszeitliche Einflüsse, Zyklen – was kann sich noch auf eine Zeitreihe auswirken? Nun, zum Beispiel *einmalige Son-*

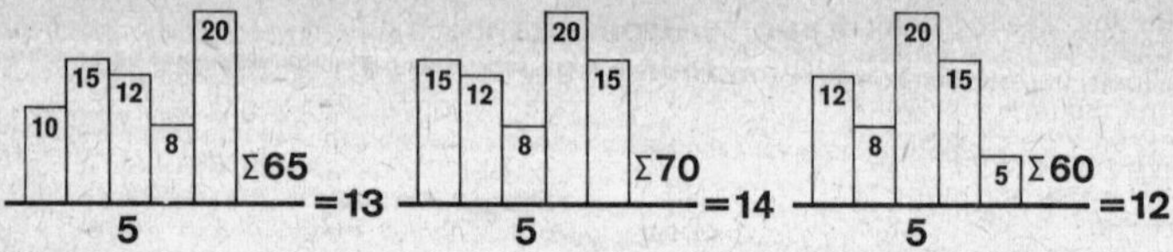

Schema eines gleitenden Durchschnitts. Es wird gewissermaßen jeweils das neueste Monats- oder Jahres- beziehungsweise Wochenergebnis hinzugefügt und das älteste scheidet aus. Links die erste Durchschnittsberechnung, in der Mitte fällt die »alte« 10 weg, und die neue »15« wird berücksichtigt, rechts fällt ebenfalls die älteste Zahl fort und wird durch die neueste ersetzt.

derereignisse. Das können von vornherein klar erkennbare Ereignisse sein, wie etwa die Aufwertung oder Abwertung einer Währung.

Oder es stellt sich erst anhand der statistischen Daten heraus, daß – von jedermann unerwartet – irgendein Stimmungsumschwung eingetreten ist, der plötzlich den Absatz dieses oder jenes Produkts vorübergehend erhöht oder gesenkt hat. Handelt es sich um ein zwar einmalig eintretendes, aber kontinuierlich weiterwirkendes Ereignis, dann mag man auch von einem *Strukturbruch* sprechen, der zu einer *Trendumkehr* führt: So hat die Erfindung der Synthesefasern die Textilindustrie vor eine völlig neue Situation gestellt!

Einmaliges Ereignis und Trend sind also zuweilen eng verknüpft, die Zyklen von zweifelhaftem Aussagewert, die Saisoneinflüsse nicht immer so klar nachweisbar wie beim Speiseeisverkauf, im Baugewerbe und im Fremdenverkehr. Es ist daher jeder Versuch, die rohen Daten zu »bereinigen«, um ein unverzerrtes Bild der Entwicklung zu erhalten, von der Gefahr begleitet, gerade *durch diese vermeintliche Bereinigung eine neue Verzerrung zu schaffen.* Wer Meßdaten zu manipulieren beginnt, begibt sich in eine Gefahr, in der er nur allzuleicht umkommt.

Am harmlosesten ist es noch, wenn man *Vergleichsperioden* aufsucht. »Gegenüber dem Vergleichsmonat des Vorjahres...«, heißt es dann oft, und der zugrunde liegende Gedanke ist der, daß das Jahr in unterschiedliche Saisons zerfällt, die sich am besten miteinander vergleichen lassen. Man wird die Fremdenverkehrsziffern vom September zweckmäßigerweise wieder mit denen vom September vergleichen und nicht mit denen des Vormonats August oder des darauffolgenden Oktober. Allerdings führt ein solcher relativ simpler Vergleich mit dem »Vergleichsmonat« immer dann zu Schwierigkeiten, wenn gerade dieser Vergleichsmonat seinerseits atypisch war. Da war etwa im Vorjahr ein strahlend schöner, warmer, herrlicher September, der auf einen verregneten, kühlen August folgte. Und nun kommt ein durchschnittlich heißer, schöner August, gefolgt von einem ebenfalls durchschnittlich milden, aber doch schon merklich kühleren September. Was ergibt der Vergleich mit dem »Vergleichszeitraum des Vorjahres«? Die heurigen Fremdenverkehrsziffern im August sind um dreißig und mehr Prozent in die Höhe geschnellt, gegenüber dem September aber ist ein scheinbar katastrophaler Rückschlag eingetreten.

Um solchen Zufälligkeiten auszuweichen – zuweilen auch ganz allgemein zur Bereinigung einer Zeitreihe von störenden, aber unwesentlichen Einflüssen –, bedient man sich der *Methode der gleitenden Durchschnitte.* Nach einem Beispiel bei Pfanzagl wählen wir etwa folgende Reihe von Messungen:

12,3 – 12,9 – 13,6 – 14,4 – 15,3 – 16,3 – 17,2 – 18,0.

Das können, je nach der gegebenen Situation, absolute Zahlen oder relative Häufigkeiten sein, es kann sich um unmittelbar aufeinanderfolgende Zeitpunkte oder um durch Intervalle getrennte Vergleichsperioden handeln. Wenn aus dieser Reihe ein gleitender Durchschnitt berechnet werden soll, bestimmt man zuerst die Anzahl der Glieder, die man zu berücksichtigen gedenkt (sie wird von der Gesamtzahl der verfügbaren Daten abhängen). Wir wählen einen fünfgliedrigen gleitenden Durchschnitt und bilden zunächst das Arithmetische Mittel der ersten fünf Glieder:

$$\frac{12{,}3+12{,}9+13{,}6+14{,}4+15{,}3}{5} = 13{,}70$$

Dann wird der erste, der »älteste« Wert weggelassen und ein neuer hinzugefügt: Die Summe im Zähler des oben stehenden Bruches wird also um die ganz links stehenden 12,3 verringert und um 16,3 (sechste Zahl der Reihe) vermehrt. So ergibt sich der nächste Durchschnitt: 14,50, auf den dann 15,36 und 16,24 folgen. Diese gleitenden Durchschnitte können einerseits als Vergleich für neueste Zahlen, andererseits aber zur Erstellung einer geglätteten, bereinigten Trendkurve dienen, die freilich – wie jeder Durchschnitt – dazu neigt, ungewöhnliche Extreme unter den Tisch fallen zu lassen.

Mit Hilfe gleitender Durchschnitte von Anteilsprozenten läßt sich eine einfache Saisonbereinigung etwa in folgender Weise durchführen: Man beobachtet im Verlauf mehrerer Jahre die Umsätze einer bestimmten Einzelfirma oder Branchengruppe und stellt fest, daß zum Beispiel auf den Januar erfahrungsgemäß etwa 7 Prozent, auf den Februar 6 Prozent, auf den März 11 Prozent, und so weiter, der Umsätze entfallen, während der Anteil jedes Monats, gleichmäßig über das Jahr verteilt, ein Zwölftel ($= 8^1/_3$ Prozent) ausmacht. Einem *tatsächlichen Umsatz* von, sagen wir, 5000 Stück im Januar entspricht dann eine *»saisonbereinigte« Umsatzziffer* von

$5000 \cdot \frac{8^1/_3}{7} = 5900$, einem tatsächlichen Umsatz von 8000 im März eine angepaßte Zahl von $8000 \cdot \frac{8^1/_3}{11} = 6050$.

Der März ist diesmal also auch relativ besser als der Januar, und nicht bloß, weil die Umsätze im März immer absolut weit höher sind.

Inlandsumsatz im Straßenfahrzeugbau 1962 = 100

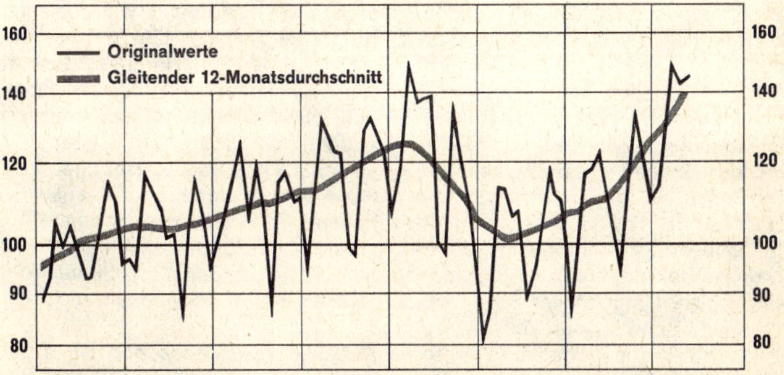

Ein »gleitender« Durchschnitt ergibt auch graphisch eine gleitende Linie. Das hektische Auf und Ab im Laufe eines Jahres wird zur ruhigeren Trendlinie. Die Zahlen stammen aus den Jahren 1962 bis 1969. Die Index-Skala rechts ist wieder einmal logarithmisch.

Es gibt noch viele, weit komplizierere Verfahren zur Ausschaltung (oder auch Sichtbarmachung) der einzelnen Komponenten, aus denen sich eine Zeitreihe zusammensetzt. Ganz unproblematisch ist keines, weil es im Wesen der Bereinigung liegt, von den gegebenen Zahlen abzuweichen, indem ein – notwendigerweise subjektiv gefärbtes – Urteil über Faktoren abgegeben wird, die sich letztlich doch nur abschätzen lassen. Und immer dann, wenn die Statistik sich nicht damit begnügt, Tatsachen anschaulich zu machen und Wahrscheinlichkeiten mit gebührender Vorsicht zu prognostizieren, sondern sich auf die Problematik von Ursache und Wirkung, Nebeneinfluß und Nebenwirkung einläßt, gerät sie nur allzuleicht in eine heikle Situation. Wir werden darüber noch mehr zu sagen haben, wenn wir uns später mit den Korrelationen beschäftigen.
Zunächst aber wollen wir uns der *Indexberechnung* zuwenden, einer Methode, die für den Laien zum Inbegriff statistischer Arbeit geworden ist und die völlig auf dem Grundkonzept der Zeitreihe basiert.

4.3 Index und Warenkorb

Der Index ist der Zeigefinger der Wirtschaft, er ist das Indiz für Fortschritt oder Mißerfolg. Das ist nicht weiter erstaunlich, denn der Index ist schließlich seiner sprachlichen Abstammung nach genau dasselbe wie der Zeiger (oder Zeigefinger) und das Indiz, das ja auch nur ein »Hinweis« ist. Im Italienischen heißt der Zeigefinger »indice«, im Englischen »index finger«.
Was indiziert nun dieser Index? Er gibt uns Hinweis auf den Ablauf einer Entwicklung, indem er *prozentuale Veränderungen* gegenüber einem früheren Zeitpunkt registriert. Es ist aber keine gewöhnliche Zeitreihe, mit der wir es beim Index zu tun haben, sondern es ist gewissermaßen eine *Zeitreihe eines Warenkorbs* – und dieses merkwürdige Bild werden wir gleich erläutern. Wenn ich feststelle, wieviel eine Tonne Rohkupfer im Juni 1966 gekostet hat, und dann die Preise für Juni 1967, 1968 und so fort danebenstelle, dann habe ich die zeitliche Entwicklung eines bestimmten Preises, aber noch keinen Index. Auch wenn ich, um mir auf den ersten Blick eine klarere Übersicht zu verschaffen, den Preis von Juni 1966 zum Basispreis ernenne und ihn gleich 100 setze, also für die folgenden Jahre Prozentzahlen wie 102,4 oder 95,4 oder 121,7 erhalte, habe ich noch immer keinen Index im üblichen Sprachgebrauch.
Der Index soll nämlich *für eine ganze Situation charakteristisch sein,* nicht bloß für eine einzelne Ware. Vom Index will ich wissen, wie sich die Lebenshaltungskosten, die Großhandelspreise, die Aktienkurse, die Steuerbelastung und ähnliches geändert haben. Am bekanntesten und am meisten angefeindet ist – in aller Welt – der *Index der Verbraucherpreise,* meist kurz *Lebenshaltungskostenindex* genannt.
Gegen diesen Index wird oftmals vorgebracht, daß er das tatsächliche Ansteigen der Lebenshaltungskosten nur ungenügend widerspiegle. Kurz: Die Statistik lügt wieder einmal. Für den einzelnen ist das oft durchaus richtig: Jawohl, der Index gibt nicht annähernd die Preisveränderungen in der Art wieder, wie sie sich im Haushaltsbudget des Herrn X oder der Frau Y ausgewirkt haben. Aber das hat er mit allen statistischen Zahlen gemeinsam: Es geht eben in der Statistik *um die Massen, um die Häufigkeit, nicht um den einzelnen.*
Aber, so kommt das nächste Argument, auch meine Freunde und Bekannten finden, daß alles viel teurer wird, obwohl der Index im vergangenen Monat nur 0,5 Prozent ge-

Preisindex für die Lebenshaltung

„Warenkorb" 1962 in der Gliederung nach dem Verwendungszweck und nach Waren, Leistungen und Wohnungsnutzung

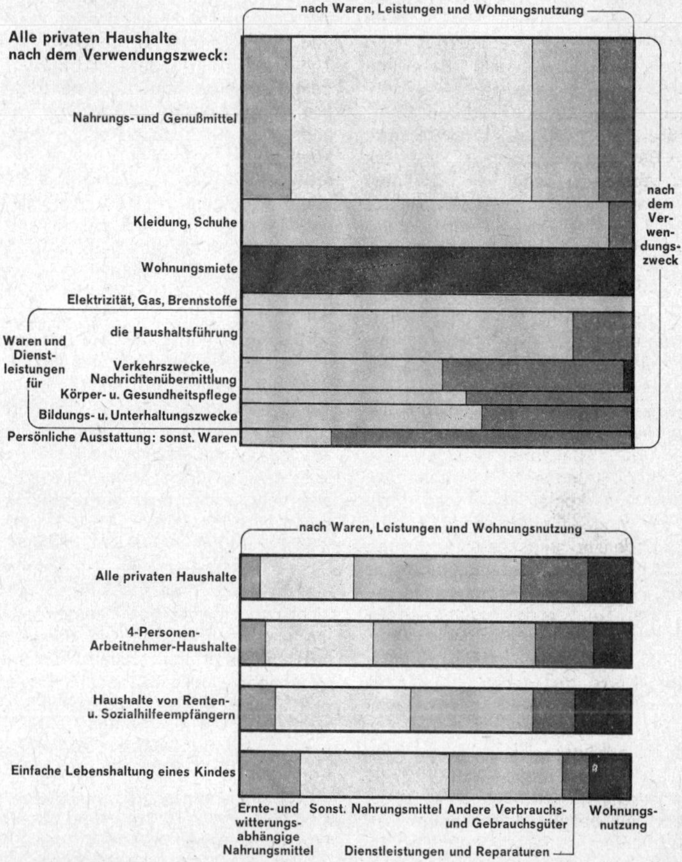

Aufgliederung des offiziellen »Warenkorbes« in einer Darstellung des Statistischen Bundesamtes. Am linken Rand des oberen Bildes sind zunächst die relativen Anteile der einzelnen Warengruppe am Warenkorb abzulesen: Reichlich ein Drittel entfällt auf Nahrungs- und Genußmittel, sehr wenig auf Körper- und Gesundheitspflege. In der Waagerechten sind diese Gütergruppen nochmals unterteilt (Beschriftung am unteren Rand): von den Nahrungsmitteln entfallen etwa 10 Prozent auf ernte- und witterungsabhängige Nahrungsmittel. In der Gruppe »Bildung und Unterhaltung« entfallen etwa 55 Prozent auf Waren (zum Beispiel Schallplatten, Bücher), 45 Prozent auf Dienstleistungen (zum Beispiel Konzertbesuche, Vorträge). – Das untere Schema zeigt unter anderem, wie sich der typische Warenkorb etwa eines »Durchschnittshaushalts« von dem eines Rentenempfängerhaushalts unterscheidet.

stiegen ist. Da ist nun zunächst auf zweierlei aufmerksam zu machen: Erstens kann es sich bei diesem Bekanntenkreis um Personen ähnlicher Einkommens- und Verbrauchsstruktur handeln, ohne daß jedoch dieses Verbrauchsschema für die gesamte Bevölkerung charakteristisch ist. Und zweitens gibt es in allen Bereichen des Lebens gewisse Wahrnehmungsschwellen, nach deren Überschreiten einem etwas »erschreckend zu Bewußtsein kommt«. Der Index ist vermutlich schon seit Monaten langsam höher und höher gekrochen, doch das waren Preiserhöhungen, die man im Budget nicht gemerkt hat. Aber nun wollen Sie etwa, wie alljährlich, im Frühjahr mit der Bahn nach Oldenburg zu Verwandten fahren – und siehe da, kostet die Bahnfahrt heuer gleich soundso viel mehr als im Vorjahr!
Etwas Ähnliches kann sich bei der Anschaffung von Möbeln, aber auch bei häufig gekauften Waren, etwa bei den Grundnahrungsmitteln, zeigen. Nun kostet doch das Mehl schon wieder fünf Pfennig mehr, und der Lebenshaltungskostenindex rührt sich nicht! Und weil man überdies den Preisindex meist nur dann betrachtet, wenn man sich über Preiserhöhungen tüchtig geärgert hat, fallen all die vielen Monate unter den Tisch, in denen der Index Preissteigerungen registriert hat, von denen man eigentlich ehrlich hätte sagen müssen: »Na so etwas! Von dieser Preiserhöhung habe ich ja gar nichts gemerkt!« Das ist umgekehrt wie bei den Horoskopen: Dort fällt einem auf, was eingetroffen ist. Bei der Statistik und dem Wetterbericht heißt es: »Sieh dir das mal an – schon wieder absolut falsch!«
Noch aus einem anderen Grunde wirkt der Index so oft falsch: Weil er auf einem Verbrauchsschema *(»Warenkorb«)* basiert, das vermutlich für keinen einzigen Verbraucher genau stimmt.
Der Warenkorb muß nämlich *jedermanns Verbrauch* berücksichtigen, muß gleichsam alle Einkäufe und Ausgaben aller Haushalte im ganzen Land addieren und dann dividieren. Es müßten unzählig viele Spielarten von Ausgaben berücksichtigt werden, denn der eine geht oft ins Theater und der andere sitzt nur vor dem Fernsehschirm, der eine trinkt pro Woche eine Flasche Whisky, der andere ist Antialkoholiker und Rohköstler, der eine wohnt in einer ererbten Villa, der andere zahlt teure Miete in einem Neubau, der eine schwärmt für Spargelspitzen, der andere findet sie abscheulich. Derartige Gegenüberstellungen könnten wir seitenlang aufstellen, aber eines ist ja wohl schon offenkundig: Ich kann im Index nicht alle tatsächlich getätigten Einkäufe und Ausgaben berücksichtigen, sondern nur einige besonders typische. Das hört sich sehr praktisch und zweckmäßig an, aber wenn es um die Realisierung dieses Durchschnitts-Warenkorbes geht, dann wird die Situation schon viel schwieriger. Erste Frage: *Was wird denn überhaupt gekauft?* Da wir auf gediegenen Fundamenten aufbauen wollen, können wir nicht einfach über den Daumen peilen und grob abschätzen, sondern müssen Unterlagen haben. Solche Unterlagen sind zum Beispiel Haushaltsbücher, in denen jedes Gramm Margarine, jeder Straßenbahnfahrschein, jede Dauerwelle, jedes Pfund Kartoffeln und jedes Paket Waschpulver fein säuberlich eingetragen sind.
Führen Sie oder führt Ihre Frau ein derartiges Haushaltsbuch? Meine Frau ist eine Musterhausfrau, aber sie führt keines. Ihre daher vielleicht auch nicht. Außerdem wollen wir ja den Durchschnittsverbrauch ermitteln und nicht die Ausgaben in Familien mit besonders rechenfreudigen Hausfrauen oder Ehemännern. Also müßte man zunächst eine Stichprobenauswahl treffen und den

so »ausgelosten« Haushalten feierlich ein Haushaltsbuch überreichen und sagen: Bitte, bitte, tragen Sie doch jetzt einen Monat lang ganz haargenau Ihre Ausgaben ein, wir geben Ihnen auch ein kleines Anerkennungshonorar.

Manche werden von vornherein sagen: Nein, danke, das ist mir zu mühsam, ich mag nicht. Andere werden das Anerkennungshonorar haben wollen und sich an die Arbeit machen und nach drei Tagen die Lust verlieren und schließlich verdrossen irgend etwas hineinschreiben. Einige werden höchst sauber und gewissenhaft das Buch führen. Andere werden ebenso gewissenhaft beginnen und sich plötzlich innerlich Vorwürfe machen: Schon wieder drei Flaschen Bier gekauft – wie sieht das denn aus! Ach was, schreiben wir statt dessen Apfelsaft.

Bei der Erstellung einer amtlichen englischen Statistik hieß es einmal ausdrücklich, die Angaben in den Haushaltsbüchern seien korrigiert worden, »weil sich beweisen ließ, daß manche Ausgabenposten nicht vollinhaltlich angeführt wurden« – diese Posten waren Alkohol, Tabakwaren, Süßwaren und ähnliche Ausgaben.

Den meisten Haushaltsbüchern kann man zwar ansehen, ob sie gewissenhaft geführt wurden oder nicht. Doch wenn man dann wieder nur die Zahlenangaben eines relativ kleinen Personenkreises von besonders sorgfältigen (und daher vermutlich auch besonders sparsamen und tüchtigen) Leuten zur Verfügung hat, so ist gerade deren Warenkorb auch wieder nicht unbedingt charakteristisch für die Mehrzahl der Bevölkerung. Man muß also Großhandelsumsätze zum Vergleich heranziehen, indem man etwa sagt: Wenn im Jahr über siebzig Millionen Hektoliter Bier erzeugt werden (und Ein- und Ausfuhr sich – der Einfachheit halber – die Waage halten), aus meinen Haushaltsbüchern aber nur ein Pro-Kopf-Verbrauch von 50 Liter im Jahr ersichtlich ist, dann werden wohl die Ziffern der Bierindustrie die richtigeren sein, denn die müssen ja für ihre Produktion Steuer zahlen und geben gewiß nicht mehr an, als sie tatsächlich erzeugen und absetzen. Und daß mehr als die Hälfte des Bieres ungetrunken in den Ausguß wandert, statt verkauft zu werden, ist kaum anzunehmen.

Nun, auf mühsamen Wegen hat man schließlich einen »Warenkorb« zusammengestellt, mit hundert oder auch zweihundert Ausgabeposten, die jeweils stellvertretend für eine ganze Kategorie von tatsächlich gekauften Waren stehen. Etwa: zwei Pakete Tiefkühlspinat stellvertretend für Tiefkühlobst und -gemüse aller Art. Oder drei Pfund Äpfel stehen anstelle von Frischobst jeglicher Art, ein halbes Pfund Linsen und eine Dose Bohnen vertreten die Hülsenfrüchte und so fort. Zuweilen müssen größere Gegenstände (gedanklich in kleinere Teilstücke) zerlegt werden, indem man etwa pro Monat eine halbe Schallplatte, die Rundfunkgebühr und »ein Prozent Fernsehapparat« für den Komplex »Rundfunk, Fernsehen, Tonbandgeräte« einsetzt. Oder ich vergröbere noch stärker und nehme eine Kinokarte, eine Rundfunkgebühr, eine Theaterkarte und eine Schallplatte als Repräsentanten der »Unterhaltung«.

Diese skizzenhafte Darstellung der Problematik des Warenkorbs läßt bereits das nächste Problem erkennen: *Was kostet denn ein Pfund* Äpfel oder eine Schallplatte oder eine Dose Bohnen? Zunächst muß ich also die Objekte in meinem Warenkorb *möglichst genau umreißen:* »ein Pfund Äpfel, Inlandsware, mittelfein«, oder »eine Normalspielplatte« oder »eine ganze Dose Bohnen, weiß, feinst«. Ich kann sogar noch die Spieldauer der Platte und das Nettogewicht der Bohnen festlegen. Das hilft uns weiter, aber nur ein wenig. Kaufe ich das Fernsehgerät beim Discounter oder nach dem Listenpreis? Und welches Gerät nehme ich? »Mittelfein« läßt noch reichlich Spielraum. Und wo kaufe ich mein Pfund Äpfel? In einem Delikatessengeschäft auf der Kö oder in einem Supermarkt oder beim Obsthändler einer süddeutschen Kleinstadt? Bei den Kleidungsstükken wird es noch schlimmer. Was heißt das schon: »ein Paar Herrenstraßenschuhe, schwarz, Gummisohle«? Maschinengenäht, gut – aber noch immer sind Schwankungen bis zum doppelten Preis möglich.

Nehmen wir an, wir hätten auch dieses Problem mit Ach und Krach gelöst. Unsere Vertrauenseinkäufer, über das ganze Land verstreut, kaufen stets in den gleichen Läden und nach Tunlichkeit die gleiche Qualität. Auf diese Weise hätte man vermutlich zu Ende des vorigen Jahrhunderts auf viele Jahre hinaus einen recht glaubwürdigen Index berechnen können. Heute aber geschieht es, daß eine Ware, ein Modell, eine Qualität, ein Material einfach nicht mehr da ist. Wird nicht mehr gefragt, wird nicht mehr erzeugt, wird nicht mehr geliefert. Was nun?

Mathematisch läßt sich das halbwegs lösen. Ich muß nur den Zeitpunkt finden, zu dem die alte und die neue Ware auf dem Markt waren, und dann stelle ich eine Verknüpfung her. Ich sage etwa: »Ein Paar Damenstrümpfe, Flor« gibt es nicht mehr, nur noch »Nylon«. Aber zuletzt haben die Florstrümpfe 1,56 DM gekostet und die Nylonstrümpfe (soundso viel Denier) 1,75 DM. Jetzt kann ich meine Indexberechnung mit einer neuen Ware weiterführen und muß dennoch meinen theoretischen Warenkorb nicht ändern. Ich multipliziere mein Paar Damenstrümpfe mit $\frac{156}{175}$ und schaffe auf diese Weise fiktive Florstrümpfe.

Das bringt uns bereits zum nächsten Problem: Die Konsumgewohnheiten ändern sich. Was sollen Rechenkunststücke mit Florstrümpfen, wenn sie seit Jahrzehnten nicht mehr getragen werden? Und es sind ja nicht bloß die Strümpfe. Es sind die Rasierklingen und Elektrorasierer, die Fotoapparate und Farbfilmkameras, und es sind vor allem die 1001 Waren, die keine »Nachfolger« sind, sondern Neuschöpfungen, die gekauft werden und daher Berücksichtigung finden müssen. Man kann heute den Posten »Verkehrsmittel« nicht mit einem Fahrradschlauch, einer Wochenkarte und 200 Bahnkilometern darstellen. Benzin- und Garagenkosten müssen ebenfalls in den Index.

Schlicht und kurz: *In mehrjährigen Intervallen muß der Warenkorb immer wieder neu berechnet werden,* will man sich nicht der Lächerlichkeit aussetzen. Man kann aber nicht immer ein völlig neues Indexleben beginnen, sondern muß eine Verknüpfung mit den alten Zahlen suchen – eine Verknüpfung, die freilich von Mal zu Mal lockerer wird. Einen Index der Lebenshaltung von heute mit dem von 1938 zu vergleichen ist fast unsinnig, und wenn man durch weitere Verknüpfungen bis 1908 zurückrechnet, dann ist das mathematisch durchaus möglich, aber völlig sinnlos. (Das machen nur jene seltsamen Historiker, die uns heute noch vorrechnen, welchen Wert eine Sesterze im alten Rom hatte, fein säuberlich umgerechnet auf DM und Pfennig.)

Sind wir nun durch mit allen Indexproblemen? Keineswegs, auch wenn wir sie nur flüchtig angedeutet haben. Und dabei haben wir noch eines der Probleme ganz stillschweigend hinter uns gebracht: die *Gewichtung.* Wir tun in unseren Warenkorb zwar drei Pfund Äpfel, aber natürlich nicht drei Pfund Salz oder drei Pfund Schokolade oder drei Pfund Herrenschuhe, schwarz. Wir richten uns auch in den Mengen so getreulich wie möglich nach den durchschnittlichen Verbrauchsgewohnheiten.

Das war freilich nicht immer so. In der Frühzeit der Indexberechnung gab es noch keinen gewogenen Warenkorb. Der Gedanke, den Geldwertverfall an den im Laufe der Zeit gestiegenen Preisen zu messen, reicht aber schon in das frühe 18. Jahrhundert zurück. Der englische Bischof Fleetwood befaßte sich in seinem 1707 erschienenen *»Chronicon Preciosum«* erstmals mit einem solchen Problem, und zwar ging es dabei um die moralischen Aspekte des Kaufkraftverlusts. An einer englischen Universität war um die Mitte des 15. Jahrhunderts ein Stipendium mit der Auflage gestiftet worden, daß der Inhaber es zurücklegen müsse, sobald er zu einem Vermögen von mehr als fünf Pfund gekommen sei. Die Frage war nun, ob man sich an den Buchstaben des Stiftungsbriefes halten solle oder ob man den in anderthalb Jahrhunderten eingetretenen Kaufkraftverlust gerechterweise berücksichtigen dürfe.

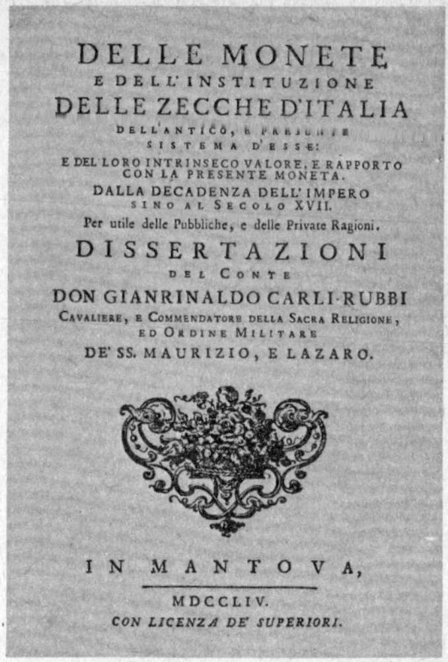
DELLE MONETE
E DELL' INSTITUZIONE
DELLE ZECCHE D'ITALIA
DELL'ANTICO, E PRESENTE
SISTEMA D'ESSE:
E DEL LORO INTRINSECO VALORE, E RAPPORTO
CON LA PRESENTE MONETA.
DALLA DECADENZA DELL' IMPERO
SINO AL SECOLO XVII.
Per utile delle Pubbliche, e delle Private Ragioni.
DISSERTAZIONI
DEL CONTE
DON GIANRINALDO CARLI-RUBBI
CAVALIERE, E COMMENDATORE DELLA SACRA RELIGIONE,
ED ORDINE MILITARE
DE' SS. MAURIZIO, E LAZARO.

IN MANTOVA,
MDCCLIV.
CON LICENZA DE' SUPERIORI.

Zu seinen Überlegungen über die Kaufkraft des Geldes kam der Nationalökonom und Astronom Gianrinaldo Carli in einer Studie über das italienische Münzwesen. Mit Graf Carli beginnen die Indexberechnungen der Lebenshaltungskosten.

Bischof Fleetwood verglich nun Preise anhand alter Dokumente und stellte fest, daß von 1550 bis 1707 Getreide und Fleisch auf das Sechsfache, »Getränke« und »Kleidung« auf etwa das Fünffache gestiegen seien, und daher, so schloß er, dürfe man heutzutage (Anno 1707) einem Stipendiaten etwa 28 Pfund Vermögen zugestehen, ohne daß dadurch der Wille des Stifters verfälscht werde.

Dreißig Jahre später befaßte sich der Franzose Dutot mit der Frage, ob Ludwig XV. mit seinem Einkommen von hundert Millionen Livres besser daran sei als zweihundert Jahre früher Ludwig XII. mit knapp acht Millionen. Auch er stellte zu Vergleichszwecken eine Warenliste zusammen, die unter anderem eine Ziege, eine Taube, eine Ladung Heu und – bemerkenswerterweise – auch schon »Dienstleistungen« enthielt, nämlich die Entlohnung für je einen weiblichen und männlichen Taglöhner. Er stellte auf diese Weise eine Geldentwertung auf ein Zweiundzwanzigstel fest und schloß, Ludwig XV. sei viel schlechter daran als einst Ludwig XII.

Am bekanntesten aber wurde die Indexberechnung des italienischen Historikers und Finanzfachmanns Gianrinaldo Carli, der im Jahre 1764 eine Studie über Geldwertschwund veröffentlichte und die Preisentwicklung in Italien von 1500 bis 1750 skizzierte. Sein »Warenkorb« bestand aus Wein, Weizen und Öl, den charakteristischen Landesprodukten. Aber auch er »gewichtete« noch nicht, sondern errechnete lediglich das Arithmetische Mittel der relativen Preissteigerungen. Er sagte etwa: Ein Liter Wein hat im Jahre 1500 zehn Lire gekostet, zwanzig Jahre später aber fünfzehn; ein Kilo

Weizen hat anno 1500 acht Lire gekostet, zwanzig Jahre später vierzehn; ein Liter Öl zunächst 60 Lire, später 80. Das ergibt für ihn folgende Indexberechnung:

$$\frac{\left(\frac{\text{Neue Preise}}{\text{Alte Preise}}\right)}{\text{Zahl der Waren}} \quad \frac{\frac{15}{10}+\frac{14}{8}+\frac{80}{60}}{3}$$

$$=\frac{\frac{18}{12}+\frac{21}{12}+\frac{16}{12}}{3}=\frac{55}{36}=1{,}525$$

Vom Basisjahr 1500 ausgehend, wäre sein »Index« von 100 auf 152,5 gestiegen.
Dabei bleiben aber zwei wichtige Faktoren völlig unbeachtet. Erstens fehlt jede Angabe über die *»Konsumgewohnheiten«:* Es ist ja ein großer Unterschied, ob der Durchschnittsitaliener zehn Liter Wein, fünf Kilo Weizen und drei Liter Öl verbraucht oder aber fünf Liter Wein, zehn Kilo Weizen und ein Liter Öl. Nur wenn die Preisentwicklung bei allen drei Waren völlig gleichartig verlaufen wäre, könnte man von einer solchen Gewichtung absehen. Zweitens ist noch zu berücksichtigen, daß sich ja die Verbrauchsgewohnheiten ändern können: Vielleicht wird in einem Jahr, in dem wegen einer Olivenmißernte das Öl besonders teuer ist, mehr Brot und Wein, aber weniger Öl konsumiert?
Es dauerte noch geraume Zeit, bis sich die Vorstellung vom »Warenkorb« bildete. Sie ist bemerkenswerterweise mit den Bemühungen um eine Sicherung des Existenzminimums der armen Bevölkerungsschichten aufs engste verbunden. Joseph Lowe stellte 1822 die Ausgaben einer Landarbeiterfamilie und eines bürgerlichen Londoner Haushalts zusammen und verglich die Preissteigerungen für diesen »Warenkorb« (in dem – bei der Bürgerfamilie – auch der Lohn für das Dienstmädchen und Ausgaben für Erziehung, Almosen und Reparaturen enthalten waren). Später waren es Le Play und der preußische Statistiker Engel, die die Auswirkungen von Preissteigerungen auf die Lebenshaltung armer Familien durch Indexberechnungen beobachteten.
Was die Problematik der Veränderung der Konsumgewohnheiten und des Ausweichens auf günstigere Waren betrifft, so werden wir gleich noch mehr darüber zu sagen haben. Vorerst wollen wir, ausgehend von Carlis alter Methode, an diesem einfachen Beispiel *die Berechnung eines modernen Index vorführen.*
Es wird zunächst ein Basisjahr gewählt – bei Carli war es das Jahr 1500, wir wollen dabei bleiben. In diesem Jahr, so läuft Carlis Argumentation, kostete der Wein – sagen wir – zehn Lire pro Liter, der Weizen acht Lire pro Kilo, das Olivenöl 60 Lire pro Liter. Carli genügte das bereits. Wir aber fragen weiter: Wieviel von diesen Lebensmitteln hat man damals im Monat (oder auch im Jahr oder Vierteljahr) verbraucht? Und wir stellen fest, daß das pro Kopf und Monat etwa fünf Liter Wein, acht Kilo Weizen und zwei Liter Öl gewesen sein mögen.
Und nun errechnen wir die Kosten dieses Warenkorbs im Jahre 1500. Das ergibt: fünf Liter Wein à zehn Lire = 50 Lire, acht Kilo Weizen à acht Lire = 64 Lire, zwei Liter Öl à 60 Lire = 120 Lire, macht zusammen 234 Lire. Man mag hier einwenden, daß der Italiener ja wohl auch noch Fisch, Fleisch, Obst und anderes konsumierte, aber das ist in diesem Stadium unserer Untersuchungen kein entscheidender Einwand: Wir haben drei charakteristische Lebensmittel herausgegriffen und sollten an ihren Preisen die allgemeine Entwicklung einigermaßen verfolgen können.
Diese 234 Lire setzen wir gleich 100 – das ist kein Taschenspielertrick, sondern nur eine Vereinfachung, weil sich dann die späteren prozentualen Verteuerungen besser erken-

nen lassen. Denn nun nehmen wir an, im Jahre 1051 sei der Wein um eine Lira teurer geworden, so daß der unveränderte Warenkorb jetzt nicht mehr 234, sondern 239 Lire kostet. Dann ist der »Index« des Jahres 1501 gleich $\frac{239}{234} = 102{,}1$, und mit Bezug auf das Basisjahr (1500 = 100) kann ich sagen: Die Lebenshaltungskosten sind in diesem einen Jahr um 2,1 Prozent gestiegen.

Im Jahre 1502 wird nun auch der Weizen teurer und kostet neun statt acht Lire, und mein Warenkorb kostet daher jetzt 247 Lire, Indexzahl 105,5. Wie sind nun die Lebenshaltungskosten gegenüber dem Vorjahr gestiegen?

Gegenüber dem Basisjahr 1500 ist die Situation ja klar: Steigerung um 5,5 Prozent. Gegenüber dem Vorjahr kann ich nun die Steigerung errechnen, indem ich das Verhältnis von 239 zu 247 Lire (= 102,1 : 105,5 Indexzahl) berechne. Das ist für unsere Betrachtung eigentlich gut genug, aber eine weitere Überlegung wollen wir doch nicht verschweigen. Wenn wir wissen, daß wegen der Mißernte bei Weizen nicht nur der Preis gestiegen, sondern auch der Absatz gesunken ist – können wir dann guten Gewissens mit unserem alten Verbrauchsschema weiterarbeiten? Nein – und die Statistik bedient sich daher etwas komplizierter Umrechnungsformeln.

Wir wollen sie, da sie von elementarer Bedeutung für die Indexberechnung sind, zumindest skizzieren. Angenommen: ich weiß, daß aufgrund von Ernteergebnissen, Preisentwicklungen und Änderungen der Konsumgewohnheit im Jahre 1510 das Verbrauchsschema von 1500 nicht mehr stimmte, sondern aus vier (statt fünf) Litern Wein, zehn (statt acht) Kilo Weizen und (unverändert) zwei Litern Öl bestand. Und zwar kosteten diese Güter im Jahre 1510: Wein 12 Lire, Weizen 7 Lire, Öl 65 Lire. Wie komme ich

Der Nationalökonom Hermann Paasche (1851–1925), um die Jahrhundertwende Vizepräsident des deutschen Reichstags, schuf einen Lebenshaltungskosten-Index, der heute noch allgemein verwendet wird. Dieser Paasche-Index vergleicht die Preise auf der Basis der neuesten Konsummengen, während der Laspeyres-Index die früheren Konsumgewohnheiten zur Basis macht.

jetzt zu einem sinnvollen Vergleich? Es gibt zwei Möglichkeiten: Entweder ich vergleiche auf der Basis der alten Mengen oder auf der Basis der neuen Mengen. Im ersten Fall sieht das so aus:

$$\frac{\text{Neue Preise} \times \text{alte Mengen}}{\text{Alte Preise} \times \text{alte Mengen}};$$

$$\text{also } \frac{60 + 56 + 130}{50 + 64 + 120} = 105{,}1$$

Im zweiten Fall ergibt das:

$$\frac{\text{Neue Preise} \times \text{neue Mengen}}{\text{Alte Preise} \times \text{neue Mengen}};$$

$$\text{also } \frac{48 + 70 + 130}{40 + 80 + 120} = 103{,}3$$

Das Resultat ist also doch recht unterschiedlich. Wer in diesem Fall »statistisch beweisen« will, daß die Lebenshaltungskosten verhältnismäßig stark gestiegen sind, wird die Methode wählen, die 105,1 ergibt. Wer am Gegenteil interessiert ist, die andere. Richtig sind beide. Die erste (alte Mengen als Basis)

Ausgaben ausgewählter privater Haushalte für Nahrungs- und Genußmittel 1969 je Haushalt und Monat

Warengruppe und Ware	Haushaltstyp 1			Haushaltstyp 2			Haushaltstyp 3		
	Menge	Aufwand		Menge	Aufwand		Menge	Aufwand	
	kg	DM	%	kg	DM	%	kg	DM	%
Nahrungsmittel tierischen Ursprungs	—	97,29	45,9	—	157,90	43,3	—	182,66	39,5
Fleisch und Fleischwaren	8,470	54,32	25,6	12,425	85,56	23,4	12,455	93,49	20,2
dar.: Kalbfleisch	0,178	1,68	0,8	0,119	1,14	0,3	0,213	2,19	0,5
Rindfleisch	1,093	8,47	4,0	1,464	12,07	3,3	1,521	13,71	3,0
Schweinefleisch	1,317	9,09	4,3	2,071	14,81	4,1	1,858	14,57	3,2
Geflügel	1,085	4,46	2,1	1,198	4,92	1,3	1,260	5,44	1,2
Hackfleisch	0,483	3,25	1,5	0,791	5,14	1,4	0,853	5,91	1,3
Wurst und Wurstwaren	2,492	17,80	8,4	4,572	34,26	9,4	4,344	35,12	7,6
Magerer und fetter Speck	0,336	2,06	1,0	0,367	2,32	0,6	0,344	2,40	0,5
Schinken	0,203	2,46	1,2	0,315	3,83	1,0	0,440	5,65	1,2
Geflügelkonserven	0,011	0,04	0,0	0,004	0,02	0,0	0,016	0,06	0,0
Fische und Fischwaren	0,992	4,52	2,1	1,158	5,64	1,5	1,420	7,54	1,6
dar.: frische und tiefgekühlte Fische	0,515	2,03	1,0	0,457	1,97	0,5	0,589	2,63	0,6
Eier (Stück)	37	7,53	3,6	56	10,85	3,0	65	13,11	2,8
Milch	—	11,25	5,3	—	23,59	6,5	—	27,20	5,9
dar.: Vollmilch (Liter)	8,77	5,66	2,7	23,85	15,13	4,1	24,98	16,32	3,5
Kondensmilch, Tubensahne	1,711	3,37	1,6	1,690	3,17	0,9	1,394	2,68	0,6
Sahne	0,228	1,06	0,5	0,480	2,23	0,6	0,666	3,14	0,7
Käse	1,493	5,98	2,8	2,366	10,79	3,0	3,304	15,75	3,4
Weich-, Hart- und Schnittkäse	0,680	4,50	2,1	1,281	8,69	2,4	1,738	12,61	2,7
Frischer Käse (Quark)	0,813	1,48	0,7	1,085	2,10	0,6	1,566	3,14	0,7
Butter	1,238	8,88	4,2	1,785	12,79	3,5	2,499	18,04	3,9
Speisefette, tier. u. gem. (ohne Butter)	1,487	4,04	1,9	2,962	7,74	2,1	2,298	6,28	1,4
dar.: Margarine	1,160	3,16	1,5	2,627	6,78	1,9	2,014	5,39	1,2
Speiseöle	0,281	0,77	0,4	0,362	0,94	0,3	0,394	1,25	0,3
Nahrungsmittel pflanzlichen Ursprungs	—	64,42	30,4	—	107,92	29,6	—	135,77	29,3
Brot und Backwaren	10,504	20,67	9,8	17,152	33,29	9,1	17,864	39,48	8,5
Schwarz- und Mischbrot	6,615	8,62	4,1	11,215	14,27	3,9	10,523	14,28	3,1
Weißbrot und Weizenkleingebäck	2,705	5,54	2,6	4,063	8,21	2,3	4,883	10,13	2,2
Feingebäck und Dauerbackwaren	1,184	6,51	3,1	1,874	10,81	2,9	2,458	15,07	3,3
Mehl, Nährmittel, Kartoffelerzeugn.	2,897	6,70	3,2	4,644	12,53	3,5	4,569	13,21	2,9
dar.: Weizenmehl	1,446	1,45	0,7	1,874	1,70	0,5	1,628	1,57	0,3
Teigwaren	0,405	1,07	0,5	0,838	1,98	0,5	0,805	1,98	0,4
Reis	0,342	0,63	0,3	0,369	0,69	0,2	0,558	1,08	0,2
Kochfertige Suppen und Soßen	—	1,66	0,8	—	2,54	0,7	—	2,66	0,6

Selbst innerhalb der Gruppe der Nahrungs- und Genußmittel, die ihrerseits maximal die Hälfte aller Konsumausgaben bilden, ist Brot heute nur noch von relativ geringer Bedeutung: In Beamtenhaushalten entfallen drei Prozent auf Schwarz- und Mischbrot, das sind von den gesamten Konsumausgaben knapp ein Prozent. Im Haushalt von Rentenempfängern sind es vier Prozent der Nahrungsmittel und zwei Prozent der Gesamtausgaben.

heißt der *Index nach Laspeyres*, die zweite (neue Mengen) der *Index nach Paasche*. Sowohl Paasche wie Laspeyres waren deutsche Nationalökonomen des späten 19. Jahrhunderts.

Wissenschaftlich unhaltbar ist dagegen der *»Index der Laien«*, der allerdings noch im vorigen Jahrhundert allen Ernstes auch von Wissenschaftlern verfochten wurde und der lautet:

$$\frac{\text{Neue Preise} \times \text{neue Mengen}}{\text{Alte Preise} \times \text{alte Mengen}};$$

$$\text{also } \frac{48 + 70 + 130}{50 + 64 + 120} = \frac{248}{234} = 105{,}9$$

Auf ihn beziehen sich instinktiv die meisten Hausfrauen, wenn sie klagen, daß »alles teurer« geworden sei, weil sie mit dem Haushaltsgeld nun überhaupt nicht mehr zu Rande kommen. Sie vergleichen, was sie vor drei oder fünf Monaten ausgegeben haben, mit dem, was sie heute ausgeben – und vergessen darüber nur allzuleicht, daß es nicht bloß Preiserhöhungen sind, die in diesen erhöhten Ausgaben ihren Niederschlag finden, sondern auch die erhöhten Ansprüche, für deren Entstehen eine rührige Werbung gesorgt hat. Wie stark solche Verbrauchsveränderungen auf längere

Zeit sein können, werden wir gleich noch von Jean Fourastié hören.
Zunächst aber noch ein Wort zu den Indizes von Laspeyres und Paasche. Sie sind keineswegs die einzigen, die die Wissenschaft kennt, aber doch die häufigsten verwendeten. Der amerikanische Wirtschaftswissenschaftler Irving Fisher hat vorgeschlagen, sie zu einem *»Idealindex«* zu verbinden, der so aussehen sollte:

$$I_F = \sqrt{I_P \cdot I_L}$$

Aus dem Produkt von Paasche-Index und Laspeyres-Index sollte also das Geometrische Mittel gewonnen werden, der *Fisher-Index.* Man ist aber doch weitgehend bei den beiden »klassischen« Indizes geblieben, wobei noch zu ergänzen ist, daß der Laspeyres-Index fast immer höhere Werte ergibt als der Paasche-Index, weil bei unproportionaler Verteuerung einzelner Waren der Konsument doch zumeist auf andere, billigere Güter ausweicht, so daß die »neuen Mengen« einen Teil der Teuerung auffangen.
Das klingt etwas widersprüchlich, wenn man an den eben kritisierten »Laien-Index« denkt und an die Feststellung, daß heute oft teurere Waren gekauft werden als vor einigen. Jahren. Es ist aber erstens zu unterscheiden zwischen dem Austausch immer schon vorhandener Waren gegeneinander (etwa Kirschen gegen Aprikosen und so weiter) und Ausgaben für neu im Warenkorb auftauchende Waren. Und zweitens ist bei näherem Hinsehen – nicht nur in der Statistik und Wirtschaftswissenschaft – eben nicht immer alles ganz so klar und widerspruchsfrei, wie man gerne annehmen möchte.
Von diesen Indexformeln nach Laspeyres und Paasche führt daher ein kurzer Weg ins dichteste Unterholz der Nationalökonomie, zur (wirtschaftlichen) Wertlehre, zur psychologischen Bedürfnisbefriedigung, zur Grenzwertlehre und so weiter. Wir wollen diesen Weg nicht gehen, da er uns von unserem Hauptthema zu weit wegführen würde. Aber wir wollen andeuten, worum es sich handelt.

Innerhalb gewisser Grenzen kann ich meine Bedürfnisse austauschen, ohne einen Verlust zu empfinden. Ich esse etwa gern Äpfel, aber die sind gerade sehr teuer, während Pfirsiche augenblicklich spottbillig sind. Da ich eigentlich auch Pfirsiche recht gern esse, kaufe ich lieber zwei Pfund Pfirsiche zu zwei Mark als ein Pfund Äpfel zu 2,30 Mark.
Ich habe den gleichen »Nutzen« und habe dennoch 30 Pfennig gespart.
Ein Argument, das zuweilen gegen Indexberechnungen vorgebracht wird, ist folgendes: Sie seien unrealistisch, weil sie beharrlich dieselben Waren im Korb haben, auch wenn der einigermaßen vernünftige Verbraucher bei einer Preissteigerung in eine andere Ware ausweicht. Angenommen, in meinem Index-Warenkorb sind in den Monaten Mai bis Juli jeweils drei Pfund Kirschen pro Woche und es kommt eine Mißernte, die die Kirschenpreise aufs Doppelte hochschnellen läßt: Mein Index steigt, während der Verbraucher vermutlich auf Importorangen oder Bananen oder eine andere Obstsorte ausweicht.
Ragnar Frisch hat die ganze Problematik der Lebenshaltungskosten und ihrer Berechnung in einem Aufsatz der Zeitschrift *»Econometrica«* in leicht verständlicher Form dargestellt. Er schildert dort unter anderem, daß alle Indexformeln, weil zu »mechanistisch«, sich nicht mit anderen Konzepten der Wirtschaftstheorie in Einklang bringen lassen – auch nicht mit jenem grundlegenden Prinzip, daß die Verbrauchsstruktur sich eben *doch* ändert, wenn sich die Preise ändern. Frisch geht auf die besonderen Schwierigkeiten ein, die

ein Vergleich der Lebenshaltungspreise zwischen verschiedenen Ländern bietet.
Die ideale Lösung hat man jedoch bisher noch nicht gefunden. Man hütet sich in der Praxis der Indexberechnung ängstlich davor, den Konsum als flexibel aufzufassen. Und zwar aus einem triftigen Grunde, weil sonst die starre, solide Basis des Warenkorbs jeglicher Willkür ausgeliefert wird. Wenn man mit dem Warenkorb manipulieren will, muß man schon anders zu Werke gehen. Ein Staat, der auf die Preisgestaltung starken Einfluß hat, kann das etwa in der Weise tun, daß er gerade für die im Warenkorb befindlichen Waren interveniert. Um bei unserem Beispiel zu bleiben: Wenn die Kirschen knapp sind, werden sie in großen Mengen importiert, um den Preis niedrig zu halten – und der heimischen Landwirtschaft garantiert man gleichzeitig eine absolute Importsperre für Äpfel, Aprikosen, Birnen und alles andere heimische Obst, das nicht im Warenkorb erscheint.

Das ist dann verhältnismäßig leicht, wenn der offizielle »Warenkorb« der staatlichen Statistik nur wenige Posten umfaßt – dann konzentrieren sich die Bemühungen auf die Niedrighaltung dieser relativ wenigen Preise. Je mannigfaltiger der Warenkorb hingegen ist, um so aussichtsloser werden derartige Manipulationsbemühungen. Peinlich ist es umgekehrt, wenn gerade eine Ware, die im Index eine Rolle spielt, durch einen unglücklichen Zufall besonders teuer wird. So kämpfte etwa die österreichische Regierung immer wieder verzweifelt um den Detailverkaufspreis eines ganz bestimmten Käfer-Modells, denn es tauchte im Index auf. Der Käufer und Konsument kann und wird, wenn eine einzelne Marke unverhältnismäßig teurer wird, in der Regel seine Kaufgewohnheiten ändern. Die Statistik hingegen muß an den von ihr gewählten Posten festhalten – meist ist es bei der großen Zahl von Positionen ja ohnehin so, daß überdurchschnittliche und unterdurchschnittliche Preisänderungen einander annähernd die Waage halten, so daß letztlich der Index seine Aufgabe, die allgemeine Entwickung anzuzeigen, recht gut erfüllt.
Wie sehr sich übrigens die Konsumgewohnheiten auf längere Sicht selbst dann verschieben, wenn man sich auf Nahrungsmittel beschränkt und das Erscheinen neuer technischer Geräte völlig außer acht läßt, hat unter anderen der französische Wirtschaftswissenschaftler und Futurologe Jean Fourastié gezeigt. Er stellte fest, daß im Frankreich des 18. Jahrhunderts die Ernährung weitester Bevölkerungsschichten zu drei Vierteln aus Brot bestand, der Rest entfiel auf Milchprodukte, etwas Gemüse und ein Fleischgericht pro Woche. Der durchschnittliche Jahresverbrauch an Wein lag bei zwanzig Litern, der jährliche Zukkerverbrauch bei etwa zwei Kilogramm – und der Fleischkonsum des ganzen Jahres betrug nicht mehr als fünf Kilogramm.
Noch im frühen 19. Jahrhundert war daher eine der radikalsten und utopischsten Forderungen der Arbeiterschaft kostenloses Brot und kostenlose Milch – die Erfüllung dieses Wunsches hätte, so schien es damals, alle sozialen Probleme mit einem Schlag gelöst. Heute wäre es in allen entwickelten Ländern relativ leicht möglich, Brot und Milch unentgeltlich abzugeben – aber wer ißt beziehungsweise trinkt heute schon noch in nennenswertem Umfang Brot und Milch? In den bundesdeutschen Haushalten wird vom gesamten Ernährungsbudget für Vollmilch sowie für Schwarz- und Mischbrot nur je 3–4 Prozent ausgegeben – und dabei entfällt auf Nahrungs- und Genußmittel ohne-

hin nur ein Viertel bis knapp die Hälfte der Haushaltsausgaben. (Bei Rentnorn und ärmeren Familien ist der relative Anteil der Nahrungsmittelausgaben höher als bei Wohlhabenderen – immer noch im Einklang mit dem »Engelschen Gesetz« aus der Mitte des vorigen Jahrhunderts, wonach mit wachsendem Einkommen der relative Anteil der Ausgaben für Nahrungsmittel zurückgeht.)
Auch im österreichischen Verbraucherpreisindex des Jahres 1966 figurieren Vollmilch und Sauermilch mit zusammen nur 1,9 Prozent der Ausgaben im »Gewichtungsschema«, Weißbrot und Schwarzbrot zusammen mit nur 1,3 Prozent. Dagegen entfallen etwa auf Schweinefleisch 2,5 Prozent, auf Brathuhn 1 Prozent, auf Bohnenkaffee und vollöslichen Kaffee 0,97 Prozent, auf Bier 1,2 Prozent, auf Pkw-Kosten (Amortisation, Zubehör, Versicherung, Steuer, Service, Betriebskosten) rund 8 Prozent!
Nicht immer werden aber Indexzahlen regelmäßig errechnet und veröffentlicht. *Oftmals bedient man sich ihrer nur für einen bestimmten Zweck* – nehmen wir einmal an, es ginge um die Frage, wie sich die Löhne (etwa der Molkereiarbeiter) zu den Nettogewinnen (etwa der Milchindustrie) entwickelt haben. Nehmen wir an, das sähe so aus:

Jahr	Index der Löhne	Index der Gewinne
1956 (=100)	100	100
1957	103	109
1958	107	124
1959	120	123
1960	122	130
1961	127	132
1962	130	141
1963	134	152
1964	146	154
1965	149	151
1966	157	150
1967	158	157
1968	160	160

Vom Standpunkt des Basisjahres 1956 aus gesehen, ist die Situation ganz klar: Löhne wie Gewinne sind in den Jahren 1956 bis 1968 um 60 Prozent gestiegen. Aber es gibt weder juristisch noch mathematisch, noch logisch, noch sonst irgendeinen zwingenden Grund, ausgerechnet das Jahr 1956 als Basisjahr anzusetzen.

Wenn es zu Debatten wegen einer neuen kollektivvertraglichen Vereinbarung kommt, werden etwa die Vertreter der Arbeitnehmer wie folgt argumentieren: »In den letzten drei Jahren sind die Löhne um weniger als zwei Prozent, die Gewinne aber um nahezu sieben Prozent gestiegen.«
Ist das wahr? In der Argumentation wird vom Basisjahr 1966 ausgegangen, und die Tabelle sieht nun so aus:

Jahr	Index der Löhne	Index der Gewinne
1966 (=100)	100	100
1967	100,8	104,7
1968	101,9	106,6

Kein Zweifel, die Molkereiarbeiter wurden gegenüber den Unternehmern benachteiligt. Wirklich? Die Unternehmer bestreiten es und sagen: »Man muß die Entwicklung auf längere Sicht betrachten. Innerhalb der letzten sechs Jahre sind die Löhne sprunghaft gestiegen, die Gewinne dagegen weit zurückgeblieben.«
Und sie legen folgende Zahlen auf den Tisch:

Jahr	Index der Löhne	Index der Gewinne
1963 (= 100)	100	100
1964	109	101,2
1965	111	99,5
1966	117	98,7
1967	118	103,3
1968	119,5	105,2

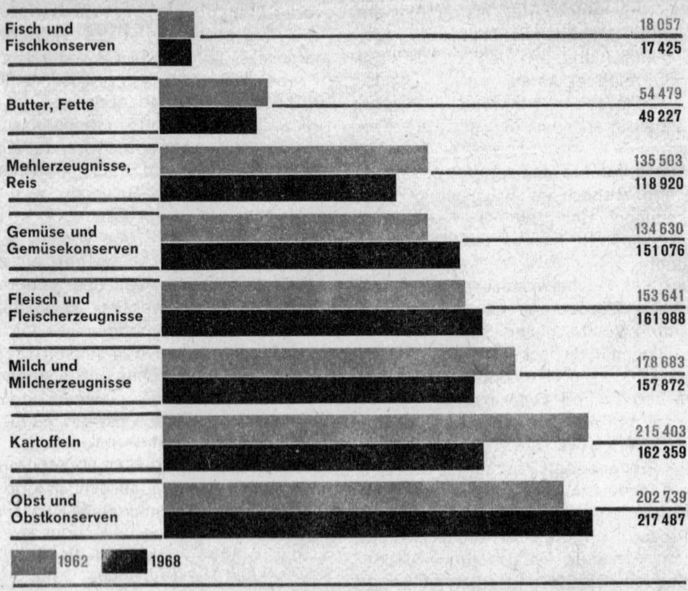

Selbst im Laufe weniger Jahre kann sich das Verbrauchsschema wesentlich ändern, wie diese Zahlen aus West-Berlin zeigen. Auffallend ist vor allem, daß die Kartoffeln von 1962 bis 1968 den ersten Platz an Obst und Obstkonserven abtreten mußten. Auch Milch- und Mehlerzeugnisse haben abgenommen, Gemüse(konserven) und Fleisch(waren) haben zugenommen.

Kein Zweifel, die Unternehmergewinne sind relativ weit hinter den Löhnen zurückgeblieben. Die Statistik hat schon wieder gegenteilige Behauptungen »bewiesen«. Es war aber *nur die unterschiedlich gezielte Wahl des Basisjahres,* die zu dem vermeintlichen Widerspruch geführt hat.

Die Festsetzung des Basisjahres, wenn sie erst hinterher erfolgt, ist meist verdächtig. Aber auch in anderer Weise *kann das Basisjahr täuschen.*

Wenn man etwa heute die Aktienindizes von einem halben Dutzend Länder vergleicht, kommt man, so man das Basisjahr des Index nicht kennt, zu völlig absurden Ergebnissen. So stand etwa der amerikanische Dow-Jones-Index Ende März 1971 bei 913, der Schweizer SKA-Index bei 234, der CA-Index (Wien) bei 63, der Tokioter Dow-Jones aber bei 2365; Frankfurt (Commerzbank) meldete 726, Paris hingegen 105, Mailand 58.

Ein *internationaler Vergleich von Indexzahlen* ist aber auch dort kaum möglich, wo dasselbe Basisjahr gewählt wurde, denn die Faktoren, die bei der Errechnung des Index Verwendung finden, sind meist so sehr voneinander verschieden, daß ein Vergleich mehr Verwirrung als Nutzen stiftet. Wenn man dann noch einen offiziellen Wechselkurs einer nicht frei konvertierbaren Währung in diese Umrechnung einbezieht, ist das Chaos vollständig.

Zuweilen versucht man, internationale Vergleiche so zu ermöglichen, daß man berechnet, welche Menge

Milch oder Brot oder Zucker ein durchschnittlicher Arbeiter mit einem durchschnittlichen Stundenverdienst kaufen kann. Das mag gewisse Richtwerte geben, sagt aber über den Lebensstandard vor allem dann recht wenig aus, wenn in einem der verglichenen Länder keine freie Preisbildung erfolgt oder manche Waren dort offiziell einen niedrigen Preis haben, praktisch aber nur auf dem grauen oder schwarzen Markt zum dreifachen Preis erhältlich sind.

In der Regel kann man sagen, daß *der Index an den Staatsgrenzen seine Gültigkeit verliert* – und das gilt auch für viele andere statistische Zahlen, deren internationale Normierung noch keine allzu ermutigenden Fortschritte gemacht hat.

Eine populäre Art des Index ist die *Brotpreis- oder Goldklausel,* die in manchen Jahren (besonders in Nachkriegs- und Inflationszeiten) legal oder illegal in Verträgen Verwendung findet. In beiden Fällen ist sie nicht sehr glücklich gewählt, weil gerade Brot und Gold der Inbegriff manipulierter Waren sind, aber gegen galoppierende Inflation bieten sie natürlich Schutz – sofern ihre Anwendung nicht untersagt wird und damit der gerichtliche Schutz hinfällig wird.

Eine modernere Form der Brotpreisklausel ist die *Lohn- oder Rentendynamik,* die meist an den Index der Lebenshaltungskosten gebunden ist. (Ob eine derartige Dynamik nicht auch eine vermehrte Dynamik der Lohn-Preis-Spirale erzeugt, beschäftigt uns hier glücklicherweise nicht.)

Auf noch etwas ist beim Index hinzuweisen: Hier wie bei allen Wortinterpretationen statistischer Zahlen kann man gar nicht genau genug hinhören.

Erinnern Sie sich noch an unser fiktives Beispiel aus dem frühen 16. Jahrhundert: Da stiegen in drei aufeinanderfolgenden Jahren die Lebenshaltungskosten von 100 (Basisjahr) auf 102,1 und 105,5. Vom zweiten zum dritten Jahr sind die Kosten also um 3,3 Prozent oder aber um 3,4 Punkte gestiegen. Dieser Unterschied ist praktisch belanglos.

Aber was ist, wenn eine Indexzahl etwa von 502 auf 505 steigt? Dann

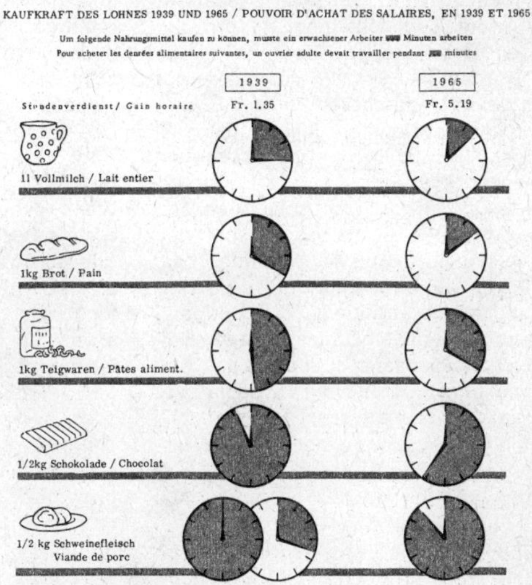

Um einen internationalen Vergleich des Lebensstandards zu ermöglichen, wird zuweilen die Kaufkraft des Lohnes auf bestimmte Konsumgüter bezogen. Dieser Vergleich ist auf internationaler Ebene nicht unproblematisch, innerhalb eines Landes – wie hier in der Schweiz – dagegen oft recht aufschlußreich. (Bild: Eidgenössisches Statistisches Amt.)

steigt sie um 0,6 Prozent oder aber um drei Punkte. Nun, *wenn ich die Steigerung größer erscheinen lassen will, spreche ich lieber von Punkten* (falls der Laie dann glaubt, es handle sich um Prozente, so ist das seine Schuld). *Soll sie kleiner erscheinen, wähle ich die Bruchprozente.* Sinkt ein Index von 70 auf 63, dann sinkt er um zehn Prozent oder um sieben Punkte, und so fort.

Das sind kleine Spiele mit Worten und Zahlen, die mitunter zufällig und absichtslos, gar nicht so selten aber auch *höchst bewußt und planmäßig* gespielt werden.

Noch etwas ist zu bedenken: Jede Währung – selbst der legendäre Schweizer Franken – leidet unter schleichender, neuerdings sogar unter »trabender« Inflation. Will man also die *»realen« Lebenshaltungskosten* messen, dann muß man *auch den Geldwertschwund* und die damit meist Hand in Hand gehende *Einkommensvermehrung* berücksichtigen. Der Preisindex ist daher nur dann sinnvoll, wenn er im Zusammenhang mit einem Einkommensindex gesehen wird. Der Preisindex für die Lebenshaltung ist etwa in der Bundesrepublik von 1962 bis 1969 um 19,5 Prozent gestiegen, der Index der durchschnittlichen Bruttowochenverdienste der Industriearbeiter aber im gleichen Zeitraum um 58 Prozent.

Freilich ist es nicht bei allen Berufsgruppen so leicht wie bei den Arbeitern und Angestellten, die Brutto- und vor allem auch die Nettolöhne zu ermitteln. Die Nettoeinkünfte der Selbständigen zum Beispiel lassen sich nur über das einkommensteuerpflichtig deklarierte Einkommen erfassen. Wesentliche Einnahmequellen mancher Berufssparten, wie Trinkgelder und Entlohnung für Schwarzarbeit, können überhaupt nur geschätzt werden.

Bedenkt man all diese Schwierigkeiten, die noch lange nicht alle angeführt wurden, so ist es geradezu ein Wunder, daß die Indexberechnungen der amtlichen Statistik der Wahrheit letzten Endes dann doch erstaunlich nahe kommen. Wie nahe, läßt sich freilich nicht immer sagen, denn wenn etwa eine Indexzahl von einem Monat zum nächsten von 108,6 auf 108,8 steigt, dann besagt das kaum mehr als: Die Wahrscheinlichkeit, daß die der Berechnung zugrunde liegenden Werte sich aufwärts bewegt haben, ist geringfügig größer als die, daß sie gleichgeblieben oder gesunken sind.

Im nächsten Kapitel werden wir die Frage der Genauigkeit noch näher prüfen, hier wollen wir vor allem eines sagen: Wenn wir auch nur eine Standardabweichung der Meßgenauigkeit von 3 Promille annehmen (und das ist selbst bei sorgfältigster Arbeit unrealistisch wenig), dann müssen wir sagen: Die Ziffer des Vormonats, die wir mit 108,6 angegeben haben, liegt mit 95 Prozent Wahrscheinlichkeit zwischen 108,0 und 109,2 (doppelte Standardabweichung gibt 95 Prozent Wahrscheinlichkeit, 2-σ-Regel); die Ziffer des neuen Monats, die mit 108,8 ermittelt wurde, liegt zwischen 108,2 und 109,4. Es ist also keineswegs ausgeschlossen, daß die wahre Indexzahl des Vormonats 108,8 und des jetzigen Monats nur 108,5 beträgt, oder auch, daß beide genau gleich sind.

Wenn dagegen eine längere Reihe von derartigen Indexzahlen einen gleichartigen Trend erkennen läßt, wird die Richtigkeit der Beobachtung immer wahrscheinlicher. Wenn etwa auf die 108,6 und 108,8 als nächste Zahlen 109,1 und 109,5 folgen, dann dürfen wir mit Recht – aber noch nicht mit absoluter Sicherheit – annehmen, daß die Indexentwicklung dieser vier Monate eine tatsächlich vorhandene Aufwärtsentwicklung gespiegelt hat.

Kein Index ist ganz genau richtig – und wenn, dann nur durch bloßen

Zufall. Aber das ist kein Argument gegen ihn oder gegen irgendeine andere statistische Untersuchung. Wenn keine vollkommene Information zu erhalten ist, dann muß man eben mit möglichst präzisen Schätzungen vorliebnehmen. Und eine noch so präzise Schätzung ist eben doch nur eine Schätzung – aber dennoch unverhältnismäßig wertvoller als Nichtwissen, vage Vermutung oder eine Schätzung »über den Daumen«. Jeder Warenkorb ist letztlich eine Stichprobe, und im Wesen der Stichprobe liegt es, keine absolute Gewißheit über die Gesamtheit vermitteln zu können.
Aber brauchen wir denn wirklich immer die Präzision der Bruchprozente? Unser Denken ist meist allzusehr beherrscht von der fixen Idee, daß eine bis auf die letzte Einer- oder Dezimalstelle errechnete Zahl der Inbegriff von Präzision und Wahrheit sein muß. In Wirklichkeit ist es oft umgekehrt: Wenn bei der Volkszählung 1970 in New York 7 771 730 Einwohner ermittelt wurden, dann sind mindestens die letzten drei Stellen absolut bedeutungslos. Die Zahl heißt in Wirklichkeit: »höchstwahrscheinlich knapp 7,8 Millionen«. Bei der Volkszählung 1970 protestierten übrigens nicht nur Bürgermeister und Stadträte in Amerika gegen vermeintliche Fehlzählungen, sondern man sprach auch von dem offenen Geheimnis der Statistiker, daß besonders in der Altersgruppe der zwanzig- bis dreißigjährigen männlichen Neger bis zu zehn Prozent »verlorengehen«, bei der Volkszählung nicht aufgefunden werden.
Ganz grotesk wird es dann, wenn es etwa in einem Nachschlagewerk heißt, die Einwohnerzahl von Madras habe 1 833 504 betragen, und diese Zahl dann durch ein nachgestelltes (S) als Schätzung ausgewiesen wird! Hier kann man realistisch nur sagen: »Vermutlich noch nicht ganz zwei Millionen.« Aber der Glaube an die Magie der präzisen Zahl ist eben so groß, daß ihm zuweilen selbst Statistiker wider besseres Wissen und Gewissen Tribut zollen.
Im allgemeinen darf gelten: *Keine Angst vor runden Zahlen* – sie sind selten unrichtiger als die angeblich präzisen, und sie täuschen nichts vor. Nur selten kann man wagen, auf die Frage: »Wie spät ist es?« zu antworten: »Haargenau 15 Uhr 32 Minuten und – Gong – 42 Sekunden.« Ebenso nützlich und weniger verlogen ist die Antwort: »Halb vier.«

4.4 Der Zauber der Prozente

Wie eindrucksvoll klingt es, wenn man erfährt, daß 14,28 Prozent aller Befragten noch niemals Rotwein getrunken oder noch niemals Mandarinen gegessen haben! Aber jedem Laien ist es möglich, ohne besonderen Aufwand ein ebenso exaktes Resultat zu gewinnen: Sie müssen bloß sieben Personen fragen, ob sie schon jemals Mandarinen gegessen haben – und wenn eine einzige davon nein sagt, dann sind das 14,28 Prozent der Befragten. (Bei zwei »Nein« sind es 28,55 Prozent – auch ein sehr imposantes Ergebnis.)
Durch Prozentangaben kann man also unter Umständen der peinlichen Frage ausweichen, wie groß denn eigentlich die *Basis der Berechnung*, wie groß der Stichprobenumfang war: Einer von sieben ergibt ebenso 14,28 Prozent wie 500 von 3500 oder auch 1998 von 13990; mit dem kleinen Unterschied, daß ein Ergebnis, das auf nur sieben Meßdaten oder Umfrageergebnissen beruht, zumeist wertlos ist.
Es muß nicht immer böser Wille sein, der die Prozente gegenüber den absoluten Zahlen herausstellt. Mitunter ist es Zufall, Dummheit, Gedankenlosigkeit, die naive Freude an hohen Prozentsätzen. So konnte man etwa in einer amerikanischen

Kraftfahrzeugstatistik aus dem Jahre 1967 lesen, daß sich die Umsätze der einzelnen ausländischen Fahrzeugmarken im Jahre 1966 gegenüber 1965 ganz erheblich verändert hatten.
VW hatte zum Beispiel einen Zuwachs von 7 Prozent zu verzeichnen, Opel von 84 Prozent, MG importierten nur 3 Prozent, dagegen Toyota um 751 Prozent mehr! Man bedenke: Während das Volkswagenwerk seine Amerika-Exporte nur um 7 Prozent steigern konnte, hat das japanische Werk im gleichen Zeitraum seinen Amerika-Umsatz um 751 Prozent, also um das Siebeneinhalbfache (= *auf* das Achteinhalbfache) erhöht!
Nun, glücklicherweise sind auch die absoluten Zahlen genannt, und so kann auch der Laie bei näherem Hinsehen das vorerst so Unfaßliche bald faßlich finden; der Statistiker hätte ohnehin auf den ersten Blick vermutet, was sich hier abgespielt hat. Bei Toyota war man mit dem sensationellen Aufschwung gewiß sehr zufrieden – aber es wäre durchaus denkbar, daß man in Wolfsburg fast ebenso zufrieden war: Immerhin stieg der VW-Export nach den USA in absoluten Zahlen um nahezu 30 000 Fahrzeuge, der des japanischen Werkes dagegen nur um knapp 18 000. Betrachtet man hingegen den prozentualen Zuwachs allein, dann erhält man den irreführenden Eindruck, daß einem kometenhaften Anstieg des japanischen Werkes ein weniger als bescheidenes Vorwärtskrabbeln von VW gegenübergestanden hätte.
Aber die Prozente beziehen sich eben auf die Ausgangsposition des Vorjahres, und da war es so, daß VW im Jahre 1965 über 380 000 Einheiten auf dem amerikanischen Markt abgesetzt hatte, während Toyota eben erst gestartet war und nur 2800 Wagen zu verkaufen vermochte. Es ist aber klar, daß ein Unternehmen, das den Markt schon weitgehend durchdrungen hat, nur noch verhältnismäßig geringe prozentuale Erhöhungen von einem Jahr zum nächsten erzielen kann, während eine Firma, die neu auf den Markt kommt, im Jahr darauf vielleicht das Fünf-, Zehn-, ja Fünfzigfache absetzen kann. Das läßt sich auch aus den Daten der Pkw-Neuzulassungen in der Schweiz ablesen, wo etwa Mazda im Jahre 1970 den 56fachen Umsatz von 1967 erzielte, Fiat dagegen nur den 1,3-fachen. In absoluten Zahlen allerdings stieg Mazda von 32 (!) um 1764 auf 1796, Fiat von 17 070 um 5 465 auf 22 535. Wer ein genaues und übersichtliches Bild der Situation gewinnen will, wird daher stets *neben den Prozentzahlen die absoluten Zahlen ansehen müssen.* Wenn man ihm diese Zahlen nicht vorlegt, dann ist es höchste Zeit, mißtrauisch zu werden: Wer sein Wachstum nur in Prozenten mißt, der hat vermutlich sehr klein angefangen und ist auch jetzt noch klein. Das muß nicht immer schlecht sein, den schließlich hat jeder einmal klein angefangen, aber sich beharrlich hinter Prozenten zu verstecken ist kein allzu gutes Zeichen.
Noch etwas anderes ist dabei zu bedenken. Wenn wir eine Zinseszinstabelle zur Hand nehmen, können wir daraus unter anderem ersehen, daß tausend Mark, die mit 3 Prozent verzinst werden, in zwanzig Jahren auf 1806 Mark anwachsen; werden sie hingegen mit 6 Prozent verzinst, dann vermehren sie sich auf 3207 Mark, bei 8 Prozent sogar auf 4661 Mark. *Wenn die Ausgangsbasis gleich ist* (je tausend Mark), *bedeuten höherer Zins und Zinseszins also einen ständig wachsenden Vorsprung.* Aber was ist, wenn jemand 10 000 Mark zu 3 Prozent anlegt, ein anderer 1000 Mark zu 6 Prozent? Dann hat der Reichere heute um 9000 Mark mehr – und in zwanzig Jahren? – Da wird er 18 061 Mark besitzen, der Ärmere

aber trotz höherer Verzinsung nur 3207 Mark – die Differenz wird also auf fast 15 000 Mark angewachsen sein!

Das ist immer dann zu berücksichtigen, wenn Wachstumsraten miteinander verglichen werden. Es besteht kein Zweifel, daß die Sowjetunion heute auf vielen Gebieten wesentlich höhere Wachstumsraten aufzuweisen hat als die Vereinigten Staaten – aber ob sie dazu ausreichen werden, in zwanzig, vierzig oder noch mehr Jahren die Staaten einzuholen, ist eine andere Frage. Wobei wir freilich schon hier vor einem anderen Mißbrauch der Statistik warnen wollen, der uns später noch mehr beschäftigen wird: vor dem hemmungslosen *»Extrapolieren«*, dem In-die-Zukunft-Weiterprojizieren von Zahlen aus der Vergangenheit.
Beschränken wir uns also zunächst darauf, noch einmal mit allem Nachdruck festzustellen, daß *Prozentzahlen allein wenig bis nichts sagen*. Wer absolute Zahlen verschweigt und mit Prozenten Lärm schlägt, hat etwas zu verbergen – das bestätigt sich auch überall dort, wo die Erfüllung von Plansoll-Prozenten groß hervorgehoben wird, ohne daß man über den Plan und das Plansoll Näheres erfährt. »Zu verbergen« heißt hier nicht unbedingt, daß man Fehlschläge kaschieren will, sondern ganz einfach, daß gewisse Zahlen geheim bleiben sollen – und für das Geheimhalten der Wirklichkeit eignen sich die Prozente in der Tat ganz vortrefflich.
Man kann dieses Spiel aber auch umgekehrt spielen, indem man *mit absoluten Zahlen zu imponieren sucht, weil die relativen allzu ungünstig aussehen.* Mit absoluten Zahlen zu beeindrucken ist so lange nicht schwer, als der gutwillige Statistikleser aus seiner persönlichen Perspektive die Dinge betrachtet – und dann sind freilich alle Millionen- oder Milliardenziffern überaus eindrucksvoll. Im Ersten Weltkrieg herrschte einmal große Empörung in der hungernden Bevölkerung, als durchsickerte, 50 000 Tonnen Kartoffeln seien durch Nachlässigkeit von Eisenbahnfunktionären verdorben – man denke doch: fünfzigtausend Tonnen Kartoffeln! Die Landwirtschaftsexperten bedauerten zwar die Fehldispositionen, zuckten aber die Schultern: Bei einer Jahresernte von fünfzig Millionen Tonnen und einem normalen »Schwund« von 10 Prozent bedeuteten diese 50 000 Tonnen praktisch überhaupt nichts.
Eine andere »optische Täuschung« hinsichtlich relativer und absoluter Werte ist jedem aufmerksamen Börsianer bekannt: Der absolute Anstieg (oder Rückgang) im Kurs einer Aktie täuscht auf den ersten Blick sehr oft über den viel wichtigeren relativen Kursgewinn oder -verlust. Das ist besonders auf jenen Börsenplätzen von Bedeutung, wo die gehandelten Werte unterschiedlich »schwer« sind: Wenn in New York etwa Pan American von $13^1/_8$ auf $15^7/_8$ steigt, so ist dieser Anstieg um 2,75 Dollar gleich einem Kursgewinn von rund zwanzig Prozent. Steigen dagegen IBM von 273 auf 302, dann bedeutet der um 29 Dollar erhöhte Kurs einen Zuwachs von nicht einmal 11 Prozent.
Sogar eine graphische Darstellung mit gleichem Maßstab für beide Papiere würde einen falschen Eindruck vermitteln. *Wenn man relatives Wachstum optisch vergleichen will, ist eine logarithmische Skala dafür viel besser geeignet.* Allerdings sind logarithmische, doppelt-logarithmische und andere unkonventionelle Skalen meist dann ein wenig verdächtig, wenn man sie einem Laienpublikum vorsetzt, das sie nicht richtig zu lesen versteht.
Aber mit diesen und anderen graphischen Täuschungsmanövern werden wir uns noch in einem späteren Abschnitt beschäftigen (s. S. 203). Hier

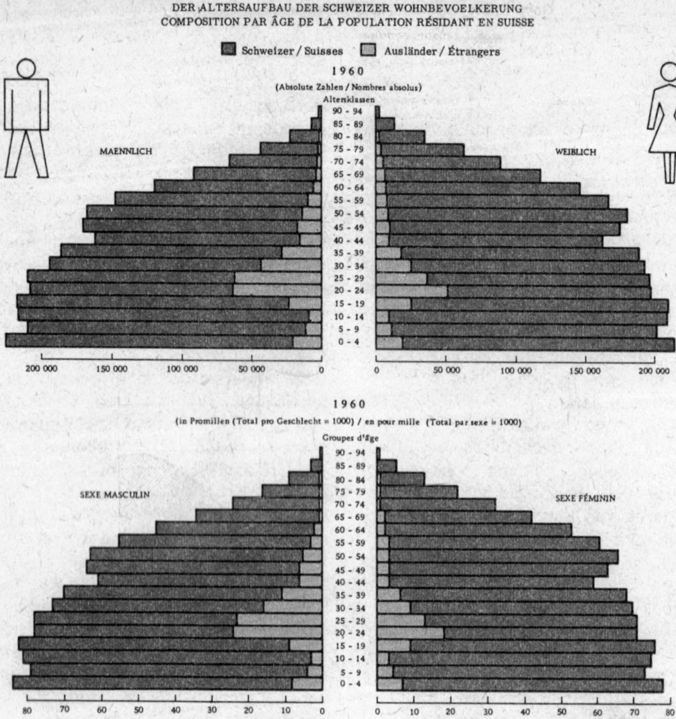

wollen wir ein anderes, gar nicht so demagogisch gemeintes und doch ein wenig irreführendes Beispiel der Manipulation mit absoluten und relativen Zahlen vorführen. Im Jahre 1966 berichtete der Flughafen Wien: »Unter 37 westeuropäischen Flughäfen rangiert Wien... zwar noch unter den kleineren, bezogen auf die Verkehrszuwachsraten steht Wien jedoch bereits an vierter Stelle. Im Jahre 1964 wurden bei 22 818 Flugzeugbewegungen insgesamt 725 049 Fluggäste abgefertigt... An den stärksten Tagen werden bis zu 5000 Fluggäste registriert.«

Hier steht in wenigen Worten fast alles, was man beachten muß, wenn man den Umgang mit Statistiken lernen will. Der Kern der Aussage (»rangiert unter den kleineren«) wird mit einem »zwar« beiseite geschoben und dann aufgetrumpft: Bereits an vierter Stelle bei den Zuwachsraten. Dieses »bereits« ist jedoch völlig fehl am Platz, denn Zuwachsraten sind fast immer dann groß, wenn die Ausgangsbasis klein ist.

Dann folgen absolute Zahlen für den Laien, der keinen Vergleich hat: 22 818 Flugzeugbewegungen, 725 049 Fluggäste – das muß doch eigentlich enorm sein! Absolut ja, relativ nein. Der Rhein-Main-Flughafen fertigte nahezu 4 Millionen Passagiere ab, Berlin 2,7 Millionen, Hamburg, Düsseldorf und München je rund 1,4 Millionen, von den amerikanischen Flughäfen, aber auch von Paris und London ganz zu schweigen.

Geburten und Sterbefälle nach der Heimat · 1946–1966

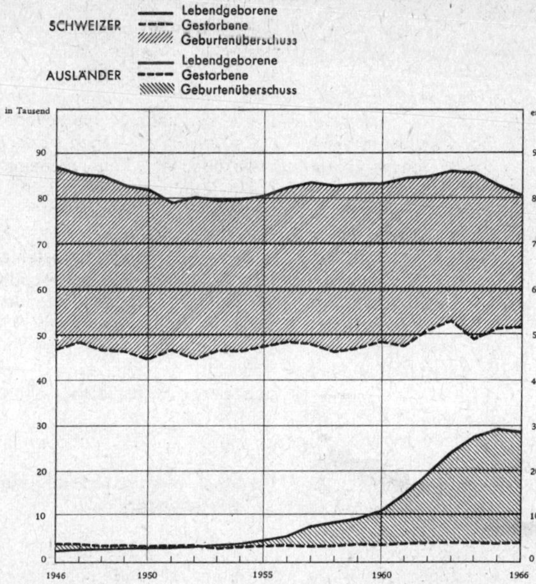

Der Altersaufbau der Schweizer Wohnbevölkerung läßt deutlich erkennen, warum die Geburtenzahlen der Ausländer relativ höher sind als die der Schweizer Bürger: In den Altersklassen von 20 bis 34 Jahren ist der Anteil der Ausländer besonders hoch – aber gerade diese Altersgruppe umfaßt die gebärfähigen Frauen und die Jungverheirateten. (Graphik: Eidgenössisches Statistisches Amt.)

Schließlich noch als besondere Feinheit der Hinweis auf die stärksten Tage und die dann erzielten absoluten Maximalwerte (»bis zu«). Es ist sachlich gewiß vollkommen richtig, daß an einem solchen »stärksten Tag« einmal 5000 Fluggäste registriert wurden, aber da keine Tagesdurchschnittszahl daneben steht, prägt sich beim Leser die Vorstellung ein: »täglich 5000 Fluggäste«. Das steht nicht da – nein, ganz gewiß nicht, aber es ist ja nun einmal so, daß das Lesen von Statistiken noch nicht zu einer allgemein beherrschten Kunst geworden ist. Wenn wir uns also hier über die Flughafenstatistik von Wien so eingehend unterhalten, dann ganz gewiß nicht, weil sie besonders raffiniert oder tückisch oder demagogisch wäre, sondern weil sie so deutlich erkennen läßt, wovor man sich beim Lesen einer Statistik hüten muß. Und das ist erstens, zweitens und drittens: *Mehr hineinlesen, als darin steht.* »An stärksten Tagen bis zu...«, heißt nicht »täglich«.

Was die etwas unklare Formulierung »unter 37 westeuropäischen Flughäfen...« betrifft, so wollen wir in diesem Fall vertrauensvoll annehmen, daß es sich um die 37 bedeutendsten gehandelt hat. Es ist aber durchaus möglich, daß sich hinter einer derartigen Formulierung eine listige *Vor-Auswahl* verbirgt: Stuttgart kann zum Beispiel durchaus die fünftgrößte unter zehn westeuro-

päischen Großstädten sein – man muß die zehn bloß passend auswählen.
Absolute Zahlen können auch in anderer Weise täuschen – wenn sie zum Beispiel einen Vergleich vorspiegeln, der in Wahrheit nicht zutreffend ist. So hieß es etwa in einer Zeitung, daß »im ersten Halbjahr 1966 der Geburtenüberschuß bei Schweizern 15 261 Personen betrug, bei den Ausländern aber schon 12 652, wir (die Schweizer) also nur noch mit 54,7 Prozent am gesamten Geburtenüberschuß beteiligt waren«. Wie schrecklich: Die Fremdarbeiter setzen schon fast ebenso viele Kinder in die Welt wie die Einheimischen!
Oder doch nicht? Nein, denn es geht um den Geburten*überschuß*, also die Differenz zwischen Geburten und Todesfällen. Maßgebend für den Geburtenüberschuß aber ist die Altersstruktur: Je größer der Anteil der jungen Leute (und darunter der Frauen im gebärfähigen Alter), je geringer der Anteil der Alten, um so mehr Geburten, um so weniger Todesfälle, um so höher der Geburtenüberschuß. Fremdarbeiter aber sind in der Regel jung und gesund, die verhältnismäßig wenigen Todesfälle ergeben sich eher aus Arbeitsunfällen als aus Altersschwäche.

Das hat in diesem Fall – eine lobenswerte Ausnahme – auch der Verfasser ganz richtig erkannt, denn er stellte zuletzt lapidar fest: »Es fehlen offenbar schlechthin die Voraussetzungen, um Geburts- und Todeszahlen zwischen Ausländern und Schweizern vergleichen zu können. Die Zahlen lassen sich jedoch mißbrauchen.«
Fast alle Zahlen – und daher fast alle Statistiken – lassen sich mißbrauchen. Wer einem solchen Mißbrauch nicht zum Opfer fallen, wer sich nicht von Demagogen oder übereifrigen Presseleuten ins Bockshorn jagen lassen will, wird daher im Zweifelsfall immer fragen: *Was wird womit verglichen?* Ist dieser Vergleich sinnvoll und gerechtfertigt? Und vor allem: Wird im begleitenden Text *mehr behauptet, als die Zahlen selbst erkennen lassen?* Und schließlich kann es nie schaden, wie bei Gericht zu fragen: *Cui bono?* Wem nützt es? Wer erscheint durch diese Zahlen eventuell in einem besonders günstigen Licht?
Der demagogische Mißbrauch (und auch die Nachlässigkeitsfehler der Interpretation) sind so wichtig, daß wir uns mit ihnen später noch eigens beschäftigen werden (s. S. 200). Zunächst aber wollen wir diesen Abschnitt beschließen mit einer ergänzenden Zusammenfassung über Verhältniszahlen.

4.5 Meßzahlen, Gliederungszahlen, Beziehungszahlen

Wir haben in diesem Abschnitt, aber auch schon zu Beginn des vorhergehenden, zu wiederholten Malen von relativer Häufigkeit, Prozentsätzen und Indexzahlen gesprochen und wollen nun deshalb zusammenfassend und ergänzend einiges über *Verhältniszahlen* sagen. Die Statistik pflegt zwischen *Giederungszahlen, Meßzahlen* und *Beziehungszahlen* zu unterscheiden, und diese Unterscheidung ist mehr als eine bloße Spitzfindigkeit, denn jede dieser Spielarten der Verhältniszahlen unterliegt ihren eigenen Beschränkungen, ihren eigenen Gesetzmäßigkeiten.
Die *Gliederungszahlen* sind noch relativ unproblematisch. Bei ihnen geht es darum, *daß Teile an einem Ganzen gemessen werden:* Zwölf Prozent aller Hochschüler sind kurzsichtig, 30 Prozent der europäischen Bierproduktion stammen aus der Bundesrepublik, 63 Prozent der Personaleinkommen in Großbritannien entfallen auf Löhne und Gehälter, und so weiter. Es werden also die Gesamtzahlen

Kreissektoren (»Tortenschnitten«) geben zwar nur relative Häufigkeiten (Anteile an der Gesamtheit) an, können aber auch zu Größenvergleichen verwendet werden wie in dieser Graphik des Statistischen Bundesamtes: Der Gesamtwohnungsbestand der einzelnen Länder wird durch die Größe der Kreisfläche ausgedrückt.

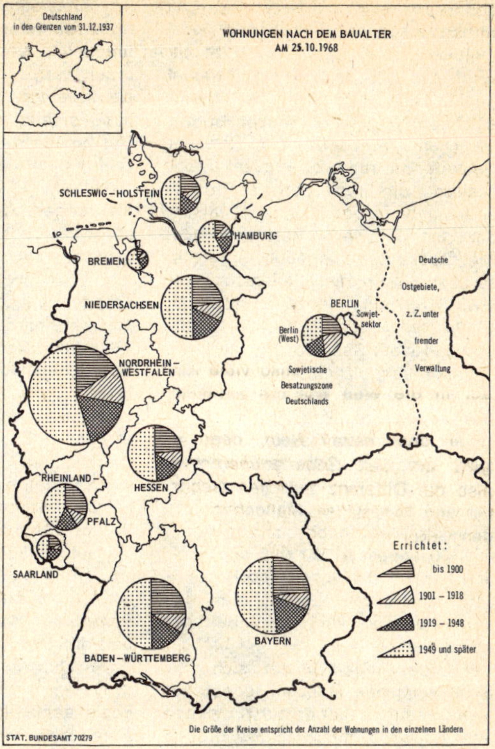

der Hochschüler, der europäischen Bierproduktion und der britischen Personaleinkommen in Beziehung gesetzt zu einem unterscheidbaren Bestandteil aus ihrer Gesamtheit. Zu Beginn des dritten Kapitels setzten wir die gesamte Münchner Wohnbevölkerung des Jahres 1969 in Relation zu der Untergruppe »Ausländer und Staatenlose innerhalb der Münchner Wohnbevölkerung«, und wir sprachen in diesem Zusammenhang auch davon, daß sich Kreissektoren (Tortenschnitten) für die graphische Darstellung solcher Tatbestände besonders gut eignen.

Bei den *Meßzahlen,* die eine enge Verwandtschaft mit den Gliederungszahlen aufweisen, *werden gleichartige Größen auf eine von ihnen* (oder auf einen Durchschnitt aus allen) *als Basis bezogen.* Die Bierproduktion der Bundesrepublik betrug im Jahre 1967 71,3 Millionen Hektoliter, diejenige Frankreichs 20,6 Millionen Hektoliter. Hier bieten sich nun wahlweise zwei Meßzahlen an: a) die deutsche Bierproduktion beläuft sich auf 345 Prozent der französischen; b) die französische beträgt 29 Prozent der deutschen.

Eine Gesamtmenge kann auch in Teilmengen zerlegt werden, die dann ihrerseits aufgegliedert werden. Betrachtet man die Teilmengen, unabhängig von ihrer absoluten Größe, als hundertprozentige

Teilgesamtheiten, dann werden Strukturvergleiche besonders gut deutlich. Eine Schweizer Statistik zeigt das sehr schön am Beispiel der Sprache der Schweizer Wohnbevölkerung: Die Schweizer Bürger sprechen zu etwa 75 Prozent Deutsch, zu rund 20 Prozent Französisch, die restlichen 5 Prozent entfallen vorwiegend auf Italienisch, dazu ein klein wenig Rätoromanisch. Die Ausländer hingegen sprechen zu fast 55 Prozent Italienisch, nur etwa zu einem Viertel Deutsch, zu 10 Prozent »andere Sprachen«, vorwiegend wohl Spanisch.

Mitunter vergleichen Meßzahlen gewissermaßen nur ihre eigenen Werte. Das ist dann der Fall, wenn ein Basisjahr als Ausgangs- und Bezugspunkt einer Zeitreihe gewählt wird und in den künftigen Messungen darauf Bezug genommen wird. Das Basisjahr wird dabei in der Regel mit 100 angesetzt, so daß alle künftigen Werte den erreichten Prozentsatz ausdrücken. Es ist dies das Verfahren, das wir vom Index her schon gut kennen.

Der Index unterscheidet sich von einer einfachen Meßzahl jedoch vor allem dadurch, daß er durch gewichtete Auswahl mehrerer Meßgrößen eine ganze Kategorie von Häufigkeiten, Ereignissen oder Werten charakterisiert, während die Meßzahl nur auf ein einzelnes oder doch ganz wenige Objekte Bezug nimmt.

Beziehungszahlen sind mit größerer Vorsicht zu genießen als Meßzahlen oder Gliederungszahlen. Sie stellen Beziehungen her, die erst vom Statistiker geschaffen werden und deren Berechtigung umstritten sein mag. Bei Gliederungszahlen versteht es sich von selbst, daß Gesamtmenge und Teilmenge in direkter enger Beziehung stehen; auch bei Meßzahlen ist dieser Zusammenhang beinahe immer gegeben. Beziehungszahlen aber hängen vom guten Willen und der Vernunft desjenigen ab, der sie errechnet. Es wird nämlich hier eine Beziehung zwischen durchaus verschiedenartigen Größen hergestellt, von denen man annimmt (oder vorgibt oder vermutet), daß sie in einem gewissen Zusammenhang stehen.

Der populärste Fall von Beziehungszahlen sind die Zahlen pro Kopf der Bevölkerung, von denen wir schon im vorigen Abschnitt kurz gesprochen haben. Hier kann es zu dem »zigarrenrauchenden Säugling« kommen – und wenn man so etwas ausschalten will, erhebt sich die Frage, von welchem Lebensjahr an man die »Rauchfähigkeit« datieren will. Fünfzehnjährige sollen gewiß nicht rauchen, aber viele tun es doch – wo zieht man die Altersgrenze? Wie ist es mit den Eheschließungen und den Sterbeziffern? In West-Berlin sind die Heiraten wesentlich seltener, die Sterbeziffern um die Hälfte höher als in der Bundesrepublik, wenn man sie auf je 10000 Einwohner bezieht. Ja, die Sterbeziffer in West-Berlin ist nahezu dreimal so groß wie in Venezuela. Warum? Der Altersaufbau der Bevölkerung ist anders.

Entwicklungsländer mit Bevölkerungsexplosion »explodieren« an der Basis der Bevölkerungspyramide, der Anteil der Kinder ist sehr hoch, so hoch, daß durch den großen Anteil von Nicht-Erwerbsfähigen der Lebensstandard der ganzen Bevölkerung gesenkt wird. Unter den heutigen hygienischen und medizinischen Verhältnissen ist die Sterblichkeit unter den Kindern und jungen Jahrgängen gering (wenn auch immer noch etwas höher als in Mitteleuropa), es sterben also in erster Linie die alt gewordenen Einwohner weg, die schon um die Jahrhundertwende im damals dünn besiedelten Venezuela lebten. In West-Berlin (in anderen Großstädten Europas in gemilderter Form) ist die Bevölkerung überaltert, es leben dort viele »sterbeanfällige« alte Leute und verhältnismäßig wenig Kinder.

Ein Vergleich nur auf der Basis der

Bevölkerungszahlen sagt also eigentlich viel zuviel aus – er impliziert einen Vergleich der Bevölkerungspyramide. Wollte man hingegen hygienische Situation und medizinische Betreuung daraus ablesen, dann müßte man die Sterbeziffer wohl »kohortenspezifisch« vergleichen: Wieviel Personen der Altersschicht 50–60 sterben alljährlich in West-Berlin, wieviel in Venezuela – beides bezogen auf je 100000 Personen dieser Altersschicht?!

Genaue Statistiken vergleichen daher auch die Geburtsziffer sehr oft nicht mit der Gesamtbevölkerung, sondern beziehen sie auf die Zahl der Frauen im gebärfähigen Alter. Denn so wie Säuglinge keine Zigaretten rauchen, so bekommen Männer eben keine Kinder.

Die *Wahl der Beziehung* ist nicht immer ganz leicht. Was ist der »richtige« Vergleichsmaßstab für Verkehrsunfälle? Die Zahl der Kraftfahrzeuge, die Zahl der gefahrenen Kilometer, die Zahl der Personen-Kilometer (die natürlich nur aus Stichproben geschätzt werden kann), die Einwohnerzahl, die Kraftfahrzeugdichte? Jede Alternative läßt sich begründen und auch verwerfen zugunsten einer anderen.

Nun wollen wir ein Stichwort aufgreifen, das soeben gefallen ist und das ein Zentralproblem der modernen Statistik ist. Dieses Stichwort heißt: *Stichprobe*.

5. Stichproben und Fragebogen

5.1 Datenerfassung Erhebung und Aufbereitung

Wir haben uns bis jetzt in einem wahren Schlaraffenland der Statistik bewegt: Was immer wir an Daten, Beobachtungen, Messungen, Zählungen und sonstigen Berechnungsunterlagen benötigen, lag griffbereit vor uns – ob es sich nun um das Jahresmittel der Temperatur in Quito, um die Einkommen der Bewohner von Neureichenbach, um die Olivenpreise zur Zeit des Grafen Carli oder um die Opfer von Pferdehufschlägen in der preußischen Armee handelte. Nun aber müssen wir uns einmal Gedanken darüber machen, wie denn der Statistiker an all jene Daten und Zahlen gerät, die er später zu Tabellen zusammenstellt, zueinander in Beziehung setzt, auf ihren Aussagewert hin untersucht und durch mehr oder weniger komplizierte mathematische Verfahren umformt.

Man unterscheidet in der statistischen Arbeit meist drei Stufen: Erstens *Erhebung*, zweitens *Aufbereitung*, drittens *Auswertung*. Der weitaus wichtigste Teil der Arbeit scheint die Auswertung zu sein (und mit ihr befassen sich daher auch alle Lehrbücher der Statistik am ausführlichsten) – aber man darf darüber eine elementare Grundweisheit nicht vergessen: *Keine Statistik ist besser als ihr Rohmaterial.* So wie der Schluß nicht stimmen kann, wenn die Prämissen falsch sind, so nützen die schwierigsten Rechenoperationen nichts mehr, wenn das Zahlenmaterial von Anfang an falsch oder unzureichend war. Und was noch schlimmer ist: Rechenfehler können berichtigt, ungeeignete Bearbeitungsmethoden durch bessere ersetzt werden – aber wenn die Urliste der Daten fehlerhaft ist, dann muß man darüber Schillers Worte setzen: »Das eben ist der Fluch der bösen Tat, daß sie fortzeugend immer Böses muß gebären.«

Was also kann der Statistiker tun, um diesen Fluch zu vermeiden, um an den Anfang seiner Arbeit keine böse, sondern eine gute Tat zu setzen? Die erste Frage ist, *ob er weiß, was er will.* Das ist nicht immer der Fall, denn viele statistische Daten werden von Ämtern und Behörden in der Erwartung zusammengetragen, daß sie später einmal als wertvolle Unterlagen dienen

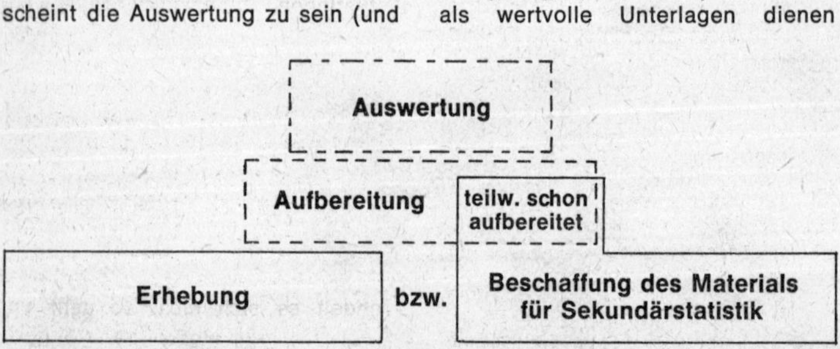

Die drei Stufen der deskriptiven Statistik: Das Material wird zunächst entweder durch Erhebung neu gewonnen oder aus bereits vorhandenen Primärstatistiken zusammengetragen. Danach wird aufbereitet (gegliedert, geordnet) und schließlich ausgewertet und interpretiert.

können, ohne daß man im Augenblick schon genau sagen könnte, was denn eigentlich gesucht werden wird. So schrieben die preußischen Armeekorps jahraus, jahrein die Todesursachen ihrer Soldaten auf – und eines Tages fischte ein Statistiker daraus die von Hufschlägen Getöteten und bewies die Anwendbarkeit der Poisson-Verteilung.
Weit schlimmer ist es, wenn man zwar weiß, was man erfahren will, *aber einen dafür ungeeigneten Weg einschlägt.* So galt es einmal, Gummiflöße auf ihre Widerstandsfähigkeit zu prüfen. Sie wurden einer Belastungsprobe unterzogen, und wenn sie diesen Test überstanden hatten, galten sie als verwendbar. Hinterher stellte sich heraus, daß gerade diese geprüften Flöße verhältnismäßig oft in der Praxis zerbarsten. Warum? In der harten Belastungsprobe waren selbst die guten Flöße derart mitgenommen worden, daß ein Teil davon danach nicht mehr einwandfrei war. Und Wallis/Roberts, deren *»Methoden der Statistik«* wir dieses Beispiel entnommen haben, schließen: »Die Daten bezogen sich mithin auf die Anzahl von Produkten, die eine bestimmte Prüfung überlebt hatten, nicht aber darauf, daß diese Güter eine echte Belastung überleben würden.«
Zuweilen liegen die für eine statistische Erhebung notwendigen Daten bereits vor und müssen nur unter einem neuen Gesichtspunkt zusammengestellt werden. Das ist der Fall, wenn etwa das reiche Material amtlicher Statistiken herangezogen werden kann. Man spricht hier von der *Erstellung einer Sekundärstatistik.* – Der Gegensatz dazu ist die *Erarbeitung einer Primärstatistik,* bei der die Rohdaten erst erhoben und gegliedert werden und kein Rückgriff auf vorhandene Zahlen erfolgt.
Was das Ausmaß der Erhebung betrifft, so ist zu unterscheiden zwischen der *Stichprobe* und der *Gesamterhebung,* bei der die ganze in Frage kommende Grundgesamtheit (statistische Masse, Population) untersucht, befragt, gemessen, gezählt oder auf andere Art erfaßt wird.
Die Gesamterhebung steht gewöhnlich nur dann zur Diskussion, wenn die Grundgesamtheit relativ klein ist. Eine umfassende Erhebung und Befragung der Gesamtbevölkerung eines Landes kann sich nur der Staat leisten – und auch der nur alle zehn Jahre.

Aber ob Stichprobe oder Vollerhebung – die Verfahren reduzieren sich in beiden Fällen auf einige wenige Grundmethoden. Die einfachste Methode ist die *Beobachtung:* Ein Vorgang wird aufmerksam verfolgt und, wenn irgend möglich, zahlenmäßig festgehalten. Eine Dienststelle an der Grenze zählt zum Beispiel die ausreisenden Personen und notiert gleichzeitig, welche Pässe sie vorweisen. Oder an einer Ausfallstraße stehen zwei Personen, die den Verkehr beobachten, und machen je einen Strich für jedes stadtein oder stadtaus fahrende Auto. Oder ein Angestellter meldet der Werksleitung täglich, wie viele Waggon Steinkohle am Vortag beladen wurden.
Eine solche Beobachtung bezieht sich auf »echte« Vorgänge; dagegen werden im Experiment Vorgänge und Situationen planmäßig arrangiert, oftmals nach einem genauen *»Stichprobenplan«.* Es wird etwa jede 500. Glühlampe vom Fließband genommen und auf ihre Belastbarkeit oder Brenndauer geprüft. Pflanzenschutzmittel werden auf Versuchsfeldern erprobt und ihre Wirkung auf die Ernteerträge gemessen und verglichen.

Handelt es sich nicht so sehr um Dinge als um Menschen, um ihre Meinungen, Absichten, Wünsche, Reaktionen, dann spielt die Befragung die bedeutendste Rolle, mit der wir uns daher anschließend noch ausführlicher beschäftigen wollen.

Zuvor aber sind noch einige Worte zur *Aufbereitung,* dem zweiten Schritt der statistischen Arbeit, zu sagen. Hier geht es um die Zusammenfassung und Ordnung der Rohdaten – wir haben ein Beispiel kennengelernt, als wir die Einführung von Klassenbreiten und die Darstellung von Häufigkeiten schilderten (s. S. 42). Für dieses Stadium der statistischen Arbeit ist vor allem die Erstellung von Tabellen charakteristisch. In der einfachsten Form registriert eine Tabelle nur die Häufigkeitsverteilung *eines* Merkmals – etwa die Einkommensverhältnisse unserer Abiturienten (s. S. 30). Weit häufiger entsteht eine Matrix aus Zeilen und Spalten, wobei innerhalb beider noch unterteilt werden kann. Eine Untergliederung der Zeilen zeigt etwa dieser Ausschnitt aus dem Demographic Yearbook in der Wiedergabe des »Statistischen Handbuchs für die Republik Österreich«: Es ist nicht nur nach Ländern, sondern innerhalb dieser nach zwei verschiedenen Erhebungsperioden und innerhalb dieser wieder nach »männlich« und »weiblich« gegliedert. Eine Unterteilung innerhalb der Spalten zeigt eine andere Tabelle aus dem gleichen Werk (s. Abb. S. 115).

Im Tabellenkopf, der den Inhalt der Spalten angibt, ist unter anderem der Prozentsatz der Berufstätigen noch einmal nach »männlich« und »weiblich« aufgegliedert.

Mittlere Lebenserwartung

Staaten	Jahre der Sterbetafel	Geschlecht	Mittlere Lebenserwartung für nachstehendes Alter								
			0	10	20	30	40	50	60	70	80
Europäische Staaten:											
Belgien	1891—1900	m	45·4	50·3	41·8	34·2	26·7	19·7	13·4	8·1	4·6
		w	48·8	52·8	44·4	37·0	29·5	21·9	14·8	8·9	4·9
	1959—1963	m	67·7	59·9	50·3	40·9	31·7	22·9	15·5	9·7	5·3
		w	73·5	65·3	55·5	45·9	36·3	27·2	18·7	11·4	6·1
Dänemark	1901—1905	m	52·9	54·0	45·4	37·4	29·4	21·8	15·0	9·2	5·0
		w	56·2	55·8	47·5	39·6	31·7	23·8	16·3	10·0	5·5
	1965—1966	m	70·1	62·1	52·5	42·9	33·5	24·5	16·6	10·3	5·6
		w	74·7	66·2	56·4	46·6	37·1	28·0	19·4	11·9	6·3
Deutschland	1901—1910	m	44·8	51·2	42·6	34·6	26·6	19·4	13·1	8·0	4·4
		w	48·3	53·4	44·8	36·9	29·2	21·4	14·2	8·5	4·7
	1965—1967	m	67·6	59·9	50·4	41·1	31·9	23·1	15·4	9·6	5·4
		w	73·6	65·5	55·7	46·1	36·6	27·5	18·9	11·5	6·1
England und Wales	1910—1912	m	51·5	53·1	44·2	35·8	27·7	20·3	13·8	8·5	4·9
		w	55·4	55·9	47·1	38·5	30·3	22·5	15·5	9·6	5·5
	1965—1967	m	68·7	60·5	50·9	41·4	31·9	23·0	15·3	9·5	5·5
		w	74·9	66·4	56·6	46·9	37·3	28·2	19·8	12·4	6·9
Finnland	1901—1910	m	45·3	49·9	42·2	34·9	27·4	20·0	13·6	8·3	4·6
		w	48·1	51·7	44·5	37·3	29·9	22·3	15·1	9·0	4·9
	1961—1965	m	65·4	57·3	47·8	38·5	29·5	21·2	14·3	8·9	4·9
		w	72·6	64·2	54·4	44·7	35·2	26·0	17·5	10·3	5·3
Frankreich	1898—1903	m	45·3	49·3	41·0	33·9	26·7	19·8	13·3	7·9	4·4
		w	48·7	51·5	43·6	36·4	29·1	21·6	14·6	8·7	4·9
	1966	m	68·2	60·0	50·4	41·1	32·0	23·5	16·1	10·2	5·8
		w	75·4	66·9	57·1	47·5	38·0	29·0	20·5	12·8	7·0

Eine mehrfache Gliederung zeigt diese statistische Tabelle. In den Zeilen wird nach Ländern, innerhalb dieser nach zwei Zeiträumen (und in diesen jeweils nach Geschlecht) unterteilt. In den Spalten erfolgt die Aufteilung nach Altersstufen.

Bevölkerung nach Geschlecht, Alter und Berufstätigkeit

Staaten	im Jahre	Von 100 der Bevölkerung									
		waren weiblich	standen im Alter von ... Jahren					im Jahre	waren berufstätig		
			unter 15	15 bis unter 30	30 bis unter 45	45 bis unter 65	65 und mehr		männlich	weiblich	zusammen
Europäische Staaten:											
Belgien	1966	51	24	20	21	23	12	1968	56	24	40
Bulgarien	1967	50	23	23	23	22	9	1965	58	46	52
Dänemark	1966	50	24	23	18	23	12	1960	64	28	46
Deutschland:											
Bundesrepublik	1966	52	23	22	20	23	12	1967	60	30	45
Deutsche Demokratische Republik	1967	54	23	21	18	23	15	1964	60	40	49
Finnland	1965	52	27	25	19	21	8	1960	58	35	46
Frankreich	1966	51	24	22	20	21	13	1967	57	26	41
Griechenland	1967	51	25	23	22	21	9	1961	60	28	43
Großbritannien	1968	51	23	21	18	25	13	1966	63	33	47
Irland	1966	50	31	21	16	21	11	1966	57	20	39
Italien	1966	51	24	23	22	21	10	1968	56	20	37
Jugoslawien	1966	51	29	24	23	17	7	1961	60	31	45
Luxemburg	1967	51	23	20	21	24	12	1966	58	21	39
Niederlande	1967	50	28	24	18	20	10	1960	57	16	36
Norwegen	1966	50	25	21	18	24	12	1968	58	19	38
Österreich	1969	53	24	21	18	23	14	1961	61	36	48
Polen	1967	51	29	24	21	19	7	1960	55	40	47
Portugal	1967	52	29	22	19	21	9	1960	66	13	39
Rumänien	1967	51	26	23	23	20	8	1966	61	46	54
Schweden	1967	50	21	22	18	26	13	1965	59	30	44
Schweiz	1967	51	23	25	19	22	11	1965	63	26	46
Spanien	1960	52	27	23	21	20	9	1968	60	17	38
Tschechoslowakei	1967	51	25	23	20	22	10	1963	52	39	45
Ungarn	1967	52	22	23	21	23	11	1963	63	33	48

Mehrfache prozentuale Aufgliederung der Bevölkerung nach drei Gesichtspunkten (jeweils noch weiter unterteilt) in den Spalten und nach Ländern in den Zeilen. Da es sich um eine korrekte Statistik handelt (aus dem internationalen Teil des österreichischen Statistischen Jahrbuchs), werden jeweils auch die Jahre angegeben, aus denen die Daten stammen, um irrige Vergleiche zu verhindern.

In beiden Fällen handelt es sich übrigens um sogenannte *»Aussage-Tabellen«*, die zum Gebrauch bereits übersichtlich gegliedert sind. Im Gegensatz dazu nennt man *»Quellen-Tabellen«* diejenigen, in denen die Rohdaten in allen Einzelheiten aufgegliedert sind. Eine Tabelle, die Prozentsätze (anteilmäßige Verteilung) anführt, wird stets eine Aussage-Tabelle sein, da die Quellen-Tabelle nur absolute Häufigkeiten enthalten wird.

Ein Punkt (.) in einer Tabelle gibt an, daß die Zahlen für dieses *Fach* nicht vorliegen oder nicht verwendbar sind. Die Angabe »null« (0) besagt meist nicht »absolut null«, sondern »winziger Anteil« oder winzige Zahl« (kleiner als die Hälfte der in der Tabelle noch angegebenen Stellenwerte): Wenn in der Tabelle etwa als Einheit Tonnen genannt und bis zur ersten Dezimalstelle angeführt sind, bedeutet »0« soviel wie »weniger als 50 Kilogramm«. Der Wert »genau null« wird eher durch einen Querstrich (——) gekennzeichnet, zuweilen aber ebenfalls durch »0«.

5.2 Fragebogen und Interviews

Nur einen Bruchteil ihres Datenmaterials können die Statistiker durch Beobachtungen, Zählungen und Messungen gewinnen. Immer wieder er-

Zeichenerklärung im Statistischen Jahrbuch für die Bundesrepublik Deutschland, 1970, S. XX

—	=	nichts vorhanden
0	=	mehr als nichts, aber weniger als die Hälfte der kleinsten Einheit, die in der Tabelle zur Darstellung gebracht werden kann
.	=	kein Nachweis vorhanden
...	=	Angaben fallen später an
x	=	Nachweis ist nicht sinnvoll bzw. Fragestellung trifft nicht zu
| oder ______	=	grundsätzliche Änderung innerhalb einer Reihe, die den zeitlichen Vergleich beeinträchtigt

Nur bei Stichprobenerhebungen:

/	=	kein Nachweis, da das Ergebnis nicht ausreichend genau ist
( )	=	Nachweis unter dem Vorbehalt, daß das Ergebnis erhebliche Fehler aufweisen kann

weist es sich als notwendig, Befragungen durchzuführen. Für die weiten Bereiche der Markt- und Meinungsforschung versteht sich das von selbst, denn der Markt besteht ja aus mehr oder minder kaufwilligen Menschen, deren Kaufbereitschaft es zu erforschen gilt, und Meinungen sind vollends subjektive Vorstellungen, die nur dann einigermaßen meßbar in Erscheinung treten, wenn sie in einer Aktion (wie der Stimmabgabe bei der Wahl) ausgedrückt werden.

Ein altes Bonmot besagt, dem Menschen sei die Sprache gegeben, um seine Gedanken zu verbergen – und bei Befragungen findet dieses Bonmot mehr Bestätigung, als den Beteiligten lieb ist. Zuerst verkleiden die Interviewer ihre Neugier in möglichst harmlos klingenden Fragen, und dann erhalten sie zuweilen auf die sorgsam ausgeklügelten Formulierungen unklare, unrichtige oder bewußt unwahre Antworten. Die Motive dafür sind mannigfaltig, wir können sie hier nicht im einzelnen untersuchen. Wenn wir zwei charakteristische Reaktionen skizzieren wollen, so ist es gegenüber einer offiziellen, amtlichen Befragung die mißtrauische Abwehr: »Das hat sicher nichts Gutes zu bedeuten«, und gegenüber einer privaten Meinungsumfrage: »Was geht denn *die* das an?«

Es ist daher auch rührend sinnlos, wenn alle Statistischen Ämter mit gerechtfertigter Überzeugung versichern, die Angaben würden niemandem zugänglich gemacht – *den* Geschäftsmann muß ich erst noch sehen, der im statistischen Fragebogen einen höheren Umsatz oder Gewinn angibt als in der Steuererklärung. Für den Bürger ist Behörde gleich Behörde – um diese Klippe kommt kein Statistisches Amt herum. Immerhin – dem Amt *muß* man antworten, sei es auch falsch.

Nicht antworten muß man bei *privaten* Umfragen – und doch tut man es meist. Und schwindelt zuweilen – aus 1001 oder auch aus gar keinem Motiv. Sehr hübsch hat einmal eine Schweizer Journalistin in einer kleinen Glosse geschrieben: »Vorgestern überraschte ich unsere Jüngste, wie sie einen Fragebogen über Haarlack ausfüllte. Susi ist zwölf Jahre alt und ... hat sehr gutes Haar, das absolut keinen Halt in Form von Lack braucht ... Susi gab an, daß sie eine Lehrtochter sei und den Haarlack vor allem abends brauche, wenn sie ausgehe ... Ich mußte lächeln, denn mir fielen die Tests ein, die ich als junge Hausfrau mitgemacht hatte: ›Kaufen Sie Strümpfe zu 2–3, 3–4 Franken, und so weiter?‹ Ich hatte für festliche Gelegenheiten Strümpfe zu 5.90 Franken gekauft. Das trug ich in den Fragebogen ein. Daß ich für den Alltag Strümpfe zu 1.90 Franken trug, unterschlug ich schamhaft, denn das schickte sich nicht für eine Frau in meiner Stellung, meinte ich ...«

Ein großer Teil der Befragten neigt dazu, sich in seinen Antworten *nach der vermeintlichen Norm zu richten,* ein weiterer Teil dazu, *in Extreme auszuweichen.* Der eine Rentner mag seine Armut in besonders krassem Licht darstellen, der andere sucht darüber hinwegzutäuschen. *Ein* Geschäftsmann mag sich bescheiden geben, ein anderer mit gleichem Einkommen mag von seinem Reichtum phantasieren, und so fort.

So kommt es auch, daß etwa die erfragten Angaben über die Ausgaben für die persönliche Körperpflege weit über der Realität liegen: Toilettenseife wird angeblich in Mengen verbraucht, von denen die Seifenproduzenten nur wehmütig träumen können.

Diese Verfälschung der Antworten geschieht aber in vielen Fällen nicht nur, um in besserem Licht dazustehen, sondern sehr oft aus Unwissenheit, gekoppelt mit einer aufrichtigen Bereitschaft zur Mitarbeit: Da steht also der freundliche junge Mann mit Bleistift und Fragebogen und stellt eine simple Frage – da muß man doch etwas antworten, wenn man nicht unhöflich oder gar dumm erscheinen will. Er fragt etwa: »Wieviel Stück Seife kaufen Sie im Monat?« – Oder: »Wie oft gehen Sie durchschnittlich ins Theater?« – Oder: »Sind Sie für die Entwicklungshilfe?« – Oder: »Sind Sie mit den Schulerfolgen Ihrer Kinder zufrieden?«

Bei der Seife kann man doch nicht gut sagen: »Ich weiß nicht.« Also sagen wir zwei, nein, lieber vier: Ja, also vier Stück. Ins Theater? Das letztemal waren wir – wann war das denn bloß? Sie spähen in den Fragebogen, da steht eine Rubrik – »Einmal im Monat«. Ja, einmal im Monat. Für Entwicklungshilfe? Ja, also so einfach läßt sich das wohl kaum beantworten, aber grundsätzlich darf man ja die armen Inder nicht verhungern lassen: Ja, dafür. Schulerfolge der Kinder? Was heißt schon zufrieden, ein bißchen fleißiger könnten sie schon sein – aber das sieht dann aus, als wären die Kinder dumm. Aslo: Ja, zufrieden.

Und zufrieden zieht auch der Interviewer mit seinen falschen, unvollkommenen oder mißverständlichen Antworten ab, die dann an den geduldigen Datenverarbeiter verfüttert werden. Oft hängt es auch vom Interviewer selbst ab, welche Antworten er bekommt, auch wenn er von seinem Institut beauftragt wurde, von einem bestimmten Fragewortlaut nicht abzuweichen und jede auffällige Betonung oder Reaktion zu vermeiden. Im Zweiten Weltkrieg wurde unter der amerikanischen Negerbevölkerung eine Umfrage durchgeführt, ob ein Sieg der Japaner oder Deutschen zu einer Verschlechterung der Lage der amerikanischen Neger führen würde. Wenn weiße Interviewer diese Frage stellten, waren fast alle Neger überzeugt, ein Sieg der Achsenmächte wäre ein großes Unglück. Wenn Neger als Interviewer auftraten, war der Anteil jener Farbigen, die »unverändert« oder »besser« oder »keine Ahnung« sagten, ganz wesentlich größer.

In der Regel wird sich dieser *persönliche Einfluß des Interviewers* allerdings eher nur in *der* Form auswirken, daß der Befragte sich ungebundener fühlt und bereitwilliger antwortet beziehungsweise mißmutig

ist und das Gespräch möglichst rasch hinter sich haben will.
Im übrigen ist der Interviewer nur ein relativ unbedeutender Mittelsmann, eigentlich nur die menschliche Verkleidung eines Fragebogens. Die Entscheidung über Wert und Unwert einer Umfrage fällt daher meist bei der *Ausarbeitung des Fragebogens:* Komplizierte, mißverständliche oder mißtrauenerweckende Fragen, zu kesser Wortlaut oder auch langatmige Formulierungen können die Umfrage von vornherein zum Scheitern verurteilen. Aber auch zu direkte Fragestellung kann zu falschen Resultaten führen, besonders wenn es sich um Themen handelt, mit denen sich die meisten der Befragten bisher kaum auseinandergesetzt haben. Hier wird es sich empfehlen, mit entsprechenden Vorfragen das Thema »einzukonferieren« – und zwar tunlichst ohne Beeinflussung.
Dieses *»tunlichst ohne Beeinflussung«* gilt natürlich nur so lange, als ein wissenschaftlich möglichst korrektes Resultat angestrebt wird. Wenn ich von vornherein nur Zahlenmaterial zur »Beweisführung« benötige, dann gibt es unzählige Möglichkeiten, das gewünschte Resultat zu erhalten. Als Illustration ein kleines Beispiel, das keineswegs ein Extrem darstellt, sondern noch durchaus zu rechtfertigen ist. Eine große Fluglinie veröffentlichte in ihren Werbeeinschaltungen den Satz: »Diese zahlreichen Vorteile erklären, warum 97,5 Prozent unserer Passagiere ihre Zufriedenheit ausdrückten.«
Als besonders rühmenswert muß hervorgehoben werden, daß dieser Feststellung sogar noch eine Fußnote angefügt war: »Aufgrund einer Umfrage, durchgeführt von Prof. X [Name steht da], erklärten 97,5 Prozent von 15000 befragten Fluggästen, sie seien zufrieden oder überaus zufrieden; nur 2,5 Prozent drückten Unzufriedenheit aus.«
Nun, wenn Sie an Ihrem Bestimmungsort einigermaßen pünktlich gelandet sind, werden Sie nicht leicht sagen, Sie wären unzufrieden gewesen, sondern sich von den drei offerierten Möglichkeiten (sehr zufrieden – zufrieden – unzufrieden) vermutlich für die mittlere entscheiden, es sei denn, die Stewardeß hätte Ihnen Suppe über den Anzug geschüttet. Im übrigen könnte man auch feststellen: »In den letzten Wochen haben sich nicht weniger als 375 Passagiere über den Service beschwert.«
Mit Studien über die Technik der Befragung und über die Psychologie des Interviews könnte man Bände füllen (und es wurden auch schon viele Bände damit gefüllt). Wer sich für dieses Spezialgebiet besonders interessiert, sei auf die reichhaltige Fachliteratur verwiesen – und vor allem auch auf *»Knaurs Buch der modernen Soziologie«*.
Wir wollen hier als Resümee nur festhalten, daß bei der Befragung meist ein zusätzliches Element der Ungewißheit hinzukommt, das weder auf dem Wege der Wahrscheinlichkeitsrechnung noch mit anderen mathematischen Methoden präzis zu erfassen und einzukreisen ist. Wie weit diese Spannen reichen können, geht unter anderem aus einem Beispiel von Elisabeth Noelle-Neumann hervor, die gewiß nicht bestrebt ist, die Meinungsforschung in Verruf zu bringen. Auf die Frage, ob alle Arbeiter in einem Betrieb in der Gewerkschaft sein sollten, antworteten die Befragten einmal zu 20 Prozent, ein andermal zu 70 Prozent mit Nein – beide Gruppen waren gleichartig zusammengesetzt, aber die Fragestellung war unterschiedlich. Im ersten Fall hieß es: »Finden Sie, daß in einem Betrieb alle Arbeiter in der Gewerkschaft sein sollten?« Im zweiten Fall dagegen wurde der Satz erweitert durch: »... oder muß man es jedem einzelnen überlassen, ob er in der Gewerkschaft sein will oder nicht?« In der zweiten Frage

Eine kontinuierliche »Fortschreibung« der Bevölkerung zeigt die Zähluhr im »Zensus-Büro« in Washington. Alle 14,5 Sekunden springt sie um 1 weiter und registriert so den Bevölkerungszuwachs. Der hier im Bild festgehaltene »historische Augenblick« der 200-Millionen-Bevölkerung war freilich, wie jede andere angezeigte Zahl, letztlich nur ein optischer Gag. Nicht einmal am Tage der Bevölkerungszählung läßt sich die Bevölkerung auf 10 000 genau angeben, von den auf Schätzungen und alten Trends basierenden »Fortschreibungen« ganz zu schweigen.

wird fast suggestiv das Problem der individuellen Freiheit heraufbeschworen, das in der Kurzfassung der Frage überhaupt nicht anklingt – und so kam es zu diesem eindrucksvollen Unterschied. (Es ist dies übrigens ein charakteristisches Beispiel für eine *»gegabelte Befragung«*, wie sie vor allem bei der Vorbereitung von Fragebogen durchgeführt wird, um möglichst klare und sachliche Formulierungen zu finden.) Apropos Fragebogen – in der Umfrage mit Interviewer dient der Fragebogen vornehmlich als »Textbuch«, aus dem er ruhig und gleichmäßig vorliest. Eine andere Umfragemethode besteht darin, Fragebogen zuzusenden und um Rücksendung (Porto zahlt Empfänger) zu ersuchen. Gegen diese Form der Umfrage wird mit einem triftigen Argument Sturm gelaufen: Erfahrungsgemäß wandert ein großer Teil dieser Bogen aus Unachtsamkeit oder Gleichgültigkeit in den Papierkorb. Wenn aber nur ein Bruchteil der Befragten antwortet, dann ist diese Stichprobe nicht mehr repräsentativ. Ein Rückschluß auf die Gesamtheit der Befragten oder gar die gesamte »Population«, die sie repräsentieren sollen, ist dann völlig unmöglich.
Trotzdem kann eine Fragebogenaktion recht nützlich sein. Man darf nämlich annehmen, daß diejenigen Personen, die sich die Mühe machen, den Fragebogen tatsächlich auszufüllen und zu retournieren, echten Anteil an dem Thema nehmen, das zur Diskussion steht. Man stellt ihnen Fragen, mit denen sie sich offenbar selbst schon befaßt haben und zu denen sie Stellung nehmen wollen, gerade weil sie leidenschaftlich engagiert oder doch

zumindest wohlinformiert sind. Man wird also zwar wenig oder nichts über die »schweigende Mehrheit« erfahren, aber vermutlich sehr viel über die Meinung der »opinion leaders«, der privaten Meinungsmacher.

Aus ähnlichen Gründen wiegt auch das Argument nicht allzu schwer, wonach beim Fragebogenausfüllen die ganze Familie beratend mitwirkt und auf diese Weise nicht die gesuchte Einzelmeinung, sondern ein Familienkonsensus oder -kompromiß zustande kommt. Gerade das gibt letzten Endes der Antwort eine zusätzliche Wirklichkeitsnähe: Wer sich wegen eines Fragebogens mit der Familie berät, wird es wahrscheinlich, im Ernst des Alltags vor diese Frage gestellt, ebenso tun. Dennoch muß mit allem Nachdruck wiederholt werden: Eine wirklich repräsentative Befragung kommt durch die Aussendung von Fragebögen so gut wie nie zustande.
Eine letzte Form der Datenermittlung sei schließlich noch erwähnt, die sogenannte *»Fortschreibung«*. Sie liegt dann vor, wenn eine große Erhebung, etwa eine Volkszählung, durch laufende Meldungen ständig ergänzt wird. So wird die Bestandsmasse »Bevölkerung« etwa in der Weise »fortgeschrieben«, daß laufend die Zahlen über die Bewegungsmassen »Geburten« und »Todesfälle« ermittelt werden. Im Laufe der Zeit wird die Fortschreibung immer ungenauer (vor allem wenn sie mit einem verborgen gebliebenen systematischen Fehler behaftet ist), aber sie liefert doch geraume Zeit hindurch recht verläßliche Schätzwerte. Ein Fortschreibemechanismus ist sogar in den Rang einer Sehenswürdigkeit aufgerückt: In der amerikanischen Bundeshauptstadt Washington wird auf einem Leuchtschirm die Bevölkerung der USA bei Tag und Nacht »fortgeschrieben«, indem alle paar Sekunden die Bevölkerungszahl um eins vermehrt wird. Das sieht sehr hübsch aus, ist aber über kurz oder lang um Größenordnungen von zehntausend falsch – und alle zehn Jahre nach dem großen »Census« muß diese Bevölkerungs-Fortschreibe-Uhr ganz erheblich vor- oder nachgestellt werden.

5.21 Aus der Geschichte der Volkszählungen

Man kann bei dem Wort »Statistik« an vielerlei denken – an Zahlen selbstverständlich, an Formeln, an die Normalkurve, an das Bonmot über die Statistik als ärgste Form der Lüge, an Durchschnitte, an den Index, den Warenkorb oder an Fragebogen. An eines wird man gewiß nicht denken, obwohl es sehr gerechtfertigt wäre: an Weihnachten.
Aber blättern wir doch im *Lukas-Evangelium* und lesen, wie es kam, daß Christus in Bethlehem in einem Stall geboren wurde: »Es begab sich aber zu der Zeit, daß ein Gebot von dem Kaiser Augustus ausging, daß alle Welt geschätzet würde, ... ein jeglicher in seiner Stadt. Da machte sich auf auch Joseph aus Galiläa ... zur Stadt Davids, die da heißt Bethlehem, darum daß er von dem Hause und Geschlechte Davids war, auf daß er sich schätzen ließe mit Maria, seinem vertrauten Weibe, die war schwanger. Und als sie daselbst waren, kam die Zeit, daß sie gebären sollte.«
Diese für das ganze Römische Reich angeordnete Volkszählung unter Kaiser Augustus, bei der jedermann in seinem Heimatort gezählt werden sollte, war aber weder die erste im Römischen Reich noch die erste in der Bibel erwähnte – und schon gar nicht die erste in der Geschichte der Menschheit. Schon im sechsten vorchristlichen Jahrhundert sah die *Verfassung des Königs Servius Tullius* eine periodische Erfassung aller Bürger vor, um sie in die ent-

Die Kinder Israel werden nach jhren zwölff Stämmen (außgenommen den Stamm Levi) gezehlet in der Wüsten.

Die Zählung der Stämme Israels, die im vierten Buch Moses geschildert wird, war eine der frühesten Volkszählungen.

sprechenden Steuerklassen einzuteilen. Auch *in Hellas* war die Gliederung in *Zensusklassen* durchaus üblich. (Im Laufe einer allmählichen Bedeutungsverschiebung ist »census« heute, besonders im anglo-amerikanischen Bereich, zur »Volkszählung« ohne jeden Beiklang von fiskalischer Einschätzung geworden.)

In der Bibel nimmt eine Volkszählung insofern eine besonders wichtige Stellung ein, als das vierte Buch Mose ja *»Numeri«* heißt, weil darin gleich zu Beginn ausführlich von der »Musterung des Volkes« gesprochen wird. Wir finden darin sogar die Namen der ersten Zensusbeamten: Elizur, Selumiel, Nahesson und so weiter – je ein Angehöriger der zwölf Stämme Israels, unter der Gesamtleitung von Moses und Aaron. »... und sammelten auch die ganze Gemeinde am ersten Tage des zweiten Monats und rechneten sie nach ihrer Geburt, nach ihren Geschlechtern und Vaterhäusern und Namen, von zwanzig Jahren an und darüber, von Haupt zu Haupt.« (4. Mose, 1, 18)

War diese Zählung von Gott selbst angeordnet und daher Rechtens, so ließ sich später König David vom Satan dazu verleiten, aus eigener Machtvollkommenheit eine Volkszählung anzuordnen, und die Darstellung davon finden wir im 2. Buch Samuel und im 1. Buch der Chronik. Wenn man freilich die Angaben miteinander vergleicht, dann wird schon hier sehr deutlich, daß auf dieser Zählung ein Fluch lastete (der zuweilen bis in die Gegenwart seine Schatten wirft): Die Zahlen stimmen nicht überein. Heißt es nämlich im Buch Samuel: »Und es gab Jaob die Zahl der Musterung des Volkes dem Könige, und es waren in Israel 800 000 streitbare Männer und in Juda 500 000 Mann«, so lesen wir in der Chronik: »Und es waren in ganz

Israel tausendmal tausend und hunderttausend Mann, und in Juda 470 000 Mann ...«
Aber auf dieser Zählung lag ja ein Fluch, und David wurde von Gott vor die Wahl gestellt, entweder sieben Jahre Hungersnot oder drei Monate Flucht vor Feinden oder drei Tage Pest als Sühne zu wählen. David entschied sich für die Pest: »Und es starben vom Volke von Dan bis nach Beerscheba siebenzigtausend Mann.« Diese biblische Warnung bestimmte bis in die Neuzeit das Verhältnis zur statistischen Erhebung: Es war zweifellos sträfliche Neugier und vorwitzige Vermessenheit, durch Volkszählungen oder gar durch systematische Beobachtungen von Geburten, Krankheiten und Todesfällen in die unerforschlichen Absichten Gottes Einsicht nehmen zu wollen.
Die Erhebungen des Mittelalters beschränken sich daher fast ausschließlich auf Vermögensaufnahmen. So ordnete Karl der Große (oder Ludwig der Deutsche) im *»Capitulare de villis«* eine genaue Bestandsaufnahme der königlichen Domänen und der großen privaten Güter an, und 250 Jahre später ließ Wilhelm der Eroberer das *»Domesday Book«* anlegen, das man den ersten Grundkataster des Abendlandes nennen könnte. Sein Name, abgeleitet vom angelsächsischen »domes daeg«, bedeutet »Gerichtstag« oder auch »Tag des Jüngsten Gerichts« (in dieser Bedeutung heute noch im Englischen: »doomsday«). Die Auslegungen schwanken: Die erste Bedeutung würde auf die unbestechliche Genauigkeit des Buches bei der Verhandlung von Grenzstreitigkeiten hinweisen, die zweite auf den unübertrefflichen Gerechtigkeitssinn, der daraus spricht.
Abermals in England beginnt schließich im frühen 16. Jahrhundert auf Anweisung des Lordkanzlers Thomas Cromwell (eines entfernten Verwandten von Oliver Cromwell) die systematische Aufzeichnung von Geburten und Todesfällen in den Kirchenbüchern – und man ist versucht, abermals an einen Fluch zu denken, denn Thomas Cromwell wurde des Hochverrats beschuldigt und hingerichtet. (Da aber Heinrich VIII. seine Minister und seine Frauen mit Vorliebe hinrichten ließ, ist dieser Todesfall nicht weiter auffällig.)
Im 17. Jahrhundert schließlich ging als erster der englische Tuchhändler John Graunt daran, die nun schon in großer Anzahl vorliegenden – wenn auch recht unvollständigen – Geburts- und Sterberegister zu vergleichen, und 1662 erschienen seine *»Natural and political observations upon the bills of mortality« (Natürliche und politische Anmerkungen über die Totenlisten der Stadt London),* das erste Werk über Bevölkerungsstatistik.
Das Zeitalter des beginnenden Merkantilismus und des aufgeklärten Absolutismus führte nun rasch zu weiteren Untersuchungen über die Bevölkerungsstruktur, sah man doch im raschen Bevölkerungswachstum die Garantie für eine aufblühende Wirtschaft. Diese Verbindung von Staatstheorie, früher Wirtschaftswissenschaft und Mathematik ist für die Frühgeschichte der Statistik charakteristisch und erklärt auch die Bezeichnung *»politische Arithmetik«,* die seit Ende des 17. Jahrhunderts immer wieder verwendet wird – zuerst im Jahre 1687 von dem englischen Volkswirtschaftler Sir William Petty in den *»Five Essays on political arithmetic« (Fünf Essays zur politischen Arithmetik).*

Unterdessen waren auch in Kontinentaleuropa bevölkerungsstatistische Unterlagen vorhanden – erstmals ausgewertet wurden sie jedoch ebenfalls von einem Engländer, dem berühmten Astronomen Halley, einem Freund de Moivres. Halley schrieb 1693 *»An Estimate of the*

Der britische Astronom Edmond Halley (1656 bis 1742) stellte Sterbetabellen aus Breslauer Aufzeichnungen zusammen und begründete so die Versicherungsmathematik und regte zu weiteren Arbeiten auf dem Gebiet der Bevölkerungsstatistik an.

Degrees of Mortality of Mankind, drawn from curious Tables of the Births and Funerals at the City of Breslau, with an Attempt to ascertain the Price of Annuities upon Lives« (Eine Ermittlung der Sterbewahrscheinlichkeitsgrade der Menschen, zusammengestellt nach den Geburts- und Sterbetafeln der Stadt Breslau, verbunden mit dem Versuch, die Höhe der Prämien für die Lebensversicherungen zu ermitteln). Über diesen versicherungsmathematischen Teilaspekt der frühen Statistik werden wir dann an anderer Stelle noch zu sprechen haben.

Im deutschsprachigen Raum war es schließlich der preußische Feldprediger Johann Peter Süßmilch, der der Bevölkerungsstatistik zum Durchbruch verhalf und gleichzeitig auch den Weg fand, den biblischen Fluch wegzuinterpretieren: Solche Zahlen ließen mit besonderer Deutlichkeit die weise Ordnung erkennen, mit der Gott die irdischen Angelegenheiten geregelt habe. So trägt denn auch sein Buch, das erste bevölkerungsstatistische Werk in deutscher Sprache, den Titel: *»Die göttliche Ordnung in den Veränderungen des menschlichen Geschlechts aus der Geburt, dem Tode und der Fortpflanzung desselben erwiesen.«* (1741, später noch oftmals neu aufgelegt.)

Auch Süßmilchs Werk basiert auf Zahlen aus Kirchenbüchern – aus rund tausend Dörfern der Kurmark hatten ihm Pastoren ihre Aufzeichnungen zur Verfügung gestellt. Aber bereits wenige Jahre später begann die amtliche Statistik ihren Siegeszug: Schon 1749 wurde in Schweden eine *»Tabellenkommission«* ins Leben gerufen, deren Aufgabe es war, bevölkerungsstatistische Unterlagen zusammenzustellen. Der biblische Fluch war überwunden, der Neugier des Staates stand nichts mehr im Wege.

Als erstes Land der Welt haben dann die USA seit ihrer Gründung regelmäßig Volkszählungen durchgeführt: Bereits im Jahre 1790, ein Jahr nachdem George Washington zum ersten Präsidenten des jungen Staates gewählt worden war, fand die erste dieser Zählungen statt – sie ergab knapp vier Millionen Einwohner für die damals 17 Unionsstaaten. Der Rhythmus der Zählungen in den runden Jahrzehnten hat sich international durchgesetzt – das jüngste Jahr der großen Volkszählungen war bekanntlich 1970.

5.3 Der repräsentative Bevölkerungsquerschnitt

Um festzustellen, wie der Wein in einem Hektoliterfaß schmeckt, muß man nicht das ganze Faß austrinken – schon ein kleiner Schluck ermöglicht ein Urteil. Um festzustellen, ob eine Lastwagenladung von Nüssen zu einem großen Teil verdorben ist, genügt es, an verschiedenen Stellen einzelne Nüsse zu entnehmen und zu öffnen: Von einem bestimmten Stichprobenumfang an wird man brauchbare Schlüsse auf die Qualität der ganzen Ladung ziehen können.

Aber wie ist es, wenn Menschen gefragt, getestet, eingestuft werden sollen? Sie zerfallen nicht bloß wie die Nüsse in gute und schlechte, sondern Menschen bewohnen als vier Milliarden Individuen die Welt – meist schon äußerlich leicht voneinander zu unterscheiden (echte Doppelgänger sind selten), in ihrer inneren Struktur und Denkweise aber oft noch viel differenzierter. Wie darf man es wagen, sie auf einen gemeinsamen Nenner bringen, in ein gemeinsames Schema zwingen zu wollen!

Von solchen Erwägungen über Persönlichkeit und Individualismus gehen viele skeptische Äußerungen über Statistik im allgemeinen und Meinungsforschung im besonderen aus. Bevölkerungszählung – sei's drum, aber ist es nicht sowohl anmaßend als auch töricht, Zehntausende von Individuen über einen Kamm scheren, über *einen* Fragebogen errechnen zu wollen! Und dann wird *einer* zufällig herausgegriffen, der als stellvertretender »Sprecher« für Hunderte oder Tausende anderer Menschen angesehen wird, mit denen er möglicherweise nichts anderes gemeinsam hat als die menschliche Gestalt! Wie soll *meine* Meinung, *mein* Verhalten bei einem Wildfremden erfragt werden können?

Der vermeintliche Widerspruch zwischen der Mannigfaltigkeit menschlicher Natur und der radikalen Gleichmacherei der Statistik beginnt sich jedoch zu lösen, wenn wir Zeugnisnoten mit Untersuchungen von Nüssen vergleichen. Kein Lehrer, kein Erzieher, kein Elternpaar wird bezweifeln, daß jedes Kind eine eigene Persönlichkeit ist – und doch findet niemand etwas daran, daß das Betragen, die Englischkenntnisse oder die handarbeitliche Tüchtigkeit dieser Individuen quer durch das ganze Land pauschal eingestuft wird: »sehr gut«, »gut« – bis »ungenügend«.

Desgleichen mag es hier und da Damen geben, deren Haarfarbe von Natur aus einen ganz eigenwilligen Farbton hat – im großen und ganzen aber wird niemand etwas dagegen haben, in vier oder fünf Pauschalgruppen eingestuft zu werden: blond, braun, schwarz, rot und allenfalls weiß.

Die Soziologie betrachtet den Menschen als einen Träger eines Rollenbündels – er hat etwa die Rolle »Vater«, die Rolle »Deutscher«, die Rolle »Beamter«, die Rolle »Sportfischer«, die Rolle »Katholik« und so fort, bis sich daraus eine Gesamtpersönlichkeit formt. Für die Statistik geht dieser »Zersetzungsprozeß« aber noch viel weiter fort – so weit, daß der Mensch völlig verschwindet: Er tritt nur von Fall zu Fall als Merkmalträger in Erscheinung: als Empfänger von 25 000 bis 30 000 Mark Jahreseinkommen, als

Sportplatzbesucher, als Fernsehteilnehmer, als Befürworter der Todesstrafe, als Spanienurlauber, als Opfer einer ansteckenden Krankheit. Alles, was er sonst noch ist, interessiert nicht: Seine Anonymität bleibt nicht nur aus Rücksichtnahme gewahrt, sondern aus Zweckmäßigkeit und Notwendigkeit. Statistische Untersuchungen sind kompliziert, zeitraubend und teuer genug, wenn sie sich auf das Wichtigste konzentrieren – wozu noch jene hunderttausend irrelevanten Faktoren heranziehen, die in ihrer Gesamtheit das Individuum ausmachen?

Gerade deshalb also ist es weder entwürdigend noch methodisch unzulässig, wenn Einzelpersönlichkeiten eben doch über einen Kamm geschoren werden – nämlich als Träger einiger weniger aus den 10 000 und mehr Merkmalen, die sie besitzen. Um etwas über die Trinksitten oder die Urlaubsgewohnheiten, die Lieblingsspeisen oder die Frömmigkeit eines ganzen Volkes zu erfahren, genügt es daher in der Regel, drei- bis viertausend Menschen zu befragen. Freilich müssen diese Personen eine besondere Bedingung erfüllen: Sie müssen vom Zufall allein oder aber zumindest unter maßgebender Mitwirkung des Zufalls bestimmt werden.

»Zufall« aber heißt hier: *Jede Einheit der Grundgesamtheit muß die gleiche Chance haben, in die Stichprobe zu kommen.* Wenn die Wohnbevölkerung von Paris befragt werden soll, dann muß die Concierge in einem alten Seitengäßchen in Belleville die gleiche Chance haben, interviewt zu werden, wie der madagassische Student in seiner Bude hinter dem Pantheon und wie der pensionierte Bankbeamte am Rande des Bois de Boulogne. Wenn alle deutschen Weinbauern die zu befragende Grundgesamtheit bilden, dann kann ich nicht einfach ins Moseltal fahren und dort der Reihe nach zehn Weinbauern befragen, die ich gerade zu Hause antreffe. Wenn es um die Meinung von Schweizer Arbeitern geht, darf ich nicht vor einem Fabriktor in Basel warten und bei Betriebsschluß jene Handvoll Leute interviewen, die bereit sind, mir Rede und Antwort zu stehen. Und die Meinung der österreichischen Bevölkerung erfahre ich nicht auf den Stufen des Wiener Burgtheaters.

Um den Zufall voll zur Wirkung kommen zu lassen, wäre es notwendig, von der zu befragenden Gesamtheit eine vollständige Liste zu besitzen und dann aus dieser Liste einen bestimmten Prozent- oder Promillesatz durch irgendein Zufallsverfahren »auszulosen«. Diese ausgewählten Personen (und nur diese) müßten befragt werden – und zwar ausnahmslos. In der Praxis ist ein solches Verfahren meist undurchführbar, weil die entsprechenden Listen nicht vorliegen oder weil die Kosten einer solchen Befragung zu hoch kämen.

Es werden dann gemischte Zufallssysteme verwendet, zum Beispiel die *Klumpenstichprobe*. Bei dieser werden nicht Einzelpersonen »ausgelost«, sondern Personengruppen: Es werden zum Beispiel nicht 2000 Schweizer Arbeiter als Individuen in die Stichprobe einbezogen, sondern 100 Schweizer Fabriken und Betriebe, in denen dann – wiederum durch Zufallsauswahl – die erforderliche Gesamtanzahl von 2000 Arbeitern befragt wird. Weiter ist es möglich, die Stichprobe zu *»schichten«*, um sicherzugehen, daß alle wichtigen Untereinheiten repräsentiert sind. Wenn es etwa gilt, die Investitionspläne von »Unternehmen« zu ermitteln, hätten Riesenkonzerne, auf deren Investitionsabsichten es schließlich in erster Linie ankommt, bei einer reinen Zufallsstichprobe lediglich die gleiche Chance, ausgelost zu werden, wie jeder Schuhsalon oder Eiscremestand. Man wird also drei oder noch mehr

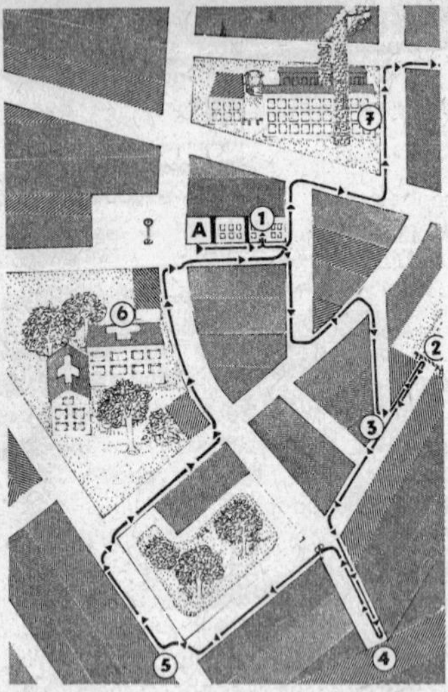

Skizze zu einer Interviewer-Anweisung nach dem Flächenstichprobenverfahren. Beginnend vom Ausgangspunkt A wird gezeigt, wie die Grundregel der Haus-Auswahl (»abwechselnd rechts abbiegen und rechte Straßenseite wählen; links abbiegen und linke Straßenseite wählen«) anzuwenden ist, wenn Grünflächen, Sackgassen und so weiter Schwierigkeiten bereiten. Die zweite Regel in diesem Verfahren lautet: »Jeder dritte Haushalt entlang dieser Strecke wird aufgesucht« – »dabei zählen Sie vom Erdgeschoß aufwärts bis ins oberste bewohnte Stockwerk und – bei mehreren Wohnparteien im selben Geschoß – von links nach rechts.« (Aus einer Interviewer-Anweisung des Instituts für Demoskopie, Allensbach.)

»Schichten« konstruieren – *a) Großbetriebe, b) Mittelbetriebe, c) Kleinbetriebe,* und auf diese Weise sicherstellen, daß Repräsentanten aller Gruppen befragt werden. Dabei werden allenfalls sämtliche 20 Großbetriebe, 50 von 300 Mittelbetrieben und 100 von 4000 Kleinbetrieben befragt werden. Wie deren Antworten hinterher »gewichtet« werden, hängt jeweils von der Fragestellung ab.

Mit diesem System verwandt, aber keineswegs identisch ist das von der Meinungsforschung häufig verwendete *»Quota-sampling« (Quoten-Auswahl).* Hier wird die Bevölkerung nach einigen Standardmerkmalen »geschichtet«, und der Interviewer erhält etwa den Auftrag: »Befragen Sie 20 Leute, alle über 16 Jahre, davon 11 Frauen und 9 Männer, 5 unter 30 Jahren, 10 von 30–60, 5 darüber hinaus. Vier sollen Selbständige sein, die anderen zur Hälfte Arbeitnehmer beziehungsweise nicht im Erwerbsleben Stehende.« Diese Schichtungsvorschriften können sich jeweils nach dem Thema der betreffenden Frage ändern.

Ein nahezu reines *Zufallsauswahlsystem (random sampling)* besteht etwa darin, daß man durch den Zufall Häuser in zwei Dutzend Orten bestimmen läßt und, von dort beginnend, die Interviewer mit einer Marschroute losschickt, die wie bei einer Fuchsjagd-Rallye lautet: »Rechte Straßenseite, zweites Haus, erster Stock links, erwachsene weibliche Person befragen; dann vier Häuser weiter, zweiter Stock, dritte Tür von rechts, Haushaltsvorstand befragen, dann nächste Quergasse links . . .«

Über die Fehlerquellen dieser Methoden wollen wir hier nicht weiter diskutieren. *Mit Ausnahme der geschichteten Zufallsstichprobe sind alle unzuverlässiger als die reine Zufallsstichprobe,* erfahrungsgemäß aber meist doch gut genug, um brauchbare Resultate zu liefern.

Warum nun diese Schichtung, diese mühsam konstruierte Zufallsauswahl, wenn wir doch zu Beginn dieses Abschnitts behauptet haben, es gehe bloß um einzelne Merkmale und nicht um Individuen? Warum den-

501 aus rund 4000 Gemeinden unterschiedlicher Größe werden in der ersten Auswahlstufe des österreichischen Mikrozensus erfaßt. Innerhalb dieser Gemeinden werden in einer zweiten Auswahlstufe rund 35 000 Haushalte von tausend Interviewern befragt.

MIKROZENSUS

Auswahl der Erhebungsgemeinden

STICHPROBENPLAN 1967

1: 2,000.000

Herausgegeben vom Österreichischen Statistischen Zentralamt

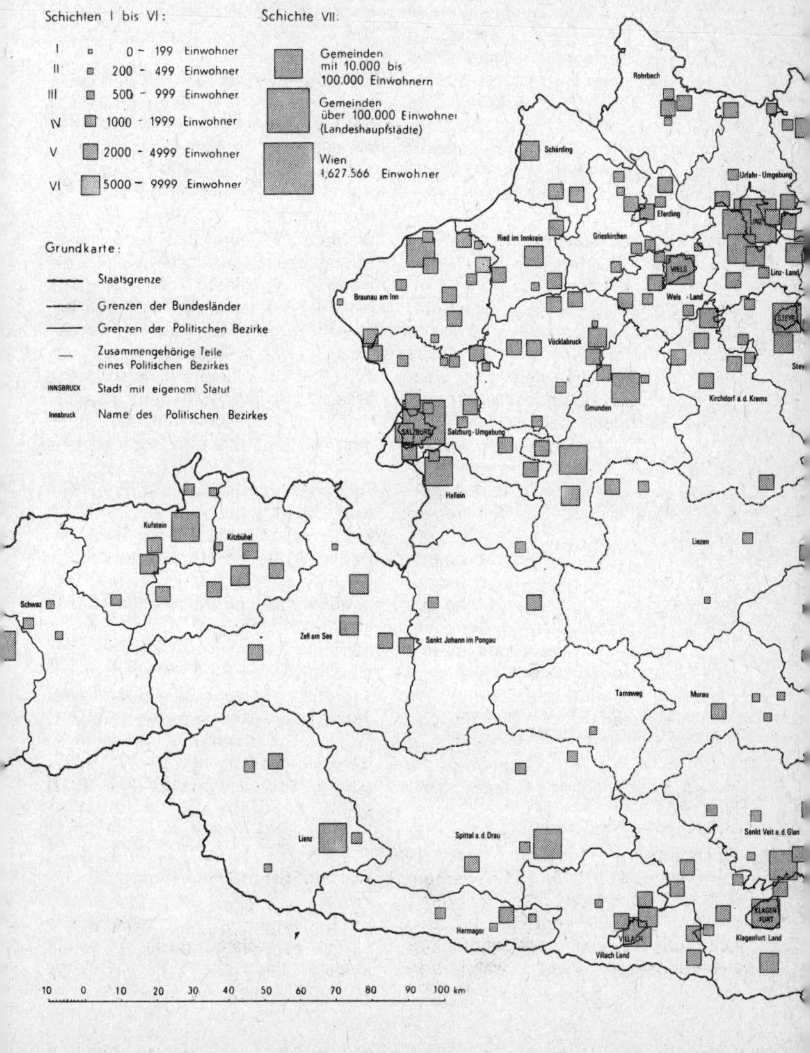

noch die Trennung in Frauen und Männer, in Junge und Alte, in Selbständige und Arbeitnehmer, allenfalls sogar in Katholiken und Protestanten?
Halten wir noch einmal fest: Die theoretisch beste Auswahlmethode, die reine Zufallsstichprobe, kennt diese Trennung nicht. Sie wird eingeführt, um die zweitbesten Methoden einigermaßen zufallsgesteuert ablaufen zu lassen, um den Zufall sozusagen synthetisch herzustellen. Ohne solche Weisungen stünde es ja im Ermessen des Interviewers, sich *doch* an ein Fabriktor oder eine Straßenbahnhaltestelle zu begeben und dort so lange alle Willigen zu befragen, bis er sein Kontingent erfüllt hätte. Und alle Pensionisten im Park würden unisono sagen: »Nein, Beat mögen wir nicht.« Und der Interviewer würde getreulich eintragen: »Alle Befragten lehnen Beat entschieden ab.«
Aber warum überhaupt dieses krampfhafte Streben nach dem wahren oder doch zumindest wahrheitsgetreu nachgeahmten Zufall? Weil dann – und nur dann – jene Gesetze der Wahrscheinlichkeitsrechnung Geltung haben, die wir – in den notwendigsten Umrissen – kennengelernt haben.
Es ist lediglich ein Rechenproblem, festzustellen, wieviel verschiedene Anordnungen es gibt, wenn man aus einem Kartenspiel von 52 Blatt fünf Karten zieht – wir haben das anhand von Beispielen erklärt. Es ist leicht festzustellen, wie wahrscheinlich es ist, unter diesen Karten zum Beispiel die Kombination »drei Pik und zwei Herz« zu ziehen – wir kennen ja die wahre Verteilung der Grundgesamtheit.
In der Praxis der Statistik und der Stichprobenerhebung muß der gegenläufige Weg beschritten werden: Die fünf Karten (allenfalls mehrmals gezogen) sollen Aufschluß geben über die Zusammensetzung eines »Kartenpakets«, dessen wahre Verteilung ich nicht kenne und das aus 20 Pik, 15 Herz, 10 Kreuz und 7 Karo bestehen mag. Wenn hier die Gesetzmäßigkeiten von der Wahrscheinlichkeit der Stichprobenverhältnisse Geltung behalten sollen, muß – wie beim Ziehen aus dem bekannten Paket – der Zufall allein maßgebend sein. Wollte ich dagegen etwa keine Karten mit geknickten Ecken in der Stichprobe, so könnte das – vielleicht – schon ein verzerrtes Bild ergeben.
Es mag in gewissen Fällen zweckmäßiger sein, fünf ausgewählte Experten um ihre Meinung zu befragen als 500 Laien – aber es kommt darauf an, was ich eigentlich feststellen will. Wenn ich wissen will, ob der Mars bewohnt ist, werde ich fünf Weltraumfachleute und Astronomen fragen. Wenn ich wissen will, ob die Bevölkerung glaubt, daß der Mars bewohnt sei, dann muß ich eine Zufallsstichprobe aus der gesamten Bevölkerung ziehen. Wenn ich wissen will, ob männliche Jugendliche zwischen 10 und 15 Jahren glauben, daß der Mars bewohnt sei, dann muß ich eine Zufallsstichprobe aus dieser Gruppe ziehen, und es wäre vollkommen falsch, die Kinder von drei Bekannten und ein Dutzend Kinder aus der Nachbarschaft zu befragen – das Bildungsniveau meiner Bekannten, das Milieu meiner Umgebung und eine Reihe anderer Faktoren könnten das Ergebnis verfälschen. Jede eigene Auswahl führt ein subjektives Element ein, das mir gar nicht bewußt wird, das aber dennoch die Gesetzmäßigkeiten des Zufalls, auf denen meine weiteren Berechnungen basieren sollen, mehr oder minder ausschaltet oder überspielt.

5.4 Der Stichprobenumfang

Ein Engländer, so berichtet eine alte Anekdote, reiste einst in seiner Kutsche von Holland nach Belgien und beschloß, in Aachen zu übernachten. Sein treuer Diener fand für ihn ein Zimmer in einem Gasthof, und als der Reisende am Morgen erwachte und weiterreiste, half der Hausdiener das Gepäck in die Kutsche zu bringen. Der Engländer drückte dem rothaarigen Mann eine Münze in die Hand und fragte leutselig nach seinem Namen. »Fritz«, sagte der Hausknecht und machte einen Bückling. Der Engländer nickte, setzte sich in die Kutsche, zog die Vorhänge zu und fuhr weiter, Richtung Lüttich. In seinem Tagebuch aber notierte er: »Die Deutschen heißen Fritz und haben rote Bärte.«

So etwas kann passieren, wenn man aus einer winzigen Stichprobe vorschnell auf die Grundgesamtheit schließt. Aber so bizarr diese kleine Geschichte anmutet, so alltäglich wird sie etwa in folgendem Fall: Vor mir steht ein Sack Nüsse; ich greife hinein, ziehe eine Nuß heraus, öffne sie – und sie ist taub. Was kann ich daraus schließen?

Der Optimist wird sagen: »Na so etwas, habe ich ausgerechnet die einzige taube Nuß erwischt – sei's drum, die sind wir los.« Der Pessimist wird sagen: »Ich habe es befürchtet – der ganze Sack ist voll verdorbener Nüsse.« Und was sagt der Statistiker? Er wird zunächst zugeben, daß sowohl der Optimist als auch der Pessimist recht haben könnten. Denn erwiesen ist lediglich, daß in dem Sack *eine* taube Nuß enthalten war. Es kann die einzige sein, es kann eine unter einigen, eine unter vielen, eine von allen gewesen sein.

Um ein einigermaßen sinnvolles Urteil abgeben zu können, wird er eine größere Stichprobe entnehmen – sagen wir einmal: zwanzig Nüsse aus den schätzungsweise tausend, die sich im Sack befinden. Dabei wird er zunächst die Nüsse gut durchmischen und dann einmal eine von oben, eine von unten, eine von rechts, eine von links, eine aus der Mitte herausholen, bis die zwanzig Nüsse vor ihm liegen. Er hat nun aus der Gesamtheit von N Einheiten eine Stichprobo im Umfang von n entnommen; in unserem Fall $N = 1000$, $n = 20$.

Nun wird die Stichprobe untersucht, und es stellt sich heraus, daß fünfzehn Nüsse gut, fünf schlecht sind. Wenn wir uns auf das Merkmal »schlecht« konzentrieren und die Merkmalträger der Stichprobe mit m bezeichnen, haben wir: $m = 5$, daher $n - m$ (= nicht-schlechte Nüsse) = 15, und $m/n = {}^5/_{20} = {}^1/_4$. Das ist mein erster Schätzwert. Aus der Stichprobe habe ich den Anteil der tauben Nüsse mit $^1/_4$ ermittelt, und das kann nun als erste Schätzgröße für die Annahme gelten, daß p_M, nämlich die Anteilswahrscheinlichkeit der tauben Nüsse in der Gesamtheit (M), auch annähernd $^1/_4$ betragen könnte.

Eine Stichprobe vom Umfang $n = 200$ würde vielleicht $m = 42$ und damit eine auf größerem Stichprobenumfang beruhende Schätzung für $p_M = 42/200 = 0{,}21$ ergeben, und der Stichprobenumfang ließe sich ausweiten, bis er schließlich die Gesamtheit umfaßt. Dann – und nicht früher! – ist die absolute Gewißheit über die Zusammensetzung des Sackes gegeben. Bis dahin ist es nur möglich, mit ständig wachsender Genauigkeit den Anteil zu schätzen. Aber wir müssen beizeiten einhalten, weil es ja nicht die Aufgabe der Stichprobenprüfung sein kann, die Gesamtheit zu untersuchen. Das Maß dafür, wann der Stichprobenumfang groß genug ist, gibt letztlich unser Wunsch nach Genauigkeit an. Begnügen wir uns mit einer leidlich zuverlässigen Schätzung von »nicht mehr als ein Viertel und nicht weniger als ein Fünftel«, dann kann die Stichprobe kleiner sein, als wenn wir mit fast absoluter Zuverlässigkeit einen Streubereich der Prognose von nur $\pm$ 2 Prozent anstreben.

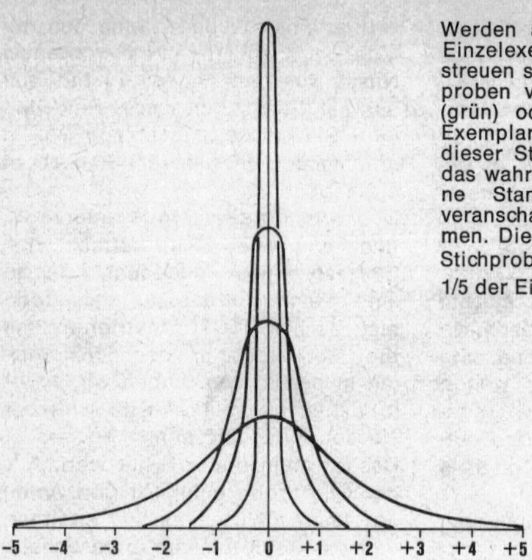

Werden aus einer großen Gesamtheit Einzelexemplare entnommen, dann streuen sie stark (rot). Zieht man Stichproben von je vier (orange), je neun (grün) oder je fünfundzwanzig (blau) Exemplaren, dann streuen die Mittel dieser Stichproben immer weniger um das wahre Mittel. (Die Zahlen sind keine Standardabweichungen, sondern veranschaulichen nur die Kurvenformen. Die Standardabweichung der 25er Stichprobenmittel beträgt nur $1/\sqrt{25} = 1/5$ der Einzelstreuung und so fort.)

Und noch einmal: Absolute Gewißheit über eine Verteilung oder über einen Mittelwert oder über die Standardabweichung der Grundgesamtheit vermag *keine* Stichprobe zu geben!
Ehe wir nun errechnen, wie sich Stichprobenumfang, Schätzgenauigkeit und Grundgesamtheit zueinander verhalten, wollen wir noch ein zweites Beispiel betrachten. Bei den Nüssen ging es um den Anteil eines (oder mehrerer) Merkmalträger in einer Stichprobe beziehungsweise Grundgesamtheit. Die Wissenschaft spricht hier von der *»homograden Fragestellung«*. Daneben gibt es die *»heterograde Fragestellung«*, die sich mit der Stichprobe zur Ermittlung eines Mittelwertes und der Streuung quantitativer Merkmale befaßt. Beispiel der Brustumfang von Quételets Soldaten. Oder wir wollen abschätzen, wie hoch im Durchschnitt die Sparkonten der selbständigen Landwirte in Bayern sind. Wir erhalten dann aus unserer Stichprobe (sagen wir: Umfang $n = 500$) keine Prozentanteile, sondern 500 Angaben über die Höhe der Spargelder – und weil wir uns hier nicht mit Theorie und Kritik der Umfrage befassen, wollen wir annehmen, daß die Angaben richtig sind. (Selbst wenn sie es nicht sind: Es ist unser einziges Ausgangsmaterial.)
Insgesamt mögen die 500 Befragten eine Sparsumme von 240 000 Mark genannt haben. Wir erhalten dann als Mittelwert der Stichprobe: $\bar{x} = 480$ Mark. Wir erhalten darüber hinaus die erforderlichen Angaben, um die Streuung zu berechnen, und wollen annehmen, die Standardabweichung der Stichprobe betrage 60 Mark. Wir nennen diese Standardabweichung der Stichprobe s, so wie wir das Stichprobenmittel $\bar{x}$ genannt haben – μ und σ bleiben üblicherweise der Grundgesamtheit vorbehalten.
Weiter wollen wir annehmen, die Höhe der Spargelder sei annähernd normalverteilt. Diese Annahme ist allerdings, das müssen wir hinzufügen, sehr kühn. Es sind nämlich gerade Sparguthaben (und noch mehr Scheckkonten) in der Regel *nicht* normalverteilt – einzelne sehr hohe Konten verzerren die Verteilung fast wie beim reichen Mann von Neureichenbach. Überdies werden vermutlich viele der befragten Landwirte mit »null« oder »nichts«

antworten, so daß die Verteilung »schief« sein wird (»L-Verteilung« der schönen Dinge, wenn Sie sich erinnern).
Aber da es uns vor allem um die Demonstration des Rechenvorganges geht, wollen wir bei diesem Beispiel und bei diesen Annahmen bleiben. Wir nehmen nun auch noch die Grundgesamtheit »Selbständige Landwirte in Bayern« mit N = 250 000 an und haben damit alle für die Berechnung erforderlichen Daten. Es erhebt sich die Frage – und wir können jetzt bereits ganz allgemein und ohne Rückgriff auf unser etwas »schiefes« Bild sprechen –, inwieweit das aus einer Stichprobe vom Umfang n = 500 errechnete Mittel $\bar{x}$ = 480 (und s = 60) dem wahren Mittel entspricht. Es ist ja zu bedenken, daß geringfügige Unterschiede in der Zufallsauswahl sehr leicht auch ein Stichprobenmittel von 463, 485 oder auch 502 hätten ergeben können.
Da wir die Zusammensetzung der Grundgesamtheit nicht kennen (zum Unterschied von dem Paket Spielkarten, aus dem wir fünf Blatt ziehen), werden wir das wahre μ niemals feststellen können. Aber wir können errechnen, mit welcher Wahrscheinlichkeit es innerhalb eines relativ engen Streubereichs rund um $\bar{x}$ liegt. (Ebenso verhält es sich bei den Nüssen, wo P aus p geschätzt werden muß.)
Nun sind Mittelwerte aus Stichproben selbst dann normalverteilt, wenn die Grundgesamtheit nicht normalverteilt ist. Das kann man mit einem wahrscheinlichkeitstheoretischen Exkurs mathematisch beweisen, aber das würde uns tief in Regionen führen, die wir uns nicht zumuten wollen. Wir haben hier nämlich unversehens das *»zentrale Grenzwerttheorem«* berührt, das für die mathematische Statistik von fundamentaler theoretischer Bedeutung ist, das zu skizzieren wir uns aber doch guten Gewissens versagen können. Nur die entscheidende Aussage dieses *zentralen Grenzwertsatzes* muß noch einmal wiederholt und unterstrichen werden: Wie immer die Verteilung einer Grundgesamtheit sein mag – die Verteilung der Stichprobenmittel (und auch der Stichprobenvarianz) wird auf jeden Fall normalverteilt sein, wenn nur der Stichprobenumfang eine gewisse Mindestgröße erreicht (s. Abb. S. 130).
Als Mindestumfang der Stichproben kann dabei, wenn es lediglich um die Feststellung des wahren Mittels der Grundgesamtheit geht, etwa n = 30 angesehen werden. Soll auch die Streuung der Grundgesamtheit errechnet werden können, dann muß der Stichprobenumfang mindestens 100 betragen.
Wenn wir diese Überlegungen auf unser Beispiel übertragen, dann ergibt sich folgende Illustration des zentralen Grenzwerttheorems: Wenn ich die Umfrage unter den Landwirten zum Beispiel dreißigmal wiederholen wollte – jeweils mit dem gleichen Stichprobenumfang –, dann ergäben die dreißig Stichproben sicherlich Mittelwerte $\bar{x}_1$, $\bar{x}_2$, ... $\bar{x}_{30}$, die um das wahre Mittel μ »normal verteilt« sind. Wir haben $\bar{x}_1$ = 480 angenommen, die weiteren 29 Resultate würden fast ausnahmslos ebenfalls zwischen 475 und 485 liegen.
Nun ist die Vorstellung, eine Stichprobe vom Umfang n = 500 dreißigmal zu wiederholen, schon theoretisch recht merkwürdig und in der Praxis vollends absurd. Aber es erfordert nicht zu viel Gehirnakrobatik, wenn man sich die ursprüngliche Stichprobe vom Umfang n = 500 bereits als Vielzahl von Stichproben vorstellt: Jedes der 500 Meßergebnisse kann als Stichprobe vom Umfang 1 angesehen (oder, etwas verwegener, als Mittel einer fiktiven Stichprobe vom Umfang 2 oder mehr interpretiert) werden.
Das ändert nichts am Prinzip des zentralen Grenzwertsatzes: Die Stichprobenmittel (und damit die einzel-

nen Stichprobenresultate) sind normalverteilt um das wahre Mittel der Grundgesamtheit, sofern der Stichprobenumfang groß genug ist.
Die Genauigkeit der Aussage über dieses wahre Mittel hängt von zwei Faktoren ab: erstens von der Streuung der Gesamtheit und zweitens vom Stichprobenumfang. Mathematisch ausgedrückt wird dieser sogenannte *»mittlere Zufallsfehler des Mittelwerts«* in der Formel:

$$\sigma_{\bar{x}} = \frac{\sigma}{\sqrt{n}}$$

Darin finden die beiden maßgebenden Werte ihren Platz: die Standardabweichung der Gesamtheit und die Zahl der in der Stichprobe erfaßten Einheiten. Nun kenne ich zwar den Stichprobenumfang, nicht aber σ, die Standardabweichung der Gesamtheit, sondern nur s, die Standardabweichung der Stichprobe. Wenn jedoch die Stichprobe hinreichend groß ist – und das bedeutet etwa: n größer als 30 –, dann kann man σ guten Gewissens durch s als »Schätzer« für σ ersetzen.
Wir hatten n = 500, können daher ruhig s für σ verwenden und erhalten als Zufallsfehler des Mittelwerts:

$$\sigma_{\bar{x}} = \frac{60}{\sqrt{500}} = 2{,}7$$

Entsprechend den Gesetzmäßigkeiten der Normalverteilung handelt es sich bei diesem Wert für den Zufallsfehler des Mittelwerts um die Standardabweichung. Das heißt: In zwei Drittel (68,2 Prozent) aller Fälle wird das Stichprobenmittel innerhalb von $\pm$ 2,7 des wahren Mittels liegen.
Zwei Drittel der Fälle ist aber unbefriedigend wenig. Wir werden zweckmäßigerweise rund 95 Prozent Gewißheit anstreben und daher die doppelte Standardabweichung errechnen: Zweimal $\pm$ 2,7 aber ergibt $\pm$ 5,4. Ich schließe also aus meinem $\bar{x}$ = 480, daß das wahre Mittel irgendwo zwischen 474,6 und 485,4 liegt.

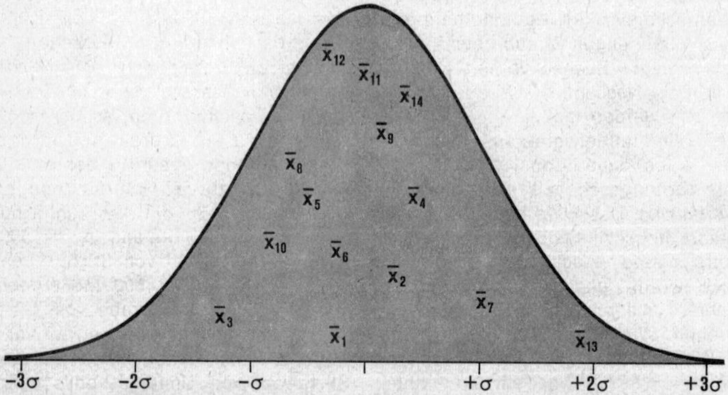

Stichprobenmittel, auch wenn sie aus einer nicht-normalen Verteilung stammen, sind ihrerseits normalverteilt, wie diese Graphik andeutet. Die 14 Stichprobenmittel von x_1 bis x_{14} werden sich gewissermaßen im Raum unter der Normalkurve bequem verteilen. Mathematischen Ausdruck findet dieses Phänomen im Zentralen Grenzwertsatz.

Nicht anwendbar ist dieses Verfahren jedoch bei kleinsten Stichproben (unter 30), weil hier das Streuungsmaß s der Stichprobe zu unzuverlässig ist und weil bei nur fünf oder zehn Ergebnissen aus einer großen Grundgesamtheit die Wahrscheinlichkeit zu groß ist, durch Zufall uncharakteristische Resultate und damit ein zu falsches Stichprobenmittel zu erhalten. Solche kleinste Stichproben bedürfen einer mathematischen Spezialbehandlung, die wir noch kennenlernen werden (s. S. 171).

Zunächst aber sehen wir uns die Formel für die Berechnung des Zufallsfehlers des Mittelwerts noch einmal näher an – dann sollte uns etwas Erstaunliches auffallen: Wir finden darin zwar n, den Umfang des Stichprobenmittels, nicht aber N, den Umfang der Grundgesamtheit. Das aber heißt, daß die Formel für die Meßgenauigkeit lediglich vom Stichprobenumfang, nicht aber von dessen Verhältnis zur Grundgesamtheit abhängt! Ist das möglich?

Der gesunde Menschenverstand sagt dazu entschieden »nein« und hat damit wieder einmal prinzipiell unrecht. Der Mathematiker sieht die Formel näher an und sagt dann »ja« – und hat damit natürlich wieder einmal recht. Allerdings fügt der Mathematiker eine Einschränkung hinzu: »Ja, wenn die Grundgesamtheit unendlich groß ist.«

Unsere 250 000 Bauern sind eine sehr große, aber keine unendliche Grundgesamtheit. Sehen wir nach, was geschieht, wenn wir den hypothetischen Fall annehmen, wir hätten die Stichprobe immer weiter und zuletzt auf die ganze Population ausgedehnt. Dann erhalten wir absurderweise immer noch einen »Zufallsfehler des Mittelwerts«:

$$\sigma_{\bar{x}} = \frac{60}{\sqrt{250\,000}} = 0{,}12$$

Nun ist 0,12 zwar im Verhältnis zu 480 (von dem wir annehmen wollen, es sei auch der Wert von μ) nur sehr klein, aber es ist immerhin nicht null, was es ja eigentlich sein müßte, sobald kein Zufallsfehler mehr denkbar ist.

Es ist allerdings aberwitzig, einen Zufallsfehler des Mittelwerts dort errechnen zu wollen, wo es gar keinen mehr geben kann. Hier wie auch sonst darf man logisches Denken nicht in einer Formel untergehen lassen. Aber zweifellos erhielten wir auch dann jenen unbedingt zu großen Zufallsfehler von 0,12, wenn wir zwar nicht alle 250 000, aber doch 249 990 Personen befragen würden. Wir müssen also noch einen *Korrekturfaktor* einführen, der diese 0,12 auf nahezu null reduziert. Später werden wir ihn uns noch ansehen (s. S. 137). Schon jetzt aber ist deutlich, daß bei großem Umfang der Grundgesamtheit die Genauigkeit der Stichprobe tatsächlich *nur vom Stichprobenumfang* n und *nicht von N abhängt.*

Das aber bedeutet nicht mehr und nicht weniger als folgendes: Der Stichprobenumfang kann praktisch derselbe sein, ob nun die Grundgesamtheit aus den 60 Millionen Bewohnern der Bundesrepublik, aus den 10 Millionen Bayern, aus anderthalb Millionen Münchnern oder aus 500 000 erwachsenen weiblichen Münchnerinnen besteht. Selbstverständlich gilt dabei, wie bei jeder Zufallsauswahl, daß jede Einheit der Grundgesamtheit die gleiche Chance haben muß, in die Auswahl zu kommen. Im einen Fall werde ich also meine – sagen wir – 3000 Personen der Stichprobe im ganzen Bundesgebiet, im anderen Fall nur in der Stadt München suchen müssen. Denn eine Stichprobe aus Münchnerinnen sagt nicht nur nichts über die Hamburger Männer, sondern auch nichts über »die Bayern« aus, eine Stichprobe aus Bayern nichts über »die Bundesbürger«.

Wie ist es nun bei jenen Stichproben, bei denen es nicht um einen Mittelwert geht, sondern um eine Merkmalsverteilung *(»homograde Fragestellung«)*? Untersuchen wir die Situation bei unseren Nüssen. Wir hatten hier N = 1000 und in einer ersten kleinen Stichprobe vom Umfang n = 20 die Werte m = 5 und daher $p = {}^5/_{20} = {}^1/_4$.

Wir müssen hier auf eine mißverständliche Doppeldeutigkeit dieses p aufmerksam machen. Wir kennen p (oder auch P) als Abkürzung für *»Wahrscheinlichkeit« (probabilitas)* und wissen etwa vom Münzwerfen, daß die Wahrscheinlichkeit für »zweimal hintereinander Kopf« mit $p = {}^1/_4$ angegeben wird. Ebenso ist $p = {}^1/_4$ dafür, aus einem Spiel Karten eine Pik zu ziehen.

Wir übertragen hier die uns bekannte Proportion der Pik innerhalb des Gesamtpaketes höchst logisch auf die Wahrscheinlichkeit, eine Pik zu ziehen: Wenn im Paket ein Viertel der Karten Pik sind, dann ist die Wahrscheinlichkeit, eine davon zu ziehen, eben auch ein Viertel. Die Proportion P bestimmt also die Wahrscheinlichkeit p (oder P).

Wenn wir aber von Stichproben sprechen, tritt eine gewisse *Bedeutungsverschiebung* ein. Wir kennen ja nur die Proportion innerhalb der Stichprobe (und nennen sie p) und benützen sie als »Schätzer« für die mutmaßliche Proportion innerhalb der Gesamtheit, die wir P nennen. Wenn wir also davon gesprochen haben, daß in unserer Stichprobe $p = {}^1/_4$ war, dann heißt das lediglich, daß das Verhältnis Gesamtheit zu Merkmalträger (n:m) in der Stichprobe 4:1 war. Wir haben es aber *nicht* mit einer Aussage über die Wahrscheinlichkeit zu tun. Wir werden im weiteren Verlauf sehr bald sehen, daß der Wahrheitswert (die Wahrscheinlichkeit, richtig vermutet zu haben) ganz anders ermittelt wird und mit der Größe des Merkmalanteils fast nichts zu tun hat. Wenn man Mißverständnisse vermeiden will, kann man den Ausweg wählen, statt der Stichprobenproportion p lieber m/n, statt der Proportion P in der Gesamtheit lieber M/N zu schreiben. Oder man verwendet für die Wahrscheinlichkeit Pr oder die deutsche Abkürzung W, was man in der Fachliteratur vereinzelt auch finden kann.

In der zweiten, größeren Stichprobe hatten wir dann n = 200, m = 42, p = 0,21. Da sowohl N als auch n groß genug sind, um anstelle der Binomialverteilung die Normalverteilung verwenden zu können (und da p für eine Poisson-Verteilung zu groß ist), bedienen wir uns bei unseren weiteren Überlegungen und Berechnungen der Normalverteilung.

Die Normalverteilung nun ist bestimmt durch ihr Arithmetisches Mittel μ und die Varianz σ^2 beziehungsweise die Standardabweichung σ. Das Mittel aber entspricht im Falle der Merkmalshäufigkeit dem wahren Anteil von M an N, ist also M/N = P. Die Varianz aber ergibt den Wert: P (1 – P).

Das kann man so glauben, wie es da steht. Es läßt sich aber auch mathematisch exakt beweisen. Wir wollen einen Mittelweg einschlagen und einen etwas vereinfachten Beweis führen. Wir können nämlich die qualitative Merkmalsverteilung (gut – schlecht, groß – klein, blond – nicht blond, und so weiter) in eine quantitative verwandeln, indem wir etwa festlegen: Alle schlechten Nüsse haben den Kennwert 1, alle guten den Kennwert 0. Wir stellen also keinen »Anteil«, keine Proportion mehr fest, sondern addieren: 1 + 0 + 0 + 0 + 1 + ... Im Falle unserer größeren Stichprobe (mit dem Umfang n = 200 und m = 42) erhalten wir die Summe 42 und daher als Arithmetisches Mittel $\bar{x} = 0{,}21$ – und das ist natürlich genau die Proportion m/n, die Proportion der Stichprobe. Und dieses Mittel $\bar{x}$ verhält sich zum Mittel μ ebenso wie die Stichproben-

Die anteilmäßige Häufigkeit läßt sich auch als Arithmetisches Mittel ausdrücken. In der Binomialverteilung groß – klein läßt sich der Drittelanteil an der Gesamtheit auch dadurch wiedergeben, daß dem einen Merkmal die Kenngröße 0, dem anderen 1 zugeteilt wird.

proportion m/n (oder p) zur Proportion der Grundgesamtheit M/N (oder P).

Wir können daher den *Fehler der relativen Häufigkeit als Sonderfall des Fehlers des Mittelwertes* ansehen (oder auch umgekehrt) und dieselbe Formel verwenden wie vorhin – wir schreiben bloß statt $\sigma_{\bar{x}}$ nunmehr σ_p:

$$\sigma_p = \frac{\sigma}{\sqrt{n}}$$

Damit taucht freilich wieder die Frage auf, *wo wir denn das σ hernehmen sollen?* Nun, wir können es zumindest als Stichprobenstreuung s auf dieselbe Weise errechnen wie einst in Neureichenbach, als wir die Standardabweichung kennenlernten. Da mußte jede Abweichung vom Mittel $\bar{x}$ zunächst quadriert werden, um die Varianz zu erhalten, deren Wurzel dann die Standardabweichung ergab.

In unserem jetzigen Fall ist das insofern besonders leicht, als wir ja nicht zahllose (oder auch nur ein Dutzend) verschiedener Abweichungen quadrieren müssen. Wir haben es ja bloß mit zwei einfachen Zahlen zu tun, nämlich mit den beiden Kennwerten 0 und 1 – und selbstverständlich mit dem Mittel $\bar{x}=0{,}21$. Es gibt daher auch nur zwei mögliche Abweichungen von diesem Mittel. Entweder wir haben den Kennwert 1 vor uns, dann: $(x-\bar{x})^2 = (1-0{,}21)^2$, oder wir haben den Kennwert 0, dann: $(x-\bar{x})^2 = (0-0{,}21)^2$.

Im ersten Fall steht also (1 – p) in der Klammer und ist zu quadrieren. Im zweiten Fall ist, da das negative Vorzeichen beim Quadrieren ohnehin verlorengeht, der Ausdruck gleich p^2. Der Kennwert 1 tritt in der Stichprobe m-mal auf (m = 42), der Kennwert 0 dementsprechend (n–m) mal, wobei (n – m) = 158. Die Summe der quadratischen Abweichungen, wie wir sie zur Errechnung der Varianz benötigen (vergeiche Abschnitt 2.6), beträgt daher: 42mal $(0{,}79)^2$ plus 158 mal $(0{,}21)^2$. Um die Varianz zu erhalten, wird diese Stichprobe durch die Gesamtzahl der Messungen geteilt, und wir erhalten:

$$s^2 = \frac{42 \cdot (0{,}79)^2 + 158 \cdot (0{,}21)^2}{200}$$

$$= \frac{26{,}25 + 6{,}95}{200} = 0{,}166$$

und daraus die Wurzel:

$$s = \sqrt{0{,}166} = 0{,}41$$

Wir können aber die gleichen Werte viel einfacher erhalten, wenn wir setzen: $s^2 = p\,(1-p)$ und $s = \sqrt{p(1-p)}$. Die rechnerische Nachprüfung ergibt: $s^2 = 0{,}166$.

Diese aus der Stichprobe gewonnene Standardabweichung setzen wir nun in die uns bereits bekannte Formel für den Zufallsfehler der relativen Häufigkeit und erhalten:

k \ n	20	50	100	150	200	300	500
0	0– 145	0– 71	0– 36	0– 24	0– 18	0– 12	0– 7
1	5– 223	1– 107	1– 54	0– 37	0– 28	0– 18	0– 11
2	25– 293	7– 137	4– 70	2– 47	2– 36	1– 24	1– 14
3	53– 356	17– 166	8– 85	5– 57	4– 43	3– 29	2– 17
5	116– 474	40– 218	20– 113	13– 76	10– 57	7– 38	4– 23
10	289– 711	100– 338	49– 176	31– 119	24– 90	16– 60	10– 36
20	855–1000	264– 548	126– 292	83– 199	62– 151	41–101	25– 61
50		929–1000	398– 602	259– 415	191– 316	126–215	75–130
100			964–1000	585– 741	429– 571	280–395	165–238
150				976–1000	684– 809	443–557	259–341
200					982–1000	605–720	355–446
250						785–874	456–544

Wie weit die Konfidenzintervalle selbst noch bei Stichproben mittleren Umfangs sind, läßt sich an dieser Tabelle erkennen, in der oben der Stichprobenumfang n, links die in der Stichprobe gefundene Merkmalshäufigkeit k angegeben ist. Wenn man etwa in einer Stichprobe vom Umfang n = 150 das gesuchte Merkmal 5mal gefunden hat (also k = 5), dann beträgt das Konfidenzintervall, das hier in Promille angeführt ist, 13 bis 76. Da die Tabelle auf eine Sicherheitswahrscheinlichkeit von 95% abgestellt ist, bedeutet das: Ich kann aufgrund dieses Ergebnisses annehmen, daß in der – sehr großen bis unendlichen – Grundgesamtheit die Merkmalshäufigkeit mindestens 13‰ und höchstens 76‰ beträgt. Diese Aussage kann ich mit 95% Sicherheit machen. Es verbleibt dann noch eine Irrtumswahrscheinlichkeit von 5%, daß die Häufigkeit kleiner als 13‰ oder größer als 76‰ ist.

$$\sigma_p = \frac{\sqrt{pq}}{\sqrt{n}} = \sqrt{\frac{pq}{n}}$$

$q = 1-p$

Mit den Werten aus unserem Beispiel errechnen wir diesen Zufallsfehler als

$$\sigma_p = \frac{0{,}41}{14{,}2} = 0{,}029$$

Der Fehler der relativen Häufigkeit wird daher in dieser Stichprobe ± 2,9 Prozent betragen.

Das aber heißt erstens: Von allen theoretisch möglichen Stichproben dieses Umfangs (n = 200) werden zwei Drittel Anteilswerte zwischen 18,1 (= 21–2,9) und 23,9 (= 21 + 2,9) ergeben. Zwei Drittel deswegen, weil es sich ja um die einfache Standardabweichung handelt. Das heißt daher zweitens: Wenn ich ein solches Stichprobenergebnis erhalte, kann ich mit (genau) 68,3 Prozent Wahrscheinlichkeit annehmen, daß der wahre Anteil der Gesamtmenge in diesen Grenzen liegt.

Wird, wie meist üblich, 95prozentige Sicherheit gewünscht, dann wird die doppelte Standardabweichung herangezogen: Wenn eine Stichprobe des Umfangs n = 200 die Anteilshäufigkeit 21 Prozent ergibt, dann wird der wahre Anteilswert mit 95 Prozent Gewißheit zwischen 15,2 und 26,8 Prozent liegen.

Abermals erhebt sich die Frage, *ob die Größe der Grundgesamtheit wirklich ganz gleichgültig ist.* Da es sich prinzipiell um die gleichen Schlußfolgerungen handelt, wie wir sie

vorhin entwickelt haben, gelangen wir auch hier zum gleichen Ergebnis: Bei der unendlichen Grundgesamtheit stimmt die Formel, bei sehr großen Grundgesamtheiten stimmt sie so weit, daß sie bedenkenlos verwendet werden kann.
Anders ist die Situation, wenn die Grundgesamtheit nicht sehr groß, die Stichprobe aber im Verhältnis dazu groß ist. Und genau diesen Fall hatten wir eigentlich im zweiten Beispiel der Nuß-Stichprobe: N = 1000 ist keine sehr große Grundgesamtheit, n = 200 eine im Verhältnis dazu große Stichprobe. In diesen Fällen wird der Formel ein Korrekturfaktor beigegeben, der die Tatsache berücksichtigt, daß die Grundgesamtheit schon zu einem erheblichen Teil von der Stichprobe »aufgezehrt« ist. Dieser Zusatzfaktor lautet – gleichermaßen für den Zufallsfehler der Häufigkeit wie für den Zufallsfehler des Mittelwertes:

$\sqrt{\frac{N-n}{N-1}}$ oder einfacher

und fast gleich: $\sqrt{1-\frac{n}{N}}$

Am Beispiel der Landwirte (N = 250000, n = 500) erhalten wir den Korrekturfaktor:

$$\sqrt{1-\frac{500}{250\,000}} = \sqrt{\frac{499}{500}} = 0{,}999$$

Das ist fast gleich 1, beeinflußt also unser ursprüngliches Resultat nicht. Anders ist es beim Nuß-Beispiel mit N = 1000 und n = 200. Hier erhalten wir immerhin:

$$\sqrt{1-\frac{200}{1000}} = \sqrt{0{,}8} = 0{,}894$$

Wir hatten das Resultat $\sigma_p = 0{,}029$ und müßten es richtigerweise nun noch mit diesem Faktor multiplizieren. Wir erhalten dann:
$\sigma_p = (0{,}029) \cdot (0{,}894) = 0{,}026$

Unsere Schätzung ist daher sogar genauer als ursprünglich angenommen, und das ist verständlich, denn wir haben immerhin ein Fünftel der Gesamtheit in der Stichprobe erfaßt. Wir können nun unsere ursprüngliche Aussage dahingehend einengen, daß wir sagen: Mit 95 Prozent Sicherheit wird der Anteil der tauben Nüsse zwischen 15,8 und 26,2 Prozent liegen.
Und nun stellen wir die eben entwickelten Gedankengänge über die Zuverlässigkeit von Stichproben und über die Zufallsfehler des Mittels und der Häufigkeit einmal in einem anderen Zusammenhang dar. Wir sind bislang davon ausgegangen, daß diese oder jene Grundgesamtheit vorliegt, eine Stichprobe des Umfangs n = 200 oder n = 500 oder n = 20 entnommen wurde, und haben untersucht, welche Schlüsse mit welcher Wahrscheinlichkeit daraus auf die Grundgesamtheit gezogen werden können.
Nun drehen wir die Überlegung um und fragen uns: Angenommen, ich will eine 95prozentige Zuverlässigkeit erhalten – wie groß muß ich dann meine Stichprobe wählen? Das ist ja die Entscheidungsfrage, vor der Statistiker und Meinungsforscher immer wieder stehen. Um sie beantworten zu können, sehen wir uns noch einmal die beiden Formeln an, die wir vorhin erarbeitet haben. Da ist einmal der Zufallsfehler des Mittels:

$$\sigma_{\bar{x}} = \frac{\sigma}{\sqrt{n}}$$

Und da ist zweitens der Zufallsfehler der Häufigkeit:

$$\sigma_p = \sqrt{\frac{pq}{n}}$$

Ich kann nun diesen Standardfehler nach Belieben festsetzen. Er ergibt sich aus der gewünschten Verläßlichkeit: Will ich 95 Prozent, will ich 99

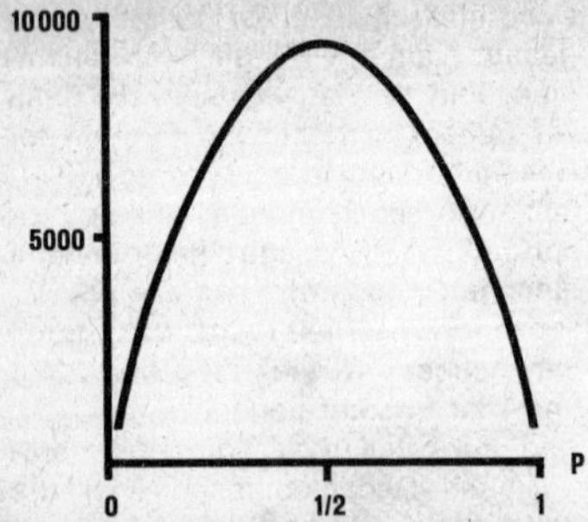

Die Mindestgröße des Stichprobenumfangs hängt vom Merkmalanteil ab. Unsere Darstellung – nach einer Skizze bei Pfanzagl – zeigt den geforderten Stichprobenumfang bei einer gewünschten Genauigkeit von ± 1 Prozent bei einer Sicherheitswahrscheinlichkeit von 95 Prozent. Beträgt die Merkmalhäufigkeit etwa ½ (p = 0,5), dann muß der Stichprobenumfang fast 10 000 betragen. Bei sehr niedriger oder sehr hoher Merkmalhäufigkeit kann er unter 1000 sinken.

Prozent, will ich 999 Promille? Je genauer die Schätzung sein soll, um so größer muß die Stichprobe werden – aber schon auf den ersten Blick wird klar, daß die enge Verbindung des Standardfehlers mit der *Wurzel* des Stichprobenumfangs bedeutet, daß ich *doppelte* Genauigkeit mit *vierfachem* Stichprobenumfang erkaufen muß. Es ist also sinnlos, mehr Genauigkeit zu fordern, als unabdingbar notwendig ist.
Weiter benötige ich p und q (= 1 — p) beziehungsweise im Falle der heterograden Fragestellung die Standardabweichung σ. Habe ich aus früheren Untersuchungen, aus der Literatur, aus Expertenschätzungen Richtwerte dafür, dann setze ich diese ein. Habe ich gar nichts, muß ich vorsichtshalber das Ungünstigste annehmen – bei der Streuung σ sind meinem Pessimismus kaum Grenzen gesetzt, bei der Häufigkeitsverteilung ist die Gleichwahrscheinlichkeit p = q der ungünstigste Fall, wie wir bald sehen werden.
Nehmen wir nun wieder den Sack Nüsse (N = 1000), und fragen wir uns: Wie groß muß die Stichprobe sein, wenn ich daraus mit 95 Prozent Sicherheit ersehen soll, daß der Anteil der tauben Nüsse nicht mehr als ±4 Prozent von meiner Stichprobenhäufigkeit abweicht?
Gesucht ist also das n, der Stichprobenumfang. Ich forme zunächst einmal die Gleichung, die auf den Zufallsfehler der Häufigkeit Bezug nimmt, für meine Zwecke um und erhalte:

$$n = \frac{p \cdot q}{(\sigma_p)^2}$$

Der doppelte Fehler der Häufigkeit soll maximal ± 4 Prozent betragen, der einfache daher ± 2 Prozent. Damit ist der Nenner des Bruches festgelegt. Von der vermutlichen Verteilung weiß ich zunächst gar nichts, vielleicht ist der halbe Sack kaputt. Also p = q = 0,5. Da aber der Fehler der Häufigkeit als Prozentwert ausgedrückt ist, muß ich diesen umformen in 0,02. (Oder: p = q = 50%, σ_p = 2%). Ich erhalte nun:

$$n = \frac{0{,}5 \cdot 0{,}5}{(0{,}02)^2} = \frac{0{,}25}{0{,}0004} = 625$$

Ich müßte also mehr als den halben Sack testen, um diese Genauigkeit zu erreichen! Zweckmäßigerweise werde ich mich daher mit einer geringeren Genauigkeit zufriedengeben: 6 Prozent auf oder ab, aber weiterhin 95 Prozent Wahrscheinlichkeit.

$$n = \frac{0{,}25}{(0{,}03)^2} = \frac{0{,}25}{0{,}0009} = 278$$

Immer noch erschreckend viel. Gewiß, ein paar Nüsse könnte ich abzwacken, wenn ich von dem Korrekturfaktor für kleine Grundgesamtheiten Gebrauch mache – aber bequemer wäre es, im Zähler einen kleineren Wert zu haben. Ja, wie wäre es mit folgender Überlegung: Den Sack haben mir gute Freunde geschenkt, die gewiß nach Möglichkeit nur gute Nüsse hineingetan haben und die ihre Nußbäume schließlich kennen. Wenn 20 Prozent schlecht sind, ist das sicher schon viel. Also nunmehr $p = 0{,}2$, $q = 0{,}8$, auf 6 Prozent genau, 95 Prozent Verläßlichkeit:

$$n = \frac{(0{,}2) \cdot (0{,}8)}{(0{,}03)^2} = \frac{0{,}16}{0{,}0009} = 178$$

Das mag immer noch unangenehm viel erscheinen, um Aufschluß über die Qualität eines Sackes mit Nüssen zu erhalten – aber man darf die Allgemeingültigkeit dieser – und der vorher ermittelten – Zahlen nicht außer acht lassen. Es geht hier nicht bloß um Nüsse, es geht hier um die Feststellung: Wenn aus einer sehr großen Grundgesamtheit mit 95 Prozent Verläßlichkeit ein Merkmal ermittelt werden soll, das schätzungsweise in einem Fünftel der Grundgesamtheit auftritt, dann genügt eine Stichprobe vom Umfang $n = 178$, um einen auf ± 6 Prozent genauen Anteil zu errechnen.

Wenn ich also vermute, daß etwa ein Viertel bis ein Sechstel aller Bundesdeutschen noch in Häusern wohnt, die vor dem Jahre 1900 gebaut wurden, dann genügt es, 178 zufallserwählte Personen nach dem Alter ihres Wohnhauses zu befragen. Die Antwort wird zu 95 Prozent verläßlich sein. Freilich, die erzielte Genauigkeit läßt noch zu wünschen übrig. Wenn wir nämlich etwa $p = 21$ Prozent ermitteln, dann wissen wir hinterher nicht mehr, als daß mindestens 15 Prozent (21 — 6 Prozent) und höchstens 27 Prozent (21 + 6 Prozent) in Altbauten wohnen.

Dieses *Mutungsintervall (Konfidenzintervall, Vertrauensbereich)* von 15 bis 27 Prozent ist zweifellos sehr groß, mag aber für manche Zwecke ausreichen. Jedenfalls ist zu beachten, daß der Zufallsfehler der Häufigkeit (in unserem Fall $\sigma_p = 3$ Prozent) immer schwerer ins Gewicht fällt, je kleiner die relative Merkmalshäufigkeit ist. Wir haben soeben gesehen, daß bei $p = 21$ Prozent der Vertrauensbereich der dop-

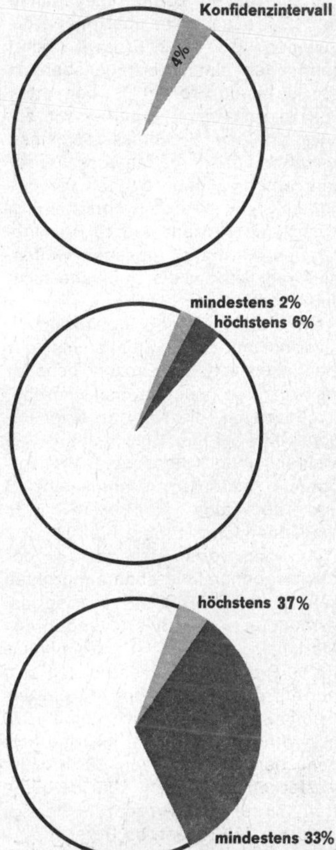

Ein Konfidenzintervall von vier Prozent wiegt unterschiedlich schwer bei kleinen und großen Anteilen. Beträgt der Stichprobenanteil zum Beispiel vier Prozent, dann reicht das Konfidenzintervall von zwei bis sechs Prozent, also bis zum Dreifachen. Beträgt der Stichprobenanteil dagegen 35 Prozent, dann ist die Spanne »zwischen 33 und 37 Prozent« hinreichend informativ und genau, 37 Prozent ist ja nur etwa ein Zehntel mehr als 33 Prozent.

pelten Standardabweichung (Sicherheitswahrscheinlichkeit 95 von 100) jeweils nach beiden Richtungen das Doppelte beträgt und daß wir daher auf den weiten Bereich 15 bis 27 Prozent kommen. Ist ein Merkmal nun sehr häufig, so mag die Spanne von 12 Prozent nicht übertrieben erscheinen: p = 52 Prozent ergibt dann eben einen Vertrauensbereich von 46 bis 58 Prozent. Ist der Anteil aber gering, dann erhalten wir zuletzt sinnlose Ergebnisse. Nehmen wir etwa an, wir hätten p = 7 Prozent erhalten, dann müßten wir das deuten als »höchstwahrscheinlich zwischen 1 Prozent und 13 Prozent« – wenn wir davon absehen wollen, daß gegen 0 hin die Intervalle nicht mehr symmetrisch sind.

Wenn daher eine Wahlprognose auch nur mit einem Zufallsfehler der Häufigkeit von ± 2 Prozent behaftet sein mag, so bedeutet das schon bei Großparteien, die Kopf an Kopf liegen, eine große Unsicherheit, bei kleinen mag diese Vier-Prozent-Spanne bedeuten: »mindestens 3 und höchstens 7 Prozent«. (Es lebe der kleine Unterschied!)

Wir haben vorhin gezeigt, daß der Stichprobenumfang dann am größten sein muß, wenn p = q, also bei vermuteter Gleichverteilung des Merkmals und des Nicht-Merkmals (je 50 Prozent). Aber das bezog sich nur auf die *absolute* Spannweite des Konfidenzintervalls. Ich muß 278 Nüsse untersuchen, um mit ± 6 Prozent den Umkreis von 50 Prozent abstecken zu können, aber es genügen 178 für ± 6 Prozent im Bereich rund um 20 Prozent. Im Bereich rund um 10 Prozent würden noch weniger Nüsse ausreichen. Aber die *relative* Genauigkeit ist bei 50 Prozent natürlich viel besser (Vertrauensbereich 44–56 Prozent) als bei 20 oder gar 10 Prozent (Vertrauensbereich 4–16 Prozent!).

Sehen wir uns einmal an, wie groß der Stichprobenumfang sein muß, um eine auf nur 3 Prozent geschätzte Häufigkeit auf ± 1 Prozent genau zu erfassen – was immer noch den »höchstwahrscheinlich zwischen 2 und 4 Prozent« ergibt.

Da wir eine Sicherheitswahrscheinlichkeit von 95 Prozent anstreben, entspricht dem zugestandenen Schwankungsbereich von ±1 Prozent ein σ_p von halber Höhe. Wir erhalten also den Ansatz:

$$n = \frac{(0{,}03)\,(0{,}97)}{(0{,}005)^2} = \frac{0{,}029}{0{,}000025} = 1160$$

Nun, ein Stichprobenumfang von n = 1160 wäre ja wohl akzeptabel. Kann er uns aber auch bei einem stärker verbreiteten Merkmal diese Präzision von ± 1 Prozent garantieren? Nehmen wir an, ein Merkmal mit der geschätzten Häufigkeit p = 0,4 (das heißt rund 40 Prozent der Gesamtheit) ist zu suchen. Wir errechnen den mittleren Fehler der Häufigkeit für diesen Fall und finden mit Bestürzung:

$$\sigma_p = \sqrt{\frac{(0{,}4)\,(0{,}6)}{1160}} = \sqrt{0{,}00206}$$
$$= 0{,}0143$$

Schon die einfache Standardabweichung ergibt hier ± 1,43, die angestrebte 95prozentige Sicherheitswahrscheinlichkeit sogar das Doppelte davon, also ± 2,86.

Halten wir dagegen unsere ursprüngliche Forderung nach ±1 Prozent und 95 Prozent Sicherheit weiter aufrecht, dann müssen wir den Stichprobenumfang ganz wesentlich vergrößern, denn:

$$n = \frac{(0{,}4)\,(0{,}6)}{(0{,}005)^2} = 9600$$

Wir müßten also nicht weniger als 9600 Personen befragen, um mit dieser Präzision und Zuverlässigkeit rechnen zu können. Das ist aber ein Stichprobenumfang, der bei Umfragen so gut wie niemals verwendet wird. In der Regel liegt der Stichprobenumfang zwischen 2000 und 3000 Befragten, sehr selten höher, oft noch niedriger.

Welche Genauigkeit könnten wir bei unserer letzten Fragestellung (geschätzte Merkmalhäufigkeit $p = 0{,}4$) von einer Stichprobe im Umfang $n = 2500$ erwarten, wenn wir wieder 95 Prozent Sicherheit anstreben?

Wir setzen $n = 2500$ und $p = 0{,}4$ in die bekannte Formel ein und erhalten:

$$\sigma_p = \sqrt{\frac{(0{,}4)\,(0{,}6)}{2500}}$$

$$= \sqrt{0{,}00096} = 0{,}0098$$

oder, bequemer mit Prozenten gerechnet:

$$\sigma_p = \sqrt{\frac{40 \cdot 60}{2500}} = \sqrt{0{,}96} = 0{,}98$$

Das Doppelte von 0,98 ergibt 1,96 oder rund 2 Prozent, und wir können daher sagen, daß eine Stichprobe vom Umfang $n = 2500$ ein in der Grundgesamtheit zu etwa vier Zehnteln vorhandenes Merkmal auf $\pm$ 2 Prozent genau bestimmen kann – und zwar mit einer Sicherheitswahrscheinlichkeit von 95 Prozent. Das und nicht mehr kann ich aus der Stichprobe herauslesen – und zwar immer von dem Gedanken ausgehend, daß ich eine ideale Zufallsauswahl vor mir habe, die Stichprobe also nicht etwa durch systematische Fehler verzerrt und damit noch weit ungenauer ist! So sind also auch Umfrageresultate zu lesen: »41,3 Prozent der Befragten« heißt in Wirklichkeit: »höchstwahrscheinlich nicht weniger als 39,3 Prozent und nicht mehr als 43,3 Prozent«.

5.5 Die Stichprobenverläßlichkeit – Konfidenzbereiche

Sicherheitswahrscheinlichkeit, Zuverlässigkeit, Aussagekraft, Genauigkeit, Verläßlichkeit, Vertrauensbereich – ist das alles dasselbe? Wir wollen versuchen, die Zusammenhänge und die Unterschiede noch etwas deutlicher herauszuarbeiten, und vor allem wollen wir über diese Begriffe ein wenig nachdenken.

Was ist zum Beispiel *Zuverlässigkeit?* Wir haben damit in der Regel jene Zuverlässigkeit gemeint, die besagt, daß eine Aussage mit 90- oder 95prozentiger Wahrscheinlichkeit zutrifft. Es ist dies die Sicherheitswahrscheinlichkeit, die auch den Vertrauensbereich abgrenzt und mit der wir uns noch etwas näher befassen werden.

»Zuverlässigkeit« kann sich aber auch auf die allgemeine Qualität einer statistischen Aussage beziehen. In diesem Sinn vernichtet etwa ein systematischer Fehler die Zuverlässigkeit.

Eine weitere Frage ist die, ob das Ziehen von Stichproben überhaupt eine zuverlässige wissenschaftliche Methode darstellt. Dazu muß ein Experiment prinzipiell wiederholbar sein – aber zur Eigenart statistischer Experimente gehört es, daß fast nie genau gleiche, sondern nur sehr ähnliche Resultate erzielt werden können. Eine Stichprobenuntersuchung soll wiederholbar sein – ihre Ergebnisse aber müssen lediglich miteinander vereinbar, aber nicht identisch sein.

Eine andere Forderung, die an alle wissenschaftlichen Versuche gestellt wird, ist die *Forderung nach Relevanz, nach Aussagekraft und Bedeutsamkeit:* Es muß wirklich das bewiesen werden, was bewiesen werden soll, nicht bloß etwas Ähnliches.

Aber kehren wir zurück zur 95prozentigen *Sicherheitswahrscheinlichkeit,* zum *Sicherheitsgrad.* Was soll man sich darunter vorstellen? Wir können wieder an die Häufigkeitsverteilung unter der Normalkurve denken und die Gesamtheit aller möglichen Stichproben des Umfangs n als normalverteilt annehmen. Dann bedeutet 95prozentige Sicherheitswahrscheinlichkeit, daß diejenige Stichprobe, die wir soeben zufällig gezogen haben, unter jenen 95 Prozent liegen wird, die einen maximal 2σ vom wahren Mittel μ liegenden Mittelwert $\bar{x}$ ergeben.

Ob eine 95prozentige Sicherheit ausreicht oder nicht, kann man nicht generell sagen. Darüber wird von Fall zu Fall zu entscheiden sein. Will man nicht viel Geld ausgeben, und genügt ein ungefährer Überblick (wie bei vielen Marktforschungsfragen), dann kann man sich mit 90prozentiger oder noch geringerer Sicherheit begnügen. Geht es um eine besonders bedeutsame, schwerwiegende Entscheidung, dann wird man eine 99prozentige oder noch höhere Wahrscheinlichkeit anstreben. Im allgemeinen begnügt man sich mit einer Sicherheitswahrscheinlichkeit von 95 Prozent.

Will man höhere Zuverlässigkeit, dann muß man größere Stichproben untersuchen. Ist das aus irgendwelchen Gründen nicht möglich, dann ist der gewünschte Sicherheitsgrad nicht zu erreichen – Punktum. Da gibt es keine rechnerischen Tricks oder Umwege, keinen Ausweg mit kompliziertem Hokuspokus. Stichprobenumfang und Zuverlässigkeit des Stichprobenergebnisses stehen übrigens im engsten logischen und mathematischen Zusammenhang mit jenem Phänomen, das wir bei der ersten Erörterung der Binomialverteilung und des Pascalschen Dreiecks beobachtet haben: Entgegen der naiven Vorstellung vom »Gesetz der großen Zahl« gibt es zwar kein genaues Einpendeln auf den Erwartungswert, aber bei wachsendem Stichprobenumfang werden die Stichprobenproportionen relativ (nicht absolut!) weniger von der wahren Proportion der Grundgesamtheit abweichen.

Das heißt etwa im Roulettespiel: Es ist durchaus denkbar, daß in einer »Stichprobe« von 20 aufeinanderfolgenden Coups 16 rot und nur 4 schwarz sind – also eine Abweichung um 6 vom Erwartungswert 10. Es ist dagegen absolut ausgeschlossen, daß bei 2000 Coups 1600 rot und nur 400 schwarz auftreten. Schon ein Verhältnis von 1100 zu 900 wäre sehr unwahrscheinlich. Mit zunehmendem Stichprobenumfang wird daher das wahre Mittel der Grundgesamtheit (das ich im Falle des Roulettspiels ja kenne) immer genauer angepeilt. Beim Stichprobenumfang $n = 20$ kann ich aufs schlimmste getäuscht werden (wie etwa bei dem nicht unglaubwürdigen Resultat 16 rot, 4 schwarz), bei $n = 200$ kann ich mich dagegen darauf verlassen, daß ich nicht allzuweit von der Wahrheit landen werde. Das ist das »Gesetz der großen Zahl« in der Stichprobentheorie und -praxis.

Man kann die Sicherheitswahrscheinlichkeit der Stichprobe auch vom Negativen her definieren und erhält dann das *»Fehlerrisiko«*: 95 Prozent Sicherheitswahrscheinlichkeit bedeuten 5 Prozent Fehlerrisiko. Haben wir für »positiv« und »negativ« immerhin zwei verschiedene Ausdrücke, so wird die Situation dann etwas verwirrender, wenn vom *Signifikanzniveau* gesprochen wird. Es ist dies ein nicht sehr glücklich gewählter, aber doch weit verbreiteter Ausdruck. Die *»Signifikanz«* ist praktisch dasselbe wie die Sicherheitswahrscheinlichkeit: Ein Resultat erscheint »statistisch signifikant auf dem 5-Prozent-Niveau«, weil es durch bloßen Zufall in 95 Prozent der Fälle nicht zustande gekommen wäre. Das ganze weite Gebiet der Hypothesenprüfung (Kap. 6), das uns noch sehr beschäftigen wird, basiert auf solchen Überlegungen und Berechnungen: Ist ein erzieltes Resultat mit dieser oder jener Hypothese vereinbar oder nicht? Die »Signifikanz« ist also nichts anderes als eine Konvention unter

denjenigen, die sich statistischer Methoden bedienen. Und ganz wie bei der Sicherheitswahrscheinlichkoit kann man das Signifikanzniveau je nach Fragestellung unterschiedlich betrachten. *Allgemein gilt zumeist das 5-Prozent-Niveau* (häufig auch 95-Prozent-Niveau genannt) *als »signifikant«, das 1-(99-)Prozent-Niveau als »hoch signifikant«.*
Durch die Sicherheitswahrscheinlichkeit ist zugleich auch das *Konfidenzintervall (Mutungsintervall, Vertrauensbereich)* festgelegt. Dieser Bereich wird entweder in Standardabweichungen der standardisierten Normalverteilung oder auch in absoluten Werten gemessen. Wir hatten vorhin Beispiele für beide Ausdrucksweisen: Die Spareinlagen streuen mit $s = 60$ um das Mittel $\bar{x} = 480$, der Vertrauensbereich (95 Prozent) reicht von 360 bis 600 Mark, nämlich von $(480 - 2\sigma)$ bis $480 + 2\sigma)$: Ich kann zu 95 Prozent sicher sein, daß ein zufällig herausgegriffener Bauer mehr als 360 und weniger als 600 Mark Spargeld hat.
Anmerkung: Vorsicht vor Verwechslungen zwischen der *Wahrscheinlichkeit des Ereignisses* und der *Wahrscheinlichkeit der statistischen Analyse.* Die in der Stichprobe ermittelte Häufigkeitswahrscheinlichkeit eines Merkmals (Stichproben-Proportion p) ist unabhängig von der Sicherheitswahrscheinlichkeit dieser Stichprobe. Ich kann drei Stichproben vom Umfang $n_1 = 20$, $n_2 = 100$ und $n_3 = 500$ ziehen, die (zufälligerweise) alle die Stichprobenhäufigkeit $p = 0{,}7$ (also 70 Prozent) des Merkmals ergeben. Aber die Aussagekraft, die Sicherheitswahrscheinlichkeit der kleinen Stichprobe wird wesentlich niedriger sein als die der größeren.
Und nun wollen wir noch kurz zwei Sonderfälle der Stichprobenpraxis vorstellen – jene Stichproben, die genauere Ergebnisse liefern als eine Gesamterhebung, und jene Stichproben, auf denen eine »Hochrechnung« aufgebaut wird.

5.6 Systematische Fehler – »Hochrechnung«

In einem Artikel der deutschen Fachzeitschrift *»Wirtschaft und Statistik«* hieß es mit Bezug auf die Volkszählung vom Mai 1970 unter anderem: »Erst bei der Volkszählung 1970 ist man konsequent den Schritt gegangen, die Totalzählung auf diejenigen Merkmale zu beschränken, für die man möglichst genaue Ergebnisse für regional begrenzte kleine Einheiten benötigt, alle anderen Merkmale aber nur für einen repräsentativen Ausschnitt von 10 Prozent der Haushalte zu ermitteln, weil diese Ergebnisse . . . den Tatbestand genügend genau repräsentieren und . . . der systematische Fehler mit Sicherheit geringer ist als bei ihrer Einbeziehung in eine Totalzählung.«
Man muß diesen letzten Teil des Satzes noch einmal genau lesen, um voll zu begreifen, was hier ausgesagt ist: Eine ganze Reihe von Fragen wurde absichtlich nur an 10 Prozent der bundesdeutschen Haushalte gestellt und nicht an alle, weil »der systematische Fehler mit Sicherheit geringer ist als bei der Einbeziehung (solcher Merkmale) in eine Totalzählung«. Die Stichprobe ist zuverlässiger als die Gesamterhebung, der Teil gibt besser Bescheid über das Ganze als das Ganze selbst! Ist das Aberwitz? Und widerspricht das nicht völlig dem, was wir über die Sicherheitswahrscheinlichkeit von Stichproben erfahren haben?
Der vermeintliche Widerspruch löst sich, wenn wir auf das Schlüsselwort *»systematisch«* hinweisen. Der *Zufalls*fehler der Stichprobe ist immer größer als der der Gesamtheit – denn bei der Gesamtheit gibt es überhaupt keinen Zufallsfehler; der Zufall ist durch die Gewißheit, die Schätzung durch die vollendete und volle Tatsache ersetzt.
Beim *systematischen Fehler* ist das anders. Nehmen wir eine jener Fragen, die nur bei der Stichprobe ge-

stellt wurden – Frage 27: »Sind Sie – Industriemeister, Werkmeister, Meister oder dergleichen? / Kolonnenführer, Vorarbeiter oder dergleichen? / Leiter, Geschäftsführer, Vorstandsmitglied oder dergleichen? / sonstwie leitend oder aufsichtführend tätig?« Über dieser Frage steht noch: »Für Personen in leitender oder aufsichtführender Stellung (ohne Selbständige).«

Nehmen wir nun an, dieses Merkmal irgendeiner leitenden Position treffe auf 14 Prozent der Grundgesamtheit wie der Stichprobe zu. Aber manche Befragten glauben, auch in dieser Frage etwas anzeichnen zu müssen – oder aber sie wollen sich selbst und dem Statistischen Amt imponieren und füllen »Vorarbeiter oder dergleichen« aus, weil sie als Facharbeiter (oder auch als länger dienender Straßenkehrer) sich einem Vorarbeiter gleichrangig oder sogar überlegen fühlen. Wenn von den 86 Prozent der in Wahrheit »Nicht-Leitenden« auch nur ein kleiner Bruchteil diesem Impuls nachgibt, dann verschiebt sich der Prozentsatz der angeblich »Leitenden« von 14 Prozent auf, sagen wir, 17 Prozent.

Und nun überlegen wir. Wenn die Stichprobe auf eine Genauigkeit von ± 3 Prozent angelegt ist (bei einem Zehntel aller Haushaltungen ist sie allerdings noch wesentlich genauer), dann lautet das Ergebnis der Stichprobe: »Der Anteil der Personen in leitender Stellung liegt mit 95 Prozent Sicherheit zwischen 14 und 20 Prozent.« Damit erscheint trotz des erheblichen systematischen Fehlers der falschen Fragebeantwortung der richtige Anteil von 14 Prozent immerhin noch am äußersten Rande des Konfidenzintervalls.

Erhalte ich aber die gleichen 17 Prozent aus einer Gesamterhebung (Totalzählung), dann gibt es keinen Zufallsfehler mehr, und meine Aussage muß lauten: »Der Anteil der Personen in leitender Stellung beträgt 17 Prozent« – und trotz oder gerade wegen der Erfassung der ganzen Grundgesamtheit ist diese Aussage unrichtiger und irreführender als das Ergebnis der Stichprobe.

Was sich bei diesem eigenartigen Phänomen ereignet, ist nichts anderes als ein schleichendes Eindringen des unerkannten systematischen Fehlers, der bei der Stichprobe zunächst unter dem weiten Mantel des großzügigen Zufallsfehlers verborgen ist, dann aber mehr und mehr ein Eigenleben zu führen beginnt, bis schließlich der Zufall verschwunden, der systematische Fehler aber ungebrochen, ungetarnt, aber auch unerkannt übriggeblieben ist.

Zuletzt ein paar Worte über das Modewort *»Hochrechnen«*, das aus der Terminologie der Datenverarbeitung in den Alltagswortschatz übernommen wurde. Das Prinzip des Hochrechnens ist der *Schluß vom Teil auf das Ganze:* Ich habe fragmentarische Resultate und berechne daraus das vermutliche Gesamtergebnis. Das ist im Prinzip derselbe Vorgang wie bei der Auswertung von Stichproben, und zuweilen wird der Ausdruck »Hochrechnung« auch wirklich für diesen Vorgang verwendet. So definiert etwa Haseloff in seinem *»Kleinen Lehrbuch der Statistik«:* »Hochrechnung bezeichnet die Transformation der Stichprobe in die Größendimensionen der Grundgesamtheit.«

Der populärste Fall einer »Hochrechnung« ist die Vorhersage des Gesamtwahlergebnisses nach Eintreffen der ersten Teilresultate, wie sie seit einigen Jahren besonders in Rundfunk- und Fernsehsendungen kurz nach Schließung der Wahllokale mit Hilfe von entsprechend programmierten Computern durchgeführt wird.

Zuweilen aber werden auch ganz andere Zahlen »hochgerechnet«, und es ist notwendig, auf die verborgenen Bedeutungsunterschiede hinzuweisen. Wenn etwa ein *Umfrageergebnis* drei Wochen vor einer Wahl »hochgerechnet« wird, dann haben wir keine reale Stimmabgabe der Wähler, keine bereits ausgezählten Wahlzettel vor uns, sondern eine – vielleicht sogar in der Anlage anfechtbare – Meinungsumfrage, die lediglich die Aussage gestattet: »Aufgrund der Umfrageergebnisse kann angenommen werden, daß am Tage der Umfrage (!) die Wähler sich so und so entschieden hätten. Diese Schätzung ist mit 95 Prozent Wahrscheinlichkeit auf $\pm$ 2 Prozent genau.«

Das andere Extrem einer »Hochrechnung« liegt dann vor, wenn etwa die ersten Meßdaten einer Marsrakete vorliegen und vom Computer zur Gesamtflugdauer »hochgerechnet« werden. Hier werden reale mathematische und physikalische Gegebenheiten sehr rasch in die entsprechenden Beziehungen zueinander gesetzt, und es handelt sich um keine Schätzung, keine Wahrscheinlichkeit, sondern um eine streng logische Schlußrechnung: Wenn A und B und C und D und E und 1001 andere Meßwerte gegeben sind, dann dauert der Flug genau vier Monate, drei Tage, acht Stunden, 23 Minuten und, na ja, etwa 10 Sekunden bis zum Aufschlag auf der Marsoberfläche. Eine solche »Hochrechnung« ist im Prinzip nichts anderes als der Schluß: wenn $3 - 2 = 1$, dann $3000 - 2000 = 1000$.

Wir werden daher das mehrdeutige Wort »Hochrechnung« vorsichtshalber nicht verwenden. Wir benötigen es auch nicht.

Das führt uns freilich (apropos »vorsichtshalber nicht verwenden«) zu einem anderen Wort, das in der modernen Statistik sehr häufig gebraucht wird: *»Parameter«*. Wollte man die Definitionen, die dafür gegeben werden, miteinander vergleichen, so stellte sich heraus, daß sie nicht ganz widerspruchsfrei sind. Im allgemeinen handelt es sich um so etwas wie *»charakteristische Kenngrößen«*: Die Normalverteilung etwa ist durch die Parameter *Mittelwert* und *Streuung* gekennzeichnet. Auch der *Median* oder die *Schiefe einer Verteilung* sind solche Parameter.

Aber William B. Bean, Chefredakteur einer amerikanischen Fachzeitschrift, meinte einmal in einem Artikel gegen die hochtrabenden Mode-Fremdworte nicht unrichtig: »Da gibt es klangvolle Worte wie ›Parameter‹ – von fünfzig Leuten, die das Wort verwenden, kennt nicht einer die Bedeutung.« Wenn Sie also jemals »Parameter« hören oder lesen, lassen Sie sich weder schrecken noch ungebührlich beeindrucken. Denken Sie an eine charakteristische Kenngröße, das genügt. In diesem Buch werden wir uns ohne Parameter behelfen. Es geht auch so.

Nur dann heißt es bei dem Wort »Parameter« aufhorchen, wenn von *»nicht-parametrischen Verfahren«* die Rede ist. Diese Verfahren beschäftigen sich mit der Auswertung von Stichproben ohne Rücksichtnahme auf die Verteilung der Grundgesamtheit – mitunter deswegen, weil über diese Verteilung nichts bekannt ist oder weil Grund zur Annahme besteht, daß sie weder normal noch binomial ist. Solche Verfahren werden daher auch *»verteilungsunabhängige Verfahren«* genannt – es sind dies vor allem die sogenannten *»Rang-Tests«*, auf die wir im zehnten Kapitel noch zu sprechen kommen (s. S. 286). Der Ausdruck »nichtparametrisch« bezieht sich hier auf die Konvention, »Parameter« nur für die Grundgesamtheit gelten zu lassen – μ und σ etwa sind Parameter, nicht aber $\bar{x}$ oder s.

Ein anderes viel verwendetes Wort ist heute *»stochastisch«* – auch hier ist man zuweilen versucht, an Beans bissige Bemerkung über die Mode-Fremdworte zu denken. Das Wort stammt aus der Frühzeit der Wahrscheinlichkeitsrechnung (einer der Bernoullis hat es geprägt), es wurde schon zu Beginn unseres Jahrhunderts von Bortkiewicz (dem »Hufschlag-Bortkiewicz«) wiederentdeckt, aber erst nach dem Zweiten Weltkrieg zum wissenschaftlichen Modewort. Es heißt letztlich nicht mehr als »Zufalls- . . .«, »lediglich den Gesetzen des Zufalls unterworfen«. Zufallsverteilungen wie die Normal-, die Poisson- und die Binomialverteilung sind der Inbegriff stochastischer Verteilungen. Günter Menges definiert in seinem »Grundriß der Statistik, 1« lapidar: »Alles, was auf der Wahrscheinlichkeitsrechnung aufgebaut ist oder sonstwie mit ihr zu tun hat, bezeichnet man als ›Stochastik‹.«

6. Über den Umgang mit Hypothesen

6.1 Unter Kontrolle

Von dem Sack mit den tausend Nüssen, der uns des öfteren beschäftigt hat, haben wir angenommen, es handle sich um ein Geschenk von guten Freunden. Wir hätten daher eigentlich gar keine Stichproben entnehmen dürfen, denn einem geschenkten Gaul schaut man bekanntlich nicht ins Maul. (Das Ins-Maul-Schauen ist auch eine Art Stichprobe: Aus dem Zustand des Gebisses wird auf das Alter und damit auf den Zustand der »Grundgesamtheit Pferd« geschlossen.)
Weit öfter aber wird es darum gehen, sich von der Qualität einer Ware zu überzeugen, für die man bares Geld auf den Tisch legen muß, und dann wird die *verstohlene* Stichprobe zur genau *vereinbarten Abnahmekontrolle*. Der Käufer macht den Verkäufer von vornherein darauf aufmerksam: Ich übernehme die Ware nur, wenn sich in einer Stichprobe von diesem oder jenem Umfang nicht mehr als soundsoviel Exemplare als mangelhaft erweisen. Der Verkäufer seinerseits sollte bereits seit langem wissen, auf welche Art von Abnahmekontrolle er eingehen kann und wann er lieber auf den schönen Auftrag verzichtet: Er müßte nämlich anhand der laufenden Produktionskontrolle beurteilen können, inwieweit seine Ware den Anforderungen des Käufers vermutlich entsprechen wird.
Abnahmekontrolle – Produktionskontrolle: Auf den ersten Blick scheint es sich um ein und dasselbe zu handeln. Man macht eine Stichprobe von entsprechendem Umfang und stellt anhand dieser fest, wieviel von der Grundgesamtheit vermutlich zu leicht oder zu klein, zu schwer oder zu groß, zu brüchig oder zu unrein ist. Dennoch handelt es sich dabei um zwei zwar ähnliche, aber zugleich auch recht unterschiedliche Vorgänge.
Die *Produktionskontrolle* wird laufend durchgeführt und soll es ermöglichen, auftretende Herstellungsmängel beizeiten zu erkennen und abzustellen, indem etwa eine Maschine nachjustiert oder ein besonders unachtsamer Arbeiter aus dem Produktionsprozeß gezogen wird. Die *Abnahmekontrolle* hingegen bezieht sich auf die Qualität jener Erzeugnisse, die bereits durch das Sieb der Produktionskontrolle geschlüpft sind und von denen der Hersteller annimmt, daß sie seinen Qualitätsnormen durchaus entsprechen.
In der Produktionskontrolle wird es ferner notwendig sein, Abweichungen nach *beiden* Richtungen genau im Auge zu behalten, denn während etwa der Käufer nur untergewichtige Ware bemängeln mag, hat der Hersteller kein Interesse, durch übergewichtige Ware dem Kunden laufend Geschenke zu machen.
Das Stichwort in der Produktionskontrolle heißt: Der Herstellungsprozeß ist *»unter Kontrolle«*. Das muß nicht unbedingt besagen, daß nun jeder Käufer zufrieden, jede Abnahmekontrolle erfolgreich sein wird. Ein Prozeß ist nämlich ganz einfach dann »unter Kontrolle«, wenn er keine abnormen Schwankungen zeigt – aber es mag sein, daß für manche Interessenten schon die betriebsüblichen normalen Schwankungen zu groß sind. Dann ist der Herstellungsprozeß zwar statistisch »unter Kontrolle«, aber bei der Abnahmeprüfung gibt es immer wieder Schwierigkeiten.

Nehmen wir etwa folgendes Beispiel: Eine Maschine erzeugt Metallrahmen, die eine lichte Höhe von mindestens 82,5 und höchstens 83,5 Zentimeter aufweisen sollen. Aus der ersten Produktionsserie werden hundert Stück entnommen und genau gemessen, wobei ein Stichprobenmittel $\overline{x} = 83{,}02$ und eine Standardabweichung $s = 0{,}11$ festgestellt werden. Da wir es wohl mit einer Normalverteilung zu tun haben, werden Abweichungen jenseits der dreifachen Standardabweichung nur zwei- bis dreimal in tausend Beobachtungen vorkommen. Solange der Prozeß weiterhin so verläuft wie zu Beginn, können wir also mit mehr als 99 Prozent Sicherheit annehmen, daß kein Meßergebnis außerhalb von $\pm$ 0,33 Zentimeter auftreten wird. Sollten dagegen spätere Stichproben ergeben, daß derartige Resultate häufiger vorkommen als erwartet (etwa einmal in hundert Messungen oder noch öfter), dann ist der Produktionsprozeß statistisch nicht mehr »unter Kontrolle«.

Was soll nun geschehen? Vor allem wird man ruhig überlegen, was das in der Praxis des Betriebs bedeutet. Ist es eine Katastrophe, wenn jeder hunderste Rahmen zum Beispiel weniger als 82,69 Zentimeter mißt (das heißt 83,02 — 0,33)? Gewiß nicht, denn er erfüllt seine Aufgabe sogar noch bis zu 82,5 Zentimeter. Es wird also weiterproduziert wie bisher. Eventuell wird man die Stichprobenziehungen etwas häufiger vornehmen – um festzustellen, ob die Maschine »einen Gang« entwickelt hat und von Tag zu Tag minimal kleinere (oder ganz einfach unregelmäßigere) Rahmen erzeugt.

Weit schlimmer ist der andere Fall: Immer noch seien für den vorgesehenen Verwendungszweck Toleranzen von $\pm$ 0,5 Zentimeter geduldet, aber die Produktion unserer Maschine ergibt ein $\overline{x}$ von 83,2 und $s = 0{,}25$. Das bedeutet jedoch, daß die obere Toleranzgrenze bereits bei 1,2 σ erreicht ist, und ein Blick auf die Normalverteilungstabelle zeigt sofort, daß damit nicht weniger als 11,5 Prozent der Produktion unbrauchbar sind. (Bei der unteren Toleranzgrenze ist die Situation nicht so schlimm: Von 83,2 bis 82,5 sind fast 3 σ.)

Hier ist also die Produktion durchaus »unter Kontrolle«, das heißt, sie streut normal um den festgestellten Mittelwert – und dennoch müssen fast 12 Prozent der Produktion weggeworfen, verschrottet oder eingeschmolzen werden. Vielleicht könnte man durch genaueste Adjustierung näher an das erstrebte $\mu = 83{,}0$ herankommen, aber selbst dann würde noch immer ein Teil der Produktion außerhalb des Toleranzbereichs von 82,5 bis 83,5 Zentimeter liegen: Rund 4,5 Prozent Ausschuß gäbe es in diesem günstigsten Fall. Die Maschine ist eben für die geforderte Präzision nicht gut genug, ihre Streuung ist zu groß. Eine andere, bessere Maschine muß eingesetzt werden, denn eine Maschine, die nicht exakt genug arbeitet, kann man auch mit den klangvollsten statistischen Zauberformeln nicht beschwören.

6.11 Abnahmeprüfungen

Dem Käufer ist es vollkommen gleichgültig, was sich bei der Produktionskontrolle abspielt – für ihn ist die Abnahmeprüfung entscheidend. (Zuweilen wird allerdings Übergabe der Produktionskontrollkarten vereinbart, um die Abnahmekontrolle zu vereinfachen.) Hier soll anhand einer Stichprobe ein Maßstab für die Zusammensetzung der ganzen Warenpartie gefunden werden.

Der ideale Fall scheint auf den ersten Blick der zu sein, in dem die durchschnittliche Produktionsqualität des Herstellers A genau den Anforderungen des Käufers B entspricht. Nehmen wir an, die Produktion weist durchschnittlich 1 Prozent Mangelexemplare auf – und 1 Prozent ist der Käufer zu dulden bereit. Tausend Stück sollen geliefert werden, und man vereinbart den Stichprobenumfang n = 100. Der Käufer ist sogar bereit, die Sendung anzunehmen, wenn sich in dieser Stichprobe *ein* fehlerhaftes Exemplar findet. Dennoch wäre dieses Verfahren für beide Teile äußerst verdrießlich. Denn was wird geschehen? Die Poisson-Verteilung gibt uns für das Erscheinen des »seltenen Ereignisses: schlechtes Stück« folgende Wahrscheinlichkeiten bekannt:

kein schlechtes Stück in der Stichprobe:

$$p_0 = \frac{1}{e} = 0{,}37$$

ein schlechtes Stück: $p_1 = \frac{1}{e} \cdot 1$

$$= 0{,}37$$

zwei oder mehr schlechte Stücke:

$$p_{2\ \text{und mehr}} = 1 - (0{,}37 + 0{,}37) = 0{,}26$$

In reichlich einem Drittel der Fälle wird die zu 1 Prozent fehlerhafte Ware makellos erscheinen, in mehr als einem Viertel der Fälle wird sie abgelehnt werden, weil die Stichprobe zwei oder mehr fehlerhafte Stücke aufweist. Und dabei muß betont werden, daß der Käufer ohnehin unglaublich tolerant oder naiv ist, wenn er 1 Prozent Fehler in der Stichprobe noch akzeptiert, denn er muß ja befürchten, daß die Gesamtfehlerhäufigkeit höher liegt als in der Stichprobe.

Auf der Basis »Produktionsqualität genau gleich gewünschte Qualität« wird man also auf längere Sicht zu keinem ersprießlichen Geschäftsverkehr kommen. Die tatsächliche Fehlerhäufigkeit der Produktion muß vielmehr *niedriger* sein als die vom Käufer akzeptierte. Nur dann bildet sich jener Zwischenbereich heraus, in dem das Spiel des Zufalls (der Zufallsstichprobe) walten kann, ohne die Interessen eines der beiden Partner über Gebühr zu verletzen.

Leicht ist es dann, wenn die Produktion weit besser als unbedingt notwendig ist – völlig unproblematisch der Idealfall einer absolut fehlerfreien Serie, denn wenn in der Grundgesamtheit kein einziges mangelhaftes Stück ist, kann auch in den Stichproben keines auftauchen. Mit einem solchen Idealfall wird man aber in der Regel nicht rechnen können, man muß vielmehr von der realistischen Annahme ausgehen, daß die produzierte Ware nicht wirklich perfekt sein kann – und man wird nach einem Weg suchen, *für Käufer und Verkäufer* ein faires und vor allem auch *nicht zu teures Prüfverfahren* zu finden. Mit anderen Worten: Es gilt, eine Abnahmekontrolle zu schaffen, die bei möglichst geringem Stichprobenumfang dem Käufer die Gewähr bietet, höchstwahrscheinlich befriedigende Qualität zu erhalten, und die gleichzeitig dem Verkäufer eine hohe Wahrscheinlichkeit für klaglose Annahme sichert – falls er seinen Produktionsstandard wirklich gehalten hat (s. Abb. S. 150).

Beide, Käufer wie Verkäufer, werden ein Risiko tragen müssen. Dem Käufer kann es widerfahren, daß die Zufallsstichprobe wesentlich besser ist als die wahre Qualität der gesamten Lieferung. Dem Erzeuger kann es passieren, daß er zwar durchaus gute Ware erzeugt hat, daß aber durch Zufall beinahe alle Mängelexemplare in die Stichprobe rutschen.

Nehmen wir etwa an, der Käufer wäre bereit, 2 Prozent Ausschuß zu akzeptieren, während der Erzeuger weiß, daß seine Produktion bei 1 Prozent Ausschuß liegt. In der Gesamtmenge von tausend Stück sind daher nur etwa zehn fehlerhafte. Es wurde eine Stichprobe vom Um-

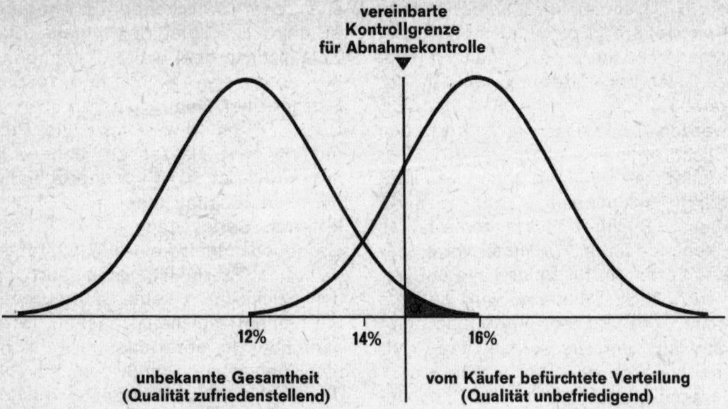

Zwei Fehler können bei der Stichprobenuntersuchung unterlaufen. Durch Zufall kann die Stichprobe weit schlechter ausfallen, als es der Gesamtheit entspricht – sogenannter »Alpha-Fehler« oder »Fehler erster Art« (Graphik oben – das Gute oder Richtige wird dadurch abgelehnt. Es kann aber auch die Stichprobe durch Zufall weit besser sein als die Gesamtheit – »Beta-Fehler« oder »Fehler zweiter Art« (Graphik unten – das Schlechte, Unrichtige, Mangelhafte wird dadurch akzeptiert).

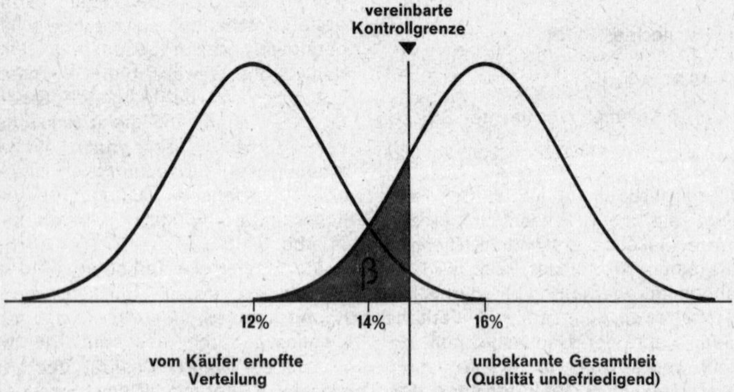

fang n = 100 vereinbart. Kann er dieser Abnahmeprüfung beruhigt entgegensehen? Nicht unbedingt. Denn es ist durchaus möglich, daß sich in der Stichprobe drei schlechte Exemplare befinden:

$$p_3 = \frac{1}{e} \cdot \frac{1}{3!} = \frac{1}{6e} = 0{,}06$$

Sechs von hundert Stichproben also werden drei Stück schlechte Ware enthalten, mindestens eine weitere sogar vier oder mehr. Dazu kommt noch etwas: Kein Käufer wird eine 100er-Stichprobe mit auch nur zwei Mängelexemplaren akzeptieren, wenn er sicher sein will, daß in der Gesamtmenge nicht mehr als 2 Prozent schlecht sind.

Ehe wir uns nun kurz mit den rechnerischen Verfahren befassen, die ersonnen wurden, um die angestreb-

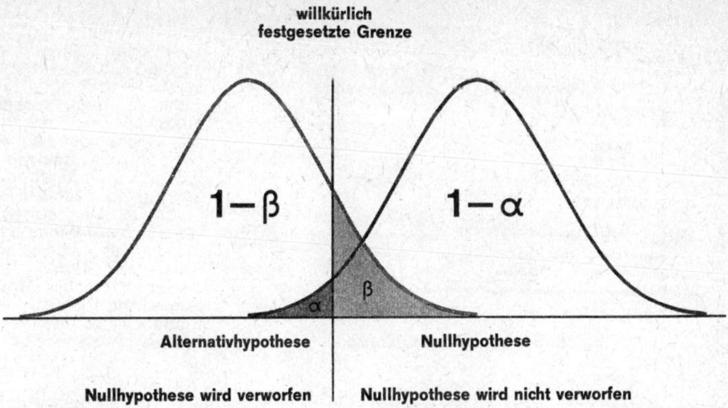

Auch Hypothesentests sind durch die Alpha- und Beta-Fehler stets bedroht. Die Nullhypothese kann verworfen werden, obwohl sie richtig ist, oder auch nicht verworfen werden, obwohl sie falsch ist.

te faire Risikenteilung zu ermöglichen, müssen wir noch einmal den Charakter dieser Risiken deutlich machen. Wir werden nämlich bald sehen, daß es hier nicht bloß um ein rein kaufmännisches Problem zwischen Käufer und Verkäufer geht, sondern daß das gesamte Gebiet der Stichprobenanalyse vom Thema Risiko beherrscht, ja überschattet ist.

Die Stichprobe liefert, das wissen wir nachgerade, nur Hinweise, aber keine für die Gesamtheit verbindlichen Aussagen. Sie wird in aller Regel *nicht* die genau gleiche Fehlerproportion oder *nicht* den ganz richtigen Mittelwert der Grundgesamtheit aufweisen. Das haben wir bei den Nüssen und so weiter im einzelnen genau nachgewiesen. Wenn nun etwa der Käufer bereit ist, 15 Prozent schlechte Nüsse zu akzeptieren, und die Stichprobe ergibt 13 Prozent, so geht er immer noch ein gewisses errechenbares Risiko ein, in der Gesamtlieferung doch mehr als 15 Prozent schlechte Ware zu haben.

Der umgekehrte Fall ist der, daß die Stichprobe 16 Prozent Mangelware aufweist und der Käufer mit Recht die Lieferung zurückweist – obwohl eine Nachprüfung ergäbe, daß der wahre Anteil der schlechten Nüsse alles in allem sogar nur 12 Prozent beträgt.

Diesen Fall, also die Zurückweisung des Guten, Richtigen oder Entsprechenden aufgrund einer ungünstigen Stichprobe, bezeichnet man als das Auftreten eines *»Fehlers erster Art«*, zuweilen auch *»Alpha-Fehler«* genannt. Das Gegenstück, die Annahme des Falschen, Unrichtigen oder Nicht-Entsprechenden aufgrund einer günstigen Stichprobe, ist der sogenannte *»Fehler zweiter Art«* oder *»Beta-Fehler«*. Es sind dies gewissermaßen Scylla und Charybdis der Stichprobenanalyse. Auf welche Weise kann man ihnen ausweichen (s. Abb. oben)?

Nun, eine Binsenwahrheit haben wir schon gehört: Wenn es kein fehlerhaftes Exemplar gibt, kann auch keine Stichprobe eines zum Vorschein bringen. Das ist der Fall des Vorzugsschülers: Was immer als Prüfungsfrage gestellt wird – er kann sie beantworten. (Denn jede Prüfung ist natürlich eine Stichprobe – eine Stichprobe aus dem Wissenreservoir des Prüflings.)

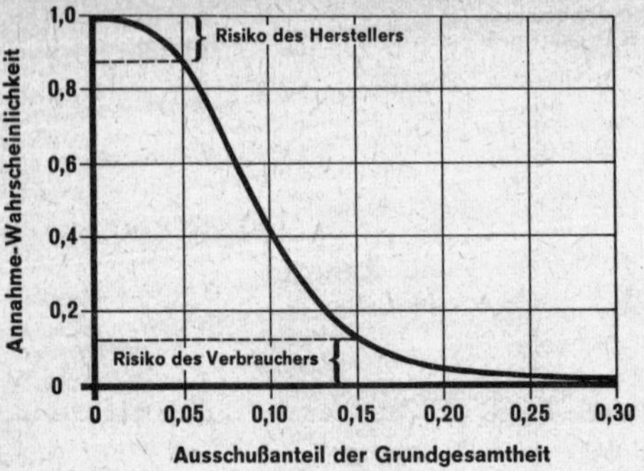

Prüfplankurve (Operations-Charakteristik) nach einer Darstellung bei Wallis/Roberts. Der Hersteller glaubt, nicht mehr als fünf Prozent Ausschuß zu erzeugen, der Verbraucher ist bereit, maximal fünfzehn Prozent Ausschuß zu akzeptieren. Der Stichprobenumfang beträgt vierzig, worunter höchstens drei fehlerhafte Stücke sein dürfen. Bei dieser Abnahmekontrolle sind die Risiken des Käufers und des Verkäufers gleich groß.

Einen zweiten Extremfall haben wir angedeutet. Wenn der Käufer bereit ist, 6 Prozent schlechte Ware zu akzeptieren (oder eine Toleranz von ± 1 Zentimeter gelten läßt), während der Hersteller nur 1 Prozent Ausschuß (beziehungsweise Produktionstoleranzen von ± 0,3 Zentimeter) hat, dann wird die Abnahmeprüfung fast immer gut verlaufen.

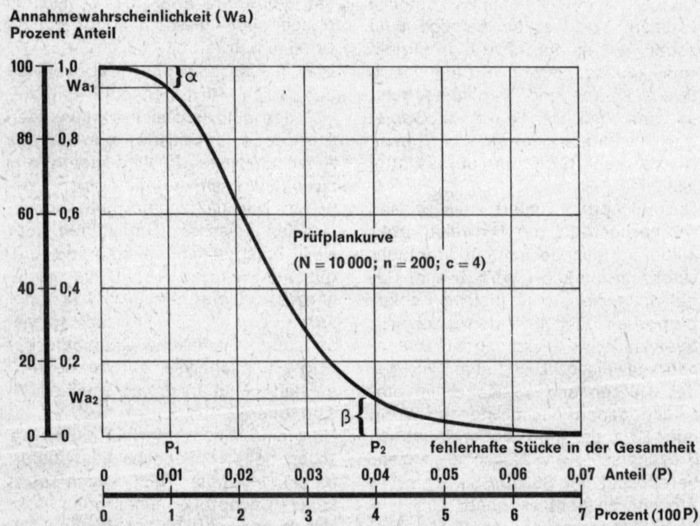

Operations-Charakteristik (Prüfplankurve) für eine Stichprobe n = 200, in der bis zu vier (c = 4) Mängelexemplare sein dürfen. Die linke Skala gibt die Annahmewahrscheinlichkeit der Stichprobe an. Ist der wahre Anteil der Mängelexemplare nur 1 Prozent, dann errechnet der Verkäufer sein Risiko (durch den α-Fehler) mit knapp 5 Prozent. Für den Käufer besteht ein Risiko (β-Fehler) von rund 10 Prozent, da in der Gesamtheit 4 oder mehr Prozent Mängelexemplare sind, obwohl die Stichprobe ja nur 2 Prozent (nämlich 4 unter 200) aufwies (nach einer Darstellung bei Hans Kellerer).

Einen dritten Extremfall haben wir auch schon skizziert. Wenn die Kundschaft als Mindestqualität das verlangt, was der Erzeuger als Durchschnittsqualität zu liefern imstande ist, dann wird die Stichprobe fast immer täuschen, und ein befriedigender Geschäftsverkehr wird praktisch unmöglich sein. Die Realität des Alltags und des Wirtschaftslebens kennt diese Extreme kaum. Absolut fehlerlose Serienproduktion bleibt ein Wunschtraum. Der Käufer, der 6 Prozent schlechte Ware akzeptiert (und dementsprechend bezahlt), wird nicht zu einem Erzeuger gehen, der unverhältnismäßig besser produziert (und sich dafür auch bezahlen lassen will). Wer jede zweite Lieferung wegen mangelnder Stichprobenqualität zurückweisen muß, wird sich sehr bald einen anderen Lieferanten suchen (s. Abb. S. 152 oben).

Die Realität liegt zwischen diesen Extremen – und in diesem Bereich blühen und gedeihen die Theorie und Praxis der Abnahmeprüfung. Sehen wir uns zur Veranschaulichung folgendes Beispiel Hans Kellerers an: Die gesamte Lieferung hat den Umfang N = 10000, der Hersteller ist überzeugt, daß nur 1 Prozent mangelhaft ist (M = 100, M/N = P = 0,01); der Käufer ist bereit, 4 Prozent Ausschuß zu akzeptieren. Man vereinbart eine Stichprobe vom Umfang n = 200 und einen gerade noch akzeptablen Fehleranteil m/n = 0,02, also maximal 4 schlechte unter 200.

In diesem Fall errechnet sich der »Fehler erster Art« (Ablehnungsrisiko des Herstellers) mit etwa 5 Prozent, der »Fehler zweiter Art« (Risiko des Käufers bei ungewisser Beschaffenheit der Warengesamtheit) mit etwa 10 Prozent. Wir wollen auf die Formeln zur Errechnung dieser Werte hier nicht im einzelnen eingehen. Es gibt – zum Unterschied von der Normalkurve – keine knappe, einfache Tabelle, aus der

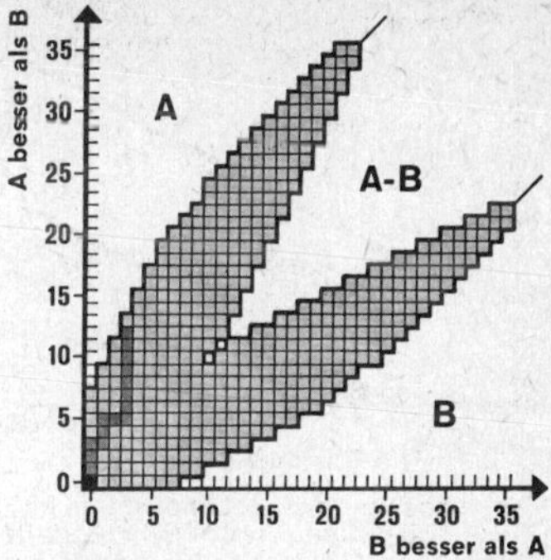

Sequentielle Stichprobenanalyse nach einer Darstellung bei Haseloff/Hoffmann. In einer Reihe von Tests werden A und B verglichen. Sooft A besser ist, geht man ein Feld nach oben, sooft B besser ist, ein Feld nach rechts, sind beide gleich, schreitet man in der Diagonalen weiter. In unserem Bild war in den ersten drei Versuchen A besser, im vierten B, im fünften und sechsten wieder A, im siebten und achten B, im neunten bis fünfzehnten A. Erweist sich A auch in den folgenden zwei Versuchen als besser, dann wird das Experiment mit dem Resultat »A ist besser als B« abgeschlossen.

Der in Klausenburg, Siebenbürgen, geborene Mathematiker Abraham Wald (1902–1950) war einer der bedeutendsten Statistiker unseres Jahrhunderts. Er entwickelte unter anderem die modernen Methoden der Sequenzanalyse und schuf die Grundlagen der Entscheidungstheorie.

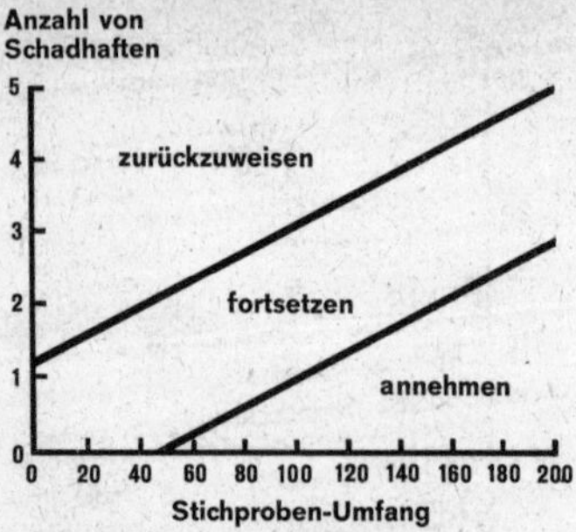

Sequentielle Stichprobenanalyse nach einer Darstellung bei Wallis/Roberts. Treten zwei fehlerhafte Exemplare auf, ehe der Stichprobenumfang n = 40 erreicht wird, dann wird auf jeden Fall abgelehnt. Ist dagegen bei n = 100 immer noch nur ein einziges schadhaftes Exemplar, dann wird angenommen.

sich für alle Stichprobenumfänge und Risikobereitschaften die entsprechenden Angaben ablesen lassen. Es muß vielmehr für jeden Fall eine spezifische *»Prüfplankurve«* entworfen werden.

Diese *Prüfplankurve (Operations-Charakteristik, OC-Kurve)* zeigt graphisch an, wie wahrscheinlich Fehler erster beziehungsweise zweiter Art bei dem gewählten Stichprobenverfahren sind. In jedem Einzelfall sind zahlreiche (bis zahllose) Prüfplankurven vorstellbar. Wir hatten vorhin bei N = 10 000 eine Stichprobe n = 200 gezogen und in dieser m = 4 als höchsten akzeptablen Wert angesehen – mit dem Ergebnis, daß der Verkäufer 5 Prozent, der Käufer 10 Prozent Risiko hatte. Wir hätten statt dessen n = 230 (und weiterhin m = 4) wählen können – das hätte eine etwas veränderte Kurve ergeben, mit größerem Risiko für den Erzeuger und verringertem für den Käufer. Wir hätten einen kleineren Stichprobenumfang wählen können, was für beide Partner verringerte Kosten, aber vermehrte Unsicherheit bedeutet hätte. Wir könnten n = 1000 und m = 19 ansetzen, was eine sehr »trennscharfe«, aber auch sehr kostspielige Prüfmethode ergäbe. Und dazwischen sind schlechthin alle Stichprobenumfänge denkbar (s. Abb. S. 152 unten).

Handelt es sich um *»diskrete Merkmale«* (auch in der allgemeinen Alternativform »gut – schlecht«), dann wird der Stichprobenumfang nicht zu klein gewählt werden dürfen – besonders dann, wenn nur ein sehr geringer Anteil von Mängelexemplaren geduldet werden kann. Wenn der Käufer maximal 1 Prozent Ausschuß akzeptiert, wird eine Stichprobe im Umfang n = 100 kaum befriedigen, denn wenn auch nur ein einziges schlechtes Stück in dieser Stichprobe enthalten ist, hat der Käufer bereits ein hohes Annahmerisiko. Er kann also praktisch nur auf Basis einer völlig fehlerfreien Stichprobe übernehmen; das ist für den Erzeuger ein Handikap.

In der Alltagspraxis der Abnahmekontrolle handelt es sich freilich nicht so sehr darum, ein Verfahren zu finden, das Käufer wie Verkäufer genau gleich behandelt und somit das Risiko präzis aufteilt, sondern es kommen Faktoren ins Spiel, die nicht mathematisch-statistischen Charakters sind: Je nach Verhandlungsposition (Marktlage und so weiter) wird einmal dieser, einmal jener Geschäftspartner günstigere Abnahmebedingungen für sich herausschlagen können. Wichtig ist freilich für beide, die Operationscharakteristik des vereinbarten Prüfverfahrens genau zu kennen: Was auf den ersten Blick durchaus fair erscheinen mag, entpuppt sich nämlich bei näherer Betrachtung oft als überaus unfair.

Mitunter wird man auch eine *»sequentielle Stichprobe«* vereinbaren, weil dadurch der Stichprobenumfang verringert werden kann, ohne daß die Risiken zu hoch werden. Die theoretischen Grundlagen der sequentiellen Stichprobenanalyse – sie wurden in den vierziger Jahren von Abraham Wald ausgearbeitet – sind überaus schwierig.

Wir wollen kurz den Grundgedanken skizzieren, der ebenso einfach wie einleuchtend ist. Man zieht eine verhältnismäßig kleine Stichprobe und basiert darauf in jenen Fällen, in denen Extremwerte erzielt werden, eine sofortige Entscheidung: Findet sich etwa in einer Stichprobe vom Umfang n = 50 kein einziges schlechtes Exemplar, so wird die Lieferung angenommen. Sind darin zwei oder mehr schlechte, dann wird abgelehnt. Ist jedoch genau ein Stück mangelhaft, wird die Stichprobe durch weitere Prüfstücke erweitert, wobei von vornherein für dieses zweite Stichprobenverfahren Kriterien vereinbart werden müssen. Es mag etwa vorgesehen sein, auf n = 100 zu erweitern. Tritt dabei kein weiteres schlechtes Exemplar auf, wird angenommen, kommen zwei schlechte, wird abgelehnt, kommt eines, wird zum Beispiel auf n = 140 erweitert, und es darf nun kein schlechtes Stück mehr dazukommen (s. Abb. S. 153 und S. 154).

Aber so einfach das Prinzip ist, so kompliziert ist die genaue Berechnung der Risiken für Fehler erster und zweiter Art. Wir geraten dann unweigerlich in die Tiefen und Untiefen der mathematischen Entscheidungstheorie, deren eigentlicher Schöpfer Abraham Wald ja war. Wald, ein österreichischer Emigrant, wurde 1938, im Alter von 36 Jahren, an die Columbia University berufen und erneuerte in den darauffolgenden zwölf Jahren die mathematische Stichprobentheorie revolutionär. 1950 ist er bei einem Flugzeugabsturz ums Leben gekommen.

6.12 Kontrollkarten

Der theoretischen Behandlung weit leichter zugänglich sind die Kontrollkarten, über die wir nun noch ein paar Worte sagen wollen. Es handelt sich dabei um verschiedene Formen der Aufzeichnung von Stichprobenergebnissen aus der laufenden Produktionskontrolle; meist verwendet man ein etwas abgewandeltes Koordinatensystem in Kartenform. Die Abszisse wird vom bisherigen Mittelwert gebildet, und jedes Meßergebnis wird nun der Reihe nach oberhalb oder unterhalb dieser »Ideallinie« registriert. Überdies werden zumeist je zwei Linien oberhalb und unterhalb dieser Mittellinie- der sogenannten »Warngrenze« oder »Aktionsgrenze«, parallel gezogen.

Die *Warngrenze* verläuft zumeist im Abstand von 2 σ vom Mittel, die *Kontroll- oder Aktionsgrenze* in der Regel bei 2,58 σ. Das bedeutet, daß – solange der Produktionsprozeß normal abläuft – 95 Prozent der gemessenen Werte innerhalb der Warngrenzen und nur 1 Prozent außerhalb der Aktionsgrenzen liegen werden. Man kann aber ebensogut sagen, daß der Vertrauensbereich (95 Prozent) von Warngrenze zu Warngrenze verläuft, oder auch, daß die Fehlerwahrscheinlichkeit (1 Prozent) den Bereich außerhalb der Aktionsgrenzen bezeichnet – wir haben es daher bei Messungen außerhalb dieser Grenzen mit »signifikanten« Abweichungen zu tun (s. Abb. S. 157).

Die Kontrollkarte hat aber auch den Vorzug, selbst solche Änderungen im Produktionsvorgang sichtbar werden zu lassen, die keine »Aktion« notwendig machen, wie etwa eine geringfügige Verschiebung des Mittels nach oben oder unten (jedoch noch innerhalb der Warngrenzen).

Mitunter erweist es sich als zweckmäßig, in den Kontrollkarten nicht die Einzelmeßwerte, sondern die Mittelwerte aus Kleinststichproben einzutragen. Das hat den Vorteil, daß vereinzelt »Irrläufer« schon innerhalb dieser Kleinstichprobe weitgehend neutralisiert werden und keine unnötige Besorgnis hervorrufen. Allerdings müssen dann auch die Warn- und Aktionsgrenzen enger

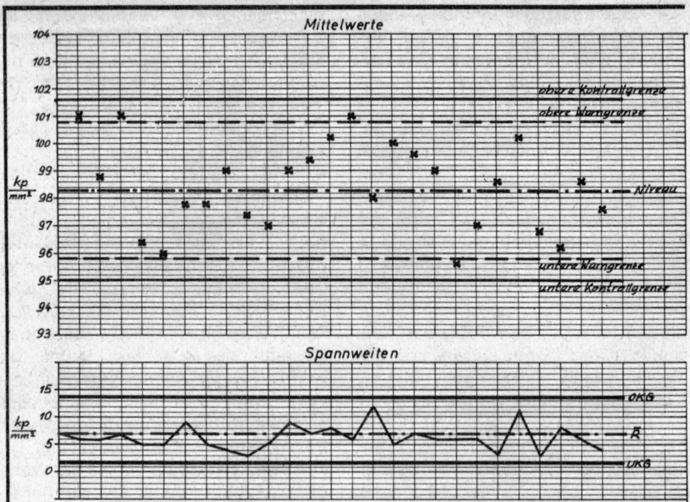

Nr.:	1	2	3	4	5	6	7	8	9	10	11	12	13	14	15	16	17	18	19	20	21	22	23	24	25	26	27	28	29	30
1	101	103	99	100	96	93	102	97	97	98	95	102	96	97	102	95	100	97	96	92	100	98	106	97	101	102	98			
2	103	103	103	105	96	95	96	100	99	97	97	101	102	100	104	97	100	100	99	94	98	98	99	98	93	96	100			
3	105	103	97	98	99	97	93	97	97	99	95	93	98	99	98	93	103	103	101	97	96	98	99	96	96	98	97			
4	103	97	98	100	93	96	97	95	101	96	98	101	98	100	101	100	99	102	97	97	94	101	105	98	98	97	97			
5	98	102	97	102	98	99	101	100	101	97	100	98	103	105	100	105	98	96	102	98	97	98	94	96	94	100	96			
Summe																														
$\bar{x}$	102	101	98,8	101	96,4	96	97,8	97,8	99	97,4	97	99	99,4	100,2	101	98	100	99,6	99	95,6	97	98,6	100,2	96,8	96,2	98,6	97,6			
R	7	6	6	7	6	6	9	5	4	3	5	9	7	8	6	12	5	7	6	6	6	3	11	3	8	6	4			

Beispiel der Verwendung einer Kontrollkarte in der Produktionskontrolle eines Industriebetriebes. Gemessen wird die Kernfestigkeit der Hinterachswellen. Die Eintragungen beziehen sich auf das Mittel aus je fünf überprüften Hinterachswellen (obere Kontrollkarte), beziehungsweise auf die Spannweite dieser je fünf Einzelmessungen (Spannweitenkarte unten). Der Mittelwert (»Niveau«) der Produktion liegt bei 98,3 kp/mm². Bemerkenswert ist, daß eine völlig gleichartige Qualität als abnorm gelten müßte: Wenn die fünf Prüfstücke der Stichprobe ganz gleichartig wären (und vielleicht sogar genau auf dem »Niveau« lägen), würde die Spannweite auf Null sinken und damit die untere Kontrollgrenze durchbrechen. Wenn nämlich der Zufall den ihm eingeräumten Spielraum nicht verwendet, ist stets erhöhte Aufmerksamkeit geboten.

gezogen werden, weil ja Stichprobenmittel weniger stark streuen als Einzelmeßwerte.

Wir wollen das an einem kleinen Beispiel illustrieren. Der Normwert μ der Kontrollkarte sei 100, die Streuung $\sigma = 3$. Dann verlaufen die Warngrenzen bei $(100 - 6) = 94$ beziehungsweise $(100 + 6) = 106$, die Kontrollgrenze bei 92,2 und 107,8. Nun hätten wir folgende fünfzehn Meßergebnisse:

100,2	103,4	106,8	91,8	100,8
100,6	97,3	94,4	102,4	93,8
101,2	99,1	92,2	108,2	95,6

Da liegen zwei Werte über (106,8 – 108,2) und drei Werte unter den Warngrenzen (92,2 – 91,8 – 93,8), und zwei davon sogar außerhalb der Kontrollgrenzen (108,2 – 91,8), ein dritter genau auf der Kontrollgrenze (92,2) – es kann also kein Zweifel bestehen: Der Prozeß ist statistisch nicht unter Kontrolle, hier geht es drunter und drüber.

Ziehen wir hingegen aus je drei aufeinanderfolgenden Messungen das Mittel, so sieht alles viel harmloser aus:

100,7 – 99,9 – 97,8 – 100,8 – 96,7

Alle liegen bequem innerhalb unserer alten Warngrenzen. Aber sie stimmen eben für diesen Fall nicht mehr, sondern müßten viel enger gezogen sein.
Schließlich gibt es auch noch die sogenannten *R-Karten* (R wie »range – Spannweite«), auf denen die Spannweite innerhalb einer Kleinststichprobe angegeben wird. Bleiben wir wieder bei unseren fünf Dreiergruppen, so erhalten wir:

1,0 – 6,1 – 14,6 – 16,4 – 7,0

Hier wird nicht verschleiert, wir können auf die Normalverteilung der Einzelmeßwerte Bezug nehmen: Spannweiten über 12 sollten höchst selten auftreten – und wir haben hier unter fünf Intervallmessungen bereits zwei, die erheblich höher liegen.
Warum verläuft die Aktionsgrenze ausgerechnet bei 2,58 σ? Erstens verläuft sie nicht dort, sondern man hat sie bloß sehr oft dort festgelegt (sie könnte auch bei 2,5 oder 3 σ liegen, je nach Bedarf). Und zweitens ist es ein Triumph des Prozentdenkens über die Normalverteilung: Innerhalb von $\pm$ 2,58 σ liegen 99, außerhalb 1 Prozent. Und darum liegt auch die Warngrenze genau bei $\pm$ 1,96 σ und nicht bei 2 σ (= 95,5 Prozent).

6.2 Einfache Hypothesentests

Eine Hypothese ist – ganz wörtlich – eine Unterstellung: eine Annahme, daß etwas so oder so sein, so oder so erklärt werden könnte. Die Hypothese aufgestellt, dann ist es eine These, ein zum Beweis dienender Satz, eine Behauptung. Sie ist eine Vermutung, die einer plötzlichen Eingebung entspringen kann oder aber nach langem Überlegen aus einer Versuchsreihe gewissermaßen herausdestilliert wird: »Es könnte doch durchaus sein, daß ...«, oder: »Nehmen wir einmal an, es gäbe einen Zusammenhang ...«
Hat man einmal eine solche Hypothese aufgestellt, dann ist es eine Frage des Temperaments und der Gewissenhaftigkeit, ob man sie lautstark als neue Weisheit proklamiert und alle Einwände zu entkräften

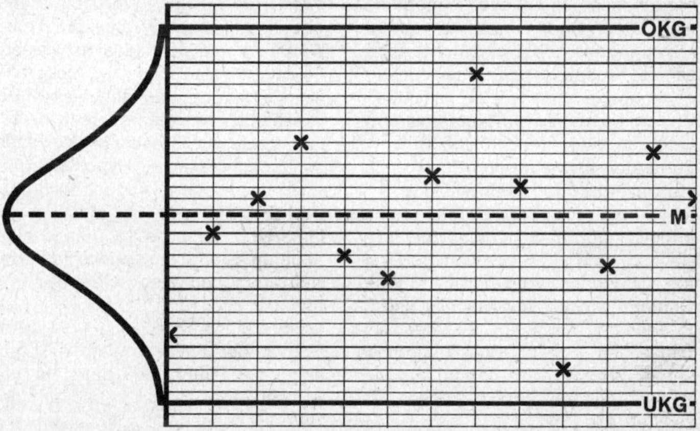

Den Zusammenhang zwischen Kontrollkarte und Normalkurve zeigt diese Darstellung. Meßwerte nahe den Kontrollgrenzen (UKG untere, OKG obere Kontrollgrenze) sollten extrem selten sein. Die meisten Ergebnisse liegen in der Nähe des Mittels.

sucht oder ob man zunächst einmal im stillen Kämmerlein überlegt, wie denn diese Hypothese auf ihre Richtigkeit geprüft werden könnte. Zwischen diesen beiden Extrempositionen gibt es noch so manchen Mittelweg, darunter den besonders beliebten, mit Blickrichtung Hypothesenstützung alles zusammenzutragen, was der Untermauerung dient, und alles kritisch zu prüfen, was sich dagegen vorbringen läßt.

Wer jedoch seine (oder auch eines anderen) Hypothese prüfen möchte, wird über kurz oder lang seine Zuflucht zur Statistik nehmen müssen – es sei denn, es handle sich um Hypothesen aus Bereichen, die der Zusammenstellung statistischer Daten besondere Schwierigkeiten bereiten: Mit Hilfe der Statistik wird man die These, daß die Götter Astronauten waren, schwerlich falsifizieren und gewiß nicht verifizieren können. Ähnlich verhält es sich mit anderen historischen Hypothesen, und zwar aus einem ganz besonderen Grund: Exakte Hypothesenprüfung erfordert Testmaterial, das zusätzlich zu jenem herbeigeschafft werden muß, das den Anstoß zur Hypothesenbildung gab. Andernfalls läuft man Gefahr, mit mathematischen Formeln lediglich ein imposantes Gebäude um eine vorweggenommene Annahme zu errichten.

Die *mathematische Hypothesenprüfung* ist eine verhältnismäßig neue Form der statistischen Arbeit – sie stammt aus den Jahren kurz vor dem Ausbruch des Zweiten Weltkrieges, wurde vor allem von Jerzy Neyman und E. S. Pearson geschaffen und dann von Abraham Wald weiterentwickelt. Auf Neyman und E. S. Pearson geht sowohl der Gedanke des Testens einer Hypothese zurück als auch die Vorstellung von den Fehlern erster beziehungsweise zweiter Art.

Aber schon aus jener Frühzeit der Statistik, da man sich eben erst vom biblischen Fluch befreit hatte und die göttliche Ordnung statistisch zu preisen begann, stammt ein *erster Hypothesentest*. Der britische Arzt und Satiriker John Arbuthnot konstruierte einen *statistischen Gottesbeweis*, indem er im Jahre 1710 erklärte: In den letzten 82 Jahren sind in London regelmäßig mehr Knaben als Mädchen geboren worden. Das kann kein Zufall sein, denn wenn Knaben- und Mädchengeburten nur dem Kopf- und Wappenschema beim Münzwerfen entsprächen, wäre dieses ständige Übergewicht an Knaben undenkbar. Es ist also die Hand Gottes darin zu erblicken, die die Geburtenverteilung in ihrer Weisheit so regelt, wie es gut ist. Diese Überlegung hat *theologische, wahrscheinlichkeitstheoretische und logische Mängel*, aber im Prinzip handelt es sich um einen Hypothesentest: Die Hypothese »Normalverteilung der Geburten mit $p = q = 0{,}5$« wurde anhand von Erfahrungsmaterial widerlegt.

Konstruieren wir ein anderes Beispiel: Ich beobachte in einer Strafanstalt, daß Wechselbetrüger einen sehr hohen Intelligenzquotienten haben – und stelle nun die Hypothese auf, daß Wechselbetrüger überdurchschnittlich intelligent seien. Wenn ich bloß auf das mir bereits bekannte »Material« zurückgreife, kann ich zwar allenfalls dieses Beobachtungsmaterial in eindrucksvoller Form als »Statistik« vorlegen, aber die wirkliche Hypothesenprüfung kann erst erfolgen, wenn ich *nach* Erstellung der Hypothese neues Material untersuche – Häftlinge einer anderen Strafanstalt etwa oder den Neuzugang an Wechselbetrügern in den nächsten drei Jahren.

Freilich kann man auch einen Ausweg in der Weise finden, daß man sagt: Oh, bitte, ich hatte ja von Anfang an – noch ehe ich mit den Untersuchungen begonnen hatte – eine Hypothese. Diese Hypothese bestand darin, daß das Intelligenzniveau der Scheckbetrüger sich so

»verteilen« würde wie das der Gesamtheit aller Strafgefangenen (oder auch der gesamten Bevölkerung). Dann habe ich mit meinen Untersuchungsergebnissen diese *»Nullhypothese«* widerlegt und kann mein Resultat als aus einer Hypothesenprüfung hervorgegangen bezeichnen.
Bevor wir jedoch mehr über die sehr wichtige Nullhypothese und über die Aussagekraft von Hypothesentests sagen, wollen wir einen Augenblick zurückschauen auf das, was wir in den letzten Abschnitten erarbeitet haben. Dann zeigen sich nämlich bemerkenswerte Parallelen zu dem, was wir nun großartig »Hypothesenprüfung« nennen.
Wir haben ja selbst schon Hypothesenprüfungen vorgenommen. Zum Beispiel, als wir den Sack mit Nüssen untersuchten und uns dabei anfangs sagten: »Na ja, größenordnungsmäßig werden es vielleicht um die 20 Prozent sein, die verdorben sind.« Dann haben wir eine Stichprobe von passendem Umfang gezogen und diese Hypothese überprüft.
Noch deutlicher war die Situation, als wir mit den Kontrollkarten und den Abnahmeprüfungen befaßt waren – Hypothesenprüfung auf Hypothesenprüfung! Auf der Kontrollkarte ist die zu prüfende Hypothese ja sogar eingezeichnet: Hier muß der Mittelwert liegen, bis hierher und nicht weiter darf gestreut werden – wenn meine Hypothese »Alles läuft normal wie bisher« nicht widerlegt werden soll. Und was passiert bei der Abnahmeprüfung? Der Käufer testet gewissermaßen die Hypothese »Man will mich hereinlegen, die Ware ist mangelhaft« – und entschließt sich dann zur Annahme der Ware, wenn diese Hypothese widerlegt wird. Der Verkäufer testet die Hypothese »Meine Ware ist hochwertig wie immer« – und ist entsetzt, wenn sich etwas anderes herausstellt.
Ist Ihnen aufgefallen, daß wir beharrlich davon gesprochen haben, daß eine Hypothese widerlegt wird? Hätten wir nicht viel positiver sein und sagen können: Die Hypothese wurde bestätigt? Nein, leider nicht. Die ganze Hypothesenprüfung beruht letztlich darauf, daß eine Hypothese abgelehnt wird – und das nicht ohne Grund. Wir haben nämlich ein gutes Maß für das Unwahrscheinliche: Was zum Beispiel außerhalb der dreifachen Standardabweichung liegt, hat nur noch eine Wahrscheinlichkeit von $p = 0{,}003$. Finde ich in diesem Bereich mehr Meßwerte als »hineinpassen«, dann kann ich sagen: Diese Art von Normalverteilung trifft die Situation nicht. Ich kann die Hypothese »$\mu = 100$, $\sigma = 3$« widerlegen, wenn ich unter hundert Messungen acht erhalte, die höher sind als 109. Aber was ist damit positiv bewiesen? Die Hypothese $\mu = 110$ oder $\mu = 107$? Oder kann die Hypothese $\mu = 100$ richtig sein, aber σ ist viel höher, als angenommen war? Man wird durch die Meßwerte einen Hinweis erhalten, wie die Verteilung etwa sein könnte, aber positiv zu beweisen ist nichts.
Am ehesten kann man noch einen Bereich abgrenzen, indem man etwa feststellt: Sowohl die Hypothese $\mu \leqq 100$ (sprich: kleiner/gleich) als auch die Hypothese $\mu \geqq 118$ (sprich: größer/gleich) können als widerlegt gelten. Dazwischen muß irgendwo das wahre Mittel liegen. Wo genau? Dafür läßt sich allenfalls eine *»maximum likelihood«* (zuweilen mit *»maximaler Mutmaßlichkeit«* übersetzt) angeben, aber kein Beweis erbringen. *Hypothesen können daher prinzipiell nur falsifiziert, nicht aber verifiziert werden.* In der Praxis sieht man über diese Schwierigkeiten gerne hinweg und nimmt an: Wenn die Nullhypothese widerlegt ist, dann wird wohl meine Alternativhypothese richtig sein. Und das ist in allen jenen Fällen meist gerechtfertigt, in denen die Alternativhypo-

these von vornherein einen breiten Aktionsbereich hat oder in denen es im Wesen der Situation liegt, daß man die Fragestellung auf ein einfaches »entweder – oder« reduzieren kann.
Das ist vor allem dann der Fall, wenn es sich darum handelt, die Wirksamkeit eines neuen Medikaments, eines neuen Verfahrens und so weiter zu prüfen. Hier lautet die Nullhypothese: »Alles bleibt beim alten, das neue Verfahren ist nicht besser und nicht schlechter als das alte.« (Hier liegt auch die etymologische Basis der *»Nullhypothese«:* Diese Hypothese *besagt, daß die Veränderung »gleich null« ist.)* Wenn also die Nullhypothese widerlegt ist, kann die Alternativhypothese »ist wirksam« beziehungsweise »ist schlechter« als bestätigt angesehen werden, und es ist lediglich der Grad der erhöhten Wirksamkeit noch unbestimmt.
Vor allem aber darf eines nicht vergessen werden: Da auch die Hypothesenprüfung auf Stichprobenuntersuchungen basiert, unterliegt auch sie den Zufallsfehlern erster und zweiter Art. Es wird daher immer wieder einmal vorkommen, daß eine richtige Hypothese verworfen, eine falsche akzeptiert wird – vor allem dann, wenn überhaupt nur irrige Hypothesen zur Diskussion stehen. Werden nämlich nur falsche Hypothesen getestet, dann wird der Zufall gelegentlich einmal eine davon nicht falsifizieren. Werden hingegen nur richtige (Alternativ-)Hypothesen in Erwägung gezogen, dann mag zwar versehentlich einmal eine davon falsifiziert werden, im großen und ganzen aber wird das Ergebnis befriedigen. Es wurde daher mit Recht gesagt: »Statistische Tests haben lediglich eine gewisse Filterwirkung, die dazu führt, daß die richtigen Hypothesen unter den angenommenen etwas angereichert werden.«
Die Verfahren der Hypothesenprüfung sind zum größten Teil rechnerisch schwierig, und wir wollen sie daher nicht im einzelnen vorführen. Einige davon werden wir im letzten Kapitel dieses Buches kurz skizzieren (s. S. 265), aber wer die mathematischen Einzelheiten dieser Prüfverfahren studieren will, wird zu Lehrbüchern der Statistik greifen müssen, von denen wir im Anhang einige nennen.
Das schließt aber nicht aus, daß wir wenigstens in Umrissen die grundlegenden Gedanken der Hypothesenprüfung und des statistischen Testens kennenlernen wollen. Erinnern wir uns an den Fabrikanten A und den Käufer B, von denen dieser keine Ware kaufen will, die mehr als 2 Prozent Ausschuß enthält, und von denen jener glaubt, seine Produktion sei unter Kontrolle und enthalte nicht mehr als 1 Prozent Ausschuß.
Dem Käufer ist daran gelegen, den »Fehler zweiter Art«, das »Abnehmerrisiko«, so niedrig wie möglich zu halten. Ihm liegt – anders formuliert – daran, daß die Hypothese »*mehr* als 2 Prozent Ausschuß in der Gesamtheit« so nachhaltig wie möglich falsifiziert wird. Denn dann – und nur dann – darf er annehmen, daß damit gleichzeitig seine Alternativhypothese »enthält 2 Prozent oder *weniger* Ausschuß« bestätigt wird. In diesem und in vielen anderen Fällen handelt es sich um einen *»einseitigen Hypothesentest«:* Gefragt ist lediglich, ob ein bestimmter Mindest- oder Höchstanteil überschritten wird.
Das aber bedeutet bei einem normalverteilten Merkmal, daß nur *ein* Ende der Normalkurve interessiert. Ich will zum Beispiel nur wissen, wieviel Schrauben zu kurz (aber nicht, wieviel zu lang) sind, ob der Fehleranteil über 2 Prozent (aber nicht, ob er unter 0,5 Prozent) liegt, und so weiter. Das aber heißt, daß sich die zugestandene Irrtumswahrscheinlichkeit an jenem Ende der

Kurve konzentrieren darf, das mich interessiert.

Während also bei einem zweiseitigen Test, der 99 Prozent Sicherheit erbringen soll, an jedem der beiden Fußenden der Normalkurve 0,5 Prozent als »extrem« angesehen werden und zur Verwerfung der Hypothese führen, sammeln sich im einseitigen Test – bei gleicher Sicherheitswahrscheinlichkeit von 99 Prozent – diese 1 Prozent auf *einer* Seite an. Erinnern Sie sich, wie es (in Kapitel 3.33) bei der Erörterung

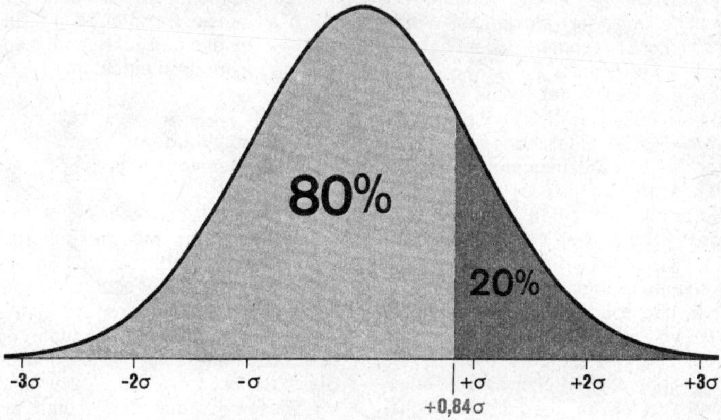

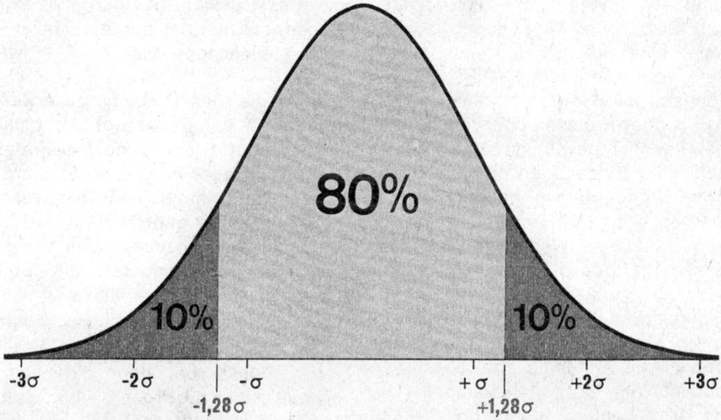

Die Aufteilung der Fläche unter der Normalkurve kann auf zweierlei Weise erfolgen. Werden nur die Extremwerte in einer Richtung betrachtet (in unserem Beispiel soll es sich um 20 Prozent handeln), dann sammeln sich diese an einem Fußende; die entsprechende Tabelle wird den Flächenanteil 0,80 für z = 0,84 angeben.
Sollen hingegen die Extreme in beiden Richtungen berücksichtigt werden, dann teilen sich die 20 Prozent unseres Beispiels auf spiegelbildlich verteilte zweimal 10 Prozent, und die Tabelle wird angeben, daß die Restfläche 0,80 bei z = 1,28 (zu beiden Seiten) begrenzt ist.
Sind in einem Tabellenwerk beide Berechnungsmethoden angegeben, dann erscheint die erste Darstellung meist als Φ (z), die zweite als D (z). In der Regel geht es darum, die Extreme nach beiden Richtungen hin abzugrenzen.

der Normalverteilungstabellen zunächst verblüffende Unterschiede gab und wie es bei einer dieser Tabellen hieß: »Die Wahrscheinlichkeiten werden für das obere Ende gezeigt« (s. Abb. S. 161).
Wir wissen, daß – bei Betrachtung beider Enden – die 99-Prozent-Grenze bei $\pm$ 2,58 σ verläuft. Die Tabelle mit der *einseitigen* Wahrscheinlichkeitsangabe aber hat die 99-Prozent-Grenze bei 2,33 σ – weil sich nun die vorher rechts und links gleichmäßig verteilte winzige »Extrem«-Fläche unter dem einen Ende der Kurve zusammenballt. Ebenso liegen bekanntlich 95 Prozent der Gesamtheit zwischen $+2\sigma$ und -2σ (genau zwischen $+$ 1,98 σ und $-$ 1,98 σ), bei Betrachtung nur *eines* Kurventeils aber zwischen $\pm$ 1,654 σ.
Aufs nachdrücklichste zu warnen ist hier vor einem gefährlichen Mißverständnis: Die 95- oder 99prozentige oder jede Sicherheitswahrscheinlichkeit sagt nichts über die Richtigkeit einer Hypothese aus – im Gegenteil. Bezeichnet wird damit ja der Anteil eines freien Spielraums, meist der Normalverteilung. Der Gedankengang ist also der: Vorausgesetzt, daß μ oder P diesen oder jenen Wert hat, kann ich gewiß sein, daß 95 Prozent aller Einzeldaten innerhalb von zwei Standardabweichungen liegen werden – und 99 Prozent innerhalb von $\pm$ 2,58 σ. Wenn ich aber nun Meßwerte finde, die irgendwie in diesem 99-Prozent-Bereich unterzubringen sind, so bedeutet das keineswegs eine 99prozentige Gewißheit, daß meine Annahme über μ oder P stimmt! (Im Extremfall käme ich ja zu 100prozentiger »Sicherheit« – ich muß nur jeden Wert akzeptieren.)
Die 99 Prozent besagen in der Hypothesenprüfung vielmehr: Wenn mein Stichprobenergebnis ein Resultat liefert, das außerhalb des 99-Prozent-Vertrauensbereiches der (Null-) Hypothese liegt, dann kann ich »99 Prozent sicher« sein, daß die Hypothese *nicht richtig* ist. Und so kommen wir wiederum zu unserer früheren Feststellung, *daß eine Hypothese nicht direkt bewiesen, sondern nur eine ihr widersprechende (Null-)Hypothese widerlegt, falsifiziert werden kann.*
Daran ist immer zu denken, wenn man glaubt, eine Hypothese beweisen zu können. Wir werden das gleich an einem Beispiel zeigen, indem wir eine einfache Hypothesenprüfung rechnerisch durchführen.

6.21 Knabengeburten unter der Normalkurve

Wir wollen die Hypothese prüfen, daß Knaben- und Mädchengeburten gleich häufig sind. Wir haben als Stichprobenmaterial 500 aufeinanderfolgende Geburtsregistereintragungen, von denen 266 Knaben und 234 Mädchen sind. Das genaue Gleichgewicht wäre 250 zu 250, aber wir wissen ja, daß dem Zufall ein Spielraum gewährt werden muß. Wir fragen uns nun: Ist das ein sehr unwahrscheinliches Ergebnis? Etwa eines, das nur 1 Prozent aller Stichproben gleichen Umfangs zu erwarten wäre? Anders gesagt: Paßt unser Resultat in die große Masse der 99 Prozent aller möglichen Stichprobenresultate hinein, wenn die Wahrscheinlichkeiten gleichverteilt sind?
Wir entwerfen sozusagen im Geiste die Normalkurve mit dem Mittelwert $np = 250$ (denn $n = 500$, $p = 0{,}5$) und der Standardabweichung $\sqrt{npq} = \sqrt{125} = 11{,}2$. Dann suchen wir jenen Punkt, bei dem die Wahrscheinlichkeit 99 Prozent überschritten wird *(einseitiger Test)*. Für den einseitigen Test finden wir in den Tabellen der Normalverteilung bei 99 Prozent den Wert $z = 2{,}33$. Und nun errechnen wir diesen Prüfwert, den wir c nennen wollen, nach folgender Formel:

$$c = z\sigma + np$$

In unserem Fall: c = (2,33) (11,2) + 250 = 276. Das heißt: Der Wert 276 steht an der Grenze des Wahrscheinlichen (99 Prozent) und des Unwahrscheinlichen (1 Prozent). Die 266 Knaben der Stichprobe liegen jedoch weit »innerhalb« dieses kritischen Prüfwertes – die Hypothese »Mädchen- und Knabengeburten gleich wahrscheinlich« erscheint damit bestätigt.

In Wahrheit ist die Hypothese freilich nur *»nicht verworfen«* – und das ist nicht dasselbe wie *»angenommen«*, obwohl selbst in der Fachliteratur dieses mißverständliche »Gegensatzpaar« immer wieder auftaucht. Wir gehen einen Schritt weiter und fragen uns, ob ein solches Resultat auch unter den 90 Prozent der »nichtextremen« Zufallsergebnisse erscheinen würde, wenn p wirklich 0,5 wäre. Dazu wiederholen wir die Rechnung von vorhin, wobei wir jetzt aus der Tabelle den z-Wert 1,28 ablesen und einsetzen. Neuer Prüfwert $c_{90\%}$ = (1,28) (11,2) + 250 = 264. Unsere Zahl 266 liegt nun schon außerhalb des durch 264 abgesteckten Wahrscheinlichkeitsbereichs von 90 Prozent aller Stichproben. Auf diesem Niveau ist die Hypothese zu verwerfen!

Wenn wir also den Versuch unternehmen, wider besseres Wissen eine Hypothese »verifizieren« zu wollen, dann sind die Sicherheiten gewissermaßen verkehrt zu lesen: Die 99 Prozent bedeuten dann nicht *mehr Sicherheit oder Gewißheit*, sondern eher *mehr Großzügigkeit und Gleichgültigkeit.*

Betrachte ich die Annahme der Gleichhäufigkeit der Geburten aber nun als Nullhypothese, dann kann ich sagen: Mit 99 Prozent Sicherheit kann ich diese Nullhypothese zwar nicht verwerfen, wohl aber mit etwas mehr als 90 Prozent. Und ich kann weiter aussagen: Die wahre Häufigkeit der Knabengeburten wird höher als bei 0,5 liegen. Wo genau? Ich werde größere Stichproben benötigen und dann zum Beispiel die Hypothesen p_1 = 0,52 und p_2 = 0,54 gegeneinander testen, um zu sehen, welche wahrscheinlicher ist, beziehungsweise welche sich früher widerlegen läßt.

Freilich würden wir aus Stichproben vom Umfang n = 500 oder auch n = 2000 niemals eine so genaue Zahl erhalten, wie wir sie aus jahrhundertelangen Beobachtungen in aller Welt bekommen haben. Wir wissen, daß der Anteil der Knaben an den Lebendgeburten in Mitteleuropa (und ähnlich in der ganzen Welt) bei etwa 51,5 Prozent liegt. Die Hypothese p = 0,5 ist also falsch, sie läßt sich – mit entsprechend großem Stichprobenumfang – jederzeit falsifizieren.

Ehe wir nun noch den Gedanken weiterspinnen, wie sich Grundgesamtheit, Stichprobe und alternative Hypothesen in diesem Fall zueinander verhalten, wollen wir auf einen Einwand eingehen, den sehr kritische, sehr sorgfältige und sehr aufmerksame Leser gemacht haben könnten. Diese Leser hätten mit Recht fragen können, warum wir vorhin eigene »Prüfwerte« errechnet haben, wo wir doch (seit dem dritten Kapitel) mit weniger Mühe genau hätten errechnen können, welcher Wahrscheinlichkeitsanteil auf Werte unter 266 beziehungsweise über 266 Knabengeburten entfällt. Wir hätten ja nur die Normalverteilung standardisieren müssen, nach dem bekannten Schema:

$$\frac{\text{Beobachtungswert — hypothetisches Mittel}}{\text{Standardabweichung}}$$

Das hätte in unserem Beispiel ergeben:

$$\frac{266-250}{11,2} = 1,425$$

Wir hätten 1,425 in der Tabelle der standardisierten Normalverteilung nachgeschlagen und den Flächenanteil 92,3 Prozent erhalten. Warum also die umständlichen Vergleiche

mit 99 beziehungsweise 90 Prozent? Die Erklärung ist einfach die, daß wir eine Methode »einkonferieren« wollten, die zwar in diesem Fall nicht erforderlich ist, aber schon sehr bald – wenn wir nämlich *»Student's t«* kennenlernen – die einzig verfügbare ist: *Bewertung eines Ergebnisses durch Vergleich mit einer tabellierten Prüfgröße.* Und nun betrachten wir unter diesen Gesichtspunkten folgende Szene aus einem »Märchen«: Es geht um die Auslieferung von Babys, für die ein Engel zuständig ist. Dieser will die im Zuge der Bevölkerungsexplosion erforderlichen zwei Millionen Babys für die nächsten zwei Wochen einkaufen. Der Beauftragte von Storch & Co. sagt prompte Lieferung zu: »Sie wissen ja, unser Knabenanteil beträgt zuverlässig fast genau 51 Prozent.« Der Engel hingegen ist vorsichtig: »Wir haben da zuweilen Reklamationen gehabt. Ich möchte absolut sicher sein, daß der Anteil auf keinen Fall höher ist als 54 Prozent. Liefern Sie uns erst einmal eine Stichprobe von, sagen wir, 500 Stück.« Danach werden die beiden Hausstatistiker herbeigerufen, um die Details der Abnahmeprüfung zu vereinbaren, wobei man freilich die boshafte Frage auf der Zunge haben mag, wie denn ein Statistiker in den Himmel gekommen sein soll. (Aber die frühen Statistiker waren, wie wir ja wissen, sehr fromm.) Der Statistiker von Storch & Co. überlegt nun: Wenn unsere Produktion – auf 500er-Stichproben bezogen – um die Häufigkeit 51 Prozent normalverteilt ist, mit 1 Prozent Standardabweichung, dann werden nur etwa zwei von je hundert möglichen Stichproben eine Anteilshäufigkeit von 53 Prozent oder mehr an Knaben ergeben. (Da muß er nicht lange rechnen, das liest er aus der Tabelle ab.) Der Statistiker aus dem Himmel sagt sich: Wir wollen auf keinen Fall 54 Prozent oder noch mehr Knaben und müssen uns dagegen absichern, daß aufgrund einer zweifelhaften Stichprobe die gesamte Lieferung abgenommen wird. Streut nun die Produktion um die mittlere Häufigkeit 54 Prozent mit einer Standardabweichung von 1 Prozent, dann bedeutet eine Anteilshäufigkeit von 52 Prozent oder noch weniger in der Stichprobe für uns immer noch ein Annahmerisiko von reichlich 2 Prozent, weil zwei von hundert Stichproben durch Zufall so niedrige Anteile ergeben könnten.
Aber der Statistiker vom Himmel ist ein gutmütiger Mensch und schlägt seinem Partner vor: »Gut, wir sind bereit, die ganze Lieferung anzunehmen, wenn in der Stichprobe die Anteilshäufigkeit der Knaben nicht mehr als 52 Prozent beträgt.« Der Experte von Storch & Co. wirft einen Blick auf die Tabellen und schreit gequält auf: »Das können Sie uns wirklich nicht zumuten. Sehen sie doch selbst: Bei dieser Abnahmebedingung müßten wir damit rechnen, durch die bloße Tücke des Zufalls mit 16 Prozent Wahrscheinlichkeit den Auftrag zu verlieren, obwohl wir die zugesicherte Qualität einhalten!« Wir wollen die Frage offenlassen, ob sie sich dann so einigen konnten, daß jeder die gleiche Chance hatte, oder ob die Verhandlungsposition des einen oder des anderen stärker war, so daß dem Partner das größere Risiko aufgezwungen wurde. Sicher ist jedenfalls, daß unsere Stichprobe von vorhin nach dem ursprünglichen Vorschlag des gutmütigen Statistikers aus den Wolken unweigerlich zur Ablehnung geführt hätte.

6.22 Sicherheitswahrscheinlichkeit und Hypothesen

In der Praxis der Hypothesenprüfung handelt es sich also zumeist darum, den Test so aufzubauen, daß das angestrebte Falsifikationsniveau möglichst genau erreicht wird. Selbstverständlich ist es möglich (falls ein beliebig großer Stichprobenumfang zur Verfügung steht), eine extreme Trennschärfe und damit Sicherheitswahrscheinlichkeiten von 99 und 99,9 Prozent zu erreichen – aber dazu muß, besonders wenn die gegeneinander zu testenden Mittelwerte oder Häufigkeiten nur geringfügig voneinander abweichen, eine oft sehr große Stichprobe verfügbar sein. Es ist also zunächst zu fragen, wie genau der Test denn wirklich sein muß, sonst gibt es unnütze Arbeit und Kosten.

Weichen die gegeneinander zu testenden Werte stark voneinander ab, dann genügt schon ein geringer Stichprobenumfang, um mit hinreichender Sicherheit die Nullhypothese falsifizieren zu können. Ohne hier ein Beispiel durchrechnen zu wollen, ist es augenscheinlich, daß die Nullhypothese (»durchschnittliche Länge wird fünf Zentimeter sein«) sehr rasch und gründlich von einer Stichprobe mit $\overline{x} = 8$ cm falsifiziert werden kann, während eine Stichprobe mit $\overline{x} = 5{,}5$ cm lange Zeit mit ihrer Verteilung in die Verteilung der Nullhypothese hineinragen wird.

Hypothesenprüfung in irgendeiner Form ist unter anderem bei folgen-

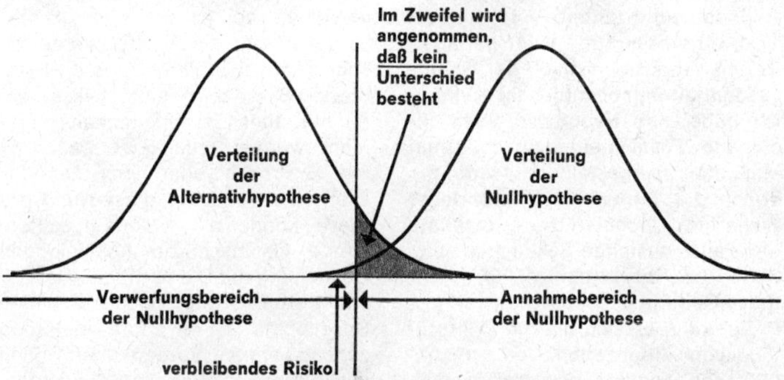

Je nach den Erfordernissen der Situation wird man eine mehr oder weniger rigorose Widerlegung der Nullhypothese fordern. Bedeutet es hohe Kosten oder Gefahren, wenn man die Nullhypothese leichtfertig ablehnt, dann wird man sie sehr streng prüfen und ihr nur einen winzigen Spielraum von verbleibendem Risiko lassen (Bild oben). Entstehen die hohen Kosten oder Gefahren jedoch eher dann, wenn man die richtige Alternativhypothese versehentlich ablehnt, dann wird man dieses Risiko reduzieren, die Nullhypothese also nur mit geringer Sicherheitswahrscheinlichkeit testen (Bild unten).

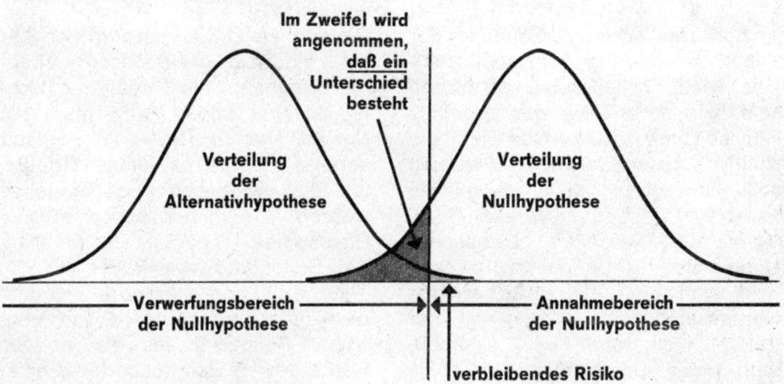

den Fragestellungen erforderlich: Entspricht ein zu prüfendes Produkt den gestellten Anforderungen bezüglich Reinheit oder Reißfestigkeit oder Fehleranteil und so weiter? (Nullhypothese: Es entspricht nicht.) Ist ein neues Produkt besser als das bisher verwendete? (Nullhypothese: Es ist nicht besser. Zusätzliche Forderung: Es muß sich als »signifikant« besser erweisen.) Läßt eine Stichprobe mit dem Mittel $\bar{x}$ den Schluß zu, daß sie einer bestimmten Grundgesamtheit mit dem Mittel μ entnommen wurde? (Nullhypothese: Sie stammt *nicht* aus dieser Grundgesamtheit. Oder, wenn die Problemstellung eine andere ist: Geprüft wird, ob dieses $\bar{x}$ mit einer geringen Irrtumswahrscheinlichkeit der Grundgesamtheit entnommen sein könnte.) Ich habe eine Hypothese über bestimmte Zusammenhänge zwischen Meßdaten aufgestellt – wird sie durch die Experimente widerlegt? Wenn nicht: Könnten diese Resultate nicht auch zustande gekommen sein, ohne daß deswegen meine Hypothese Geltung beanspruchen darf?

Dabei kann es sich um die Überprüfung von Mittelwerten, von Streuungen, von Anteilen, von Verteilungsformen, von Korrelationen und so weiter handeln. Fast immer wird der Stichprobenumfang eine wichtige Rolle spielen: Mit ihm steigt die Trennschärfe aller Hypothesentests, mit ihm steigen aber auch die Kosten.

In der praktischen Anwendung der Hypothesenprüfung wird daher immer wieder zuallererst zu fragen sein, wie zuverlässig das Ergebnis sein soll, mit welcher Gewißheit die Nullhypothese verworfen werden soll. Pfanzagl sagt dazu: »Es gilt die Faustregel: Ist der Verlust hoch, wenn ein *tatsächlich bestehender* Unterschied nicht erkannt wird, dann wird man eine *kleine* Sicherheitswahrscheinlichkeit wählen. Ist der Verlust hoch, wenn das Vorhandensein eines Unterschieds *irrtümlich angenommen* wird, dann wird man eine *große* Sicherheitswahrscheinlichkeit wählen« (s. Abb. S. 165).

Wir wollen das kurz erläutern. Wir nehmen als ersten Fall an, es würde mich 100 000 Mark kosten, wenn ich weiterhin die Chemikalie A verwende statt einer nur geringfügig besseren Chemikalie B. Ich werde dann die Nullhypothese (»B ist auch nicht besser als A«) nicht allzu scharf testen, denn ich sage mir: Wenn sie nur mit 90, aber nicht mit 95 Prozent abgelehnt wird, dann ist B letzten Endes vielleicht doch besser.

Im zweiten Fall würde es mich 100 000 Mark kosten, wenn ich das teurere B verwende, weil ich irrtümlich glaube, es sei besser als A. Hier werde ich sehr rigoros prüfen, ob die Hypothese »B ist auch nicht besser als A« mit aller Entschiedenheit abgelehnt werden muß. Erst wenn ich mit 95 Prozent oder noch mehr Sicherheit sagen kann, diese Nullhypothese könne als widerlegt gelten, werde ich mich zur kostspieligen Umstellung auf B entschließen.

Wir werden später noch auf einige Spezialfälle der Hypothesenprüfung zurückkommen. Vorerst aber wollen wir ein sehr altes und besonders eigenwilliges Verfahren kennenlernen:

6.3 Das Theorem von Bayes und seine Anwendung

In den meisten Lehrbüchern der Statistik wird man das *Bayessche Theorem* überhaupt nicht oder nur flüchtig erwähnt finden, wird man den Namen Thomas Bayes im Register vermissen. Das hat seine Gründe, auf die wir gleich noch eingehen werden. Wie immer man aber zum Bayesschen Theorem stehen mag, die Bedeutung von Bayes für die Theorie der Hypothesenprüfung kann nicht geleugnet werden. Dieser englische Geistliche aus der zweiten Hälfte des 18. Jahrhunderts ist einer

der Vorväter und Urahnen der induktiven Statistik und damit der gesamten Stichprobentheorie. In einer Zeit, in der die Wahrscheinlichkeitsrechnung noch in den Kinderschuhen steckte, befaßte er sich bereits mit dem Problem, wie man spätere Erfahrungen mit ursprünglichen Annahmen in Einklang bringen könne beziehungsweise wie solche Erfahrungen die nunmehrige Einschätzung der Situation gegenüber der ursprünglichen Annahme verändern. Es handelt sich also gewissermaßen um eine dynamische Hypothesenprüfung, eine Prüfung mit eingebauter Hypothesenkorrektur.
Aber obwohl das Bayessche Theorem von der streng mathematischen Statistik in Acht und Bann getan ist, feiert es gerade in den letzten Jahren eine Renaissance. So erklärte Professor Pitman von der Johns Hopkins University anläßlich der Jubiläen von Laplace, Bayes und Bernoulli: »Es gibt große Meinungsverschiedenheiten über die Theorie der statistischen Inferenz, der Kunst oder Wissenschaft, aus beobachteten Werten von Zufallsvariablen gültige Schlüsse zu ziehen ... Wir versuchen, Aussagen über mehr oder weniger unbekannte Verteilungen zu machen oder solche Aussagen zu testen. Das ist die abstrakte mathematische Formulierung des Problems. Vom Gesichtspunkt des Praktischen mag das bedeuten, von den Wirkungen auf die Ursache zu schließen. Bis zum Beginn dieses Jahrhunderts bestand die wichtigste Methode, ein solches Problem zu behandeln, darin, daß man eine bedingte A-posteriori-Verteilung der Ursachen berechnete, ausgehend von einer gegebenen oder angenommenen Apriori-Verteilung. Jetzt haben wir Signifikanztests, Vertrauensbereiche, fiduzielle Verteilungen, aber wir sind mit diesen modernen Werkzeugen unzufrieden geworden und erwägen wieder ernsthaft die Verwendung von Apriori-Verteilungen.«
Es gibt also auch heute noch prominente Verfechter des Bayesschen Theorems – einer der bedeutendsten von ihnen ist Leonard Savage –, die herrschende Lehrmeinung der mathematischen Statistik aber lehnt Bayes ab. Es herrscht außerdem eine gewisse Begriffsverwirrung über das, was Bayes gesagt, was er gemeint und was man später in seine Überlegungen hineininterpretiert hat. Dazu kommt die skurille, altmodische Form, in der dieses Theorem (das wiederum nicht identisch ist mit dem – eher zu Unrecht – sogenannten *»Bayesschen Problem«*) vorgeführt wird.
Es heißt da etwa: Stellen wir uns vor, in einem Sack seien neun Würfel – drei echte, sechs verfälschte (von denen drei die Zahl 6 besonders oft, drei andere besonders selten zeigen). Wenn ich einen der äußerlich gleichen Würfel aus dem Sack ziehe und mehrmals damit würfle, kann ich aufgrund der erzielten Resultate meine ursprüngliche Unsicherheit (jede der drei Würfelsorten ist ja gleich wahrscheinlich zu ziehen) allmählich abbauen und sagen: »Jetzt, nachdem ich mit diesem Würfel in zwanzig Versuchen sechsmal eine Sechs gewürfelt habe, glaube ich, daß ich es mit einem auf die Sechs verfälschten Würfel zu tun habe.«
Während ich also ursprünglich (»a priori«) achselzuckend hätte sagen müssen: »Wahrscheinlichkeit je $^1/_3$ für jede der drei Sorten«, so werde ich vielleicht hinterher (»a posteriori«, nach diesem kurzen Test) sagen: »Wahrscheinlichkeit für einen Sechser-Würfel $^2/_3$ für einen echten $^1/_4$, für einen Wenig-Sechsen-Würfel nur noch $^1/_{12}$.«

Das alles klingt sehr konstruiert und verkrampft wie all die Würfel- und Kugelziehbeispiele der Wahrscheinlichkeitstheorie, aber dieses Grundkonzept läßt sich weit über den Bereich erfundener Spielkonstruktionen hinaus erweitern. Der Gedankengang ist dann ganz allgemein etwa folgender: Ich habe zunächst einmal (»a priori«) zu fast jedem Problem und jeder Frage irgendeine mehr oder weniger klare Vorstellung. Wenn ich zu einer Entscheidung gezwungen werde, werde ich mich entsprechend diesen – vielleicht nur sehr vagen – Ideen und geschätzten Wahrscheinlichkeiten verhalten. Erfahre ich jedoch neue Tatsachen, die dieses Problem betreffen, dann werden sie meine ursprüngliche Einschätzung der Lage korrigieren – ich habe »a priori«, nach Kenntnisnahme dieser Tatsachen (oder auch nur Gerüchte und Behauptungen), eine dementsprechend veränderte Einstellung.

Ja, selbst wenn ich gar nichts weiß – also etwa gefragt werde, ob die Fortpflanzungsgeschwindigkeit von Neonlicht in Bier größer oder kleiner ist als die von Sonnenlicht in Wasser (ein Beispiel von Savage) –, dann ist meine Apriori-Wahrscheinlichkeit zunächst die der völligen Chancengleichheit: $p = q = 0{,}5$.

Diese Apriori-Wahrscheinlichkeit wird nun durch eine zusätzliche Information verändert. Ich lese etwa in einer Illustrierten, daß sich Licht in keiner anderen Flüssigkeit so rasch fortpflanzt wie in Meerwasser. Zwar beurteile ich vielleicht aufgrund meiner bisherigen Erfahrungen das wissenschaftliche Niveau dieses Blattes nicht allzu günstig, aber immerhin wäre ich nun eher geneigt, anzunehmen, daß Neonlicht in Bier sich langsamer fortpflanzt als Sonnenlicht in Wasser, obwohl ich unter anderem nach wie vor nicht weiß, ob Neonlicht vielleicht überhaupt langsamer ist als Sonnenlicht. Ich nehme an: a) Licht ist Licht, b) die Behauptung der Illustrierten geht vermutlich doch auf wissenschaftliche Quellen zurück. Und so wird sich meine Einschätzung nun von $p = q = 0{,}5$ ändern zu $p = 0{,}6$ oder gar $p = 0{,}8$.

Das Rechenschema des Bayesschen Theorems wollen wir an einem Beispiel aus der medizinischen Diagnostik skizzieren. Das ist keine bloße Willkür, denn gerade auf dem Gebiet der Computerdiagnostik greift man in unseren Tagen mit Vorliebe auf das Bayessche Theorem zurück und machte es zur Grundlage automatischer Diagnosen. Wir stellen uns einen Patienten vor, der mit Sicherheit entweder an der Krankheit A oder aber an der Krankheit B leidet. Aufgrund unseres bisherigen Wissens (Anamnese, klinischer Status und so weiter) nehmen wir an, daß die Wahrscheinlichkeit für die Krankheit A gleich 0,8, für B hingegen nur 0,2 ist. Um weiteren Aufschluß zu gewinnen, lassen wir nun – sagen wir – eine Enzymbestimmung im Serum vornehmen, von der wir wissen, daß sie bei der Krankheit A in 90 Prozent aller Fälle positiv ist, bei B hingegen nur in 20 Prozent. Der Test ergibt ein negatives Resultat. Wie wird die Diagnose davon beeinflußt?

Wir wollen der Einfachheit halber von der sehr wichtigen Frage absehen, wie dieser Test gewichtet werden soll. Man könnte ja auf dem Standpunkt stehen, er verändere die Situation vollkommen: Da er im Falle B mit 80 Prozent Wahrscheinlichkeit negativ ausfällt, bei A nur in 10 Prozent der Fälle, haben wir es fast sicher mit B zu tun, was immer unsere vorherige Annahme gewesen sein mag. Wir wollen statt dessen diese neue Information aus dem Labor gewissermaßen als »gleichrangig« mit den bisherigen Annahmen betrachten.

Halten wir noch einmal fest: Ausgangswahrscheinlichkeit (Apriori-Wahrscheinlichkeit) für $A = 0{,}8$, für $B = 0{,}2$. Wie wahrscheinlich ist es nun, daß wir es mit A zu tun haben, obwohl das Laborergebnis negativ ist? Offenbar: $(0{,}8)\ (0{,}1) = 0{,}08$. Für B (Laborergebnis negativ) erhalten wir: $(0{,}2)\ (0{,}8) = 0{,}16$. Diese aus der Laboruntersuchung gewonnenen Wer-

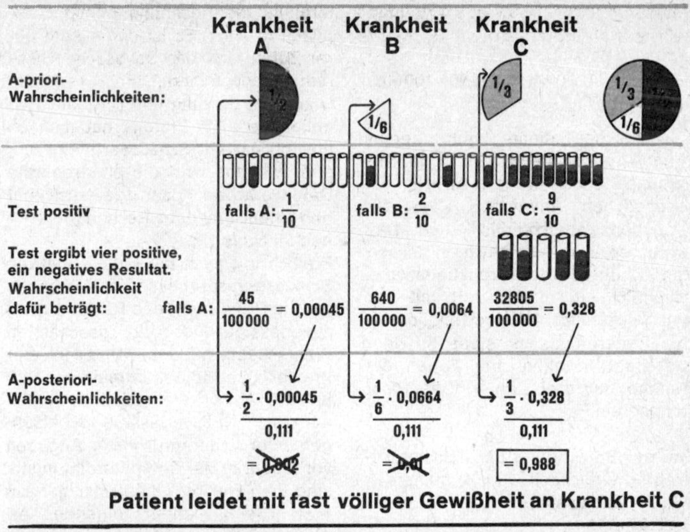

Schematische Darstellung einer Bayesschen Hypothesenkorrektur. Zunächst wurde angenommen, die Wahrscheinlichkeit, daß ein Patient an den Krankheiten A, B oder C leide, betrage 1/2 beziehungsweise 1/6 und 1/3. Aufgrund neuer Informationen vom bekannten Wahrscheinlichkeitswert ergeben sich »hinterher« (a posteriori) stark veränderte Diagnosewahrscheinlichkeiten. (Details der Rechnung s. S. 168 ff.)

te setzen wir nun folgendermaßen in eine Formel ein:

$$\frac{0{,}08}{0{,}08 + 0{,}16} = \frac{8}{24} = \frac{1}{3}$$

Die »korrigierte« Aposteriori-Wahrscheinlichkeit für A ist nun nur noch 1/3. Dagegen hat B an Wahrscheinlichkeit gewonnen, denn:

$$\frac{0{,}16}{0{,}08 + 0{,}16} = \frac{2}{3}$$

Ein gleichartiges, aber schon etwas komplizierteres Problem bringen die russischen Mathematiker Gnedenko und Chintschin. Bei ihnen stehen drei Krankheiten, die wir A, B und C nennen wollen, zur Diskussion, und die medizinische Spezialuntersuchung wird nicht weniger als fünfmal durchgeführt, wobei vier Resultate positiv sind und eins negativ.

Die Ausgangsdaten (Apriori-Wahrscheinlichkeiten der Krankheiten) sind: A = 1/2, B = 1/6, C = 1/3. Der medizinische Test ist, falls die Krankheit A vorliegt, mit der Wahrscheinlichkeit 0,1 ($p = 0{,}1$) positiv, bei Vorliegen der Krankheit B gilt $p = 0{,}2$, bei C hingegen $p = 0{,}9$. Wir wissen, daß die fünfmalige Ausführung des Tests vier positive und ein negatives Resultat erbracht hat. Wie wahrscheinlich ist ein solches Ergebnis? Im Falle von A offenbar (der Leser erinnert sich an unsere Kartenspielwahrscheinlichkeiten im dritten Kapitel):

$$p_a = \binom{5}{4} \cdot (0{,}1)^4 \cdot 0{,}9 = 45/100\,000$$

Im Fall der Krankheit B erhalten wir:

$$p_b = \binom{5}{4} \cdot (0{,}2)^4 \cdot 0{,}8 = 640/100\,000 = 32/5000$$

Bei C hingegen ist dieses Ergebnis äußerst wahrscheinlich:

$$p_c = \binom{5}{4} \cdot (0{,}9)^4 \cdot 0{,}1 = 32\,805/100\,000.$$

Nun müssen diese Laboruntersuchungsergebnisse erst noch in Beziehung gesetzt werden zu den ursprünglichen Annahmen über die Krankheitswahrscheinlichkeiten. Das ergibt jeweils einen Bruch, in dessen Zähler die Apriori-Krankheitswahrscheinlichkeit, multipliziert mit der entsprechenden Wahrscheinlichkeit des Testergebnisses, steht. Im Nenner steht in allen drei Fällen die Summe der drei Zähler. Das heißt in unserem Fall:

Bei der Berechnung der Aposteriori-Wahrscheinlichkeit für Krankheit A wird im Zähler stehen: $1/2 \cdot 45/100\,000 \approx 0{,}0002$

Bei B wird im Zähler stehen:
$1/6 \cdot 32/5000 \approx 0{,}0011$
Bei C wird im Zähler stehen:
$1/3 \cdot 32\,805/100\,000 \approx 0{,}109$

Die Summe dieser drei Werte beträgt etwa 0,111. – Und nun setzen wir ein:

Aposteriori-Wahrscheinlichkeit für A:
$$\frac{0{,}0002}{0{,}111} \approx 0{,}002$$

Aposteriori-Wahrscheinlichkeit für B:
$$\frac{0{,}0011}{0{,}111} \approx 0{,}01$$

Aposteriori-Wahrscheinlichkeit für C:
$$\frac{0{,}109}{0{,}111} \approx 0{,}988$$

Es steht also mit fast unumstößlicher Gewißheit fest, daß der Patient an C leidet. Man kann die mehrfache Wiederholung des Tests selbstverständlich ersetzen durch fünf (oder auch noch mehr) Untersuchungen mit jeweils unterschiedlicher Wahrscheinlichkeit positiven Ausgangs für jede der drei Krankheiten, wobei allerdings die Rechnung immer komplizierter wird. Es ist daher kein purer Zufall, daß das Bayessche Theorem gerade in der Computertechnik wieder zu Geltung und Anerkennung gekommen ist: Erstens hat man es hier oft nur mit Schätzwerten zu tun, und zweitens wird die elektronische Datenverarbeitungsanlage auch mit den mühsamsten Rechenoperationen im Nu fertig.

Freilich gilt auch bei Bayes, daß die Schlüsse nicht besser sein können als die Prämissen, das Resultat nicht zuverlässiger als die geschätzten Wahrscheinlichkeiten. Und in der Praxis ist es leider oftmals so, daß für die Apriori-Wahrscheinlichkeiten nur recht unzuverlässige Schätzungen oder widersprüchliche Angaben vorliegen. In der Computerdiagnostik sind zum Beispiel möglichst genaue Wahrscheinlichkeiten folgender Art erforderlich: »wenn Nierensteine, wie häufig Bluthochdruck?«, »wenn Nierensteine, wie häufig Blasenkatarrh in der Anamnese?«, »wenn Nierensteine, wie oft Nierenschmerzen?«, »wieviel Prozent der Nierensteine sind im Röntgenbild feststellbar?«, und so weiter. Für alle diese und zahlreiche andere relative Häufigkeiten liegen jedoch bisher meist nur Schätzwerte vor, so daß bei mehrmaliger Verwendung derartiger geschätzter Häufigkeiten die zu befürchtende Ungenauigkeit des Resultats rasch zunimmt.

Die mathematischen Statistiker lehnen, im Unterschied etwa zu den Entscheidungstheoretikern, das Bayessche Theorem in ihrer überwiegenden Mehrheit entschieden ab – und zwar vor allem aus zwei Gründen: a) weil es keine gesicherte theoretische Basis hat, b) weil die eingesetzten Apriori-Wahrscheinlichkeiten, wie wir ja auch gesehen haben, nur allzuleicht über den Daumen gepeilt sind und auf relativ wenig Beobachtungen basieren.

Auf diesen Einwand entgegnen die »Bayesianer«, daß auch hinter den angeblich so objektiven Methoden der herrschenden Lehrmeinung sehr viel subjektive Meinungen und Ansichten stecken: Wie ein Experiment angelegt wird, welches Resultat man als »signifikant« anzusehen bereit ist – überhaupt eine Reihe entscheidender Detailfragen sei dem Ermessen des Statistikers anheimgestellt. Dazu kommt in der Praxis noch, wie die Vertreter der subjektiven Wahrscheinlichkeit immer wieder betonen, daß sehr häufig für die Einschätzung einer Situation ganz einfach nicht genug statistische Daten vorliegen, sehr wohl aber zumeist eine subjektive Einschätzung, die zumindest als Ausgangspunkt dienen kann.

Der Ausgangspunkt der Bayesianer ist daher oft die Wette. Ich mag über das morgige Wetter gar nichts wissen – ich habe kein rheumatisches Bein, kein Barometer, habe keine Wetterprognose gehört. Aber ich bin wahrscheinlich bereit – vielleicht auf der Basis des gestrigen und heutigen Wetters –, eine Wette 2:1 anzunehmen, daß es morgen nicht regnen wird. Damit ist eine Apriori-Wahrscheinlichkeit gegeben, die nun weiter korrigiert werden kann.

Wir würden tief in den Bereich der Philosophie der Statistik und der Wahrscheinlichkeitstheorie geraten, wollten wir den Kampf zwischen den Bayesianern und den Vertretern der Häufigkeitstheorie der Wahrscheinlichkeit im Detail darstellen. Wir wollen es bei zwei Hinweisen belassen. Erstens ist an dem Bayesschen Theorem zumindest die eingebaute Dynamik zu rühmen – es ist gewissermaßen eine regeltechnische Formel. Zweitens sind subjektive und Häufigkeitswahrscheinlichkeit keineswegs immer ein Widerspruch. Die subjektive Wahrscheinlichkeit ist vielmehr meist ein Ersatz für fehlende Information über »wahre« Häufigkeiten. Für entscheidungstheoretische Modelle schließlich ist die subjektive Wahrscheinlichkeit überhaupt die allein ausschlaggebende. So sagt zum Beispiel Wilhelm *Krelle*: »Die Entscheidungstheorie ist daher von ihrem Ansatz her ... ›bayesianisch‹, das heißt, sie arbeitet mit subjektiven Wahrscheinlichkeiten, nämlich den Graden von Gewißheit der entscheidenden Person, daß andere Personen bestimmte Maßnahmen ergreifen werden oder daß sonstige ungewisse Ereignisse eintreten werden.«

Freilich wird sich diese subjektive Wahrscheinlichkeit bei einem rational entscheidenden Menschen der statistischen Wahrscheinlichkeit aufs engste anpassen, sofern eine solche vorliegt.

Mit diesen objektiven Methoden der Informationsgewinnung aus kleinen und kleinsten Stichproben wollen wir uns im folgenden beschäftigen.

6.4 Kleinste Stichproben

In einem der besten Nachschlagewerke der Jahrhundertwende, einem zwanzigbändigen Lexikon, das in vieler Hinsicht seither kaum seinesgleichen gefunden hat, wird man den Begriff *»Stichprobe«* noch vergeblich suchen. In seiner bergmännischen Bedeutung war er veraltet (»so mannigmahl alß nun der Schmeltzer sticht, so mannigmahl nimmet ehr eine Stichprobe darvon«, hieß es in einer Bergchronik des 16. Jahrhunderts über den Schmelzvorgang an den Hochöfen), in seiner neuen statistischen Bedeutung war er noch nicht aus dem allerengsten Kreis der Fachgelehrten hinausgedrungen.

Den Begriffsinhalt, wenn auch in etwas anderem Sinne, gab es freilich schon länger. Schon Thomas Bayes berücksichtigte einzelne neue Erfahrungen in seiner Wahrscheinlichkeitsrechnung. Noch früher hatten die ersten politischen Arithmetiker mit so unzulänglichen Daten arbeiten müssen, daß ihre Arbeit, obwohl auf Vollerhebung hin angelegt, doch nur den Aussagewert einer Stichprobe

»Stichprobe« ist eigentlich ein Wort aus der alten Bergmannssprache. Sie wurde aus Schmelzöfen entnommen, um Aufschluß über den Zustand der Schmelzmasse zu geben.

hatte – und zwar nicht einmal einer Zufallsstichprobe im heutigen Sinne des Wortes; der Zufall bestand lediglich darin, daß sie zufällig irgendwelche Daten erlangen konnten.

Später wurden Teilergebnisse oft recht unbekümmert »hochgerechnet« – Quételet berechnete das Gewicht der gesamten Einwohnerschaft von Brüssel, indem er Einzelwägungen entsprechend multiplizierte. Die mathematische Theorie der Zufallsstichproben wurde dagegen erst in den zwanziger und dreißiger Jahren unseres Jahrhunderts entwickelt und trat dann einen raschen Siegeszug an. Heute gibt es wohl weiterhin Vollerhebungen, aber die Dynamik der statistischen Theorie und Praxis liegt fast ausnahmslos bei den kleinen Zahlen, den Stichproben.

Diese Entwicklung hat im anglo-amerikanischen Bereich und in Frankreich und Italien früher eingesetzt – hat sich vor allem früher durchgesetzt – als im deutschsprachigen Raum, wo noch bis tief in das 20. Jahrhundert hinein die Ansicht Georg von Mayrs dominierte, daß jede ordentliche Statistik eine Gesamterhebung sein müsse. Teil- und Stichprobenerhebung wurden von dieser Schule als minderwertige Notbehelfe angesehen. Noch Mitte der dreißiger Jahre klagte Oskar Anderson darüber, daß unter dem Einfluß dieser Richtung *»die statistische Theorie in Deutschland noch bis jetzt von sehr vielen als Staatswissenschaft angesehen wird, die sich vorwiegend mit Massenerscheinungen in der menschlichen Gesellschaft zu befassen hat«*, und daß »der deutsche Spezialist zum Beispiel den englichen Theoretiker und seine Fachzeitschriften überhaupt nicht mehr verstehen kann.« So erklärt sich auch, daß es in unserer Darstellung der modernen Statistik immer wieder Engländer und Amerikaner sind, die vorgestellt werden.

Die *Theorie der kleinen Zahlen* ist ebenfalls fast ausnahmslos im angloamerikanischen Bereich entstanden. Wie klein aber dürfen diese Zahlen, diese Stichprobenumfänge sein, um überhaupt noch etwas Nützliches aussagen zu können? Wir haben bereits Berechnungen über den erforderlichen Stichprobenumfang angestellt und dabei gesehen, daß *je nach der Streuung* (beziehungsweise *Merkmalshäufigkeit*) sowie *je nach der geforderten Genauigkeit (Signifikanzniveau)* der optimale Umfang einer Zufallsstichprobe errechnet werden kann. Einigermaßen zuverlässige Ergebnisse setzen dabei einen Stichprobenumfang von 500 bis 3000 voraus.

Aber wie oft ist man, gerade in der wissenschaftlichen Forschung, beim besten Willen nicht in der Lage, tausend Werte zu erheben? Da ist etwa ein neues Präparat gegen Schüttellähmung, das getestet wird – wieviel Patienten, die dafür in Frage kommen, gibt es überhaupt in der Klinik? Und davon muß noch ein Teil als Kontrollgruppe nach der bisherigen Methode behandelt werden! (Das Argument, man müsse ein erfolgversprechendes Heilmittel ausnahmslos allen Patienten zugute kommen lassen, zeugt von hoher Ethik, führt aber zu schlechter Statistik: Ohne Vergleich keine Nullhypothese und keine Hypothesenprüfung.) In anderen Fällen ist das erforderliche homogene Material nur in beschränktem Umfang vorhanden: Theoretisch verfügbare Zahlen und Untersuchungen aus dem Ausland lassen sich nur mit größter Zurückhaltung heranziehen – kurz, es ist nun einmal häufig so, daß aus diesem oder jenem Grunde nur winzig kleine Stichproben gezogen werden können – zwanzig, fünfzehn und noch weniger Fälle liegen als statistisches Material vor. Läßt sich damit überhaupt etwas anfangen?

Richard von Mises (1883–1953), einer der großen Wahrscheinlichkeitstheoretiker unseres Jahrhunderts, stand der statistischen Auswertung kleinster Stichproben sehr skeptisch gegenüber: Aus allzu kleinen Beobachtungsfolgen dürfe man keine Schlüsse ziehen.

6.41 Student's t

William Sealy Gosset, der als Chemiker bei der englischen Brauerei Guinness zu Beginn unseres Jahrhunderts tätig war, ersann ein Verfahren, das es ermöglichen sollte, auch aus kleinen und kleinsten Stichproben brauchbare Schlüsse zu ziehen, zumindest aber zu erkennen, wie der Aussagewert solcher Stichproben zu beurteilen ist. Den Namen Gosset kennt man heute kaum noch, aber *jedem Statistiker ist »Student's t« und die t-Verteilung nach »Student«* geläufig.

Gosset verwendete nämlich für seine bahnbrechenden Veröffentlichungen den Decknamen *»Student«*, weil ihm seine Firma nicht gestattete, wissenschaftliche Arbeiten unter seinem eigenen Namen zu publizieren. Vielleicht hätte er überhaupt »nebenberuflich« nichts schreiben dürfen und verbarg sich deshalb ängstlich hinter diesem Pseudonym. Seine Forschungsergebnisse, vor allem die t-Verteilung, gehören heute, in der von R. A. Fisher teilweise überarbeiteten und ergänzten Form, zum unabdingbaren Rüstzeug der modernen Stichprobentheorie.

R. A. Fisher selbst hat der Statistik in der ersten Hälfte dieses Jahrhunderts seinen Stempel aufgedrückt. Alexander McFarlane Mood schrieb über ihn im Jahre 1950: *»Fisher ist der Riese in der Entwicklung der theoretischen Statistik.* Sein erster Beitrag erschien im Jahre 1912, und seitdem veröffentlicht er immer weiter bis zum heutigen Tag . . . Diesem einen Manne ist mindestens die Hälfte aller wichtigen, grundsätzlichen Entwicklungen zuzuschreiben, wenn wir vom heutigen Stande der Theorie ausgehen.« In der Tat gehen auf R. A. Fisher fast alle modernen mathematischen Methoden der statistischen Analyse zurück.

Wie bereits erwähnt, werden vor al-

lem von seiten der Bayesianer gegen die rein mathematischen Methoden erhebliche Einwände geltend gemacht, und das gilt insbesondere für die Theorie der kleinsten Stichproben, die *»small sample theory«* – und *die t-Verteilung kann auf eine Stichprobe aus nur zwei (!) Werten reduziert werden!* Vor allem Richard von Mises, einer der bedeutendsten Wahrscheinlichkeitstheoretiker unseres Jahrhunderts, wandte sich schroff gegen diese Methoden und schrieb im Jahre 1950: »Diese Entwicklung führte durch eine Periode, in der die abwegige Idee verfolgt wurde, aus *kleinen* Beobachtungsfolgen statistische Schlüsse zu ziehen: die sogenannte ›small sample theory‹. Es scheint, daß jetzt die Irrtümer im wesentlichen überwunden sind . . .«
Nun, die »small sample theory« ist noch keineswegs überwunden, *Student's t* spielt immer noch eine überragende Rolle, und wir wollen daher diese wichtige Methode kurz darstellen. Unsere Darstellung kann freilich nicht die ganze Problematik und schon gar nicht die ganze Anwendungstechnik dieses Verfahrens deutlich machen, denn es handelt sich dabei zwar nicht um eine »höhere«, aber doch um eine, sagen wir, »mittlere« Methode der Statistik, zu deren Beherrschung mehr Mathematik und Wahrscheinlichkeitstheorie gehören, als wir uns hier zumuten wollen. Aber den Grundgedanken herauszustellen, das sollte uns gelingen.

Wir haben, als wir im fünften Kapitel vom Standardfehler des Mittels und der Häufigkeit sprachen, bereits darauf aufmerksam gemacht, daß die Formel ein σ fordert, während in Wirklichkeit nur das s der Stichprobe zur Verfügung steht. Damals war diese Unterscheidung jedoch noch nicht wirklich bedeutsam, weil der Stichprobenumfang immer noch groß genug war, um die Streuung daraus annähernd genau bestimmen zu können. Diese Annahme kann aber nicht mehr gelten, wenn wir es mit Stichproben von sehr geringem Umfang zu tun haben. Wenn wir etwa nur drei Meßwerte haben (zum Beispiel 18, 14, 13), wollen wir dann allen Ernstes eine Standardabweichung berechnen? Nach dem erprobten Schema? ($\bar{x} = 15$; $3^2 = 9$; $1^2 = 1$; $2^2 = 4$;

$$s = \sqrt{\frac{14}{3}} = 1{,}67.)$$

Sogar wenn wir, wie selbst bei größerem Stichprobenumfang angezeigt, nicht durch n, sondern durch n —1 dividieren – worauf wir schon in Kapitel 2.5 kurz aufmerksam gemacht haben –, ist die Standardabweichung $s = \sqrt{\frac{14}{2}} = 2{,}65$ von zweifelhaftem Wert.

Dazu kommt aber noch etwas. Nicht nur das Ausmaß der Streuung, sondern auch das Stichprobenmittel $\bar{x}$ erscheint bei extrem geringem Stichprobenumfang nahezu wertlos. Es könnte nur allzuleicht sein, daß die Verteilung der Gesamtheit keineswegs mit $\sigma = 1{,}67$ (oder auch 2,65) um $\mu = 15$ streut, sondern das wahre Mittel könnte sehr wohl 12 oder 17, die wahre Standardabweichung 1 oder auch 3 sein.

Es erscheint, kurz gesagt, sinnlos, bei Stichproben im Umfang von 15 oder noch weniger von einer »Normalverteilung« zu sprechen und ernsthaft mit diesem Begriff zu arbeiten. Aber was soll an ihre Stelle treten? *An ihre Stelle tritt der Vergleich mit einer eigens für solche Fälle errechneten Tabelle, eben der Tabelle von »Student«.*

Nehmen wir an, wir hätten eine Hypothese, nach der in einer bestimmten Gesamtheit der wahre Mittelwert genau 100 ist. Aus dieser Grundgesamtheit haben wir nun eine Stichprobe im Umfang $n = 5$ gezogen, um zu sehen, ob diese Hypothese dadurch falsifiziert wird. Die erforderlichen fünf Messungen ergeben folgende Werte: 82, 87, 104, 92, 90. Läßt sich dieses Ergebnis noch mit der genannten Hypothese in Einklang bringen? Zunächst errechnen wir $\bar{x}$ mit 91. Dann errechnen wir nach dem bekannten Verfahren die Streuung: Die Summe der quadratischen Abweichungen vom Stichprobenmittel beträgt 81 + 16 + 169 + 1 + 1 = 268, die Varianz $s^2 = 53{,}6$, die Standardabweichung der Stichprobe $s = \sqrt{53{,}6} = 7{,}32$. Diese Werte werden nun in folgende Formel eingesetzt:

$$t = \frac{|\mu - \bar{x}| \sqrt{n}}{\sigma}$$

Daran mögen die senkrechten Striche verblüffen, zwischen denen der Ausdruck $\mu - \bar{x}$ steht; sie bedeuten aber lediglich *»Betrag von«*, *»Wert absolut«* und besagen, daß das Vorzeichen außer acht gelassen wird. Wir haben diesen »Betrag von« schon kurz kennengelernt (s. Kapitel 2.5).
Wichtiger ist etwas anderes. Das t, das wir nun erhalten, ist nämlich kein Ergebnis, das etwa wie im Falle der Normalverteilung in einer Tabelle nachgeschlagen und in seiner Aussagegenauigkeit direkt bestimmt werden kann. Es ist vielmehr eine Testgröße, eine *»Prüfvariable«*, wie wir sie erstmals bei Storch & Co. vorgestellt haben.
Und nun setzen wir unsere Werte ein, wobei wir zunächst für σ ganz einfach das oben errechnete s verwenden, das sich allerdings bald als zu klein herausstellen wird. Dann erhalten wir:

$$t = \frac{100 - 91}{7{,}32} \sqrt{5} = (1{,}23)\,(2{,}24) = 2{,}75$$

Das ist unsere Prüfgröße. Ehe wir sie aber mit dem in der t-Tabelle abgedruckten Wert vergleichen können, müssen wir erst noch die sogenannten *»Freiheitsgrade«* bestimmen, die bei allen höheren Verfahren der Hypothesenprüfung eine wichtige Rolle spielen. Diese Freiheitsgrade mes-

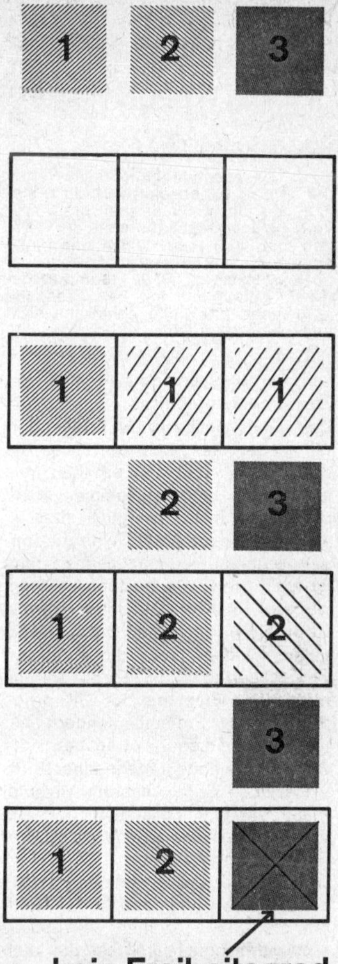

kein Freiheitsgrad

Drei Meßdaten (oder Zahlen oder Spielsteine und so weiter) sind nach Belieben auf drei freie Plätze aufzuteilen. Für den ersten Stein kann ich noch auswählen, auch für den zweiten habe ich noch eine gewisse »Freiheit« der Wahl. Der Platz des dritten aber steht, je nach den bisher getroffenen zwei freien Entscheidungen, eindeutig fest. Die Zahl der »Freiheitsgrade« ist also um eins geringer als die Zahl der verfügbaren Plätze.

..	**1)** 15	15	15	15
..	..	**2)** 22	22	22
..	..	..	**3)** 18	18
..	..	..	..	**4)** 21
..	..	..	..	**24**
100	100	100	100	100

Wenn ich aus fünf beliebigen Werten die Summe 100 erzielen soll, dann stehen mir nur v i e r Freiheitsgrade zur Verfügung: Ich kann die erste bis vierte Zahl nach Belieben wählen, die fünfte hingegen steht dann schon zwangsläufig fest. Habe ich 15, 22, 18 und 21 gewählt, dann bleibt mir kein Freiheitsgrad mehr: die fünfte Zahl kann nicht anders als 24 lauten.

sen den Spielraum (die Freiheit) der Stichprobenergebnisse.

Der Gedankengang ist folgender: Wir haben aus unserer Stichprobe den Mittelwert $\bar{x} = 91$ erhalten. Wie kann er zustande gekommen sein? Es gibt zahllose Möglichkeiten – aber nur für die ersten vier Messungen! Stehen diese nämlich fest, dann ist auch die fünfte bestimmt. Hätten wir etwa in vier Messungen jeweils 90 erhalten, dann muß die fünfte 95 gelautet haben, wenn der Mittelwert $\bar{x} = 91$ betragen soll. Es haben also nicht alle n Elemente der Stichprobe ihre völlige Freiheit, sondern nur $(n - 1)$, und somit beträgt auch die Zahl der Freiheitsgrade in einer Stichprobe $n - 1$. In unserem Beispiel hatten wir fünf Messungen $(n = 5)$, daher haben wir $(n - 1 = 4)$ vier Freiheitsgrade.

Die Tabelle der t-Verteilung weist Spalten und Zeilen auf. In den Spalten steht in Prozenten die Sicherheitswahrscheinlichkeit, in den Zeilen die Anzahl der Freiheitsgrade, auf denen die zu testende Berechnung basiert. In dem Fach schließlich, das von der jeweiligen Spalte und Zeile gebildet wird, steht der Vergleichswert. Nehmen wir an, wir wollten 95 Prozent Sicherheit haben, dann suchen wir die Spalte 95 Prozent und Zeile 4 – und finden dort: 2,13. Gegenüber diesem Tabellenwert ist unsere Prüfgröße $(t = 2{,}75)$ etwas größer, die Hypothese $(\mu = 100)$ ist also auf diesem Niveau abgelehnt. Bei 97,5 Prozent hingegen finden wir den Tabellenwert 2,78, und auf diesem Niveau ist die Hypothese nicht mehr abgelehnt. Unser Ergebnis liegt also außerhalb des 95-Prozent-Streubereichs der Zufallsverteilung rund um das Mittel $\mu = 100$, aber innerhalb des 97,5-Prozent-Streubereichs. Ob das »signifikant« ist, bleibt unserem Urteil überlassen.

Die Freiheitsgrade für die t-Verteilung werden meist nur bis 30 (oder 50) angegeben, denn darüber hinaus gilt schon die »schrankenlose« Freiheit der Normalverteilung. (Der Grenzwert der t-Verteilung ist identisch mit der Standardabweichung der Normalverteilung. Man muß aber dabei von den Tabellen für die »einseitigen« Wahrscheinlichkeiten ausgehen, da auch die t-Verteilung einseitig ist.)

Die Zusammenhänge zwischen Normalverteilung, Standardfehler des Mittels und Student's t sind bemerkenswert. Zur *Standardisierung der Normalverteilung* bedienten wir uns (vergleiche Kapitel 3.32) der Formel:

$$\text{Normwert} = \frac{\text{gegebener Wert minus Arithmetisches Mittel}}{\text{Standardabweichung}}$$

oder, in Symbolen ausgedrückt:

$$z = \frac{x_i - \mu}{\sigma}$$

Bei *Student's t* kennen wir bereits die Formel:

$$t = \frac{|\mu - \bar{x}|}{\sigma} \sqrt{n},$$ was man auch schreiben kann:

$$\frac{|\mu - \bar{x}|}{\frac{\sigma}{\sqrt{n}}}$$

Den Wert $\sigma/\sqrt{n}$ aber kennen wir (seit Kapitel 5.4) als den *»Standardfehler des Mittels«*. Wir können daher definieren:

$$\text{Prüfgröße } t = \frac{\text{hypothetisches Mittel der Gesamtheit minus Stichprobenmittel}}{\text{Standardfehler des Mittels}}$$

Die Schwierigkeit besteht nun darin, daß wir die Konstante σ der hypothetischen Grundgesamtheit nur aus der Zufallsvariablen s der Stichprobe schätzen können. Gerade bei kleinen und kleinsten Stichproben aber kann die Stichprobenstreuung sehr unzuverlässig sein. Sie wird nämlich geringer sein als die Streuung in der Grundgesamtheit, und diese Diskrepanz wird bei kleinsten Stichproben ganz besonders stören.

Es gibt nun zwei Wege, diese zu kleinen Stichprobenwerte zu korrigieren, und sie führen beide zum gleichen Resultat. Wir wollen sie an unserem Beispiel vorführen, weil dadurch auch Klarheit geschaffen werden kann über die zuweilen unterschiedliche Definition des s. Bereits im zweiten Abschnitt haben wir ja darauf aufmerksam gemacht, daß die Standardabweichung der Stichprobe mathematisch korrekt gewonnen wird, indem die Summe der quadratischen Abweichungen (also $\Sigma\ (x_i - \bar{x})^2$) nicht durch die Zahl der Messungen (n), sondern nur durch (n — 1) dividiert wird.

Wir hatten nun als Summe der Abweichungen 268, geteilt durch (n — 1 = 4) ergibt das

$s^2 = 67$ und $s = \sqrt{67} = 8{,}18$.

Setzen wir diesen Wert in unsere Formel anstelle des unbekannten σ ein, dann erhalten wir den richtigeren Prüfwert (der die zu geringe Streuung der Stichprobe bereits berücksichtigt):

$$t = \frac{(100 - 91)\sqrt{5}}{8{,}18} = \frac{20{,}16}{8{,}18} = 2{,}46$$

Wir können aber auch einen anderen Weg wählen und sagen: Wir schätzen das unbekannte σ, indem wir zunächst die Stichprobenstreuung so errechnen, als handle es sich um die Streuung einer Gesamtheit (wir dividieren also durch n = 5), dann aber einen Korrekturfaktor anwenden. Dieser Faktor lautet

	t-Verteilung			
n \ α	95%	97,5%	99%	99,5%
1	6,31	12,71	31,82	63,66
2	2,92	4,30	6,96	9,92
3	2,35	3,18	4,54	5,84
4	2,13	2,78	3,75	4,60
5	2,01	2,57	3,36	4,03
6	1,94	2,45	3,14	3,71
7	1,89	2,36	3,00	3,50
8	1,86	2,31	2,90	3,36
9	1,83	2,26	2,82	3,25
10	1,81	2,23	2,76	3,17
11	1,80	2,20	2,72	3,11
12	1,78	2,18	2,68	3,05
13	1,77	2,16	2,65	3,01
14	1,76	2,14	2,62	2,98
15	1,75	2,13	2,60	2,95
16	1,75	2,12	2,58	2,92
17	1,74	2,11	2,57	2,90
18	1,73	2,10	2,55	2,88
19	1,73	2,09	2,54	2,86
20	1,72	2,09	2,53	2,85
21	1,72	2,08	2,52	2,83
22	1,72	2,07	2,51	2,82
23	1,71	2,07	2,50	2,81
24	1,71	2,06	2,49	2,80
25	1,71	2,06	2,48	2,79
26	1,71	2,06	2,48	2,78
27	1,70	2,05	2,47	2,77
28	1,70	2,05	2,47	2,76
29	1,70	2,05	2,46	2,76
30	1,70	2,04	2,46	2,75
34	1,69	2,03	2,44	2,73
40	1,68	2,02	2,42	2,70
50	1,68	2,01	2,40	2,68
70	1,67	1,99	2,38	2,65
100	1,66	1,98	2,36	2,63

Tabelle der Vergleichswerte der t-Verteilung.
In der linken Spalte die Zahl der Freiheitsgrade n.

$\sqrt{\frac{n}{n-1}}$, in unserem Beispiel also

$\sqrt{5/4} = \sqrt{1,25} = 1,12$. Unsere ursprüngliche Rechnung hatte die – zu kleine – Streuung s = 7,32 ergeben. Wir multiplizieren sie nun mit 1,12 – und erhalten, wie oben, 8,18. Und somit abermals t = 2,46.

Moderne Lehrbücher der Statistik arbeiten fast ausnahmslos mit jener Definition von s^2 und s, die den Stichprobencharakter bereits deutlich werden läßt, also mit der Teilung durch (n —1). Es kann aber in der älteren Literatur immer wieder vorkommen, daß die Streuung der Stichprobe ganz wie die der Gesamtheit errechnet wird – und dann ist es bei kleinen Stichproben notwendig, den »Korrekturfaktor« ins Spiel zu bringen, dessen Berechtigung wir noch nachweisen werden.

Wir haben in diesem Buch zunächst die Stichprobenstreuung auch »naiv« behandelt – aber jetzt, wo wir es mit kleinen und kleinsten Stichproben zu tun haben und uns überdies zunehmend mit den mathematischen Hypothesentests beschäftigen, wollen wir s^2 und s korrekt berechnen. Halten wir also fest: Unsere Prüfgröße lautet nun: t = 2,46.

Die Prüfgröße liegt nun noch etwas »bequemer« innerhalb der 97,5prozentigen Zufallsstreuung – kein Wunder, wir haben ja durch die Korrektur die Streuung etwas vergrößert.

Es mag so aussehen, als würde bei wachsendem n der Zähler der Prüfgröße immer größer; doch trifft das nicht zu, da ja bei wachsendem Stichprobenumfang auch die Differenz $(\mu - \bar{x})$ gegen Null geht – es sei denn, die Stichprobe stamme eben doch nicht aus der hypothetischen Grundgesamtheit, was ja durch den Test bewiesen werden soll.

Im Extremfall einer Stichprobe mit nur zwei Messungen (also dem Minimum für eine Mittelwertbildung) läßt sich die t-Verteilung auch noch heranziehen, sie ist aber dann äußerst »großzügig«, weil in einem solchen Fall wirklich fast alles möglich erscheint. Nehmen wir an, wir hätten aus der Stichprobe vom Umfang n = 2 die beiden Resultate 4 und 6, daher $\bar{x} = 5$ erhalten. Nun wollen wir wissen, ob sich das mit der Hypothese $\mu = 12$ verträgt, was auf den ersten Blick absurd erscheint. Aber wir erhalten:

$$t = \frac{(12-5)\sqrt{2}}{\sqrt{2}} = 7$$

In der Tabelle für einen Freiheitsgrad aber ist bei 95 Prozent schon 6,31, bei 97,5 Prozent gar schon 12,71 zu finden – unsere Hypothese wird also nur auf dem 95-Prozent-Niveau knapp abgelehnt, aber keineswegs mehr auf dem 97,5-Prozent-Niveau.

Wer schon in statistischer Literatur geblättert hat, mag auf *Formeln* gestoßen sein, *die* von den hier gebrachten ein wenig *abweichen*. Die Hauptsache liegt darin, daß – wie wir schon mehrmals bemerken mußten – *in den verwendeten Symbolen und der Terminologie nicht immer volle Übereinstimmung* zwischen den Autoren verschiedener Länder und Zeiten besteht, ganz zu schweigen von dem unterschiedlichen mathematischen Niveau, das dem Leser zugemutet wird.

In der t-Verteilung sind unzählige solcher Verwechslungsmöglichkeiten verborgen, auf die wir nur grundsätzlich aufmerksam machen wollen, ohne sie im einzelnen erschöpfend aufzuzählen. Auf das Wichtigste, die Definition des s, haben wir schon hingewiesen.

Ferner bedeutet das n in den t-Tabellen in der Regel nicht den Stichprobenumfang n, sondern bereits die Zahl der Freiheitsgrade. Weiter sind die Sicherheitswahrscheinlichkeiten zuweilen »spiegelverkehrt«: 1 Prozent bedeutet 99 Prozent; was auf dem 95-Prozent-Niveau abgelehnt wird, hat also eine Wahrscheinlichkeit von mehr als 0,05! Aber noch schlimmer: Wie bei der Normalverteilung ist sorgsam zu untersuchen, ob die Tabelle für ein- oder zweiseitige Tests gilt – in der Regel nur für einseitige, mit entsprechender »Konzentration« der Wahrscheinlichkeit an dem einen Kurvenende der t-Verteilungs-Kurve. (Diese Kurve gibt es nämlich doch, aber sie hat für jeden Freiheitsgrad ein etwas anderes Aussehen, bis sie schließlich in die Normalkurve übergeht.)

Es konnte uns hier nur darum gehen, die prinzipielle Bedeutung der t-Verteilung und des t-Tests zu skizzieren. Wer ernsthaft damit arbeiten will, wird gut daran tun, in der Spezialliteratur noch genau zu studieren.

Student's Test ist vor allem dann nützlich, wenn geprüft werden soll, ob zwei Stichproben aus derselben Grundgesamtheit stammen. Eine Stichprobe hat etwa $\bar{x}_1 = 94$ ergeben, eine zweite $\bar{x}_2 = 103$. Es ist nun zu prüfen, wie wahrscheinlich es ist, daß beide einer Gesamtheit mit dem wahren Mittel $\mu = 99$ entstammen. Wir haben hier eine Spielart der Hypothesenprüfung vor uns (Nullhypothese: »Zwischen den beiden Stichproben besteht kein signifikanter Unterschied.«) – und zwar, wie stets bei der Verwendung der t-Verteilung, unter Heranziehung sehr kleiner Stichproben.

Solche Tests sind besonders dann aufschlußreich, wenn die Versuchsbedingungen bei den beiden Stichproben unterschiedlich waren. Erwin Kreyszig *(»Statistische Methoden und ihre Anwendungen«)* zitiert dazu folgendes Beispiel aus einer englischen Industrie-Zeitschrift. Beim manuellen Auslesen von fehlerhaften Bohnen (»Aschenbrödel-Methode«) wurden zwei Methoden des Lesens erprobt. Bei der einen wird die Bohne in die hohle Hand befördert, die entleert wird, sobald sie voll ist. Bei der zweiten wird die fehlerhafte Bohne erfaßt und weggeworfen. Neun Arbeiter versuchten beide Methoden mit folgenden Ergebnissen:

Arbeiter Nr.	Methode I	Methode II
1	214	281
2	253	279
3	276	260
4	215	230
5	238	267
6	221	253
7	210	205
8	229	265
9	269	299

Voraussetzung, für die Gültigkeit des Tests ist dabei allerdings, daß das Bohnenmaterial bei beiden Versuchsreihen gleichartig beschaffen ist.

Die Nullhypothese lautet: »Beide Methoden sind gleich gut.« Kann sie widerlegt werden? Die Methode I ergibt das Stichprobenmittel $\bar{x}_1 = 260$ sowie die Varianz $s_1^2 = 796{,}4$. Methode II ergibt $\bar{x}_2 = 236$ und $s_2^2 = 607{,}1$.

Die Prüfgröße t wird hier nach der folgenden Formel errechnet:

$$t = \frac{|\bar{x}_1 - \bar{x}_2| \sqrt{n}}{\sqrt{s_1^2 + s_2^2}}$$

Wir setzen ein und erhalten:

$$t = \frac{(260 - 236)\sqrt{9}}{\sqrt{796 + 607}} = \frac{3 \cdot 24}{\sqrt{1403}}$$

$$= \frac{72}{37{,}4} = 1{,}91$$

In der Tabelle finden wir (95-Prozent-Niveau, in der Zeile zweimal acht = 16 Freiheitsgrade) 1,75.

Unser Prüfwert ist höher, die Nullhypothese ist also abgelehnt, die Verfahren sind offensichtlich nicht gleich gut. (Die Wahrscheinlichkeit, daß sie *doch* gleich gut sind, ist geringer als 5 Prozent.) Wir nehmen daher als Alternativhypothese an, daß die zweite Methode des Auslesens günstiger ist.

7. Warum lügen Statistiken?

7.1 »Statistiken«, die keine sind

Wenn die Statistik (als Methodik oder als Wissenschaftszweig) oftmals sehr skeptisch und ablehnend betrachtet und beurteilt wird, dann hat sie das häufig einer statistischen Darstellung zu verdanken, die in Wahrheit nur den äußeren Anschein einer Statistik erweckt. Es ist, wie wenn ein Kranker *nur* von Kurpfuschern, Krankenpflegern oder gar vom Küchenpersonal einer Klinik behandelt wird und schließlich verdrossen feststellt: »Die Medizin ist keine ernst zu nehmende Wissenschaft; die Mediziner sind durch die Bank Scharlatane.«

Nun sorgt das Gesetz dafür, daß als Arzt nur jemand auftreten darf, der ein entsprechendes Studium hinter sich gebracht hat, Prüfungen bestanden und praktische Erfahrungen gesammelt hat. Auf dem Gebiet der Statistik hingegen glaubt jeder sich ohne besondere Vorkenntnisse betätigen zu können – vom ehrgeizigen Verkaufsleiter über den findigen Werbeberater bis zum Boß mit den genialen Ideen, der Intrigant und Demagog ebenso wie der reine Tor und der wohlmeinende Ignorant.

Wir hatten schon wiederholt Gelegenheit, darauf hinzuweisen, daß man ein und denselben Sachverhalt von verschiedenen Gesichtspunkten aus betrachten und dementsprechend auch unterschiedlich statistisch darstellen kann. Aber wir haben dabei immer stillschweigend vorausgesagt, daß erstens das zur Auswertung verfügbare Zahlenmaterial einigermaßen richtig ist und daß zweitens nicht bewußt gelogen wird.

Wenn also von der Lüge in der Statistik die Rede ist, fragt sich, um welche es sich handelt.

Es gibt da die *vermeintliche Lüge,* die letztlich nichts anderes ist als eine falsch aufgefaßte korrekte Statistik. (Mag sein, daß sie listig auf Täuschung von Naiven angelegt war, aber in sich selbst, in ihren Zahlen und Behauptungen, ist sie hieb- und stichfest.)

Dann gibt es die *sekundäre Lüge,* bei der der Kommentar mit dem Statistiker verwechselt wird. Sie ist besonders weit verbreitet und kommt meist dadurch zustande, daß irgendein heimlicher Verführer, Demagoge oder Betrüger auf Zahlen stößt – oder gestoßen wird, die, entsprechend interpretiert, sein Gedankenkonzept zu beweisen scheinen. Er bemächtigt sich also der an sich richtigen Zahlen und baut rund um sie ein Lügengebäude, das – so will es jedenfalls scheinen – von den einwandfreien Zahlen vortrefflich zusammengehalten und untermauert wird. Das geschieht vor allem dann, wenn »Ursachen« oder »Wirkungen« zu Zahlen hinzuerfunden werden. Wenn wir später von den Korrelationen und vor allem von den Scheinkorrelationen sprechen, wird dazu so manches Ernste und Heitere zu sagen sein.

Schließlich gibt es noch *eine ganz plumpe Form der Lüge,* bei der in der Aufbereitung als auch in der Interpretation statistisch korrekt gearbeitet werden kann. Das ist dann der Fall, wenn ich von vornherein schon das Urmaterial fälsche. Es gibt eine alte Anekdote von zwei Zigeunern, von denen sich der eine wundert, daß der andere die geflochtenen Weidenkörbe *noch* billiger verkaufen kann. »Wie ist das möglich?« fragt der erste. »Ich kann nicht so billig sein, obwohl ich die Weidenruten stehle.« Der zweite zuckte lächelnd

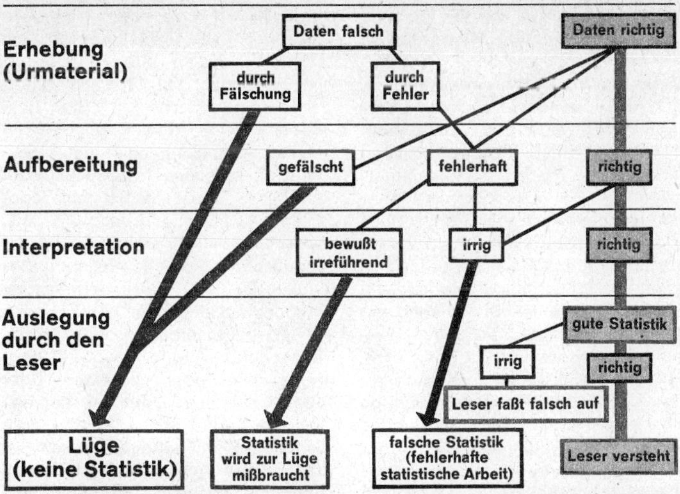

Schema der Fehlerquellen und Täuschungsmöglichkeiten beim Erarbeiten und Verarbeiten von Statistiken.

die Achseln: »Ich stehle die ganzen Körbe.«

Wenn man also gleich das Zahlenmaterial erfindet, muß man sich in der Tat keine Mühe mehr mit raffinierten statistischen Operationen oder mühsam auszuklügelnden Interpretationen machen. Ernst Wagemann, von 1923 bis 1933 Präsident des Statistischen Reichsamtes und Verfasser mehrerer populärwissenschaftlicher Werke, führt in seinem Buch *»Die Zahl als Detektiv«* einige Beispiele aus der Weltgeschichte an, die – teilweise über Jahrtausende hinweg – zu falschen Deutungen und Schlußfolgerungen führten: Das Heer des Xerxes betrug nach Herodot 4,2 Millionen Mann, in Wahrheit aber wohl nur 20 000, mit Troß 60 000 bis 70 000. Die Schweizer bezifferten die Verluste Karls des Kühnen bei Granson auf 7000 Mann, in Wirklichkeit fielen nur sieben Ritter und einige Gemeine. In den deutschen Freiheitskriegen sollen im Gefecht bei Hagelsberg 4000 Franzosen getötet worden sein, es waren nur dreißig.

Durch Verwendung falschen Ausgangsmaterials – oder gar durch die bewußte Fälschung der »Urliste« – ist alles zu beweisen. Man wird auch dem unkritischen Leser oder Hörer schwer einreden können, daß 4 und 5 zusammen 6 ergeben – aber wenn ich zunächst einmal die 5 in eine 2 verfälsche, kann ich hinterher mit vollem Recht behaupten, daß 2 und 4 zusammen 6 ergeben.

Es empfiehlt sich also stets, nachzusehen, ob man es mit dem Hausmeister, Krankenpfleger oder mit dem Chefarzt zu tun hat, ob mit einer Pseudo-»Statistik« oder mit der Statistik. Die Unterscheidung fällt auf den ersten Blick nicht immer leicht – auch der Hausmeister kann, in weißem Kittel und mit randloser Brille ein paar aufgeschnappte lateinische Brocken von sich geben und dem Laien einen Arzt vortäuschen. Noch leichter gelingt es dem jungen Mann in der Werbeabteilung, mit der Rechenmaschine ein paar Prozente genau auszurechnen und eine täuschend echte »Statistik« zu fabrizieren.

Wie kann man sich gegen verlogene Zahlenkolonnen und Phantasiekurven wehren, wie sie erkennen? Wer dieses Buch bis hierher gelesen hat, ist bereits weitgehend immun. Wer es gar noch bis zu Ende liest, kann dann mit ruhigem Gewissen echten und falschen Statistiken gegenübertreten. Es gibt aber auch ein paar ganz simple Faustregeln, die freilich – wie alle Faustregeln – nur für eine relativ geringe Sicherheitswahrscheinlichkeit bürgen. Immerhin kann man zum Beispiel Statistiken und Umfrageergebnisse, die in fünf Zeilen einer Tageszeitungsnotiz zusammengefaßt sind (oder auch in zehn), als »nicht absolut vertrauenswürdig« einstufen. Hier ist im besten Fall das ursprüngliche Zahlenmaterial von jemandem interpretiert und der Presse in dieser bearbeiteten Form weitergeleitet worden. Danach hat ein Journalist – nicht aus böser Absicht, sondern um den zahlenscheuen Leser nicht zu verärgern – einen Teil der Zahlen weggelassen und vom kommentierenden Text dasjenige groß herausgestellt, was ein bißchen sensationell wirkt.

W. J. Reichmann berichtet zum Beispiel von der Schlagzeile »Jede zweite Frau klagt über Rückenschmerzen« – und erzählt dann auch, wie schon die ursprüngliche »Statistik« mit etlichen Schönheitsfehlern behaftet war. Erstens handelte es sich nicht um die Grundgesamtheit »Frauen« (wo auch noch zu klären wäre, ob zum Beispiel 16jährige Mädchen mitgezählt wurden oder nicht), sondern es ging um weibliche Patienten. Nun sind Frauen, die den Arzt aufsuchen, im Durchschnitt vermutlich weniger gesund und mehr von Schmerzen heimgesucht als jene, die nicht im Wartezimmer sitzen. Also nur noch: »Jede zweite Patientin klagt über Rückenschmerzen.«

Dann stellte sich heraus, daß dieses Ergebnis nicht etwa aus einer repräsentativen Umfrage unter praktischen Ärzten gewonnen wurde, sondern das Ergebnis einer Privatstatistik eines einzelnen Arztes war. Also nur noch: »Jede zweite Patientin des Doktor X klagt über Rückenschmerzen.« Wobei Reichmann schon boshaft erwähnt, es könnte sein, daß dieser Arzt vielleicht in einer sehr feuchten Gegend seine Praxis hat, oder auch, daß seine Stühle im Wartezimmer zu unbequem sind.

Aber damit nicht genug. Es klagte gar nicht jede zweite Patientin des Doktor X über Rückenschmerzen, sondern auf die Frage, ob sie auch an Rückenschmerzen leide, sagte jede zweite »Ja«. Nun, wer hat *nicht* gelegentlich Rückenschmerzen? Oder Kopfschmerzen? Oder ist nervös? Das alles sind so weit verbreitete Symptome, daß sie diagnostisch erst dann einen gewissen Wert haben, wenn sie intensiv sind und schon vom Patienten als lästige Beschwerde genannt werden. Aber wer erst auf die Frage: »Haben Sie mitunter Rückenschmerzen?« mit »Ja« antwortet, der klagt nicht eigentlich darüber und ist dadurch nicht »signifikant« in seinem Wohlbefinden eingeschränkt. *So schrumpft die »statistisch untermauerte« Behauptung,* wonach jede zweite Frau über Rükkenschmerzen klagt, auf die weit weniger eindrucksvolle Tatsache zusammen, daß es irgendwo in England einen Doktor X gibt, dessen Patientinnen auf die Frage, ob sie auch Rückenschmerzen haben, zur Hälfte mit »Ja« antworten.

Daß dem Bericht noch ergänzend beigefügt wird, in einer orthopädischen Klinik klagten ebenfalls ein Drittel der Patienten über Rückenschmerzen, quittiert Reichmann mit der begründeten Gegenfrage, ob das in einer solchen Klinik denn überraschend sei, und schließt mit dem bissigen Bonmot, eines Tages werde man noch tief beeindruckt feststellen, daß in Tuberkulosekrankenhäusern 100 Prozent der Patienten an Tuberkulose leiden.

In diesem Fall war es immerhin mög-

lich, anhand des Originalberichts alle Fehlerquellen aufzuspüren – aber was soll der Leser machen, der diese Schlagzeile mit stark komprimiertem Text vorgesetzt bekommt und nun annehmen muß, daß tatsächlich jede zweite Frau in England über Rückenschmerzen klagt?
Noch schlimmer geht es bei der journalistischen Auswertung von Meinungsumfragen und von »Statistiken« zu, mit denen lediglich die Sauregurkenzeit überbrückt werden soll. Da entstehen dann Schlagzeilen wie »Der Durchschnittsmensch küßt 56807mal«.
Eine noch viel dickere Schlagzeile lautete: »Statistik beweist: Irrsinn schützt vor dem Krebstod.« Hier fehlen leider die sachlichen Angaben fast völlig, aber immerhin kann man schon aus dem reißerisch aufgemachten ersten Absatz erahnen, was los ist: »Bevölkerungsstatistiker und Mediziner schüttelten den Kopf und wissen keine Erklärung: Die niedrigste Todesrate durch Krebskrankheiten weisen die Insassen der Anstalten für Geisteskranke auf.« Damit ist zumindest klargestellt, daß Irrsinn keineswegs vor Krebstod »schützt«, sondern daß unter Geisteskranken relativ weniger an Krebs sterben als in der gesamten Bevölkerung – eine Feststellung, die zweifellos genauer Hypothesenprüfung wert ist (falls sie in dieser Form wirklich getroffen wurde), die aber keineswegs den »statistischen Beweis« dafür erbringt, daß Geisteskranke vom Krebstod verschont bleiben.
Einer Schilderung des »Durchschnittsamerikaners« ist unter anderem zu entnehmen: »Der Durchschnittsamerikaner ist 1,75 Meter groß, wiegt 71,5 Kilogramm, besucht alle Baseball- und Korbballmatchs und verliert beim Glücksspiel mehr, als er gewinnt.« Gewicht und Größe sind vermutlich Medianwerte (s. S. 30 ff.). Die Bemerkung über das Glücksspiel ist eine Binsenweisheit: Da alle Glücksspiele so angelegt sind, daß sie für die Veranstalter einen Gewinn abwerfen, kann man als Spieler »im Durchschnitt« nur verlieren; auch der durchschnittliche Mitteleuropäer verliert bei Lotto und Toto mehr, als er gewinnt. Und was heißt *»alle* Baseballmatchs«? Kein Wunder, wenn ein intelligenter Leser auf »die Statistik« schimpft ... Schlimmer, weil betont seriös dargestellt, ist dagegen folgender Satz, der sich unter der Schlagzeile »Im Alter wirst du glücklicher!« findet. Da heißt es wörtlich: »Die polizeiliche Statistik der westeuropäischen Länder sagt überraschend einstimmig aus: Von 100 Selbstmördern sind durchschnittlich 45 Prozent zwischen siebzehn und fünfundzwanzig Jahre alt, 30 Prozent zwischen fünfundzwanzig und vierzig, 15 Prozent zwischen vierzig und fünfzig, und nur 10 (!) Prozent aller Lebensüberdrüssigen über fünfzig Jahre haben von ihrem Schicksal genug. Es verringert sich also der Entschluß zum *Selbstmord* immer mehr, je weiter das Alter fortschreitet.«
Nun, das ist absolut falsch. Wahr ist vielmehr das Gegenteil: Der Prozentsatz der Selbstmörder steigt mit zunehmendem Alter. Was ist da geschehen? Das ist sehr lehrreich: In der »optimistischen« Version vom sonnigen Alter wurden Todesursachen innerhalb von Altersgruppen verglichen. Nun, junge Leute sterben nicht an Krebs, nicht an Herzinfarkt, nicht an Gehirnschlag, nicht an Altersschwäche, sie sterben überhaupt sehr selten. Aber wenn, dann vor allem durch Unfall, aber auch durch Selbstmord: In der Gruppe der Fünfzehn- bis Vierzigjährigen ist Selbstmord für 14 Prozent der wenigen Todesfälle verantwortlich. Woran sterben Menschen über sechzig? An Krebs, an Herzinfarkt, an Gehirnschlag, an Altersschwäche, und – sie sterben alle! Der relative Anteil der Selbstmörder ist mit knapp einem Prozent gering. So betrachtet begehen junge Menschen »relativ öfter« Selbstmord.

a

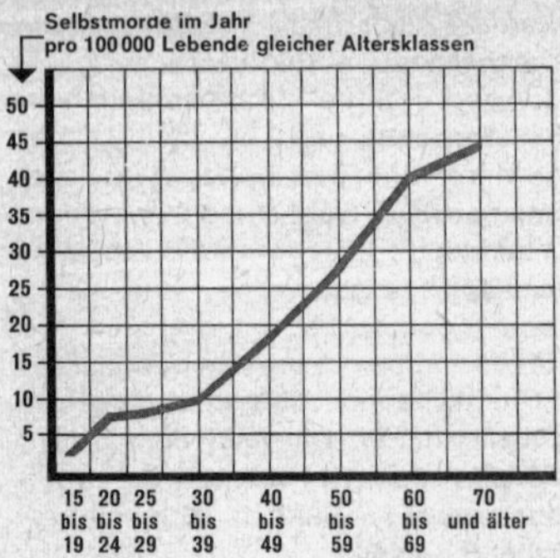

b

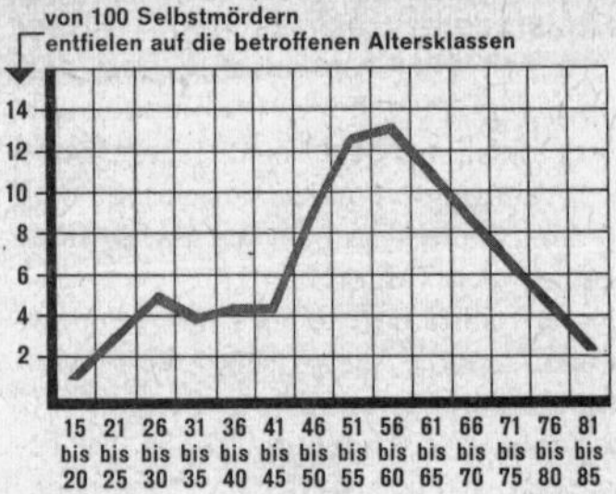

So »lügt« man mit Statistik.
Erste »statistisch bewiesene Feststellung«: Selbstmorde nehmen mit wachsendem Alter zu. Der Kurvenverlauf der Graphik zeigt deutlich, daß die Zahl der Selbstmörder pro Jahr und Altersklasse kontinuierlich ansteigt und in der Altersgruppe »70 und älter« mehr als das Zehnfache der Teenager-Gruppe beträgt.

c

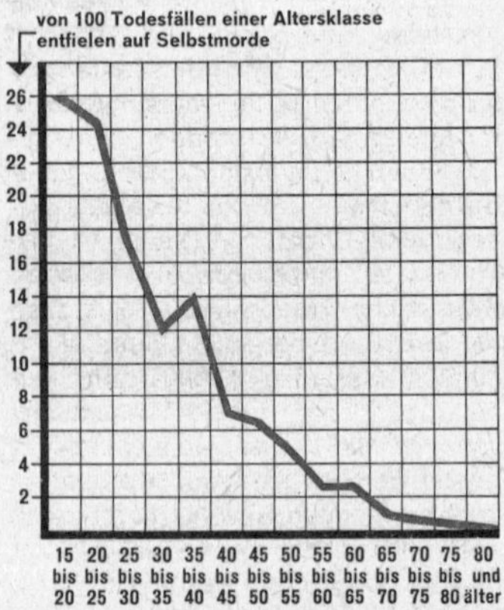

Zweite »statistisch bewiesene Feststellung«: Selbstmorde erreichen im mittleren Lebensalter einen Gipfel, sind unter Jungen und ganz Alten hingegen selten. Der Kurvenverlauf der Graphik zeigt deutlich, daß von je 100 Selbstmördern rund ein Viertel allein auf das Altersjahrzehnt vom 51. zum 60. Lebensjahr entfällt, auf die Siebzigjährigen (71–80) dagegen nur etwa 10 Prozent, auf die Gruppe 21–30 Jahre nur 8 Prozent.

Dritte »statistisch bewiesene Feststellung«: Selbstmord ist eine Krankheit der Jugend und nimmt mit wachsendem Alter an Bedeutung immer mehr ab. Der Kurvenverlauf der Graphik zeigt deutlich, daß der Anteil der Selbstmörder an den gesamten Todesfällen einer Altersklasse von 25 Prozent unter den jungen Menschen (15–25 Jahre) auf weniger als ein Prozent absinkt, sobald man sich dem 70. Lebensjahr nähert.

Je nach Wahl der Bezugsgröße – a) pro Lebende der gleichen Altersklasse, b) pro Gesamtzahl der Selbstmörder, c) pro Todesfälle der gleichen Altersklasse – ergibt sich also ein völlig verschiedenes Bild. Unsere drei Graphiken beziehen sich zwar auf drei verschiedene Länder und auf verschiedene Zeiträume, sind also nicht in den Einzelheiten vergleichbar, wohl aber – und das ist hier wichtig – im charakteristischen Kurvenverlauf. (Die erste Graphik bezieht sich auf männliche Selbstmörder in England und Wales 1956, die zweite auf männliche Selbstmörder in Hamburg 1945–1958, die dritte auf Selbstmorde in Wien 1963.)

Der richtigere Vergleich ist aber wohl der mit der Gesamtheit der Altersgruppe, und da steigt die Häufigkeit (pro 100 000 der Lebenden gleichen Alters) von 3 bei Jugendlichen unter fünfzehn auf 44 bei Männern über siebzig Jahre. (Für Frauen liegen die Zahlen wesentlich niedriger, zeigen aber ähnlichen Verlauf.)
Man könnte diese Beispiele noch eine beliebig lange Zeit fortsetzen. Aber wir wollen es dabei bewenden lassen, da es uns ja nur darum geht, unsere Warnung vor allzu populär vereinfachten »Statistiken« zu rechtfertigen.
Auf welche Statistiken aber kann man sich nun verlassen? In der Regel auf *amtliche Statistiken,* auf solche von großen *Institutionen und Organisationen.* Vor allem aber auf solche, die auch die absoluten Zahlen nennen, den Umfang der Stichprobe angeben und möglichst auch noch einige Angaben über die Erhebungsmethode und die wahrscheinlichkeitstheoretische Verläßlichkeit der Stichprobe machen. Freilich muß man auch in diesen Fällen sagen: Hier gibt es kein Zwischen-den-Zeilen-Lesen! Wer eine Statistik interpretiert, tut es auf eigene Gefahr. Wer sich eine Interpretation kritiklos aufschwatzen läßt, braucht die Zahlen gar nicht erst anzusehen. Eine gute Statistik gibt übersichtlich aufbereitete Zahlen, gegebenenfalls mathematische Zusammenhänge zwischen diesen Zahlen, nennt Durchschnittswerte und Standardabweichungen, Fehlergrenzen und allenfalls erläuternde Hinweise, aber sie beweist keine Hypothesen – weder wissenschaftlich saubere noch demagogisch schmutzige.
Weil aber Demagogen und heimliche Verführer sich gerne der Statistik bedienen, ist es immer von Vorteil, dann, wenn man schon geneigt ist, an eine seriöse Darstellung zu glauben, sich noch einmal mißtrauisch zu fragen: cui bono? Mit dieser Frage hat man seit Jahrtausenden Verbrechen aufgeklärt, und sie erweist sich auch bei der Aufdeckung statistischer Manipulationsverbrechen oftmals als sehr wertvoll.

7.2 Die Rechenkunst der Demagogen

Warum wird so gerne und so häufig – und leider oft auch so erfolgreich – mit Statistiken gelogen? Weil der Durchschnittsbürger in ehrfürchtiger *Scheu vor Zahlen* aufgewachsen ist: Sie sind von der erschreckenden, aber unanfechtbaren Präzision der Mathematik umweht, sie sind in einer Welt schwankender Vorstellungen das einzig absolut Zuverlässige. Zwar hat *Lichtenberg* gesagt: »Man muß einmal an allem zweifeln, auch daran, daß zwei mal zwei vier ist.« – Aber wem käme es ernsthaft in den Sinn, am kleinen Einmaleins zu zweifeln?
Da nun die Statistik vorwiegend mit Zahlen arbeitet, überträgt der gutwillige Zahlengläubige sein Vertrauen zur Rechenkunst auch auf die Statistik – obwohl daneben durchaus die von der Erfahrung getragene Überzeugung bestehen kann, daß »Statistiken lügen«. In der Tat ist beides richtig: Statistik arbeitet mit mathematischen Methoden und mathematischer Präzision. Und – mit Statistiken wird gelogen.
Im übrigen ist die erste, positive Vorstellung immer noch die beherrschende – sonst würden ja auch gar nicht erst so viele Versuche unternommen, mit Statistiken zu lügen. Die Vorstellung, daß »Zahlen beweisen«, ist trotz mannigfacher schlechter Erfahrungen ungebrochen. Und so bedienen sich eben Demagogen, Verführer und Lügner aller Spielarten der Statistik besonders gern – ähnlich wie des Fotos, weil ja auch Fotos vermeintlich nicht lügen. Freilich hat sich im Zeitalter des Amateurfilms herumgesprochen, wie man Bilder und Szenen aufbauen und manipulieren kann – von den

Methoden der Statistik hingegen weiß der Laie erschreckend wenig. Wir haben bereits jene Arten »statistischer« Lüge ausgeklammert, die überhaupt nur Lüge und nicht im mindesten Statistik sind – wie etwa die *Fälschung des Urmaterials.* Wenn ich wider besseres Wissen behaupten will, daß es im vergangenen Monat keine Cholerafälle gegeben hat, dann kann ich damit keine Krankheitsstatistik erstellen, die diesen Namen verdient. Wenn ich behaupte, daß mein neues Präparat sich im Laborversuch allen anderen Präparaten gegenüber um 65 Prozent überlegen gezeigt hat, während es in Wahrheit kaum ebensogut war, dann ist das lediglich eine Lüge, die als statistische Aussage verkleidet ist.
Davon aber wollen wir hier absehen. Wir werden uns nur mit solchen Manipulationen befassen, die letztlich doch eine, wenn auch sehr zweifelhafte Basis in den Tatsachen haben. Die Fakten sind nämlich sehr oft nicht genau das, was einem in das gegenwärtige Konzept paßt, und da muß man sie entsprechend anfassen und umkrempeln. (Ein erstes Beispiel haben wir übrigens schon in Kapitel 4.3 kennengelernt, als wir fiktive Arbeitgeber und Arbeitnehmer mit Indexzahlen jonglieren ließen.)
Charakteristisch für diese Manipulationen ist es, daß Zahlen und Rechenmethoden zwar durchaus richtig sind, daß aber beim Leser oder Hörer dadurch ein ganz anderer, der tatsächlichen Situation nicht entsprechender Eindruck hervorgerufen wird. Und zwar geschieht das, um etwas Unerfreuliches zu kaschieren, etwas Positives vorzutäuschen, kurz aus all den 1001 Gründen, die Propaganda und Werbung haben, um etwas in einem dem Auftraggeber genehmeren Licht erscheinen zu lassen.
Ein sehr beliebtes psychologisches Spiel ist dabei die demagogische *Umrechnung.* Sie muß gar nicht immer bösen Motiven entspringen – es gibt Leute mit durchaus lauteren Absichten, die glauben, der Zweck heilige die Mittel. So konnte man vor einiger Zeit in einer UNESCO-Mitteilung lesen: »Die Kosten für einen neuen Bomber-Prototyp sind so hoch wie die Jahresgehälter von 250 000 Schullehrern. Um den Preis eines großen Atom-U-Bootes könnte man in fünfzig Städten moderne Spitäler errichten. Mit dem Geld schließlich, das zur Entwicklung eines Ultraschall-Jägers erforderlich ist, könnte man die Errichtung von 600 000 Wohnungen für mehr als drei Millionen Menschen finanzieren.«
Wir wollen diese Zahlen gar nicht in Zweifel ziehen – und es wäre wahrlich ein Segen für die Menschheit, wenn die maßgebenden Staatsmänner in Ost und West sie sich zuweilen durch den Kopf gehen ließen. Aber von dieser Friedensmahnung ist es nur ein kleiner Schritt zur Demagogie, denn man kann natürlich schlechterdings alles in etwas anderes umrechnen. Das Schema dafür ist ganz einfach: Man nehme etwas Kostspieliges, das unschön oder unbeliebt ist, und rechne es um in etwas Billiges, das mit positiven Emotionen geladen ist. Einleuchtendes Beispiel: Um den Preis eines einzigen Panzerspähwagens könnte man fünf Millionen Rosensträuße für alte Mütter kaufen. Oder: Die Gehälter der Spitzenbürokratie in Deutschland (oder einem beliebigen anderen Land) würden ausreichen, um drei (oder acht oder fünfzehn) Millionen unterernährte Kinder aus Entwicklungsländern täglich mit zwei warmen Mahlzeiten zu versorgen. Kurz: Butter statt Kanonen, Waisenkinder statt Börsenmakler.
Man kann natürlich beim Umrechnen auch ohne emotionelle Untertöne Unsinn produzieren. Das geschieht zumeist dann, wenn irgend etwas

umgerechnet und dann »aneinandergereiht« wird. Das spielt sich etwa so ab: Würde man alle Haare, die täglich in den Friseursalons von München abgeschnitten werden, aneinanderreihen, dann könnte man damit ein Haargespinst von hier bis zur Sonne (oder nur bis zum Mars oder bis zum Jupiter) herstellen. Das ist ein Spiel, das manche Gemüter sehr erheitern kann – aber meist wird die Verwirrung durch diesen »Vergleich« eher größer als kleiner.

Zu diesen Umrechnungskünsten gibt es eine Menge Beispiele. Wollten wir das Papier, auf dem sie gedruckt sind, aneinanderkleben, kämen wir damit vermutlich mindestens bis zum Mond. Aber wir wollen uns lieber ernsteren Fragen zuwenden und dabei eine ganz besondere Art von Prozenten unter die Lupe nehmen – jene, die unter Schlagworten segeln wie »Neun von zehn Generaldirektoren verwenden Lignix-Bleistiftspitzer« oder »Drei von zehn Hausfrauen putzen ihr Silber mit Swobodas Argentorizid«.

Nun weiß ich aber vielleicht anhand meiner Verkaufsstatistiken sehr wohl, daß nur knapp 1 Prozent aller Hausfrauen mein Argentorizid verwenden. Habe ich also gelogen? Ja und nein. Ich kann zum Beispiel auf dem Umweg über Einzelhändler an zwei oder drei Dutzend Damen herankommen, die dieses Putzmittel kaufen. Das wären gleich einmal dreißig Benützerinnen, und dazu addiere ich noch siebzig Befragungsergebnisse aus einer Zufallsauswahl – da fallen vielleicht auch noch ein oder zwei Benützerinnen ab. Kurzum: Unter hundert befragten Hausfrauen waren mindestens dreißig, die das Mittel verwenden. Drei von zehn!

Wenn nun der naive Leser daraus den Schluß zieht, es seien *je* drei von *je* zehn oder *je* hundert (was in dieser Formulierung singemäß dasselbe ist) – kurz, daß rund 30 Prozent *aller* Hausfrauen mein Silberputzmittel verwenden, dann kann ich immer noch bedauernd die Achseln zucken und im Brustton der Überzeugung versichern: »Das habe ich nicht behauptet. Von ›je‹ war keine Rede. Hier liegt ein Mißverständnis vor.« Natürlich kein bedauerliches Mißverständnis, sondern eher ein erhofftes, ja ein heraufbeschworenes. Aber mit dieser Formulierung habe ich eine reine Weste, bin sozusagen ein Ehrenmann geblieben.

Man kann unter Umständen sogar noch einen Schritt weiter gehen. Ich schenke zum Beispiel fünfzig Generaldirektoren einen neuartigen Bleistiftspitzer und stelle nachher durch eine Umfrage bei ihren Sekretärinnen fest, daß neun der Herren tatsächlich das Ding ausprobierten. Und nun kann ich sagen »neun von fünfzig«, ich kann aber auch sagen »neun von zehn«. Daß es neun von zehn nachträglich ausgewählten sind, verschweige ich wohlweislich.

Das ist eine Methode, die erst dann wieder sauber wird, wenn ich wenigstens die betreffenden Personen identifiziere. In einer Anzeige eines britischen Gasgeräteproduzenten war etwa zu lesen: »Neun von zehn berühmten Küchenchefs verwenden Gas. Warum?« Dazu waren neun Köche aus renommierten englischen Hotels abgebildet und namentlich genannt. Aber selbst das hat mehr mit der Frage des lauteren oder unlauteren Wettbewerbs als mit Statistik zu tun. Es ist ja ein offenes Geheimnis, daß prominente Persönlichkeiten, vor allem Schauspieler, ihren Namen zu Werbezwecken zur Verfügung stellen. Gegen entsprechende Bezahlung selbstverständlich.

Schwieriger ist die Sache, wenn wissenschaftliche Institute als Kronzeugen bemüht werden. Da ist zunächst die Frage: Ist dieses Institut überhaupt eine ernst zu nehmende Einrichtung? Zweitens: Sind aus dem Gutachten nur einzelne Satzfragmente wiedergegeben? Drittens und vor allem: Was steht denn eigentlich genau in dem Gutachten? Auf die Möglichkeit einer willkürlichen Auswahl von Vergleichswerten haben wir ja auch schon früher (in Kapitel 4.4) hingewiesen. Wir haben dort auf die vielfältigen Möglichkeiten aufmerksam gemacht, je nach beabsichtigter Wirkung lieber von Prozenten oder von absoluten Zahlen sprechen zu können, und wir haben gezeigt, wie leicht es wäre, zum Beispiel Stuttgart als die fünftgrößte unter zehn westeuropäischen Städten erscheinen zu lassen. Darmstadt kann die größte unter zehn deutschen Städten sein – oder auch die kleinste, ganz nach Belieben.

Durch die Wahl des Bezugssystems können ebenfalls recht unterschiedliche Effekte erzielt werden: Was ist etwa die »größte« Zeitung? Da gibt es vielleicht eine mit der höchsten Druckauflage, eine mit der höchsten Verkaufsauflage, eine mit der größten Seitenzahl im Tagesdurchschnitt, eine mit den meisten Anzeigen (oder auch deren zwei: eine mit den zahlreichsten Anzeigen, die andere mit der größten Anzeigenfläche oder -seitenzahl, daneben noch eine »meistgelesene«, die nicht unbedingt mit der auflagenstärksten identisch sein muß.

Zwei weitere wichtige Manipulationsbereiche werden wir noch kennenlernen, wenn wir uns einerseits mit den graphischen Darstellungen statistischer Daten näher beschäftigen und wenn wir andererseits – im neunten Kapitel – von den Korrelationen im allgemeinen und von den Scheinkorrelationen im besonderen sprechen.

Zuweilen wird Statistik *für gröbste Demagogie mißbraucht*, zuweilen aber wird auch auf fast rührende Weise *geschwindelt* – wie etwa von jenem Wanderzirkus, der – wie Rolf Wagenführ einmal berichtete – mit großen Lettern »32 Mitwirkende« ankündigte. Es traten dann auch wirklich zwölf Artisten, vier Pferde, sechs Affen und zehn Hunde auf.

Die »Lüge« dieser Statistik besteht darin, daß der Begriff »Mitwirkende« vom Leser in der Regel erheblich anders interpretiert wird als vom Textverfasser und letzterer dies weiß. Was hier nur kleines Kuriosum ist, belastet in ähnlicher Weise selbst die seriösesten, wissenschaftlich korrekten Statistiken. Wir haben schon einmal darauf hingewiesen, daß »Arbeitslose«, »Unfalltote«, »Studenten« und viele andere Kategorien in den einzelnen Ländern oft unterschiedlich definiert werden, wodurch ein Vergleich praktisch unmöglich wird. Wer würde ernsthaft wagen, die Zahl der »Akademiker« in der Bundesrepublik und in den Vereinigten Staaten genau zu vergleichen?

»Gewerkschaften fordern 15 Prozent Lohnerhöhung!« – »Arbeitgeber bieten nur 5 Prozent!« Sind diese Positionen völlig unvereinbar? Nicht unbedingt. Die 15 Prozent können sich etwa auf die kollektivvertraglichen Mindestlöhne, die 5 Prozent auf die sogenannten »Ist-Löhne« beziehen, die möglicherweise erheblich über den Mindestlöhnen liegen. Und zwischen dem Bruttostundenlohn einer Normalarbeitsstunde und dem durchschnittlichen Stundennettolohn unter Berücksichtigung von steuerfreien Zulagen, Überstunden, Urlaubsgeld, Kinderzulagen und so weiter bestehen derartige Unterschiede, daß man je nach Definition ganz andere Statistiken aufbauen, andere Folgerungen ziehen kann.

Über längere Zeitabschnitte hinweg kommt noch eine *kontinuierliche Begriffsverschiebung* dazu: Die durchschnittliche »Kriminalität« ist seit der wachsenden Verbreitung der Verkehrsdelikte selbstverständlich gestiegen. Wenn Homosexualität (oder irgendein anderes Delikt) straffrei wird, sinkt dagegen automatisch die Zahl der Delikte.

Auch muß ein Anwachsen der Krebssterblichkeit weder die Hilflosigkeit der Medizin »statistisch beweisen« noch unbedingt nur durch das dank der medizinischen Fortschritte erhöhte Durchschnittsalter zu erklären sein. Es mag sich ganz einfach um präzisere Diagnosen handeln. Die Verzeichnisse der Todesursachen vor hundert Jahren und heute lassen sich schlechterdings nicht vergleichen. So starben in einer mitteleuropäischen Großstadt im Jahre 1863 rund 17 000 Personen – davon 864 an Altersschwäche, 600 an Lebensschwäche, 4840 an Lungensucht, 1135 an Durchfall, 180 im Kindbett, 590 an Typhus, 1433 an Lungenentzündung, 300 an Blattern, 302 an Scharlach. Wenn wir die Kinder- und Säuglingssterblichkeit außer acht lassen, bleiben Lungensucht, Lungenentzündung, Altersschwäche und Typhus als wichtigste Todesursachen, während weder Krebs noch Kreislauferkrankungen auch nur erwähnt werden! – Als Kuriosum dazu sei noch erwähnt, daß Abraham de Moivre, den wir als einen der großen Ahnen unserer Wissenschaft kennengelernt haben, laut Totenschein an »somnolence«, an Schlafsucht starb.

Ein anderer unzulässiger Vergleich: Untersuchungen einer schwedischen Autofirma ergaben: Von 42 813 Personen, die mit Autos verunglückten, starben 52; 49 von ihnen trugen keinen Sicherheitsgurt.« Warum besagt das überhaupt nichts? Weil der Hinweis auf den Prozentsatz der Gurtbenützer fehlt. Wenn zum Beispiel nur 1 Prozent der Autofahrer Gurte benutzt, ist es eher bedenklich, daß 3 von 52 Todesopfern Gurte getragen haben.

Statistiken im Krieg sind ein Kapitel für sich. Zur *Unzuverlässigkeit der Schätzungen* gesellt sich die mehr oder minder bewußte *Verfälschung militärischer und amtlicher Stellen*. Im Februar 1968 berichtete »Newsweek«, die toten Vietkongs seien »oft mehrmals gezählt« worden; im übrigen würden üblicherweise »auf jede eroberte Waffe drei bis vier tote des Gegners gerechnet«. Verteidigungsminister McNamara sprach einmal von 165 000 Toten des Gegners im vergangenen Jahr, wobei er allerdings hinzufügte, diese Zahlen beruhten teilweise auf »Beurteilungs-Faktoren« (judgment factors) und müßten daher mit Vorsicht betrachtet werden.

In einer innenpolitisch brisanten Auseinandersetzung in Österreich bezüglich einer angeblich »manipulierten Statistik der Sozialisten« wurde – neben gerechtfertigten Einwänden – von der Gegenpartei unter anderem argumentiert: »Lag Anfang 1966 die Zahl der Niedrigsteinkommensbezieher (unter tausend Schilling monatlich) bei rund 230 000, so betrug sie Anfang 1969 nur noch 120 000, verringerte sich also um rund die Hälfte.«

Was war geschehen? Anfang 1966 waren die niedrigsten Renten knapp *unter* tausend Schilling gelegen. In den nächsten Jahren wurden sie im Einklang mit den Indexzahlen der Lebenshaltungskosten allmählich nachgezogen und lagen 1969 knapp *über* 1000 Schilling. Gespiegelt wird in dieser Entwicklung zunächst nichts anderes als die schleichende Geldentwertung, aber keineswegs ein Rückgang der Armut – dazu bedürfte es des Nachweises, daß die Niedrigsteinkommen relativ stärker gestiegen sind als erstens die Preise und zweitens die Durchschnittseinkommen.

Heute finden Entbindungen nur noch selten in Privatwohnungen statt. Noch vor wenigen Jahrzehnten konnte man jedoch »statistisch nachweisen«, daß Entbindungen daheim harmloser sind als in der Klinik. Aus einem einfachen Grunde: Wann immer Komplikationen zu befürchten waren, empfahl der Hausarzt die Entbindung in der Klinik, so daß dort kein »repräsentativer Querschnitt« von Gebärenden lag, sondern ein überdurchschnittlich hoher Prozentsatz von gefährdeten Schwangeren. Auch an Lungenentzündung stirbt man ja selten zu Hause, denn die schwierigeren Fälle werden in die Klinik überwiesen. In Luftkurorten sterben überdurchschnittlich viele Menschen an Tuberkulose, in Kreislaufheilbädern überdurchschnittlich viele an Herzinfarkt. Heilungsbedürftige sind eben gefährdeter.

Man darf andererseits aber auch nicht außer acht lassen, daß gerade der Sterblichkeitsvergleich zwischen Entbindungen daheim und in der Klinik in *noch* früherer Zeit tatsächlich etwas Richtiges ausgesagt hatte: Vor der Entdeckung des Kindbettfiebers durch Ignaz Semmelweis und vor der systematischen Anwendung steriler Methoden in den Gebärkliniken starben in der Tat relativ mehr Mütter in der Klinik, denn die Ansteckungsgefahr war dort größer als in einem normalen Heim.

Auf das *Index-Spiel* haben wir schon früher hingewiesen. Dazu noch eine Ergänzung aus der amerikanischen Innenpolitik. Wallis/Roberts berichten: »Vor der Wahl 1936 behaupteten die Demokraten, Beschäftigung und Erzeugung hätten erheblich zugenommen, ohne daß die Lebenshaltungskosten gestiegen wären. Für ihren Vergleich legten sie das Jahr 1933 für Beschäftigung und Erzeugung zugrunde, aber die Jahre 1925/29 für die Lebenshaltungskosten. Die Republikaner hingegen behaupteten, die Lebenshaltungskosten seien gestiegen, nicht aber die Beschäftigung. Sie gingen dabei von den Lebenshaltungskosten von 1933 aus und legten für die Beschäftigung den Durchschnitt 1925/29 zugrunde.«

Ein schönes Beispiel für eine eindrucksvolle Pseudostatistik bietet auch die Überlegung, die ein amerikanischer Rundfunkkommentator einmal im Zusammenhang mit dem *Projekt der Kalenderreform* angestellt hat. Er »bewies«, daß unser umständliches Kalendersystem allein die Stadt New York über fünf Millionen Dollar im Jahr kostet. Man benötigt derzeit, so war seine erste Annahme, rund eine Minute, um zu einem beliebigen Datum den darauf entfallenden Wochentag im Kalender zu finden. Seine zweite Annahme war, jeder New Yorker suche alle zwei Tage einmal nach einem solchen Tag. Das ergibt einen Zeitverlust von über 58 300 Stunden pro Tag. Der durchschnittliche Arbeitslohn betrug damals nur 25 Cents pro Stunde, aber auch mit dieser Zahl kam der Amateurstatistiker zu einem Tagesverlust von 14 583 Dollar und einem Jahresverlust von über 5,3 Millionen. Nach den heutigen Durchschnittslöhnen ergäbe diese Milchmädchenrechnung sogar einen Verlust von über vierzig Millionen Dollar.

Wir wollen es dem Leser überlassen, die groben logischen und statistischen Fehler herauszufinden. Man mag dieses Beispiel eher amüsant als demagogisch finden – aber das Schema entspricht genau jenem, das zuweilen auch bei ernsteren Problemen, sei es aus Unvernunft oder Demagogie, angewandt wird: So wie hier den Vorteil eines vereinfachten Kalenders kann man mit anderen Zahlen auf ähnliche Weise nahezu alles »beweisen«. *Wo die Scherzaufgabe der Unterhaltungsseite in den ernsthaften Versuch einer Irreführung durch Pseudostatistiken übergeht,* ist oft nur schwer zu bestimmen.

Wir könnten die Blütenlese aus dem faszinierenden Grenzbereich zwischen Demagogie und Naivität noch endlos fortsetzen, aber wir müssen ein Ende finden. Doch zuvor noch ein *Umrechenbeispiel* in zwei Versionen. Zunächst die Zahlen: Erstens, im Jahre 1968 haben Bund und Länder in der Bundesrepublik

Jeder Steuerzahler	**– Pro Kopf der Bevölkerung**
muß zahlen	**– wird aufgewendet**
im Jahr	**– im Tag**
weit über	**– nicht einmal**
200 Mark	**– 30 Pfennig**
für Polizei und	**– für Recht und Auf-**
Gerichte	**rechterhaltung der Ordnung**

Dieselben Tatsachen lassen sich mit sehr unterschiedlichen Worten wiedergeben und klingen dann, je nach Wunsch, »positiv« oder »negativ«. »Die Statistik« muß aber deswegen noch lange nicht lügen.

rund sechs Milliarden Mark für die Bereiche »Öffentliche Sicherheit, Ordnung und Rechtsschutz« ausgegeben. Zweitens, die Bevölkerungszahl belief sich auf rund 60 Millionen. Drittens, es gab rund 28 Millionen Lohn- und Einkommensteuerpflichtige.
Erste statistisch belegte Tatsache: »Jeder Steuerzahler muß im Jahr durchschnittlich weit über zweihundert Mark für Polizei und Gerichte zahlen.« Zweite, mit den gleichen Zahlen belegte Tatsache: »Pro Kopf der Bevölkerung werden für Rechtspflege und Aufrechterhaltung der öffentlichen Ordnung im Tag nicht einmal dreißig Pfennig aufgewendet.« (Und diese zweite Zahl ist, je nach Bedarf, entweder so zu verstehen, daß nur dieser Bagatellbetrag vom Bürger eingehoben wird, oder aber auch so, daß dem Staat Ordnung und Rechtssicherheit nicht mehr wert sind als diese paar Groschen.)
Wenn ich übrigens die Steuerleistungen für dieses wichtige Budgetkapitel als besonders niedrig erscheinen lassen will, dann erinnere ich mich, daß nur etwa 70 Prozent der Staatsausgaben aus Steuereingängen gedeckt werden – und dann entfallen auf den Kopf der Bevölkerung nicht viel mehr als zwanzig Steuerpfennige pro Tag.

7.3 Von der Extrapolation zur Futurologie

»Man kann die Zukunft nie im Lichte der Vergangenheit planen«, soll Edmund Burke, ein eher traditionsbewußter und konservativer Staatstheoretiker, einmal gesagt haben. Weist man aber das »Licht der Vergangenheit« zurück, dann steht man vollends im »Dunkeln« oder ist auf das magische Leuchten der Phantasie angewiesen. Wollen wir jedoch mit statistischem Beweismaterial an die Dechiffrierung der Zukunft herangehen, dann müssen wir uns bewußt sein, *daß unsere Zahlen und Daten aus der Vergangenheit stammen.*
Auch wenn unsere Absicht nicht *»Zukunftsforschung«* im engeren Sinne des Wortes ist, werden statistische Angaben doch fast ausnahmslos als *Entscheidungshilfen* verwendet. Man studiert Verhältniszahlen der Gegenwart und Vergangenheit, um etwas über ihr künftiges Aussehen zu erfahren. Man verfolgt einen »Trend« über Jahre hinweg, um ihn in die Zukunft zu *extrapolieren.* Auch die Aufzeichnung einer »Bestandsmasse« ist nicht nur für die Archive gedacht oder um die Vollbeschäftigung in den statistischen Ämtern aufrechtzuerhalten. Sie soll vielmehr eine Orientierungs-

hilfe für zahllose Entscheidungen aller Art bieten.
Freilich: Die Vergangenheit ist immer Gewißheit, die Zukunft immer nur Möglichkeit, nur Wahrscheinlichkeit. Was zwanzig Jahre lang war, muß morgen nicht mehr sein – aber wahrscheinlich wird es doch sein. Wenn Herz- und Kreislauferkrankungen in den letzten Jahren durchschnittlich für 30 Prozent der Todesfälle verantwortlich waren, dann darf ich annehmen, daß die Ziffer heuer ähnlich sein wird. Aber darf ich das nun auch einfach als selbstverständlich für das Jahr 1980 oder gar das Jahr 2000 annehmen?
Betrachten wir einmal ein ganz einfaches (so will es wenigstens zunächst scheinen), wohlbekanntes und viel erörtertes Beispiel – die *Bevölkerungsexplosion.* Die Weltbevölkerung betrug im Jahre 1800 rund 775 Millionen, im Jahre 1850 1,1 Milliarden, im Jahre 1900 1,6 Milliarden, im Jahre 1950 2,4 Milliarden. Dieses Bevölkerungswachstum kann man graphisch darstellen und erhält dann eine Kurve, die man in die Zukunft verlängern kann. Genauer gesagt, erhält man allerdings nicht eine einzige eindeutige Kurve, sondern man kann – je nach mathematischen Kenntnissen oder je nach Temperament, Intuition sowie Information und Vorgehen – recht unterschiedliche Kurven in die Zukunft projizieren.
Dementsprechend erhält man denn auch für das Jahr 2000 recht unterschiedliche Werte. Das Futurologenteam Kahn/Wiener rechnet mit etwa 6,5 Milliarden, läßt aber breiten Spielraum auch für andere Zahlen, so bietet es dem Leser für die Bevölkerungszahl Chinas im Jahre 2000 zur Auswahl Werte zwischen 922 und 1600 Millionen. Nun, da kann nicht viel schiefgehen, irgendwo dazwischen wird der wahre Wert ja liegen. Der deutsche Plasmaphysiker und Futurologe Wilhelm Fucks kommt auf 6,6 Milliarden. Das Statistische Jahrbuch der Bundesrepublik Deutschland für 1970 gibt, basierend auf den Angaben des Statistischen Amtes der Vereinten Nationen, die Weltbevölkerung des Jahres 2000 mit 6129700000 an, was freilich etwas grotesk ist, denn es müßte schon ein glücklicher Zufall sein, sollte sich auch nur die Hundert-Millionen-Stelle aus dieser Angabe als wirklich richtig herausstellen.
Andere Schätzungen aus neuerer Zeit liegen zwischen sechs Milliarden und mehr als sieben Milliarden, und so mag es scheinen, als herrsche doch recht weitgehende Übereinstimmung und man könne daher ruhig, innerhalb verhältnismäßig schmaler Grenzen natürlich, die bisherige Entwicklung der Bevölkerung extrapolieren.
Bei näherer Betrachtung erscheinen diese Zahlen freilich in einem anderen Licht. Die vielen Autoren, die sich mit dem Jahre 2000 befassen, können nämlich schwerlich selbst statistische Erhebungen über das Wachstum der Weltbevölkerung anstellen, sie vertrauen also auf die Zahlen der Volkszählungsergebnisse und auf die Schätzungen des Statistischen Amts der Vereinten Nationen und auf dessen Extrapolationsmethoden.
Das ist nicht ohne Gefahr, wie wir sofort sehen, wenn wir auch etwas ältere Schätzungen heranziehen. Dennis Gabor sagt in seinem Buch *»Inventing the Future« (Menschheit morgen)* ganz richtig: »Hätte man die Bevölkerungsentwicklung im Jahre 1940 aus den bis dahin vorliegenden Zahlen extrapoliert, so wäre man für das Jahr 2000 auf 4,4 Milliarden gekommen, wenn man den Trend der dreißiger Jahre extrapoliert hätte, und auf nur 3,5 Milliarden unter Berücksichtigung des Gesamtverlaufs von 1920 bis 1940 – und diese Zahl wurde damals tatsächlich als die verläßlichste Schätzung angesehen.«

Die große und gewissenhafte Schätzung von Frank W. Notestein im Jahre 1945 ergab für das Jahr 2000 eine geschätzte Weltbevölkerung von nur 3,35 Milliarden, die ebenfalls sehr sorgsam erarbeitete Schätzung der Woytinskys im Jahre 1953 sogar noch weniger: 3,25 Milliarden! Der deutsche Wirtschaftsstatistiker Ernst Wagemann schrieb in diesem Sinne noch 1952: »Wenn die Bevölkerungszunahme weiterhin in gleicher Weise anhalten sollte, so würden in fünfundsiebzig Jahren schon fünf Milliarden menschliche Wesen die Erde bevölkern.« In fünfundsiebzig Jahren – diese Äußerung Wagemanns bezog sich etwa auf das Jahr 2025!

So falsch diese Prognose heute erscheint, so richtig ist sie, wenn man genau liest, was Wagemann damals schrieb: »Wenn die Bevölkerungszunahme weiterhin in gleicher Weise (das heißt, wie in den letzten Jahrzehnten vor 1950) anhalten sollte...« Hätte diese Annahme gestimmt, dann wäre die Schätzung richtig gewesen. Aber Wagemann selbst bemerkt noch im gleichen Federzug: »Wie leicht man allerdings in den bevölkerungspolitischen Prognosen irren kann, lehren ältere Versuche auf diesem Gebiete.«

So hatte im Jahre 1696 Gregory King geschätzt, daß in England bis zum Jahre 3500 etwa 22 Millionen Menschen leben würden. (1971: England und Wales ca. 48 Millionen.) King hatte folgendermaßen gerechnet: Im Jahre 1260 waren 2,75 Millionen Menschen gezählt worden, im Jahre 1695 waren es etwa doppelt soviel – 5,5 Millionen. Zur Verdoppelung waren also 435 Jahre nötig; das ergäbe in weiteren 435 Jahren eine Verdoppelung auf 11 Millionen (anno 2130) und *»schon«* im Jahre 2565 eine weitere Verdoppelung auf 22 Millionen Einwohner. Aber, so schloß Gregory King, ein derart rasantes Wachstum ist auf längere Sicht undenkbar, man muß für die Verdoppelungen in Zukunft etwa den doppelten Zeitraum wie bisher annehmen. In Zahlen ausgedrückt sieht das so aus: 11 Millionen um das Jahr 2565, 22 Millionen um das Jahr 3440.

Um nochmals Wagemann zu zitieren: »Jede Prognose kocht eben mit Wasser, das heißt, sie transponiert die Erfahrungen der Vergangenheit, wie sie in ihrer Zeit angefallen

Alternativen für die Welt von morgen. Wachstum der Weltbevölkerung bis zum Jahre 2060 in bildstatistischer Darstellung (nach »Population Bulletin«) unter der Annahme sieben verschiedener prozentualer Wachstumsraten.

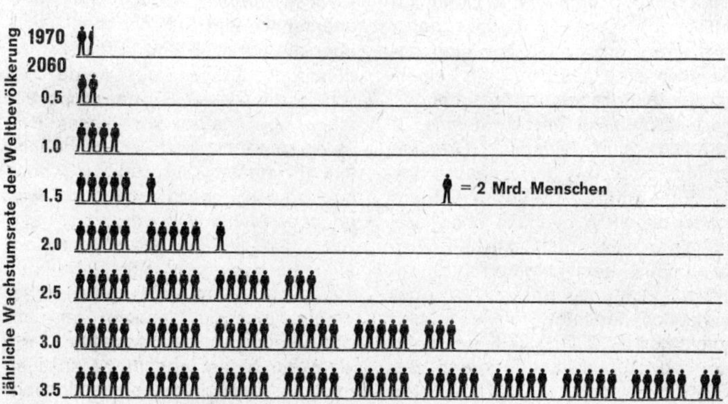

sind, in die Zukunft. Wir brauchen daher auch nicht überlegen zu lächeln, wenn der große Gesellschaftskritiker Voltaire im 18. Jahrhundert erklärte, es sei Phantasterei, eine Bevölkerungsvermehrung von auch nur 5 Prozent in einem Jahrhundert überhaupt für möglich zu halten. Dasselbe gilt von dem Pessimismus eines Montesquieu, der überzeugt war, daß die Menschheit von Tag zu Tag abnehme und in tausend Jahren in ganz natürlicher Weise von der Bildfläche verschwunden sein werde.«

Der Futurologe von heute wird dennoch überlegen lächeln und erklären, bei aller Hochschätzung von Voltaire und Montesquieu seien die beiden Herren wohl doch nicht als wissenschaftliche Zukunftsforscher anzusehen. – Und vor allem, damals sei das statistische Grundlagenmaterial mangelhaft gewesen und die Technik und Theorie der Extrapolation habe sehr im argen gelegen. Die Futurologen sind sogar bereit, zuzugeben, daß man noch um das Jahr 1900 die Entwicklung der nächsten siebzig Jahre nicht hätte treffend prognostizieren können. Wir haben ferner soeben gesehen, daß noch 1950 die Bevölkerungsprognosen völlig falsch lagen. Aber dennoch versichern uns die Experten, jetzt arbeite man exakt wissenschaftlich und dementsprechend zuverlässig. Wir werden darüber gleich noch sprechen, wollen uns aber zuvor noch eine andere, sehr bemerkenswerte Ertrapolation ansehen.

W. S. Woytinsky hat in *»Limits of mathematics in statistics« (Grenzen der Mathematik in der Statistik)* diesen Fall zitiert – eine besondere Ironie, da wir Woytinsky eben erst mit einer sehr unglücklichen Prognose aus der jüngeren Vergangenheit kennengelernt haben. Aber Woytinsky berichtet von dem Mathematiker N. S. Pritchett, der Ende des vorigen Jahrhunderts den Bevölkerungstrend der Vereinigten Staaten in den Jahren 1790 bis 1890 extrapolierte, indem er die elf Werte in einem Koordinatensystem auftrug, eine Parabel dritten Grades durch diese Punkte legte und – mathematisch einwandfrei – die Bevölkerungszahl der Vereinigten Staaten bis zum Jahre 2900 errechnete. Dabei kam er zu dem Ergebnis, daß die Bevölkerung der USA zu diesem Zeitpunkt einundvierzig Milliarden betragen werde. Nun, Woytinsky hat über Pritchett gelacht, aber wir lesen heute – halb mit Gruseln, halb mit Gleichgültigkeit –, daß zwar nicht die Bevölkerung der USA, wohl aber die Weltbevölkerung rund vierzig Milliarden betragen wird – und nicht etwa erst im Jahre 2900, sondern schon in der zweiten Hälfte des nächsten Jahrhunderts, so etwa um das Jahr 2075.

Ehe wir nun ein Resümee ziehen und die statistisch-mathematischen Aspekte des Problems ein wenig näher beleuchten, wollen wir die vielleicht vom Leser gestellte Frage beantworten, warum wir uns so ausführlich gerade mit der Bevölkerungsentwicklung befassen. Dafür gibt es mehrere Gründe. Erstens erweisen wir damit dem *ältesten Zweig der Statistik,* der Bevölkerungsstatistik, unsere Reverenz. Zweitens ist die *Bevölkerungsexplosion* in unseren Tagen als *lebenswichtiges Problem* allgemein anerkannt, und es empfiehlt sich, über die Grenzen und Möglichkeiten dieser Prognosen ein wenig Bescheid zu wissen. Drittens und vor allem aber haben wir dieses Beispiel gewählt, weil es verhältnismäßig *einfach ist* und *dennoch* schon so unendlich *schwierige Prognoseprobleme* aufwirft.

Wieso ist die Bevölkerungsprognostik relativ einfach? Nun, man kann zunächst einmal mit sehr hoher Wahrscheinlichkeit anhand der »Absterbeordnungen« feststellen, wie viele der heute lebenden Menschen in zehn, zwanzig oder dreißig Jahren noch am Leben sein werden. Man kann zweitens mit noch höherer Wahrscheinlichkeit angeben, wieviel Personen in den nächsten zwanzig Jahren das heiratsfähige Alter erreichen werden. Man kann drittens – allerdings schon mit stark reduzierter Wahrscheinlichkeit – Aussagen über die Geburtenziffern der nächsten Jahre und vielleicht auch Jahrzehnte machen.

Wieso ist dann die Bevölkerungsprognostik dennoch so schwierig und mit schwersten Fehlerquellen behaftet? Um *das* darzustellen müssen wir uns erst einmal klarmachen, wie es überhaupt zu der »natürlichen Bevölkerungsbewegung« kommt. Man nimmt oft fälschlich an, die Bevölkerungsexplosion sei der Ausdruck erhöhter Geburtenziffern. Das ist völlig – oder sagen wir vorsichtiger: fast völlig – falsch. Die wahre Ursache ist vielmehr die verringerte Mortalität, die geringere Sterblichkeit.

Das klingt absurd, da das menschliche Leben ja nun einmal so eingerichtet ist, daß über kurz oder lang jeder sterben muß. Wer heute in der Geburtenstatistik erscheint, findet sich eines Tages auch in der Liste der Todesfälle. Aber je breiter die Basis der Bevölkerungspyramide ist, desto geringer ist die relative Sterblichkeit (Todesfälle auf 1000 der Bevölkerung): An der Spitze sterben wenige weg, an der Basis werden viele hinzugeboren. Diese für die heutigen Entwicklungsländer charakteristische Entwicklung ergibt sich dann, wenn zwar die Säuglings-, Kinder- und Jugendsterblichkeit, nicht aber die Geburtenzahl pro gebärfähiger Frau entscheidend zurückgeht.

Warum ertönt der Ruf nach *»Geburtenkontrolle«* und *»Pille«* erstmals in unseren Tagen? Weil bis vor wenigen Jahrzehnten die *»Todeskontrolle«* der Natur dieses Problem gar nicht erst hat aufkommen lassen: Wenn von sieben lebendgeborenen Kindern einer Familie nur zwei das zeugungsfähige Alter erreichen, kann es keine Bevölkerungsexplosion geben. Wenn aber alle sieben Kinder heiratsfähig werden, wird das Elternpaar eines Tages durch 3,5 Ehepaare ersetzt, und jedes von diesen – gleiches Zeugungsverhalten vorausgesetzt – wieder durch 3,5, und so fort, bis – ja, bis wann?

Bis einer der Kontrollmechanismen in Tätigkeit tritt – die Geburtenkontrolle oder die Todeskontrolle. Entweder die Zahl der Geburten wird irgendwie beschränkt (durch Gesetz, durch Pille, durch Sterilisation, durch Medikamente im Trinkwasser, durch genetische Veränderungen, durch andere Einflüsse), oder die Zahl der Todesfälle wird drastisch erhöht (Atomkrieg, unbekannte Seuchen, erhöhte Sterblichkeit durch Umweltverseuchung, Selbstmordepidemien, Hungersnöte und so weiter).

Diese Alternative ist prinzipiell unvermeidlich. Die Beteuerung, aus dem Meer, aus der Wüste oder vom Mars könnten Nahrungsmittel für weitere zehn, zwanzig oder meinetwegen hundert Milliarden Menschen gewonnen werden, nützt gar nichts. Damit läßt sich ein Bruch in der Bevölkerungsexplosionskurve hinauszögern, aber nicht vermeiden. Bäume wachsen nicht in den Himmel; die Bevölkerung der Vereinigten Staaten im Jahre 2900 wird nicht 49 Milliarden betragen.

Für den Statistiker bedeutet das zunächst einmal dies: Es ist nicht bloß der Bevölkerungszuwachs zu beobachten, sondern vor allem die Entwicklung jener zwei Kurven, deren »Auseinanderklaffen« den Bevölkerungszuwachs erst ergibt: *die Geburtenzahl* (absolut und relativ) und die *Sterbeziffern* (absolut und relativ). Dann kommt der weit schwierigere Teil: Wie sollen diese Zahlen in die Zukunft extrapoliert werden? Wie sehr soll man an Trendschwankungen der jüngsten Zeit kleben

oder statt dessen längerfristige Entwicklungen berücksichtigen? In den dreißiger Jahren war die Bevölkerung Westeuropas nahezu stationär, in den fünfziger Jahren stieg sie stark an – was wird der Trend in den achtziger Jahren sein?
Hier endet die mathematische Statistik und beginnt das Abenteuer der Vermutung, der *»ars conjectandi« (Vermutkunde),* wie einst Jakob Bernoulli sein Buch über die Wahrscheinlichkeitsrechnung genannt hat. Nur haben wir es hier nicht mehr mit einer rechnerischen Wahrscheinlichkeitstheorie zu tun, sondern mit Schätzungen und Voraussagen über soziologische, wirtschaftliche und technische Entwicklungen, die weit mehr in den Bereich der schöpferischen Phantasie als der statistischen Analyse fallen.
Die Statistik kann in dieser Situation nichts anderes tun, als die mathematischen Konsequenzen von Annahmen durchrechnen – nach dem Schema »wenn alles so bleibt, dann ...« oder »wenn das Wachstum der Weltbevölkerung bis zum Jahre 2000 kontinuierlich bis zu einer Jahresrate von 1,3 Prozent abnimmt, dann ...« Jede Prognose setzt eine Annahme voraus – zumindest und zumeist die stillschweigende »Ceteris-paribus«-Annahme, daß – wenn ich schon mit *einer* Größe experimentiere – zumindest *die anderen* gleichbleiben. Jede Bevölkerungsprognose für das Jahr 2000 beruht unter anderem auf der Voraussetzung, daß es zu keinem dritten Weltkrieg kommt, vor allem zu keinem Atomkrieg. Es ist nämlich nicht abzuschätzen, ob ein solcher Krieg nach drei Tagen des Entsetzens mit Verlusten von einigen dreißig Millionen Amerikanern und Russen vorbei wäre oder ob bis zu seinem Ende vier Fünftel der Menschheit ausgerottet und die übrigen zum Großteil todkrank wären. Die Rechenkunst der Statistik beginnt erst wieder nach der Annahme: »Nehmen wir an, es überleben 900 Millionen Menschen, davon 250 in Südamerika, 100 in Nordamerika ...«
Ist daher jede Prognose sinnlos? Gewiß nicht. Denn erstens dient sie dazu, sich über die jeweiligen Alternativen den Kopf zu zerbrechen – das ist ja überhaupt das entscheidende Verdienst der Zukunftsforschung. Zweitens aber sind Prognosen um so treffsicherer und damit praktisch wertvoller, je kurzfristiger sie sind – und zwar aus dem einfachen Grund, weil in »absehbarer« Zeit ein jäher Bruch im Trend eben nicht sehr wahrscheinlich ist. (Die weitverbreitete Meinung, daß die mittelfristige Zukunftsforschung bessere Ergebnisse erzielt als die kurzfristige, ist ein semantischer Irrtum: Von der kurzfristigen Prognose werden Details und eine Präzision verlangt, die man von der mittelfristigen gar nicht erst erwartet.)
Nun mag man schließlich noch einwenden, bei der Bevölkerungsentwicklung seien irrationale Kräfte am Werk, bei der Extrapolation von technischen oder wirtschaftlichen Entwicklungen müsse man dagegen unerwartete »Brüche« nicht befürchten. Das ist aber leider nicht richtig. Zwar kann ein Staat mit zentraler Planwirtschaft weitgehend den Verbrauch und die Produktion lenken, aber die Erfahrung hat deutlich gezeigt, daß Planziffern niemals erreicht werden: Sie werden im günstigsten Fall weit überboten, im ungünstigsten nicht annähernd erreicht. In aller Regel kann man annehmen, daß ein Nichterreichen des Planziels nur in einem einzigen Jahr zugleich auch das Nichterreichen des Gesamtziels bedeutet.
Dazu kommt noch, wie wir bereits wissen, daß hohe prozentuale Steigerungen auf niedrigem absolutem Niveau durchaus zu erreichen sind, von einer höheren Basis aus aber unmöglich werden: Ein Land mag seine Kraftfahrzeugproduktion innerhalb eines Jahres von 100 000 auf

200 000 Einheiten steigern, aber unmöglich von zehn Millionen auf zwanzig Millionen.
Wenn wir aber die *Wirtchaftsprognosen noch skeptischer beurteilen* als die Bevölkerungsprognosen, so hat das einen ganz besonderen Grund. Üblicherweise steht die Wirtschaftsentwicklung in engem Zusammenhang mit der Bevölkerungsentwicklung. So kann ich unter anderem heute schon recht genau abschätzen, wieviel Schulraum in fünf oder zehn Jahren zusätzlich benötigt werden wird. Nun wissen wir aber, daß selbst die Bevölkerungsentwicklung nicht exakt vorauszuberechnen ist. Dazu erhebt sich hier außerdem die Frage, wie rational oder auch irrational – die Mode zum Beispiel ist fast immer irrational – sich die Bevölkerung in zwei, fünf, zehn Jahren verhalten wird, was sie anstreben, was sie ablehnen wird. In einer Mangelwirtschaft lassen sich derartige Berechnungen noch mit einer gewissen Wahrscheinlichkeit durchführen – in einer Überflußgesellschaft kaum mehr. Wessen wird der Konsument überdrüssig werden, welcher Werbung wird er nicht erliegen, welche ungeahnten psychologischen Faktoren werden auftreten?
Vor zehn Jahren war das Problem Umweltverschmutzung, Luftvergiftung, Zivilisationsschäden, wenn schon im Grunde existent, so doch so gut wie unbeachtet. Noch vor fünf Jahren war es kaum in das Bewußtsein des Durchschnittsbürgers eingedrungen. Wird es in fünf Jahren sein Konsumverhalten beeinflussen und in zehn Jahren völlig beherrschen? Wird bis dahin etwa gar jenes eherne Gesetz des wirtschaftlichen Fortschritts seine Geltung verlieren, das uns bisher stets glauben ließ, es müsse immer mehr und billiger (wenn auch nicht unbedingt besser und gesünder) produziert werden? Wie wird sich der Welthandel entwickeln, wenn eine heranwachsende Generation der hektischen Konsumsteigerung abschwört?
Es ist keine Kunst sondern eine Rechenoperation, das Bruttosozialprodukt für das Jahr 2000 alternativ für die Annahme eines Durchschnittswachstums von 4,5 und 5,5 Prozent im Jahr auszurechnen – *die wahre Kunst der Vorhersage liegt im Visionären, im Prophetischen, im Utopischen.* Für den Statistiker stellen sich solche Probleme als eine Sequenz von aufeinander aufgepfropften Mutungsintervallen dar. Das heißt etwa, wenn wir wieder die Indexbasis 100 für heute annehmen: Ich schätze zunächst, daß zum Beispiel das Wachstum des Bruttosozialprodukts in den beiden nächsten Jahren zwischen 3 und 5 Prozen liegen wird; für die nächsten drei Jahre rechne ich zwar mit dem gleichen Wachstum (zwischen 3 und 5 Prozent), aber nur noch mit verringerter Sicherheitswahrscheinlichkeit (etwa 90 statt 95 Prozent), für weitere fünf Jahre mit einem Wachstum zwischen 2,5 und 4,5 Prozent (mit 85 Prozent Wahrscheinlichkeit).
Nun einmal ganz abgesehen davon, daß meine Einschätzung der Wahrscheinlichkeit keine mathematische Basis hat, sondern letztlich weitgehend subjektiv ist – ganz abgesehen also davon, was sagt das über die Situation in zehn Jahren aus? Bleibt die Entwicklung vornehmlich im unteren Bereich meiner Schätzung, so steht der Index in zehn Jahren bei etwa 134. Sind die optimistischen Erwartungen die richtigeren, so kann er auf 158 klettern.
Das ist schon ein sehr weites Konfidenzintervall. Aber selbst dieses setzt voraus, daß meine Wahrscheinlichkeiten fast durchwegs Geltung haben. Es darf mir also weder ein systematischer Fehler unterlaufen, noch darf ein unerwartetes Ereignis eintreten, noch sollte sich durch bloßen Zufall (dem zum Beispiel bei 85 Prozent Wahrscheinlichkeit im-

merhin 15 Prozent eingeräumt sind) der geschätzte Bereich als zu eng erweisen. Im übrigen hat die Erfahrung immer wieder gezeigt, daß Wirtschaftsprognosen selbst für die nächsten ein bis zwei Jahre nicht zutrafen. (Hinterher wußte man auch, warum – aber wir wollten es ja vorher wissen.)

So bewundernswert exakt also auch manche aus statistischem Material und mit Extrapolation gewonnenen Methoden sein mögen – sie sind es nur unter der Annahme, daß die Entwicklung annähernd so verläuft wie bisher. Ist diese Annahme falsch, so können die Zahlen nicht mehr stimmen. Dann lügt wieder einmal die Statistik...

Eine andere Gefahr übereilter Extrapolation wollen wir an einem Beispiel aus der jüngsten Vergangenheit kurz vorführen. Im Jahre 1969 erregte ein Bericht des amerikanischen Strahlenphysikers Sternglass viel Aufregung: Er hatte – untermauert mit vielen Zahlen und graphischen Darstellungen – gezeigt, daß die relative Zahl der *Totgeburten* im amerikanischen Bundesstaat *Missouri* seit Beginn der Atombombenversuche in der Wüste von Nevada erheblich weniger stark zurückging als in den fünfzehn Jahren vorher – ja, zuletzt blieb sie nahezu gleich.

Eine der eindrucksvollsten Darstellungen war die Linie des extrapolierten Trendverlaufs der Jahre 1935–1950 im Vergleich zu den tatsächlichen Zahlen der Totgeburten. Nun ist die Möglichkeit, daß erhöhte Strahlung von Strontium 90 die noch ungeborenen Kinder »signifikant« schädigt, anhand des vorgelegten Materials gewiß nicht auszuschließen. Aber die Hypothese *»Die Atomversuche sind schuld«* wird schon durch die absurde Extrapolation der Trendkurve lächerlich gemacht. Niemand kann uns nämlich hindern, diese Linie noch weiter zu verlängern, und dann hätte es – ohne Atombombenversuche – um das Jahr 1980 überhaupt

Sterblichkeit amerikanischer Kinder unter 1 Jahr je 1000 Lebendgeburten

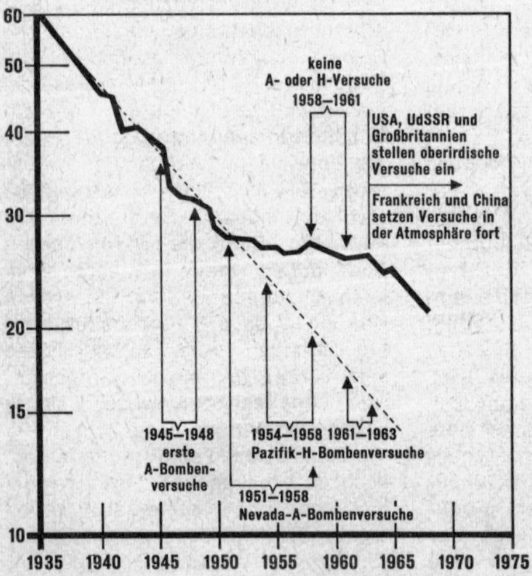

So hätte es weitergehen können, wenn nicht – das will diese Darstellung beweisen. Aber die gestrichelte Linie der Trendextrapolation hat einen Schönheitsfehler – sie würde noch in diesem Jahrhundert die praktisch unerreichbare Nullinie erreichen.

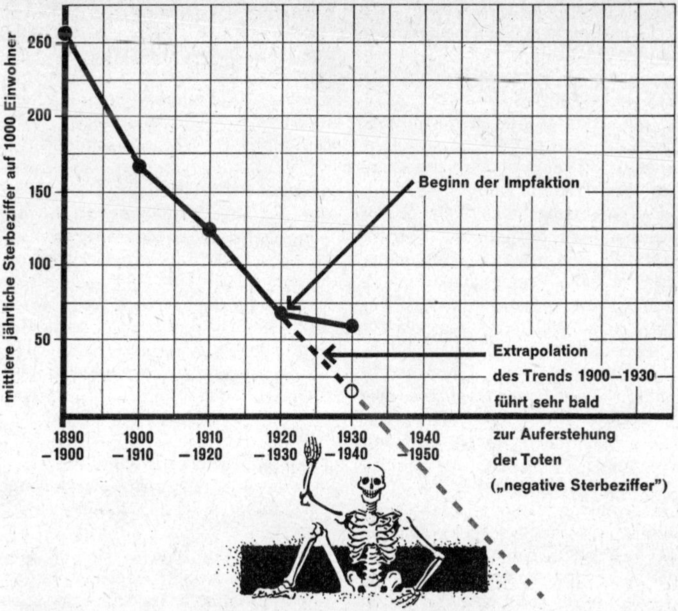

Impfgegner »bewiesen« einmal, daß nach Beginn einer Impfkampagne die Sterblichkeit weniger stark zurückging als in den früheren Jahrzehnten. Aber die Extrapolation, die ihnen vorschwebte, hätte schon in den 1940er Jahren zum »Ende der Sterblichkeit« und dann wohl weiter zur Auferstehung der Toten geführt. – Extrapolation ohne Vernunft führt auch in weniger durchsichtigen Fällen zu aberwitzigen Schlüssen.

keine einzige Totgeburt mehr gegeben. (Und *nach* diesem Datum käme sogar so etwas wie eine Auferstehung der Toten oder eine Lebendgeburt von Ungezeugten zustande.)

Was hier übersehen und unterlassen wurde, war die Berücksichtigung der Tatsache, daß gewisse Phänomene zwar starke Steigerungen oder Rückgänge zeigen, aber *weder unendlich groß noch gleich Null werden können.* In den frühen dreißiger Jahren hatten in England Impfgegner mit einer ähnlichen Extrapolation wie Professor Sternglass operiert: Sie »bewiesen«, daß seit der Einführung einer neuen Impfung zu Beginn der dreißiger Jahre die Mortalitätsrate der Gesamtbevölkerung wesentlich weniger (ja fast gar nicht mehr) zurückgegangen sei als in den Jahrzehnten von 1890 bis 1930. Sie extrapolierten sogar, wie weit die Todesrate bis zum Jahre 1940 ihrer Meinung nach hätte sinken müssen. Eine Extrapolation bis 1950 hätte dann auch hier die »Auferstehung der Toten« gebracht.

Dieses Beispiel ist noch grotesker als das von Sternglass. Denn man kann sich allenfalls vorstellen, daß es einmal überhaupt keine Totgeburten geben mag – aber es ist schwer vorstellbar, daß es einmal in der ganzen Bevölkerung keine Todesfälle mehr geben wird und die Bevölkerungsexplosion auch noch durch das ewige Leben auf Erden forciert wird.

Zum Abschluß wollen wir noch kurz auf ein philosophisches Problem der Vorhersage hinweisen – es hier ausführlich zu erörtern ist nicht der Platz. Man kann der Ansicht sein, daß das künftige Geschehen determiniert ist – sei es durch den Willen Gottes, durch eine eingebaute Automatik des Weltalls oder durch eine historische Gesetzmäßigkeit. Dann wird man, um die Zukunft vorhersagen zu können, die *Rechenformel(n) dieser Gesetzmäßigkeiten* zu entdecken suchen – in der Art, wie die frühen Statistiker das Walten Gottes aus den Zahlen der Bevölkerungsstatistik beweisen zu können glaubten. Dann muß, wenn das mathematische Gesetz schließlich gefunden ist, die Prognose absolut exakt sein.
Oder aber man akzeptiert in mehr oder weniger weitem Maße die Freiheit des menschlichen Willens und Handelns, dann werden der Spielraum der freien individuellen oder kollektiven Entscheidung und auch der *Spielraum des Zufalls immer größer,* und eine exakte Prognose ist grundsätzlich unmöglich. Eine solche Prognose ist vielmehr als Extremfall eines Zufallsprodukts anzusehen.
Die realen Möglichkeiten statistischer Methoden zur Berechnung der Zukunft liegen zwischen diesen beiden Extremen. Sie verwenden die beobachteten Gesetzmäßigkeiten der Vergangenheit, räumen aber dem Zufall und dem Unerwarteten einen gewissen Spielraum ein – zuweilen zuviel, zuweilen zuwenig, selten in ganz richtiger Dosierung.
Die praktische Bedeutung der statistischen Extrapolation liegt daher nicht primär in der Verlängerung von Zeitreihen und der Extrapolation von Trends, sondern weit eher in der *sinnvollen Auswertung von Stichproben* für künftige Entscheidungen. Denn das Resultat etwa der Hypothesenprüfung »Medikament A ist signifikant wirkungsvoller als Medikament B« basiert auf einer in der Vergangenheit gezogenen und soeben ausgewerteten Stichprobe, schließt aber die fiktive Grundgesamtheit »vergangene und künftige Patienten mit diesem Leiden« ein. Die praktische Auswertung der Hypothesenprüfung besagt daher nicht mehr und nicht weniger als: »Da in der jüngsten Vergangenheit A wirkungsvoller als B war, wird es auch in absehbarer Zukunft wirkungsvoller sein.«
Aber die Magie der extrapolierten Zeitreihen beeindruckt den gläubigen Laien zumeist viel eher – besonders wenn sie graphisch eindrucksvoll dargestellt wird.

7.4 Graphische Darstellungen: Ein Bild lügt mehr als tausend Zahlen

Mit der Verbreitung der Photographie und der Perfektionierung der Reproduktionstechnik kam das Wort auf: *»Ein Bild sagt mehr als tausend Worte.«* Es ist müßig, hier die vielfältigen psychologischen, informationstheoretischen und kulturhistorischen Aspekte des Verhältnisses von Wort und Bild erörtern zu wollen, wir müssen uns auf die Punkte beschränken, die auch für das Verhältnis Zahlenstatistik zu Bildstatistik gelten.
Das Urmaterial statistischer Erhebungen sind quantifizierte Informationen, die Aufbereitung dieses Materials ergibt Zahlenreihen, Zahlenkolonnen, Meßzahlen, Verhältniszahlen, Korrelationen, in Zahlen ausgedrückte Vertrauensbereiche und Sicherheitswahrscheinlichkeiten, Indexzahlen, Zeitreihen . . . Diese Zahlen lassen sich nun – oft auf recht unterschiedliche Weise – zeichnerisch darstellen. Wir können zwischen *Bildstatistik* im engeren Sinne und *graphischer Statistik* unterscheiden, wobei freilich die Grenzen nicht genau festzulegen sind.

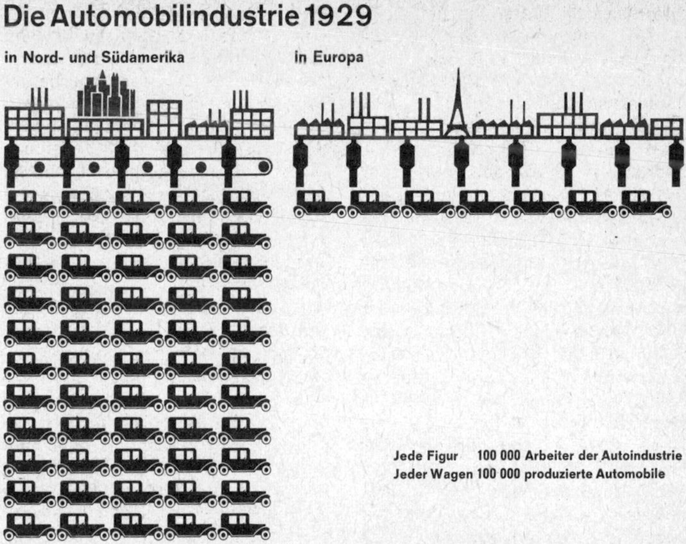

Ein »Klassiker« der Bildstatistik aus der Zeit von Otto Neurath und der »Wiener Schule der Bildstatistik«. In Europa erzeugten damals 800 000 Arbeiter nur 700 000 Autos.

Für die *Bildstatistik* im engeren Sinn ist der Wunsch maßgebend, *Zahlen ins Optische* zu übersetzen – es sind sozusagen die »cartoons« der Statistik, und sie verdanken ihre Entstehung auch primär didaktischen Erwägungen: In den späten zwanziger Jahren unseres Jahrhunderts entstand unter Führung von Otto Neurath die *»Wiener Schule der Bildstatistik«*, die eine Popularisierung statistischer Informationen vor allem durch Verwendung stilisierter Figuren anstrebte. Die Bildstatistik ist daher zunächst und hauptsächlich ein Lehrbehelf, der freilich nicht auf Schulen beschränkt sein muß, sondern sehr bald auch Eingang in andere populäre Darstellungen statistischen Materials gefunden hat – bis in den Wirtschaftsteil der Zeitungen.

Diese Bildstatistik sagt nur demjenigen »mehr als tausend Worte«, der einen tiefverwurzelten Abscheu vor Zahlen und Daten hat, gleichzeitig aber bereit ist, bunte stilisierte Figuren sinnend zu betrachten. Wer sich unter Zahlen oder Kurven nichts vorstellen kann oder will, dem stellt die Bildstatistik kleine Männchen und Weibchen, stilisierte Autos, Zigarettenschachteln oder Geldbeutel vor Augen. *Ihr Grundkonzept ist die Legende:* »Jede Figur – 20 000 Menschen«, oder: »Jeder Wagen – 100 000 produzierte Automobile«. Dabei ist es unvermeidlich, daß die von den Laien ohnehin so mißtrauisch beobachteten 2,34 Kinder pro Familie nun auch noch anderswo als bloß bei den Durchschnitten optischen Ausdruck finden: Denn wenn eine Figur 20 000 Menschen symbolisiert und 128 000 Menschen darzustellen sind, dann haben wir sechs ganze und vier Zehntel bildstatistische Männchen.

Auf andere Probleme dieser populärstatistischen Darstellungen werden wir gleich noch zu sprechen kommen. Vorerst aber ein paar Worte zur *»legitim statistischen«* graphischen Darstellung. Hier geht es darum, daß aufbereitetes statistisches Material auf einen Blick *jenen Eindruck* vermitteln soll, der sonst erst durch *Vergleich mehrerer Zahlen und Daten* zustande käme. So zeigt etwa eine Trendkurve in einem Augenblick all das, was man andernfalls aus zwei Dutzend Zahlen durch mehrfachen Vergleich herausfinden müßte. Solche Darstellungen wird man daher häufig auch in fachwissenschaftlichen Publikationen finden, aus denen die bildstatistischen Männchen in der Regel verbannt sind: Sie sind dort zu Stäbchen und Säulen abstrahiert. Die Bevölkerungspyramide des Statistikers zeigt *dünne Stäbchen,* die des Bildstatistikers verfügt über *kleine Figürchen.*

Diese wie jene graphische Darstellung – nämlich die Bildstatistik ebenso wie die wissenschaftliche statistische Graphik – hat aber nicht nur Vorteile, sondern auch Nachteile. Man hat bald erkannt, daß das Wort »Ein Bild sagt mehr als tausend Worte« oft ebensogut heißen könnte und müßte: *»Ein Bild lügt mehr als tausend Worte«,* weil es geeignet ist, durch seine emotionelle Wirkung die rationale Überlegung, die mit dem Lesen von Text doch meist verbunden ist, auszuschalten. Ein Bild kann im Gedächtnis haftenbleiben und die Einstellung zu einem Problem mehr beeinflussen als zehn Leitartikel – vor allem dann, wenn man diese Artikel ohnehin erst gar nicht richtig in Ruhe liest.

Auch *das statistische Bild lügt häufig mehr als tausend Zahlen* – und warum und wieso es das tun kann, wollen wir nun etwas näher untersuchen. *Die Extremfälle* sind nicht sehr problematisch: Eine Tafel mit zehn Männchen, unter der steht: »Jede Figur = 5000 Arbeiter«, ist lediglich die Illustration einer Zahl. Die Darstellung einer Regressionskurve oder einer Operationscharakteristik oder eines saisonbereinigten gleitenden Durchschnitts in einem statistischen Werk wirft ebenfalls kaum Probleme auf: Der Leser ist sachkundig und weiß auch, was ein doppeltlogarithmisches Netz oder ein Wahrscheinlichkeitspapier ist und aus welchen Gründen es verwendet wird.

Der weite Bereich der Irreführung und der Mißverständnisse liegt dort, wo an sich durchaus legitime Darstellungsmethoden beim unachtsamen oder nicht hinreichend vorgebildeten Betrachter *einen anderen Eindruck hervorrufen,* als dem Zahlenmaterial eigentlich entspräche. Der simpelste Fall ist der einer stark ansteigenden beziehungsweise flach dahinkriechenden *Trendkurve.* Nehmen wir einmal an, wir hätten zu vier verschiedenen Zeitpunkten die folgenden Meßwerte erhalten: 7500, 8000, 8700 und schließlich 9400 – zum Beispiel produzierte Nähmaschinen pro Jahr in einem bestimmten Werk oder Spareinlagen (in Tausend DM) in einer Bank, und so fort.

Diese Zahlen zeichne ich nun als Punkte in ein Koordinatensystem, wobei üblicherweise die Abszisse (die x-Achse) als Zeitachse dient. Ich zeichne vier gleich lange Intervalle auf der x-Achse ein. Auf der Ordinate (der y-Achse) wird nun der Maßstab der Meßwerte (produzierte Nähmaschinen beziehungsweise Spareinlagen in Tausend DM, und so weiter) aufgetragen.

Hier ergibt sich sofort die Frage, ob ich die Skala am unteren Ende mit 0 beginnen lassen soll, muß oder darf? Nein, die Skala muß nicht mit 0 beginnen, aber wer ganz korrekt ist, deutet durch eine gezackte Linie zwischen 0 und dem ersten Skalenwert an, daß hier vom Nullpunkt an nicht kontinuierlich im gleichen Maßstab aufgetragen wird. Beginnen wir, um einerseits Platz zu sparen und andererseits doch die Kurve nicht ganz unten anfangen zu lassen, die Skala bei 6000. (Aber wohlgemerkt: Das ist bereits eine willkürliche Entscheidung, für die es keine verbindlichen Vorschriften gibt!)

Wie wählen wir aber nun die *Intervallgröße* auf den beiden Achsen? Wir können aus ästhetischen oder typographischen Rücksichten ein annähernd quadratisches Diagramm wünschen – dann wird der Abstand von einem Jahr zum anderen auf der x-Achse etwa 1000 Einheiten auf der y-Achse entsprechen. Auch das ist eine willkürliche Entscheidung. Nichts und niemand verbietet mir, die Darstellung breit und niedrig zu gestalten – ein Jahresintervall etwa gleich 2500 Einheiten. Die Steigung wird nun sichtlich geringer, der optische Eindruck ist mehr der eines gedämpften Wachstums. Aber ebenso legitim ist es, der Breite eines Jahresintervalls 500 oder noch weniger Einheiten auf der y-Achse entsprechen zu lassen – und schon schießt die Kurve ungemein steil in die Höhe.

Es ist auch keineswegs so, daß dieser unterschiedliche Effekt nur durch niedrige, breite oder schmale, hohe Darstellungen erzielt werden kann – es geht lediglich um *das Verhältnis der Maßstäbe*. Dazu kommt noch etwas: Wir haben die Skala zunächst bei 6000 beginnen lassen – jetzt wählen wir 7000 als Ausgangspunkt und erzielen damit den optischen Effekt eines steilen Aufstiegs aus dem Nichts in gewaltige Höhen.

Es kann aber auch beabsichtigt sein, aus irgendwelchen Gründen dieses Wachstum besonders *zu unterspielen*. Dafür gibt es viele Möglichkeiten. Eine besteht darin, nicht die absoluten Zahlen, sondern die prozentualen Zuwachsraten miteinander zu vergleichen. In unserem Beispiel sind die drei Wachstumsraten zwischen den vier Jahresmarken: 6,65, 8,75 und 8,05 Prozent. Entsprechend graphisch dargestellt, erhalte ich eine traurig wieder absinkende Kurve.

Eine zweite Möglichkeit besteht darin, eine irgendwie verwandte Zahlenreihe zu finden, die ein *stärkeres Wachstum* aufweist. Angenom-

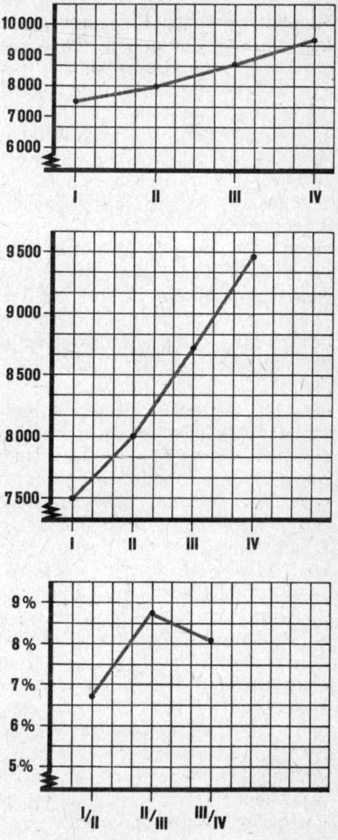

Der flache Anstieg der Kurve (oben) scheint ein eher gemäßigtes Wachstum anzudeuten – aber dieselben Zahlen lassen sich auch optimistisch-explosiv wiedergeben (Mitte). Man kann sogar Aufstieg *und* Verfall daraus ablesen, wenn man nicht die absoluten Zahlen, sondern die Wachstumsraten von einer Periode zur nächsten vergleicht (unten).

men ich vergleiche diese »Spareinlagen« mit einem Index der Bruttoarbeitslöhne, der in den vier Jahren gelautet haben mag: 100, 108, 118, 131. Ich zeichne am rechten Rand eine zweite Skala, trage diese neue Linie in einer anderen Farbe in mein ursprüngliches Diagramm ein und zeige, wie das Wachstum der Spareinlagen dieser Bank hinter dem Zuwachs der Bruttoarbeitslöhne zurückbleibt – ob das wirklich etwas Nachteiliges beweist, ist eine andere Frage, jedenfalls habe ich den angestrebten Effekt einer Verächtlichmachung dieser Wachstumskurve erreicht.

Ich könnte drittens das absolute Wachstum *eines größeren Unternehmens zum Vergleich* heranziehen – da ist etwa ein Konzern, der in diesen vier Jahren 16 000, 16 600, 17 500 und 19 000 Nähmaschinen hergestellt und damit seinen absoluten Vorsprung laufend vergrößert hat.

Ich kann viertens mit einem *kleineren Unternehmen vergleichen,* das aber ein höheres relatives Wachstum zu verzeichnen hatte – etwa von 3000 über 3400 und 3750 auf 4100. Hier werde ich die Wachstumsraten wieder in Prozenten vergleichen oder aber – was auf dasselbe hinausläuft – die absoluten Zahlen auf Logarithmenpapier auftragen. Wir hatten solche Vergleiche ja bereits kurz gestreift, als wir den relativen und absoluten Export dreier Automarken in die USA mit verschiedenen Graphiken darstellten (vergleiche Kapitel 4.4).

Wir müssen es gar nicht immer mit bewußten Täuschungsmanövern zu tun haben – zuweilen werden auch aus Platzmangel zwei Kurven in ein Diagramm gezwängt. Oder es wird Platz gespart (absichtlich oder unabsichtlich), indem man eine Zeitreihe später beginnen läßt. Der Verlauf der Börsenkurse etwa von 1965 bis 1970 sieht an den meisten internationalen Börsen gar nicht so übel aus – aber was geschieht, wenn man die Kurve zurückverfolgt bis 1962 (s. Abb. S. 205)?

Und was geschähe, wenn man nicht die absoluten Indexzahlen zur Berechnung heranzöge, sondern sie – etwa durch Mitheranziehung des Preisindex – auf die Basis eines Kaufkraftindex stellt? Wenn ich nämlich im Jahre 1962 in eine Aktie 1000 Mark investiert habe, die ich 1970 zum Kurs 600 verkaufen mußte, dann sind die 600 Mark, die ich nun erhalte, ja nicht mehr dasselbe wie die 600 Mark von 1962 – ich muß, um die reale Kaufkraft zu vergleichen, den Geldwertschwund mit ins Kalkül ziehen. Das sieht dann praktisch so aus: Der Index der Verbraucherpreise (1962 = 100) beträgt für Vier-Personen-Arbeitnehmerhaushalte im Jahre 1970 etwa 124. Anders formuliert: 100 Mark im Jahre 1970 entsprachen $\frac{100}{124} = 81$ Mark im Jahre 1962. Ich habe also, je nach gewählter Formulierung, entweder nur 600 Mark für 1240 erhalten oder $6 \cdot 81 = 486$ Mark für 1000. Diese Darstellung ergibt auch graphisch einen noch viel deutlicheren Verlust. In anderen Fällen, etwa bei einem Bruttowachstum von durchschnittlich 3 Prozent, kann ich mühelos eine fallende Kurve erhalten, wenn ich »real« statt »nominell« rechne und zeichne.

So »lügnerisch« nun manche Darstellungen auch ausgesehen haben – sie waren alle absolut korrekt. Es galt für sie dasselbe wie für andere Formen statistischer Darstellungen: *Eigenwillige Interpretationen erfolgen auf eigene Gefahr.* Solange unter dem Diagramm richtig angegeben ist, um welche Einheiten es sich handelt, solange auf den Skalen die Werte korrekt eingetragen sind, kann man nicht von Betrug oder Lüge sprechen, höchstens von versuchter Manipulation.

Ganz anders aber wird die Lage, wenn plötzlich auf einer Skala *der*

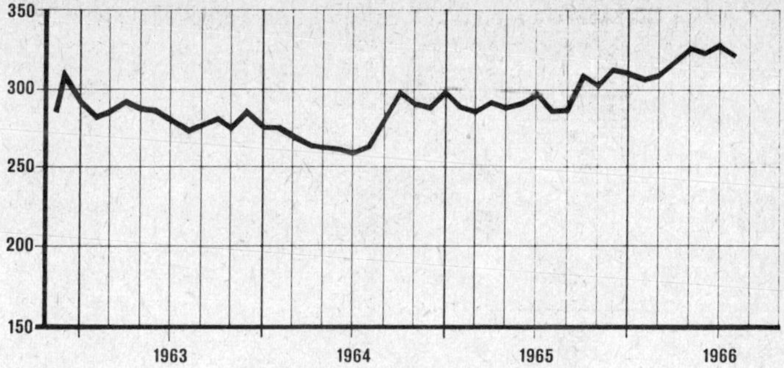

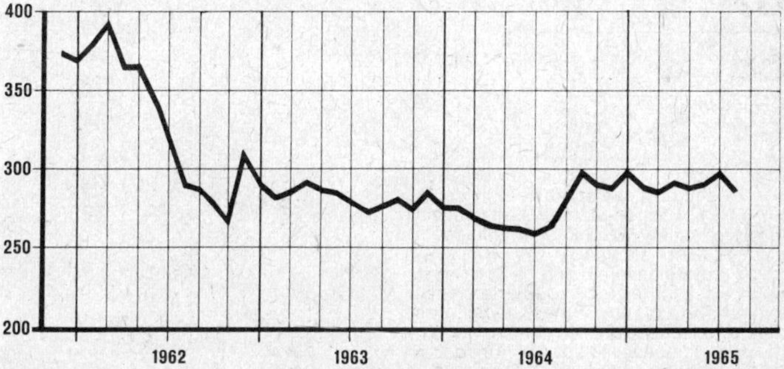

Das Kursdiagramm dieser Aktie weist eine ruhige und sogar leicht steigende Tendenz auf – solange man nicht das Jahr 1962 mit einbezieht, das einen scharfen, seither nicht annähernd eingeholten Kurseinbruch zeigt.

Maßstab fehlt oder wenn zwar irgendwelche Zahlen auf ihr eingetragen sind, aber keinerlei Hinweis vorhanden ist, ob das nun Mark, Pfunde, Lire oder indische Rupien sein sollen. Hier handelt es sich entweder um sträflichen Leichtsinn oder – weit häufiger – um einen glatten Betrugsversuch. Hier wird nicht mehr mit Statistik gelogen, hier wird bereits ganz *einfach gelogen.*
Schwieriger ist es, bei bildstatistischen Darstellungen zu entscheiden, *wo die Naivität aufhört und der Schwindel anfängt.* Wir wissen bereits, daß die Bildstatistik vornehmlich mit Symbolfiguren arbeitet, die dann oft in *Fünferblocks* zusammengefaßt (weil erfahrungsgemäß das Auge nur maximal fünf Einheiten auf einen Blick eindeutig erkennen kann) und neben- oder übereinander aufgereiht werden.
Man kann selbstverständlich auch denken: Warum soll ich erst 16 Blocks à fünf grüne Männchen und daneben 8 Blocks à fünf rote Männchen malen, wenn ich das gleiche mit einer einzigen Figur aussagen kann? Ich brauche nichts anderes als ein grünes Männchen, das doppelt so groß ist wie das danebenstehende rote. Ganz einfach, nicht wahr?
Die Frage ist bloß: Wie groß ist »doppelt so groß«? Ich kann das rote Männchen drei Zentimeter hoch

Jahr	Aufwendungen für Forschung und Entwicklung Mio. US-Dollars	Anzahl der Neuregistrierungen: einheitliche Wirksubstanzen inkl. biologisch aktive Substanzen	duplizierte und Kombinations-Präparate; neue therapeutische Formen
59	197 $	63	356
61	238 $	41	327
63	282 $	18	235
65	351 $	23	111
67	462 $	25	71
68	495 $	14	97
69	566 $	11	65

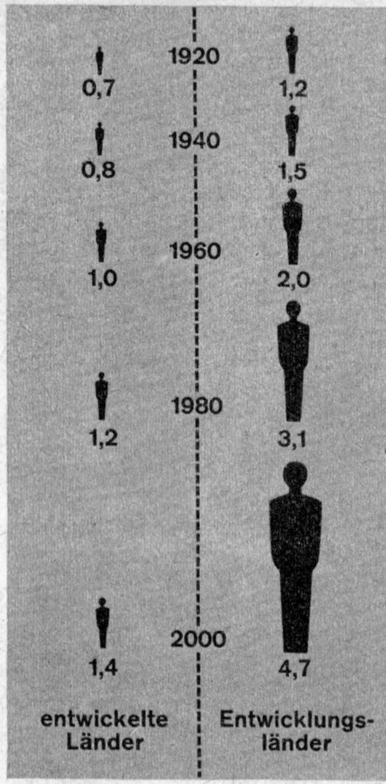

Bildstatistische Darstellungen erhalten ihre Bedeutung meist doch nur durch die dazugehörigen Zahlen. Sowohl ein Vergleich der Medikamentenkapseln (nach CIBA) als auch die Bevölkerungswachstumsmännchen (»Sonntagsblatt«) lassen die symbolisierten Größenverhältnisse nur ahnen – bei den Männern täuscht die Zeichnung sogar, da die Zahlenverhältnisse nur durch die Höhe dargestellt sind.

zeichnen und das grüne dementsprechend sechs Zentimeter hoch – aber was ist der Effekt? Da es sich ja nicht um Linien (oder allenfalls um dünne Stäbchen) handelt, sondern um Flächen, die ihrerseits ja eigentlich dreidimensionale Menschenkörper symbolisieren, wirkt das doppelt so hohe grüne Männchen nicht einfach »doppelt so groß«, sondern vier- oder fünfmal so groß. Soll nun der Zeichner genau die Fläche der Figur ausmessen und das Flächenverhältnis 2:1 anstreben? Da wird der Effekt eher ins andere Extrem gehen: Das flächenmäßig doppelt so große Männchen wird nur »etwas größer« wirken.

Das Problem stellt sich aber nicht bloß bei der bildstatistischen Männchengraphik, sondern oft auch bei Vergleichen von Kreisen, die ja mit Vorliebe verwendet werden, eine Geldmünze darzustellen. Wie verhalte ich mich, wenn ich den Kaufkraftverlust einer Währung auf die Hälfte eines früheren Wertes darstellen will? Das Durchmesserverhältnis 1 : 2 ergibt ein Flächenverhältnis von 1 : 4! Dem Flächenverhältnis 1:2 entspricht das Durchmesserverhältnis $1 : \sqrt{2}$. Ein immerhin recht ansehnlicher Kaufkraftverlust von 30 Prozent wird, flächenmäßig dargestellt, kaum mehr sonderlich auffallen (s. Abb. S. 207 oben).

Noch schwieriger wird es, wenn etwa Geldbeutel nebeneinandergestellt oder von kostümierten Männchen in der Hand balanciert werden. Nehmen wir an, es sollten in Geldbeuteln 900 Millionen, 400 Millionen und 100 Millionen verglichen werden. Von der Flächenwirkung her müßte

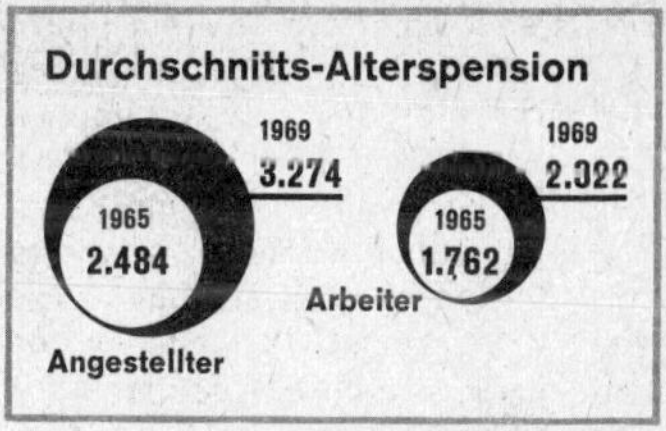

Über den Daumen gepeilt wurde diese Graphik. Die Flächen der Kreise verhalten sich keineswegs wie 2484 zu 3274 oder wie 1762 zu 2322. Die Fläche der schwarzen Kreise ist nahezu doppelt so groß. (Die Zahlenangaben beziehen sich auf österreichische Schillinge.)

man sie (da annähernd rechteckig) etwa 9, 4 und 1 Quadratzentimeter groß zeichnen. Aber je naturalistischer sie gezeichnet sind, um so mehr muß man die dritte Dimension berücksichtigen, und dann täuschen sie eigentlich bereits das Verhältnis 81:16:1 vor. Man muß also auf jeden Fall die Zahlen dazuschreiben – und letztlich *verwirrt das Bild mehr, als es erklärt.* Das gilt leider für sehr viele bildstatistische Darstellungen. Man strebt nach originellen Effekten, sucht ungewohnte, eindrucksvolle Darstellungen – und bei dieser Gelegenheit geht die statistische Aussage über Bord, und übrig bleibt ein bizarres Kuriosum, an dessen Dechiffrierung der Betrachter viel länger zu tun hat, als wenn man ihm vier nüchterne Zahlen vorgesetzt hätte. Aber das ist ja das traurige Schicksal des Lesers, daß er meist für dümmer gehalten wird, als er tatsächlich ist. Das Schlimme dabei ist vor allem, daß man ihn mit wohlgemeinten statistischen Darstellungen dieser Art letztlich in der Tat verdummt.

Umgekehrt gibt es aber auch raffinierte graphische Darstellungen, die wahre Meisterleistungen statistischer Erfindungskraft sind – und letztlich doch auch (wenn auch auf höherer Ebene) den Betrachter zu genauem Studium der Graphik und zu intensiver Denkarbeit zwingen. Das ist vor allem dann der Fall, wenn auf den Koordinaten nicht einfach Jahre und Meßwerte angegeben sind, sondern bereits *verarbeitete Daten,* wie etwa Verhältniszahlen. Oder, und das ist noch häufig zu finden, es werden innerhalb des Koordinatensystems mehrere *einander ergänzende Angaben* dargestellt. Wir zeigen hier eine Graphik des deutschen Statistischen Bundesamtes, die in einem auf den ersten Blick ganz einfachen Koordinatensystem (Abszisse: Altersgruppen; Ordinate: Prozentskala) die männlichen Erwerbstätigen nach drei Wirtschaftsbereichen aufschlüsselt und dabei für jede Altersgruppe den Trend der letzten zehn Jahre aufgrund von drei Erhebungen einzeichnet (s. Abb. S. 208).

Größenvergleich 1:2

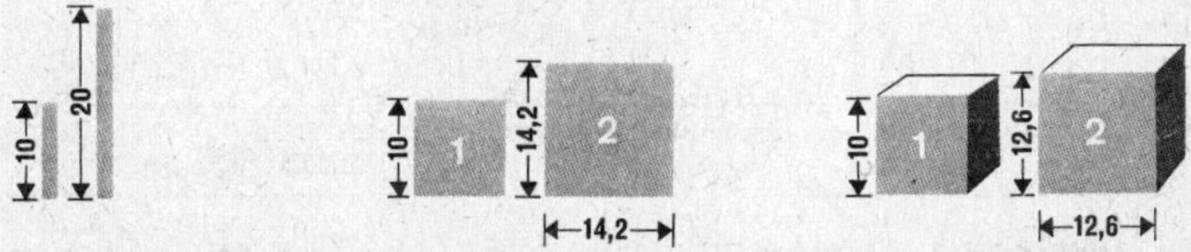

Größenvergleiche mit Linien und Stäbchen fallen verhältnismäßig leicht. Flächen und vollends Körper können hingegen sehr täuschen. So hat etwa ein Würfel mit einer Kantenlänge von 10 Einheiten nur ein halb so großes Volumen wie ein Würfel mit der Kantenlänge 12,6. Die doppelte Kantenlänge ergäbe gar das achtfache Volumen.

Ein Detail am Rande – im buchstäblichen Sinn »am Rande«, nämlich am rechten Rand dieser Graphik. Ist es nicht skandalös, daß der Prozentsatz der in der Land- und Forstwirtschaft Tätigen bei den höchsten Lebensaltern so steil ansteigt?! Wie viele alte Menschen müssen da noch ihr Brot mühsam verdienen! – Nun, vielleicht sind es nur ein paar Hundert. Die Graphik sagt uns ja nur, daß von allen Berufstätigen der Altersgruppe 70–75 (und das mögen im ganzen Bundesgebiet 200 oder auch 200 000 sein) 42 Prozent in der Land- und Forstwirtschaft und nur 21 Prozent im produzierenden Gewerbe tätig sind. Da nun im produzierenden Gewerbe die weitaus meisten Arbeitnehmer nach dem fünfundsechzigsten Lebensjahr in Pension gehen, wird die absolute Zahl nach dem siebzigsten Jahr sicher sehr gering sein – und die doppelt so hohe in der Landwirtschaft absolut auch nicht sehr hoch. Wer für eine Bauernrente eintritt, wird sich dennoch mit Begeisterung auf diese – absolut korrekte und hochinteressante – Graphik stürzen.

Wir würden kein Ende finden, wollten wir die Darstellungs- und Täuschungsmöglichkeiten der Bildstatistik und der statistischen Graphik ausführlich schildern. So wollen wir es bei einem einfachen, aber wichtigen Ratschlag zum Abschluß bewenden lassen: *Niemals vom Bild*

Ein vergnügliches Bild aus der italienischen Zeitschrift »Domenica del Corriere«. Aber die Größenverhältnisse der Geldsäcke täuschen über die Zahlenverhältnisse hinweg, die dargestellt werden sollten. Der Beutel des Amerikaners (links oben) wirkt zweifellos zehn- bis zwanzigmal so groß wie der des Italieners (rechts unten). Aber das wahre Zahlenverhältnis ist nur etwa 3 zu 1, nämlich 2176 zu 754. Vergleiche von dreidimensionalen Objekten (zweidimensional dargestellt) täuschen meist mehr, als sie aussagen.

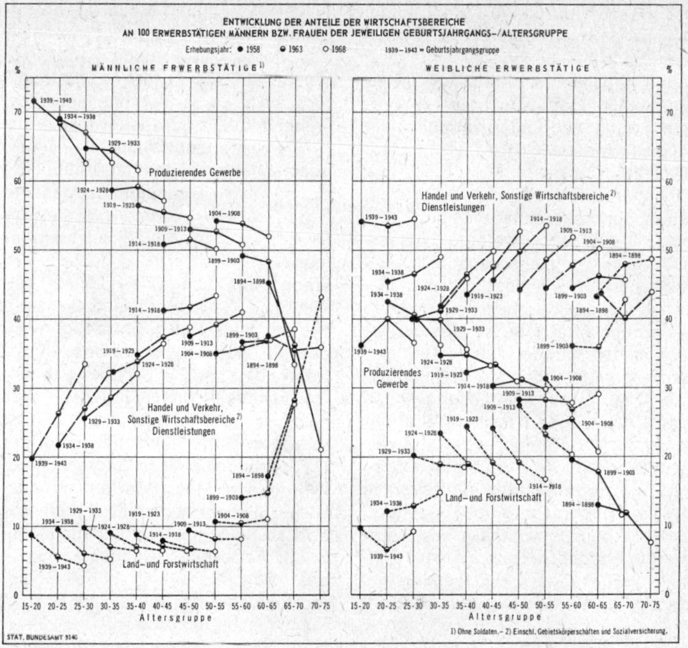

Eine Graphik für Feinschmecker ist diese ungewöhnliche Darstellung. Die Details muß man sorgsam studieren, aber schon auf den ersten Blick sind unter anderem die fallenden Anteile der Beschäftigten im produzierenden Gewerbe und der gleichzeitige starke Anstieg der Gruppe »Handel, Verkehr, Dienstleistungen und so weiter« ersichtlich.

allein urteilen, immer auch die Zahlen und Skalen ansehen! Denn eine Kurve täuscht zuweilen mehr als tausend Worte.

Freilich gibt es auch den umgekehrten Vorgang: Ein paar Worte vermögen zahllose saubere statistische Daten in einem völlig falschen Licht erscheinen zu lassen. Mit diesem Problem, der Interpretation, wollen wir uns im folgenden befassen.

7.5 Die Kunst der Auslegung. Statistische Interpretation

»Ein geistreicher Franzose hat einmal behauptet: ›Statistik ist die Kunst, mit richtigen Zahlen etwas Falsches zu beweisen.‹ Er wollte damit sagen, daß die statistischen Zahlen zwar im allgemeinen richtig sind, daß sie aber falsch interpretiert werden. Andererseits erklären Wallis/Roberts in ihrem Buch ›*Methoden der Statistik*‹: ›Das Wichtigste, was man über die Interpretation zu sagen hat, ist, daß statistische Zahlen interpretiert werden müssen.‹ So entsteht ein Dilemma: Das Interpretieren ist einerseits unerläßlich, andererseits aber mit Gefahren verbunden.«

Wir haben soeben Hans Kellerer zitiert, weil er in wenigen Worten gezeigt hat, wie sinnvolle statistische Datenauswertung zwischen der Scylla der kommentarlosen Zahlenreihen und der Charybdis fertig ins Haus gelieferter Schlußfolgerungen zu steuern hat. Die bloßen Zahlen werden den Betrachter entweder von vornherein abstoßen oder aber zu eigenen Schlußfolgerungen verleiten, die möglicherweise erst recht irrig sind. Die fertig ausgedeuteten Resultate hingegen können nur allzuleicht einen sehr subjektiven Standpunkt, eine *»statistische Ideologie«*, wiedergeben und damit erst recht täuschen. Bei sauberen wissenschaftlichen Arbeiten ist die Gefahr einer solchen Täuschung relativ gering (obwohl gar nicht selten mit viel Aufwand an statistischen Methoden aus zweifelhaftem Material auf komplizierte Weise eindrucksvolle Konklusionen erarbeitet – oder herbeigezaubert – werden), aber solche Arbeiten erreichen den Durchschnittsleser nur selten in der Originalform, und noch dazu sind sie ihm dann gewöhnlich erst recht nicht verständlich. Der Laie wird vielmehr vornehmlich mit *Statistiken aus zweiter und dritter Hand* konfrontiert.

Statistik aus dritter Hand – das heißt zumeist: Das ursprünglich erarbeitete statistische Material wurde erstens vereinfacht und zweitens kommentiert. Bei der Vereinfachung wurde das gestrichen, was man dem Durchschnittsleser nicht zumuten wollte. Beim Kommentar (der seinerseits aus dritter Hand sein kann) haben sich möglicherweise unbeabsichtigte und beabsichtigte Fehlinterpretationen aller Art eingeschlichen.

In seinem Buch *»Use and Abuse of Statistics« (Rechter und falscher Gebrauch der Statistik)* sagt Reichmann: »Tageszeitungen wählen stets das aus, was als besonders bemerkenswert erscheint, und betonen es, auf Kosten der Tabellen und Anmerkungen, die kaum einmal mitgedruckt werden. Das ist keine Kritik an der Presse, deren Aufgabe es ist, auf Vorgänge aufmerksam zu machen, nicht aber sie unbedingt in allen Details zu beschreiben. Kein Zeitungsleser will lange statistische Tabellen anstelle seines gewohnten Lesestoffes sehen, aber er darf der Versuchung nicht erliegen, die oberflächlich gewordene Darstellung buchstabengetreu zu akzeptieren ... Manche Berichte sind freilich sogar ausgesprochene Fehlinterpretationen, ziehen falsche Schlußfolgerungen und helfen auf diese Weise mit, die Statistik zu Unrecht in Verruf zu bringen.«

Wenn man die Schlagzeile liest: »Statistik beweist: ...«, dann kann man in aller Regel überzeugt sein, daß die Statistik gerade das keineswegs beweist. »Statistik beweist: *In Rom lebt man länger«* – das heißt: In Rom ist die Sterblichkeitsrate pro 1000 Einwohner niedriger als zum Beispiel in Florenz, weil viele junge Menschen auf Arbeitssuche in die Hauptstadt ziehen und dort Familie gründen. »Statistik beweist: *Fettleibige häufiger krank«* – das mag zutreffen, ist aber anfechtbar, wenn es als Argument für Abmagerungskuren verwendet wird. »Statistik beweist: *Studenten sterben jung!«* – das hätte als Schlagzeile über einem Boulevardblatt des Jahres 1835 stehen können; damals untersuchte der Statistiker H. C. Lombard 8488 Todesfälle und beobachtete das durchschnittliche Sterbealter der einzelnen Berufe – und, wie entsetzlich: Die Studenten starben mit durchschnittlich zwanzig Jahren! (Umgekehrt ließe sich trefflich beweisen, daß Päpste in überdurchschnittlich hohem Alter sterben.)

Was beweist eine Statistik, aus der zu ersehen ist, daß im abgelaufenen Jahr 32 Prozent aller Österreicher krank waren (davon ein Drittel mit Krankenhausaufenthalt), während gleichzeitig die Untergruppe »Selbständige und freie Berufe« nur 13 Prozent Kranke (und 3 Prozent Krankenhauspatienten) aufwies? Klarer Fall: Das sind die reichen Nichtstuer, die dauernd auf Urlaub sind und sich's gutgehen lassen. O nein, ganz im Gegenteil: Das sind die armen Teufel, denen keine Sozialversicherung das Krankfeiern nahelegt und die mit zusammengebissenen Zähnen weiterarbeiten, wenn die Herren Arbeitnehmer mit dem Krankenschein spazierengehen. Die Statistik »beweist« beides.

»Statistik beweist: *Mit Sicherheitsgurten Überlebenschance 20 000 zu 1«* – bei näherer Betrachtung heißt das: Fachleute sind der Ansicht, daß Gurte nur in einem einzigen Fall von 20 000 schlechter sein können als keine Gurte. Mit einer »Überlebenschance von 20 000 zu 1« hat diese Schätzung (denn etwas anderes ist es nicht) nicht das mindeste zu tun. »Statistik beweist: *Eisenstadt reichste Stadt Österreichs«* – das heißt: In dem wenige Tausend Einwohner zählenden Städtchen, das die Hauptstadt der östlichen Provinz Österreichs, des Burgenlandes, ist, sind sämtliche Dienstfahrzeuge der burgenländischen Landesregierung und der meisten Behörden des Landes registriert, und das ergibt »pro Kopf der Eisenstädter Bevölkerung« eine Kfz-Dichte wie sonst nur in Amerika.

»Statistik beweist: *Ärztelawine rollt«* – das heißt: Die Zahl der Inskriptionen an den medizinischen Fakultäten ist gestiegen. Basis für eine solche Behauptung könnten jedoch lediglich steigende Absolventenzahlen bieten, nicht aber die Zahl der Studierenden (unter denen unter anderem zunehmend Mädchen sein können, die das Studium nicht abschließen). »Statistik beweist: *Prominente leben länger«* – das heißt: Die im *»Who's Who«* 1950/51 aufgenommenen Persönlichkeiten hatten eine niedrigere Sterblichkeitsrate als der Durchschnitt der amerikanischen Beamten, Unternehmer, höheren Angestellten und freiberuflich Tätigen. Die Frage ist hier, ob ein altersschichtenspezifischer Vergleich vorgenommen wurde. Wenn nicht, dann haben wir das »Papst-Phänomen«: Wer in »Who's Who« kommt, hat bereits Karriere gemacht und ist älter als der Durchschnitt einer nur auf Beruf ausgerichteten Vergleichsgruppe: Richter am Obersten Gerichtshof können nicht im Alter von 45 Jahren sterben, weil sie da dieses Amt noch gar nicht innehaben. »Richter« sterben also im Durchschnitt früher als »prominente Richter«. Die Formulierung »Prominente leben länger« ist gewissermaßen umgekehrt zu lesen: *Wer länger lebt, wird eher prominent.* Wer mit 30 stirbt, wird nicht Bundespräsident. »Statistik beweist: *Ausländer an Verkehrschaos schuld«* – das heißt: In der Hochsaison des Fremdenverkehrs waren in Tirol zu 70 Prozent ausländische Fahrzeuge an Verkehrsunfällen beteiligt. Es wäre durchaus möglich, daß der Anteil der ausländischen Fahrzeuge am Gesamtverkehr aber noch höher gewesen ist – dann wären die Ausländer viel sicherer gefahren als die Einheimischen.

»Statistik beweist: *Betrunkene am Steuer sicherer als zu Fuß«* – das heißt: Die Zahl der getöteten betrunkenen Fußgänger ist absolut größer als die der getöteten betrunkenen Kraftfahrer.

Nach dieser kleinen Blütenlese aus charakteristischen Fehlauslegungen wollen wir aber auch einige Fälle betrachten, in denen Aussagen und Aufgaben der Statistik überhaupt mißverstanden werden. Ein gutes Beispiel ist folgende Polemik aus einer Mieterzeitschrift: »Die Statistik lügt! ... Meint man aber, daß in die Statistik auch die Zimmer-Küche-Wohnungen ohne Wasser hineingehören, ... dann erlauben wir uns zu sagen, daß unter Einbeziehung dieser Behausungen die Statistik wohl stimmen kann, daß es aber auch eine Schande ist, daß es solche ›Wohnungen‹ im Jahre 1968 noch immer gibt.« Nun, eine korrekte Erhebung über die Höhe der Mietzinse wird alle Wohnungstypen entsprechend ihrer Häufigkeit berücksichtigen. Der Statistiker hat hier nicht auszuwählen und zu sagen: Nein, kleine, alte Wohnungen berücksichtige ich nicht, denn dort sollte eigentlich gar niemand wohnen. (Mit mindestens ebenso großem Recht ließe sich argumentieren: Nein, große Luxuswohnungen berücksichtigen wir nicht, so prunkvoll sollte niemand wohnen.)

In gleichem Sinne schreibt ein Autor auf die Problematik der Automation anspielend: »Hier ist es noch schwieriger, dem Zahlenspiel der Statistiker zu folgen. Die meisten von ihnen scheinen sich nämlich darin einig zu sein, daß aus verschiedenen Gründen die Gesamtbevölkerung rascher anwachsen wird als die Zahl der in Arbeit Stehenden. Wenn daraus der Schluß gezogen wird, daß in Zukunft verhältnismäßig weniger Menschen verfügbar sein werden, um den Güterbedarf von immer mehr Verbrauchern zu decken, ... so bleiben uns die Statistiker die Antwort auf die Frage schuldig, woher dieser wachsende Überhang von Nur-Verbrauchenden seine Kaufkraft bekommen wird.« Nun, mit Verlaub: Diese Frage darf man den Statistikern erst gar nicht stellen. Die haben aus dem Trend der letzten Jahrzehnte eine relative Schrumpfung der berufstätigen Bevölkerung extrapoliert, Punktum! Die sozialen und ökonomischen Konsequenzen müssen die Politiker und Wirtschaftsexperten bedenken.

Wie man – gewollt oder ungewollt – Stichprobentheorie und Wahrscheinlichkeitsrechnung mißverstehen kann, hat zum Beispiel im Sommer 1970 in Österreich die »Kommission zur Privilegienprüfung« gezeigt. Diese Kommission sollte unter anderem untersuchen, ob und wie Politikergehälter besteuert werden sollten. Im Zuge ihrer Arbeiten versandte die Kommission Fragebogen an etliche hundert Politiker mit dem Ersuchen, die Höhe ihrer Einkünfte und ihrer dienstlichen Spesen und Ausgaben anzugeben. Ein Teil dieser Fragebogen kam tatsächlich ausgefüllt zurück, und siehe da, die antwortenden Politiker hatten relativ geringe sonstige Einkünfte und außerordentlich hohe dienstliche Spesen (trotz freier Bahnfahrt waren zum Beispiel die Reisespesen enorm). Ein Reporter befragte den Vorsitzenden, ob nicht vielleicht diese Fragebogen ein etwas falsches Bild der wahren Situation geben könnten. Der Befragte lächelte überlegen und sagte: »Nein, denn ›die statistische Wahrscheinlichkeit wird die Extreme ausschalten und dadurch ein richtiges Bild geben‹.«

Was aber die »statistische Wahrscheinlichkeit« lediglich tun kann, ist die Ermittlung eines Mittelwertes behaupteter Einnahmen und behaupteter Ausgaben aufgrund einer teilweise beantworteten Fragebogenaktion. Die Umfrage ist aber erstens nicht repräsentativ, und zweitens ist es – aus Gründen politischer Courtoisie – unmöglich, auch nur diese Teilresultate auf ihre Richtigkeit hin zu überprüfen. Kurz: Schon die Erhebung hat höchst zweifelhaftes Urmaterial geliefert – alle mathematischen und statistischen Operationen mit diesen Daten sind, gelinde gesagt, von beschränktem Wert.

Zum Abschluß als Überleitung zum nächsten Kapitel noch ein Wort über eine allzuhäufige Quelle falscher Interpretationen: Die Aussagekraft einer kleinen Erhebung wird auf dem Wege vom Statistiker zum Letztverbraucher immer mehr überschätzt und hochgespielt. Was ursprünglich mit Sicherheitswahrscheinlichkeiten und Konfidenzintervallen vorsichtig als recht wahrscheinlich hingestellt wurde, wird zuletzt zur hieb- und stichfesten, mathematisch und statistisch bewiesenen Tatsache. Eine Stichprobe hat eine Nullhypothese angekratzt – und eine Schlagzeile lautet: »Die Statistik beweist: ... !«

8. Der einzelne und die Statistik

8.1 Statistik im Alltag

Die Zurückhaltung und das Mißtrauen, mit denen der »Durchschnittsbürger« der Statistik begegnet, haben nicht zuetzt ihre Ursache in der eher unbewußten – und in gewisser Hinsicht völlig richtigen – Überzeugung, daß die Statistik sich ja gar nicht um den einzelnen kümmert, sondern nur um das Kollektiv, die »Population«, allenfalls noch um eine (ebenfalls aus einer Mehrzahl zusammengesetzte) Stichprobe. Wir wissen, daß von der deskriptiven Statistik nach wie vor die Aussage gilt, sie befasse sich nur mit Massenerscheinungen.
Es hat sich jedoch schon früher, besonders als wir von der Erhebungstechnik und von den Befragungen sprachen, ganz deutlich gezeigt, daß das Individuum keineswegs von der Statistik mißachtet wird. Der einzelne wird sogar zum Repräsentanten einer Vielzahl, wird in diesem oder jenem Merkmal stellvertretend für viele andere erfaßt. Als überaus kompliziertes einmaliges »Bündel von Merkmalen« bewahrt er jedoch seine Individualität ungeschmälert, auch wenn einzelne dieser Merkmale statistisch erfaßt und ausgewertet werden.
Leidet auf diese Weise der Einzelmensch durch die Statistik zunächst einmal *keinen* Schaden, so ergibt sich darüber hinaus, daß jedermann aus ihr *Nutzen* ziehen kann – auch wenn er im Augenblick der Überlegung oder Entscheidung oft gar nicht weiß, daß er Statistik betreibt. Jeder von uns ist ja immer wieder mit Situationen konfrontiert, die eine Beurteilung und im weiteren Verlauf meist eine Handlung erfordern. Worauf aber sollten Urteil und Aktion gegründet werden, wenn nicht auf wohlgeordnetes Wissen über bisheriges Geschehen? Wir haben schon im Abschnitt über die Extrapolation von Statistiken darauf hingewiesen, daß es grundsätzlich nur zwei verschiedene Verhaltensweisen gibt, wenn eine Entscheidung gefällt werden muß: *Eine rationale,* die sich auf Informationen, und *eine irrationale,* die sich auf Intuitionen verläßt. Die zahllosen Zwischenformen enthalten diese beiden Elemente in unterschiedlicher Verteilung. Zumeist kann man sagen, daß selbst vermeintlich rein intuitive Entscheidungen auf einer raschen Verknüpfung halbbewußter Informationen beruhen, also letztlich keineswegs irrational sind: Die »subjektive Wahrscheinlichkeit« wird der statistischen Wahrscheinlichkeit fast nie direkt widersprechen.
Warum sträubt sich aber der Laie dennoch fast instinktiv gegen die Statistik? Er betrachtet sie als eine *mathematische Spezialdisziplin,* die er nicht versteht und die ihn wenig betrifft. Zum ersten dieser instinktiven Einwände ist zu sagen: Selbstverständlich überläßt man die wissenschaftliche Statistik den Fachleuten, so wie man ihnen auch die Herzchirurgie, die Polizeiverwaltung, die Diskontpolitik und die Kernphysik überläßt. Aber *zum Allgemeinwissen* gehört heutzutage eben auch die Kenntnis wenigstens der elementarsten Begriffe aus Wirtschaft und Physik, Medizin und Mathematik, aus Politik *und aus der Statistik.* Und diese Forderung ergibt sich nicht etwa aus irgendwelchen theoretischen Spekulationen über ein bildungspolitisches Ideal, sie stellt sich vielmehr aus der praktischen Notwendigkeit des Alltags.

Damit kommen wir aber auch schon zu einem zweiten Einwand – dem, *daß die Statistik dem einzelnen wenig zu bieten habe.* Wir haben gerade vorhin – und auch schon im Einleitungskapitel dieses Buches – auf die fundamentale Bedeutung der Statistik für jegliche Entscheidungsbildung hingewiesen. Wir wollen hier noch einmal kurz und stichwortartig zusammenfassen, wo uns die Statistik bisher in praktischen Beispielen aus dem Alltag begegnet ist.

Jeder, der aktiv in der Wirtschaft steht, ist in irgendeiner Form mit Produktionskontrolle, Stichprobenentnahme oder Umsatzvergleichen befaßt. Jeder Zeitungsleser, jeder Rundfunk- und Fernsehteilnehmer sieht und hört statistisches Material, aber auch Werbung (wirtschaftliche wie politische), die sich auf Statistiken beruft. Markt- und Meinungsforscher gehen von Tür zu Tür, man wird entweder selbst befragt oder liest von Befragungsergebnissen, die sie ermittelt haben. Unser aller Leben und vor allem unsere Lebenshaltung hängen entscheidend von *Indexzahlen* ab, vor allem von Preis- und Lohnindizes. Wer immer sich mit wissenschaftlichen Forschungen beschäftigt, wird ohne statistische Methoden nicht auskommen – in den Gesellschaftswissenschaften sind sie eines der wichtigsten Hilfsmittel der Erkenntnis überhaupt. Elementare Stichprobenbeziehung gibt es sogar auf dem Obstmarkt, wenn eine unentschlossene Käuferin eine Kirsche herausgreift und kostet oder wenn eine Händlerin einen Apfel aufschneidet, um zu zeigen, wie schön und reif er ist. Statistische Erfahrungsweisheit spiegelt sich sogar in Sprichwörtern und aphoristischen Lebensregeln. Der französische Statistiker Vessereau bemerkt gleich auf der ersten Seite seines schmalen Bändchens *»La Statistique«* ganz richtig, daß jemand der an einem Frühjahrsmorgen überlegt, ob er den Mantel anziehen soll, und dem das Sprichwort »En avril ne te découvre pas d'un fil« (etwa: »Im April ist kein Kleidungsstück zuviel«) durch den Kopf schießt, letztlich ebenso Statistik für seine Entscheidung heranzieht wie ein Wirtschaftsplaner.

Es ist nicht die Aufgabe des vorliegenden Buches, alle Lebensbereiche aufzuzählen, in denen Statistik in dieser oder jener Form eine Rolle spielt. Ein solches Unterfangen müßte, da eigentlich kein Ende abzusehen ist, letztlich ermüden. Wir haben bereits wichtige Beispiele gezeigt, in denen die Statistik für den Alltag von besonderer Bedeutung ist, und wir wollen uns in diesem Abschnitt noch mit einigen weiteren Fällen beschäftigen.

Bei dieser Gelegenheit wollen wir auch das »klassische« Gebiet der Statistik ein wenig näher kennenlernen – die *amtliche Statistik,* die *deskriptive Statistik der Massenerscheinungen,* die sich heute freilich keineswegs mehr auf die mühsame Abzählung von Grundgesamtheiten beschränkt, sondern mit viel Erfolg die modernsten Methoden der Stichprobentheorie anwendet.

Des weiteren werden wir einen Teil dieses Kapitels dem *Versicherungswesen* widmen, das neben der Wahrscheinlichkeitsrechnung und der Bevölkerungsstatistik der dritte wichtige Ausgangspunkt der klassischen Statistik ist – und das für den einzelnen Bürger heute mehr Bedeutung hat als je zuvor. Überdies zeigt die Versicherung mit elementarer Deutlichkeit die engen Zusammenhänge zwischen individuellem Schicksal, Zufall und berechenbarer Häufigkeit der Ereignisse im Kollektiv.

Zuletzt schließlich wollen wir ein Kapitel aus dem Bereich der höheren statistischen Methoden skizzieren, das gerade im Zeitalter der Massenkommunikation eine dominierende Rolle einzunehmen beginnt: Die sogenannte *Stauungs-*

theorie, mit anderen Worten *die »Theorie der Warteschlangen«, das »Schalterproblem«.*

8.2 Mikrozensus und Wirtschaftsstatistik

Das, was bis etwa zur Jahrhundertwende als Statistik betrachtet wurde, nämlich die zahlenmäßige Darstellung von Massenerscheinungen in großen Gemeinwesen, bildet heute – weniger der Methodik als der Thematik nach – vorwiegend das Arbeitsgebiet der *amtlichen Statistik.* Und in dieser wiederum spielt die *Wirtschaftsstatistik* die dominierende Rolle. Im Statistischen Jahrbuch der Bundesrepublik Deutschland entfallen rund vier Fünftel des Inlandteils auf Daten aus dem Gesamtbereich »Wirtschaftsstatistik«: Handel, Landwirtschaft, Preise und Löhne, Geld und Kredit, Verkehr, Industrie, Erwerbstätigkeit, volkswirtschaftliche Gesamtrechnung und so weiter. – Daneben spielt die älteste Form der Statistik, die *Bevölkerungsstatistik,* eine immer noch bedeutende, die *Kulturstatistik* (Bildungswesen, Religion, Rechtspflege) eine eher bescheidene Rolle.
Ehe wir aber nun ein paar Worte über die Wirtschaftsstatistik (und über allgemeine Probleme der amtlichen Statistik) sagen, ist noch eines klarzustellen. Wir haben wiederholt die *»klassische« Statistik* (der Zählung, Aufbereitung und Ordnung von Massenmerkmalen) der *»modernen« – analytischen oder induktiven – Statistik* (der Schlußfolgerung aus Stichproben) gegenübergestellt, und es mag so der Eindruck entstanden sein, als gäbe es eine veraltete und eine moderne Form der Statistik, die nichts miteinander gemein haben.
Nun, so schroff sind die Gegensätze nicht. Auch die *»staatswissenschaftliche«* Statistik bedient sich in ständig wachsendem Maße der Methoden der *induktiven* Statistik und erschließt sich damit weite neue Bereiche, die der Vollerhebung nicht zugänglich waren. Von der Geschichte der Volkszählungen haben wir schon an anderer Stelle (5.21) gehört, und wir wissen, daß Gesamterhebungen diesen Umfangs auch weiterhin konsequent in Zehnjahresintervallen durchgeführt werden. Sie werden jedoch mehr und mehr durch eine neue Art von Erhebungen ergänzt, die der vermehrte Bedarf an Informationen in unserer rasch sich wandelnden Welt- und Wirtschaftsstruktur erzwingt und die durch die Anwendung der Stichprobentechnik ermöglicht werden.
Als *CPS (Current Population Survey)* trat diese im Deutschen meist *»Mikrozensus«* genannte Methode zuerst in Amerika auf. Der erste deutsche Mikrozensus stammt aus dem Jahre 1957. Im Prinzip geht es darum, nur einen geringen Teil aller Haushaltungen (1–2 Prozent) zu befragen, diese Befragung aber mit gut geschultem Personal besonders gewissenhaft durchzuführen.
Man schlägt auf diese Weise zwei Fliegen mit einer Klappe. Erstens kann man mehr und detailliertere Fragen stellen, als bei einer Gesamterhebung möglich wäre, und zweitens wird durch die hohe Qualität der Erhebungsresultate der gefürchtete systematische Fehler meist vermieden, so daß man den unvermeidlichen Stichprobenfehler gerne in Kauf nimmt. (Und gewissermaßen als Dreingabe sammelt man wertvolle Erfahrungen für die nächste Erhebung.)
Der Mikrozensus wird meist in Vierteljahresintervallen durchgeführt und ist somit sehr aktuell. Er ist überdies (in der aufgewendeten Gesamtsumme) wesentlich billiger als eine Vollerhebung, und er gibt auf weit mehr Fragen Antwort. Besonders bewährt hat er sich bei der laufenden Beobachtung des privaten Konsums und der Veränderungen der

Berufs- und Einkommensstruktur. Meist ist er schon in seiner Fragestellung betont zeitnah, wie aus folgenden, dafür charakteristischen Formulierungen deutlich wird: »Wieviel Stunden haben Sie in der vergangenen Woche tatsächlich gearbeitet?« oder »Welche Tätigkeit haben Sie in der vergangenen Woche ausgeübt?« Aus den Antworten ergibt sich ein sehr präzises Bild der realen augenblicklichen Gegebenheiten, unverzerrt durch mißverstandene Fragen in Erhebungsbögen.

Es ist nämlich zuweilen gar nicht so leicht, auf eine allgemein gehaltene Frage nach der »Arbeitszeit« oder dem »Beruf« richtig und eindeutig zu antworten. Und es wird kaum einen Leser geben, der sich nicht irgendwann einmal, vor einem Fragebogen sitzend, selbst die Frage gestellt hat: Was wäre hier die wirklich zutreffende, ehrliche Antwort? (Ob man sie dann hineinschreibt, ist eine andere Frage.)

Solche Schwierigkeiten und Zweifel sind nicht mit der Dummheit derer zu begründen, die den Fragebogen zusammenstellen, oder derer, die ihn dann ausfüllen. Nein, manche auf den ersten Blick simpel erscheinende Frage wirkt bei näherer Betrachtung geradezu verwirrend.

Wir könnten ein Buch füllen, wollten wir allein die sprachlichen und logischen Probleme statistischer Erhebungen im einzelnen darstellen. Um aber wenigstens einen Einblick in die Fülle von Schwierigkeiten zu geben, möchten wir uns hier wenigstens einen Augenblick mit der Frage nach »Beruf« und »Erwerbstätigkeit« befassen. Was ist das – Beruf? Ist das der erlernte Beruf oder der augenblicklich ausgeübte? Häufig sind sie identisch, aber keineswegs immer. Und was ist etwa ein »Jurist«?

Für die exakte Berufsstatistik gibt es keinen »Juristen« – das ist ein »potentieller Beruf«, der nur eine absolvierte Berufsausbildung angibt. Der Beruf ist »Gerichtsreferendar« oder »Wirtschaftstreuhänder« oder »Assessor am Amtsgericht« oder »Syndikus« oder »Patentanwalt«. Es gibt aber auch keinen »Hilfsarbeiter«, sondern allenfalls einen »Bauhilfsarbeiter«, einen »Straßenkehrer« oder »landwirtschaftlichen Arbeiter«. Und was soll man sich unter einem »Beamten« vorstellen? Auch der »Kanzleidiener« kann sich unter Umständen mit Recht »Beamter« nennen. Der »Bankbeamte« tut es mit gutem Gewissen, obwohl eine privatrechtliche Institution wie eine Bank oder Versicherungsgesellschaft gar keine »beamteten« Angestellten haben kann. Und »Angestellter« (oder auch »Privatangestellter«) sagt dem Statistiker schon gar nichts, weil diese Berufskategorie eine Unmenge Einzelberufe umfaßt.

Fast buchstäblich »zahllos« sind die Berufsangaben, die dann gemacht werden, wenn der Fragebogen auf möglichst genauer Berufsbezeichnung besteht: Ungefähr 10 000 waren es bei der letzten österreichischen Volkszählung – sie wurden dann auf jene 550 Berufsgruppen aufgeteilt, die die internationale Statistik heute kennt.

Beruf und Berufsstellung sind zuweilen zweierlei: Der »Maschinenschlosser« kann Meister oder Vorarbeiter oder Facharbeiter oder angelernter Arbeiter sein. *Beruf und Erwerbszweig* sind nicht immer klar auseinanderzuhalten: Wer kann mit Bestimmtheit angeben, in welchem Industriezweig ein »Stanzer« oder ein »Former« oder meinetwegen ein »Statistiker« tätig ist?

Manche Probleme hat man so gelöst, daß man einfach entschied: So und nicht anders machen wir es. Auf diese Weise hat man sich zum Beispiel entschlossen, die »Hausfrau« als nicht berufstätig anzusehen, denn die gemeinhin verwendete Definition eines Berufs besagt, es müsse sich um eine entgeltliche Beschäftigung von einer gewissen

Dauerhaftigkeit handeln – und beim »Entgelt« der Hausfrau hapert es zumeist. Pensionisten und Rentner wiederum sind sogenannte »selbständige Berufslose« und gehören damit zur Kategorie der Einkommensempfänger, nicht aber zu den Berufstätigen. Ein Rentner kann daher prinzipiell nicht arbeitslos sein – dieses zweifelhafte Privileg ist den Berufstätigen, den »Erwerbspersonen«, vorbehalten.

Daß sich die Arbeitslosenzahlen, die man im Mikrozensus erhebt, zumeist recht erheblich von jenen unterscheiden, die man gewinnt, wenn man Erhebungen bei den Sozialversicherungsanstalten durchführt, ist ein weiteres Problem. Immer wieder kommt es nämlich vor, daß Frauen den Beruf aufgegeben haben und nun bis auf weiteres nur im Haushalt tätig sind. Subjektiv betrachten sie sich bereits als Hausfrauen, aus finanziellen Gründen aber beziehen sie so lange wie möglich Arbeitslosenunterstützung. Sind sie nun arbeitslos, weil sie arbeitslose Berufstätige sind, oder sind sie »erhaltene Personen«, weil sie Hausfrauen sind? »Arbeitslose Berufstätige« ist übrigens kein Widerspruch, denn die Berufstätigen werden in Beschäftigte und Arbeitslose unterteilt.

Und wie ist es mit *Nebenberufen?* Wann wird ein Nebenberuf zum Hauptberuf? Ist dafür die Arbeitszeit oder das Einkommen maßgebend? und welch heterogene Mischung verbirgt sich unter dem Begriff »Selbständiger«, der aber wohl oder übel doch immer wieder in den Statistiken auftaucht? Vom kleinen Flickschneider bis zum Großindustriellen, vom Kunsthandwerker bis zum Herzchirurgen reicht die Spannweite dieses Begriffs.

Wir wollen es bei diesen knappen Bemerkungen bewenden lassen. An einigen – verhältnismäßig recht einfachen – Fragen aus einem relativ kleinen Teilgebiet der Wirtschaftsstatistik war wohl immerhin ersichtlich, wie schwierig selbst jene statistischen Probleme sein können (und meist auch sind), die man für gewöhnlich als bloßen Abzählvorgang ansieht. Wer den Fragebogen eines statistischen Amtes auszufüllen hat, mag sich oft genug über die Fragen ärgern oder wundern – an eines sollte man dabei denken: Sie sind meist das Ergebnis langwieriger, sorgsamer und gewissenhafter Überlegungen. Daß sie zuweilen dem Laien doch fast unverständlich sind oder ihn gerade durch ihre verschroben erscheinende Präzision verwirren, ist ein Problem für sich, mit dem freilich nicht nur Statistiker zu kämpfen haben. Es liegt nun einmal im Wesen vieler komplizierter Dinge, daß sie nicht ganz einfach dargestellt werden können.

Postskriptum zum Mikrozensus im allgemeinen und zu Haushaltsbefragungen im besonderen: Nicht die ganze Bevölkerung wohnt in Haushalten. In der Bundesrepublik gibt es nahezu 700 000 Betten in Krankenanstalten. Dazu kommt noch die »Anstaltsbevölkerung« in Kasernen, Klöstern, Gefängnissen und Altersheimen. Eine Erhebung, die diesen weiten Personenkreis unberücksichtigt läßt, kann kaum noch repräsentativ genannt werden.

Aber wie trifft man eine Stichprobenauswahl der Anstaltsbevölkerung? Meist geht man so vor, daß man alle Personen mit dem gleichen Anfangsbuchstaben des Familiennamens (etwa N) befragt, wobei man sich freilich zunächst überzeugen muß, daß erstens die relative Häufigkeit solcher Namen in Schleswig annähernd ebenso groß ist wie in Bayern – sonst schleicht sich unversehens ein systematischer Fehler ein – und daß zweitens dieser Buchstabe nicht für eine bestimmte Herkunft charakteristisch ist. (In einem Chanson singt ein »Urwiener«, der im Telefonbuch blättert: »Alle meine Freund' stehn drin – und zwar bei Buchstab' Vau: Vondrak, Vitek, Vytlacil, Vesely und Vokoupil . . .«)

Eine ernste Schwierigkeit, der sich die amtliche Statistik im allgemeinen und die Wirtschaftsstatistik im besonderen gegenübersieht, besteht in folgender Tatsache: Man kann trotz aller gesetzlichen Vorschriften (auf die im Fragebogen mehr oder minder diskret hingewiesen wird) nicht immer damit rechnen, daß *Formulare korrekt und prompt ausgefüllt* werden. Nicht selten sucht ein Befragter der vermeintlichen Neugier der Behörde durch flüchtige Schätzungen oder »Hausnummer«-Angaben zu begegnen. Es bedarf dann besonderer Stichprobenerhebungen, um ein Urteil darüber zu gewinnen, wie sehr und in welcher Richtung wohl Dichtung und Wahrheit voneinander abweichen.

Im Wesen mancher Vorgänge liegt es aber auch, daß sie ganz einfach *nicht genau erfaßbar sind:* Wer will es wagen, auf 10 000 oder auch nur auf 50 000 Mark genau anzugeben, wieviel Geld die deutschen Bundesbürger im Jahre 1970 im Ausland ausgegeben haben! Was gar die Konten der volkswirtschaftlichen Gesamtrechnung anlangt, so werden sie vorsichtshalber ohnehin nur auf zehn Millionen genau angegeben, aber auch diese Rundung bekundet noch einen überschäumenden Optimismus. Das Bruttosozialprodukt der Bundesrepublik wurde im Jahre 1969 (»vorläufiges Ergebnis«) mit 601 Milliarden DM ausgewiesen. Wenn diese Zahl auf eine Milliarde genau wäre, könnte man froh, zufrieden und dankbar sein. (Die etwa drei bis vier Jahre zurückliegenden »endgültigen Zahlen« zeichnen sich durch eine zusätzliche Stelle hinter dem Komma aus und berücksichtigen jene Ungenauigkeiten, denen man in der Zwischenzeit auf die Spur gekommen ist – aber auch für sie gilt immer noch, daß man es mit einer Milliarde auf oder ab nicht so genau nehmen darf.)

Mit der Erwähnung der volkswirtschaftlichen Gesamtrechnung haben wir übrigens auch schon die Frage berührt, *wo denn die Wirtschaftsstatistik in die Ökonometrie übergeht.* Wie es im Wesen von Übergängen liegt, ist der Punkt, an dem das eine aufhört und das andere beginnt, nicht immer genau zu bestimmen. Am ehesten kann man wohl sagen, daß *Ökonometrie* eine um wirtschaftswissenschaftliche Modellvorstellungen bereicherte *höhere Form der Wirtschaftsstatistik* darstellt, Ragnar Frisch, einer der bedeutendsten Wirtschaftswissenschaftler unserer Zeit, sagte dazu einmal: »In der Ökonometrie befassen wir uns mit der Anwendung mathematischer Methoden zur Lösung wirtschaftlicher und statistischer Probleme. Es liegt in der Natur der Sache, . . . daß diese Probleme oftmals mathematische Vorstellungen und Verfahren einer relativ fortgeschrittenen Art erfordern.«

Während die Statistik – und das gilt vornehmlich für die deskriptive Statistik – Daten, Tatsachen und Entwicklungen aufzeigt beziehungsweise zusammenstellt, versucht die Ökonometrie, diese Daten mit hypothetischen Modellen wirtschaftlicher Abläufe in Einklang zu bringen, die vermutlichen Wechselwirkungen zwischen den verschiedenen Faktoren zu analysieren und gegebenenfalls in rechnerischen Modellen nachzuahmen und zu überprüfen.

Während es also den Grundsätzen rein statistischer Arbeit widerspricht, zahlenmäßige Abhängigkeiten (Korrelationen) als Ursache-Wirkung-Verhältnisse zu interpretieren, kann sich die Ökonometrie von solchen Beschränkungen befreien und statistische Daten, mathematische Methoden und volkswirtschaftliche Theorien zu einem ökonometrischen Rechenmodell verarbeiten.

Über eine Rangordnung ist damit nichts ausgesagt: Der freiere Zugriff zu Hypothesen und Theorien, der

der Ökonometrie gestattet ist, muß mit einem Verlust an errechenbarer Präzision bezahlt werden; die Sicherheitswahrscheinlichkeiten der statistischen Analyse gelten nur auf der Basis der Wahrscheinlichkeitsrechnung. – Zu beachten ist jedenfalls, daß die beiden ersten »Nobelpreise für Wirtschaftswissenschaften« an zwei Ökonomen gingen – an Ragnar Frisch und Jan Tinbergen »für die Entwicklung und Anwendung mathematischer Modelle für die Analyse wirtschaftlicher Prozesse«.

Noch schwerer ist es verständlicherweise, eine Abgrenzung der Statistik zu jenen Wissensgebieten vorzunehmen, die ihrerseits im Grenzbereich der Ökonometrie beheimatet sind, wie etwa die *Unternehmensforschung (Operations Research)* oder die *Linearprogrammierung.* Beides sind modernste Wissenschaftszweige, die Mathematik, Statistik, Nationalökonomie und Betriebswirtschaftslehre zur Basis haben und die überdies eng mit der Entwicklung der Datenverarbeitung verbunden sind.

Und weiter könnte man fragen: *Wo geht Statistik in Entscheidungstheorie über?* Das ist eine ganz besonders schwierige Frage, weil man mit Fug und Recht behaupten kann, daß moderne Statistik zum großen Teil Entscheidungstheorie *ist.* Was ist denn mit all den Tabellen, Berechnungen, Stichprobenuntersuchungen, Erhebungen und Vergleichen beabsichtigt, wenn nicht dieses: dem Benützer eine Anweisung zu rationalem Verhalten zu geben! Von den primitivsten uralten Bauernregeln, in denen Häufigkeitsverteilungen der Wetterphänomene erfaßt werden sollen, bis zu den kompliziertesten faktorenanalytischen Prüfmethoden der höheren Statistik geht es ja letztlich stets darum, Entscheidungshilfen bereitzustellen. *Aus der Erfahrung lernen* – das ist zugleich Methode und letzter Sinn der statistischen Arbeit: Untersuchung der – meist nur bruchstückhaft auffindbaren – Tatsachen und Projektion auf die unbekannte Grundgesamtheit, aber auch und vor allem auf die unbekannte Zukunft. Statistik betreibt man nicht, um über das Gestern Bescheid zu wissen, sondern *um das Morgen besser erkennen zu können.*

ENTSTEHUNG DES BRUTTOINLANDSPRODUKTS

Links die Darstellung der zehn Jahre umfassenden Zeitreihe (1960 bis 1969) der vier Entstehungsbereiche des Bruttoinlandsprodukts (die schwarze Kurve ist die Summe aus den vier blauen Kurven). Rechts der Vergleich der Anteile in den beiden Jahren 1960 und 1969. Die Verdoppelung des Bruttonationalprodukts ist darin nicht ersichtlich, wohl aber wird der Strukturwandel deutlich; der Dienstleistungsbereich wächst auf Kosten der anderen Bereiche.

8.3 Soll man sich versichern lassen?

Lange ehe die ersten elementaren Überlegungen zur Wahrscheinlichkeitsrechnung angestellt wurden und lange ehe es auch nur die frühesten Vorläufer der politischen Arithmetik und der Bevölkerungsstatistik gab, kannte man zwei Erscheinungen, die eigentlich eine Synthese aus Wahrscheinlichkeitstheorie und deskriptiver Statistik darstellen – nämlich die *Wette* und die *Versicherung.*

Die *Versicherung* ist in ihrer Struktur der Wette ja sehr ähnlich, allerdings mit einem entscheidenden Unterschied: Sie basiert auf der großen Zahl gleichartiger Ereignisse, während in der Wette zwei Individuen mit subjektiven Meinungen einander gegenüberstehen. Der nahtlose Übergang liegt bei den Wettbüros und den großen Lotterien vor: Hier – vor allem bei der Lotterie – wird vom Unternehmer (meist dem Staat) ohne eigenes Risiko ein vermittelnder Ausgleich unter der Vielzahl der Wettenden getroffen. Die vielen kleinen Einzelbeiträge *(Einsätze)* werden nach Abzug von Spesen und Steuern, *einigen wenigen* – die eben Glück hatten – übergeben. Die Versicherung arbeitet nach dem gleichen Prinzip: Die vielen kleinen Einzelbeiträge *(Prämien)* werden, nach Abzug von Spesen und Gewinn, *einigen wenigen* übergeben, die für erlittenes Unglück einen Ausgleich erhalten sollen.

Voraussetzung für das Entstehen der Versicherung war die Erkenntnis, daß gewisse verlustreiche Ereignisse mit einer annähernd abschätzbaren Häufigkeit auftraten. Dann kam der nächste logische Schritt: Wenn »jedes zehnte Schiff« untergeht, kann der Schaden ausgeglichen werden, indem jeder Schiffseigentümer ein Zehntel des Wertes als Versicherungsprämie zahlt.

Im vierten vorchristlichen Jahrhundert, als die Insel Rhodos die Schiffahrt im östlichen Mittelmeer beherrschte und die Anfänge des Handels- und Seerechts schuf, entstand bereits die erste Regelung über die Aufteilung des Verlusts beim Über-Bord-Werfen von Waren in Seenot – eine Regelung, die später als *»lex Rhodia de iactu« (rhodisches Gesetz über den Seewurf)* auch in das römische Recht Aufnahme fand.

Die diesem Gesetz zugrunde liegende Situation war folgende: Ein Handelsschiff ist mit Waren mehrerer Kaufleute beladen. Es gerät in einen Sturm und muß Ladung abwerfen, um nicht unterzugehen. Die Schiffsmannschaft greift nach dem, was ihr an Waren gerade in die Hände fällt oder was sich besonders leicht über Bord werfen läßt oder was besonders schwer ist – und erreicht schließlich den rettenden Hafen. Die Rettung von Schiff, Mannschaft und einem Teil der Ware war jedoch nur dadurch möglich, daß die Ware eines oder mehrerer Handelsleute geopfert wurde – sollten gerade diese Kaufleute nun den Schaden allein tragen? Die *»lex Rhodia de iactu«* entschied nun dahingehend, daß der Schaden unter allen jenen aufzuteilen sei, die an der Rettung des Schiffes oder der Ladung ein Interesse haben. In ähnlicher Form wird dieses Problem auch heute noch im Seehandelsrecht gelöst, wenn nach einer Havarie über die Teilung des Schadens zu entscheiden ist.

Von dieser gesetzlich geregelten Schadensteilung *nach* Havarie ist es nur noch ein kleiner Schritt zur freiwilligen *vorherigen* Zahlung einer Versicherungsprämie für Transportgut. Die Unkosten sinken dabei ganz wesentlich, da ja Prämien auch für jene Schiffstransporte bezahlt werden, die *ohne* Verluste zu Ende gehen. Allerdings setzt ein solches Vorhaben ein viel straffer organisiertes Verrechnungssystem voraus, und wir finden daher die ersten Ansätze zu

Schon in der Antike gaben Schiffbruch und ähnliche Unglücksfälle Anlaß zu den ersten Vereinbarungen und Gesetzen über die Schadensteilung. Das war die Grundlage für die späteren Havarie-Versicherungen.

einer modernen Schadensversicherung erst etwa im späten 13. Jahrhundert in Italien, wo im Rahmen der *»Seedarlehen« (foenus nauticum)* auch die Prämienzahlung in der Weise geregelt wurde, daß reiche Einzelpersonen oder Geldinstitute Schiffsladungen versicherten.

Wir können hier keine ausführliche Geschichte des Versicherungswesens bringen, aber einen kleinen etymologischen Ausflug wollen wir noch unternehmen: *»Havarie«* geht letztlich auf das arabische Wort »'awar« zurück, das fehlerhafte oder beschädigte Ware bezeichnete. Im Englischen heißt Havarie »average« – wir kennen das Wort meist in der gebräuchlicheren Bedeutung »Durchschnitt«. Dieser Durchschnitt ist nämlich nichts anderes als der *Durchschnitts-Schaden,* der sich aufgrund der eben erwähnten alten seerechtlichen Bestimmungen ermitteln läßt.

In der Frühzeit des Versicherungswesens mußte man sich meist mit wenig verläßlichen Schätzungen über die Unfalls- und Schadenshäufigkeit behelfen. Heute steht reiches statistisches Material zur Verfügung – und das ermöglicht die Errechnung *»fairer«* Prämien. Wenn ich nämlich nur unbestimmte Vorstellungen von der zu erwartenden Schadenshäufigkeit habe, sind zwei gleichermaßen verdrießliche Irrtümer zu erwarten. Entweder ich unterschätze die Schadenshäufigkeit, verlange zu niedrige Prämien, muß zu viel auszahlen – und gehe in Konkurs. Oder ich setze die Prämien vorsichtigerweise zu hoch an, verdiene daher zunächst sehr gut, verliere aber bald meine Kunden an die richtiger kalkulierende und daher billigere Konkurrenz – und setze mich erst recht dem Risiko des Bankrotts aus, weil für die Lebensfähigkeit einer Versicherung ein möglichst hoher Bestand an Versicherungsnehmern erforderlich ist.

Nur dann ist ja Gewähr gegeben, daß die zufallsgesteuerten Schadensereignisse so verteilt sind, wie es der Schadenshäufigkeit in der Population annähernd entspricht. In den drei Jahren 1967 bis 1969 waren

in der Bundesrepublik 399 116, 410 463 beziehungsweise 417 082 Personenkraftwagen an Unfällen mit Personenschaden beteiligt. Der Bestand an Personenkraftwagen betrug 10,2 (1967), 10,8 (1968) und 11,7 Millionen (1969). Das ergibt eine Durchschnittshäufigkeit von etwa vier Personenschadensfällen auf hundert Personenkraftwagen.
Eine Versicherungsgesellschaft mit 10 000 versicherten Fahrzeugen dürfte nun mit einigem Recht erwarten, daß nicht mehr als etwa 5 Prozent der bei ihr Versicherten in solche Unfälle verwickelt werden. (Die genaue Berechnung läßt sich durchführen, indem man von der nahezu unendlichen Grundgesamtheit mit der Schadenshäufigkeit $p = 0{,}04$ auf die zu erwartenden Häufigkeiten in der Stichprobe vom Umfang $n = 10\,000$ schließt; vergleiche dazu Kapitel 3 und 6.)
Ganz anders wäre es jedoch, wenn ich eine *Mini-Versicherungsgesellschaft* gründen wollte, 25 Kunden finde und mir ausrechne, daß »nach der Wahrscheinlichkeitsrechnung und Statistik« nur einer davon in einen Personenschadensfall verwickelt würde, und ich dementsprechend die Prämien kalkulieren wollte. Das Ergebnis wäre vermutlich ruinös. Es könnte nämlich durchaus sein, daß gerade bei meinen Versicherten zwei, drei oder noch mehr Unfälle einträten. Ich müßte mich dagegen durch eine Rückversicherung bei einer großen Gesellschaft schützen – und meine dabei entstehenden Unkosten leider auf die 25 Versicherten abwälzen. Was immer man gegen Konzerne vorbringen kann – Versicherungsgesellschaften *müssen* groß sein.
Extrem große Risiken werden daher kaum von einer einzigen Versicherungsgesellschaft getragen. Kein Versicherungsunternehmen ist so kapitalstark, daß es sich gegen den Verlust eines 50 000-Tonnen-Passagierschiffs durch den Abschluß von weiteren tausend derartiger Verträge absichern könnte. Es kommt daher zu einer Kette von Rückversicherungen, so daß letzten Endes ein halbes Dutzend großer Gesellschaften zu verschiedenen Anteilen das Risiko tragen.
Daß die Versicherungsunternehmen ein Interesse am Abschluß von Versicherungen haben, ist zumindest all jenen wohlbekannt, denen Versicherungsfirmen immer wieder lokkende Briefe und redegewandte Vertreter in das Haus geschickt haben. Die Versicherungen kalkulieren ja ihre Prämien so, daß für sie auf jeden Fall ein Gewinn dabei herausschaut. Aber warum sollte man ihnen dabei behilflich sein? Was für die Versicherung ein Gewinn ist, muß ja für den Versicherungsnehmer zwangsläufig ein Verlust sein – oder nicht?
Hier sind zwei Dinge säuberlich zu trennen, die nur allzuleicht vermischt werden: *der objektive mathematische Erwartungswert* und *das subjektive persönliche Risiko*. Der *»Erwartungswert«* läßt sich rechnerisch eindeutig bestimmen – er ist die durchschnittliche Auszahlungsquote, bezogen auf die Einzahlung. Wenn tausend Leute je 100 Mark in einer Lotterie zahlen, und insgesamt werden ein Haupttreffer zu 10 000 Mark und zehn Treffer zu 5 000 Mark verlost, dann steht einem Gesamteinsatz von 100 000 Mark ein Gesamtgewinn von 60 000 Mark gegenüber – der Erwartungswert jedes 100-Mark-Loses beträgt daher genau 60 Mark. Die *Gewinnerwartung* ist eigentlich eine *»Verlusterwartung«* von 40 Mark; auf jeden 5 000-Mark-Gewinner entfallen mehr als achtzig Verlierer.
Nun ist diese Verlusterwartung in der Lotterie auch für den durchaus vernünftig denkenden Menschen nicht immer eine Abschreckung. Man kauft ja mit dem Spieleinsatz nicht nur die rechnerische Gewinnerwartung, sondern auch ein gewisses

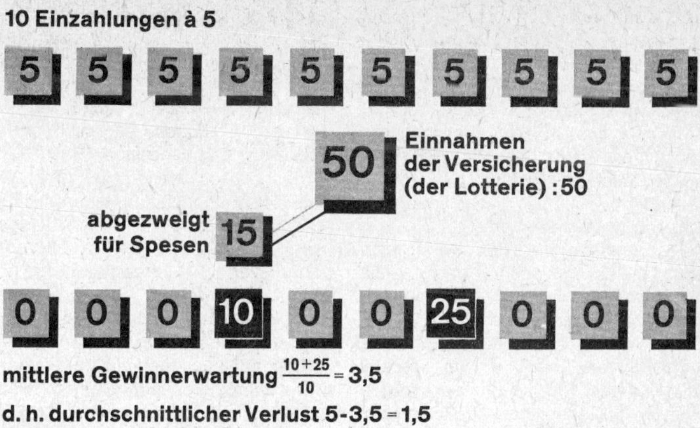

Zehn Personen zahlen je 5 Mark an Versicherungsgebühren (oder in einer Lotterie). Von den insgesamt 50 Mark werden – im Beispiel – 15 Mark für Spesen zurückgelegt, der Rest wird ausgeschüttet. Ein Teilnehmer erhält 10 Mark, ein anderer 25 Mark an Gewinn oder Entschädigung, der Rest geht leer aus. Der Erwartungswert in diesem »Spiel« beträgt 3,5 Mark, der Einsatz 5 Mark.

prickelndes *Spannungserlebnis.* Vor allem aber wird der rational denkende Mensch sich fragen: *Kann ich mir diesen Einsatz,* der höchstwahrscheinlich verlorengeht, *leicht leisten?* Wenn ja, dann betrachte ich dieses Glücksspiel eben als das, was es ist, nämlich als Spende für den Staatssäckel, und handle mir dafür eine geringe Chance auf einen großen Treffer ein. Unklug ist lediglich derjenige, dessen Lebensunterhalt knapp gesichert ist und der dennoch sein Geld ins Wettbüro trägt.
Bei der Versicherung hingegen muß die erste entscheidende Frage lauten: *Kann ich mir den Schadensfall, den Verlust leisten?* Und da ist es nun so, daß in der Regel der Minderbemittelte schwerer getroffen wird.
Dennoch erweist sich meist der Reichere als der klügere Geschäftsmann: Obwohl ihn der Verlust im Ernstfall gar nicht so schwer trifft, zahlt er doch laufend die Prämien (die ihn kaum belasten) und erspart sich im Falle des Falles Ärger und unerwarteten Verlust. Der »kleine Mann« hingegen knausert an den Prämien, die ihm überhöht erscheinen – und steht im Schadensfall ungeschützt da.
Sind die Prämien wirklich überhöht? Selbstverständlich sind sie überhöht, und zwar notwendigerweise. Der Versicherer muß ja nicht nur so viel Geld einnehmen, daß er die im laufenden Jahr entstehenden Schäden ausbezahlen kann, sondern er muß darüber hinaus von der Werbung bis zum Direktorengehalt, von den Formularspesen bis zum Gehalt der Angestellten seine gesamten Unkosten decken. Er will darüber hinaus einen gewissen Gewinn erzielen. Er muß Reserven anlegen, weil die geschätzte Schadenshäufigkeit gelegentlich einmal viel höher sein mag. Pro 100 Mark ausbezahltem Schadenersatz (oder sonstiger Versicherungsleistung) werden also, je nach Versicherungssparte, Versichertenzahl, eigenen Spesen und abgezweigtem Gewinn 120, 140 und noch mehr Mark an Prämien kassiert. So betrachtet ist jede Versicherung

für den Versicherungsnehmer ein schlechtes Geschäft, bringt nichts als »Verlusterwartung« mit sich. Lediglich Sozialversicherungen können einen positiven Erwartungswert haben – aber nicht etwa, weil hier die Versicherungsmathematik auf dem Kopf stünde, sondern weil durch Arbeitgeberbeiträge, Subventionen und so weiter der Versicherung Mittel zufließen, die der Versicherte nicht selbst aufbringen muß. Auch hier werden pro 100 Mark »Schaden« 120 oder 140 Mark zu bezahlen sein – aber der Versicherte zahlt davon eben nur 60 oder 80 Mark selbst, für den Rest sorgen die Heinzelmännchen. Davon abgesehen ist jede Versicherung »im Durchschnitt« und »für die Gesamtheit der Versicherten« ein Verlust. Für den einzelnen hingegen kann sie eine absolute Notwendigkeit darstellen. Die Wahrscheinlichkeit eines Totalschadens an einem Wagen im Wert von 4000 Mark ist – bei gleichen Fahrerqualitäten, gleicher Kilometerleistung und so weiter – für den Viertwagen des Millionärs (dessen Tochter oder Sekretär ihn fährt) etwa ebenso groß wie für den Handelsreisenden, der sein ganzes Bargeld in das Fahrzeug gesteckt hat und es zur Berufsausübung dringend benötigt. Es ist aber letztlich eine Zufallsentscheidung, ob es dieser oder jener Wagen ist, der eines Nachts von einem Amokfahrer total zuschanden gefahren wird.
Auf seiten der Versicherung handelt es sich um zwei völlig gleichartige Fälle: Ein Fahrzeug im Wert von 4 000 Mark hat Totalschaden. Auf seiten der Versicherten sind die Konsequenzen höchst unterschiedlich. Für den kleinen Mann kann ein solcher Verlust die eingreifendsten Konsequenzen haben: Aufnahme eines Kredits zu Wucherzinsen, Verschuldung, ja Nervenzusammenbruch und Selbstmord. Für den reichen Mann ist es ein ärgerlicher Zwischenfall, nicht mehr.
Es gilt daher grundsätzlich die Regel: *Je weniger man sich einen Verlust leisten kann, um so eher muß man versichern.* (Ein schwieriger Grenzfall wird dort erreicht, wo die Schadenshäufigkeit so gering ist, daß selbst eine geringe Prämie als unnötiger Aufwand erscheint.)
Das ist keine bahnbrechend neue Erkenntnis. Schon in den Anfangszeiten der Wahrscheinlichkeitsrechnung, vor 250 Jahren, wurde die Frage aufgeworfen, wie groß wohl das Vermögen eines Mannes sein müsse, um ein bestimmtes Risiko selbst auf sich nehmen zu können. Eine allgemein gültige mathematische Lösung kann es für diese Frage freilich nicht geben, obwohl es an Ansätzen und Versuchen seither nicht gefehlt hat. Es kommt eben doch letztlich auch sehr auf *die persönliche Risikofreudigkeit des einzelnen an:* Ein ängstlicher und vorsichtiger Mensch wird weniger riskieren als ein temperamentvoller, dynamischer – und beide mögen subjektiv ganz »richtig« handeln.
Das gilt selbstverständlich auch für die Problematik der Versicherung, die ja im Prinzip – gegen entsprechende Bezahlung – das Risiko ausschaltet. Dabei ist übrigens noch auf einen wichtigen Aspekt hinzuweisen: Die Versicherung kann ja nicht ein Ereignis verhindern, sondern lediglich finanzielle Hilfe gegen Schaden bieten. Die Versicherung von Familienangehörigen kann daher nur vom finanziellen, nicht vom emotionellen Standpunkt erfolgen. Der Tod eines gebrechlichen Großvaters oder eines geburtgeschädigten Kindes wird meist großen Schmerz und tiefe Trauer auslösen, aber ein finanzieller Verlust wird dadurch kaum eintreten – eher wird das Familienbudget sogar entlastet. Eine Lebensversicherung wäre daher absurd.
Die Fragestellung vor Abschluß eines Versicherungsvertrages wird daher immer lauten: *Wie schwer würde mich* (oder meine Angehörigen) der

»Eintritt des Versicherungsfalles« finanziell belasten? Und: *Wie wahrscheinlich ist der Eintritt dieses Falles?* Das muß man lange, sorgfältig und kritisch überlegen, denn falscher Optimismus kann verhängnisvoll sein. Und schließlich: *Wie verhält sich die Prämienhöhe zu meiner Risikoschätzung,* unter Berücksichtigung auch der nichtmathematischen Aspekte? Oftmals spielt ja die Person des Versicherungsnehmers eine entscheidende Rolle. Wenn ich etwa vor der Frage stehe, ob ich eine Reisegepäckversicherung gegen Diebstahl abschließen soll oder nicht, dann muß ich mich auch fragen, ob ich in der Regel sorgsam auf meine Sachen aufpasse, ob ich leichtgläubig bin, ob mir schon wiederholt Wertsachen abhanden gekommen sind. Und es macht natürlich auch einen Unterschied im Risiko aus, ob ich mit einem Handköfferchen drei Wochen in einer Familienpension zu wohnen gedenke oder mit einer teuren Kamera und etlichen verlockenden Kleidungsstücken jeden zweiten Tag in einem anderen Hotel schlafen werde.
Allerdings wissen auch die Versicherungsgesellschaften, daß gerade jene Leute sich um Versicherungsschutz bemühen, die sich überdurchschnittlich gefährdet fühlen – und so werden die Prämien dementsprechend kalkuliert. Eine absolut zuverlässige Regel, was und wann man versichern soll, läßt sich nicht geben.
Im übrigen hört der Versicherungsschutz jenseits der Vertragsbestimmungen und der allgemeinen Situation bei Vertragsabschluß auf. Gegen einen Weltkrieg und seine Folgen gibt es keine Versicherung. Nicht einmal gegen einen radikalen politischen Kurswechsel. Und nur in sehr beschränktem Ausmaß gegen eine Weltwirtschaftskrise. Und weil es für das Weiterbestehen eines Staates und einer Wirtschaftsordnung keine absolute Sicherheit gibt, kann es letztlich auch keine Gewißheit dafür geben, daß eine Versicherung auf Vertragsdauer weiterbestehen wird. Aber zum Grundprinzip rationalen Verhaltens gehört es, das äußerst Unwahrscheinliche als unmöglich anzusehen. Also: Keine Versicherung gegen Flugzeugabsturz, aber prompte Prämienzahlung für Lebensversicherung und Kasko.

8.4 Lebenserwartung und Bevölkerungsstatistik

Wir haben schon mehrmals von der Bevölkerungsstatistik gesprochen – etwa, als wir über die historischen Anfänge der statistischen Erhebungen berichteten, die ja durchwegs Volkszählungen waren, oder auch, als wir im siebten Kapitel bei der Erörterung der Möglichkeiten und Gefahren von Extrapolationen am Beispiel der Bevölkerungsexplosion und der Bevölkerungspyramiden aufzeigten, wie groß die Gefahr von Fehleinschätzungen selbst auf diesem vermeintlich einfachen Gebiet ist. Wir haben schließlich auch erwähnt, daß neben dem dominierenden Gebiet der Wirtschaftsstatistik die Bevölkerungsstatistik auch heute noch eine bedeutende Rolle spielt: Die drei Kapitel »Gebiet und Bevölkerung«, »Bevölkerungsbewegung« und »Gesundheitswesen« stehen nicht nur traditionsgemäß an der Spitze der statistischen Jahrbücher der Bundesrepublik (und anderer Staaten), sondern stellen nach wie vor die Basis für alle anderen Zahlen dar – denn für wen arbeitet denn die Statistik, wenn nicht für die Menschen, für die Bevölkerung? Selbstverständlich können wir das Kapitel Bevölkerungsstatistik ebensowenig erschöpfend behandeln wie all die anderen Teilgebiete statistischer Arbeit, dennoch wollen wir hier – als Ergänzung zu dem bereits früher Gesagten – *ein* Teilgebiet ein wenig näher be-

trachten, da es immer wieder Mißverständnisse verursacht und für den Einzelmenschen doch von großer Bedeutung ist – das Problem der *»Lebenserwartung«*, oder negativ formuliert: *der Absterbeordnungen.*
Selbst wer von Bevölkerungsstatistik kaum etwas weiß, hat davon gehört, daß die Lebenserwartung heute – dank der Fortschritte der Medizin und der sozialen Errungenschaften – weit höher ist als noch um die Jahrhundertwende, von früheren Jahrhunderten ganz zu schweigen: Die Lebenserwartung der Neugeborenen stieg seit dem Beginn unseres Jahrhunderts in Deutschland bei den Männern von knapp 45 auf über 67 Jahre, bei den Frauen sogar von 48 auf über 73 Jahre.
Es handelt sich dabei selbstverständlich um eine *»mittlere Lebenserwartung«*, einen Mittelwert also aus den einzelnen Lebenslängen. Die Errechnung ist aber gar nicht so einfach – die wahren Lebensspannen eines Geburtsjahrganges liegen ja erst etwa hundert Jahre später vollzählig vor –, und wir wollen auf die Details hier nicht näher eingehen. Grundsätzlich handelt es sich darum, festzustellen, wie alt ein Neugeborener im Durchschnitt, nämlich im Arithmetischen Mittel, werden wird.
Das Resultat dieser Berechnungen ist dann jene »mittlere Lebenszeit«, die etwa einer Versicherungsgesellschaft als Basis bei der Lebensversicherung eines Neugeborenen dienen würde. Ein lebendgeborenes männliches Kind hat demzufolge eine Lebenserwartung von 67,5 Jahren – auch wenn eines davon seinen 100. Geburtstag erleben, ein anderes auf einem Schulausflug tödlich verunglücken wird. Die 67,5 Jahre sind ein Durchschnitt, wobei die vereinzelten frühen Todesfälle das Arithmetische Mittel niedriger als den Median werden lassen.
Diese Lebenserwartung also ist seit der Jahrhundertwende stark gestiegen und hat sich gegenüber der Zeit von vor hundert Jahren sogar nahezu verdoppelt. Das kommt freilich zum größten Teil daher, daß die Säuglings- und Kindersterblichkeit ganz wesentlich reduziert wurde, wie wir ja auch schon bei der Diskussion der Bevölkerungsexplosion feststellen konnten.
Bis auf den heutigen Tag findet die Gefährlichkeit des ersten Lebensjahres statistisch ihren Ausdruck darin, daß *ein einjähriges Kind eine höhere Lebenserwartung hat als ein neugeborenes:* Es hat nämlich das kritische erste Jahr überstanden, man kann also das hohe Risiko »Tod im ersten Lebensjahr« (Sterbewahrscheinlichkeit über 3 Prozent, ein Wert, der erst nach dem 65. Lebensjahr wieder erreicht wird!) als nicht mehr zutreffend abziehen. Heute beträgt dieser Gewinn nur noch wenig mehr als anderthalb Jahre, aber in den Jahren 1870–1880 war es noch so, daß ein Neugeborener (lebendgeboren) eine mittlere Lebenserwartung von nur 35,6, ein Einjähriger bereits von 46,5 und ein Dreijähriger gar von 49,4 Jahren hatte! Heute ist die Lebenserwartung der Dreijährigen etwa gleich hoch wie die der Neugeborenen. Wollte man das pessimistisch kommentieren, müßte man sagen, der einstige Gewinn von 14 Lebensjahren sei verlorengegangen.
Tatsächlich ist es so, daß die Erhöhung der mittleren Lebenserwartung vor allem, aber nicht ausschließlich, durch die starke Senkung der Säuglings- und Kindersterblichkeit erzielt wurde. Auch für die mittleren und älteren Jahrgänge ist durch verbesserte Hygiene und moderne Heilverfahren etwas an Lebensjahren zu gewinnen gewesen – freilich nicht annähernd so viel wie für die Neugeborenen. Ein fünfzigjähriger Mann hatte vor hundert Jahren eine Lebenserwartung von 18 Jahren, um die Jahrhundertwende von 19,5 und heute von 23 Jahren. Eine sechzig-

jährige Frau wurde vor hundert Jahren »durchschnittlich« 73 Jahre alt, um die Jahrhundertwende 74 und heute knapp 79. Bei den Achtzig- und Neunzigjährigen hat sich fast nichts geändert.
Es ist also sehr sorgsam zu unterscheiden zwischen dem, was schlechthin die *»mittlere Lebenserwartung«* genannt wird und sich auf das versicherungsmathematisch errechnete voraussichtliche »Durchschnittsalter« von Neugeborenen bezieht, und *der für den Einzelmenschen (und seine Versicherung) weit wichtigeren altersspezifischen Lebenserwartung.* Wer etwa im Alter von 35 Jahren eine Lebensversicherung abschließt, dem gesteht die Versicherung rund weitere 36 Lebensjahre zu, berechnet also die Prämien unter der Annahme: »Dieser Kunde stirbt im Alter von 71 Jahren.«
Allerdings wird die Versicherung nicht immer auf dieser Basis kalkulieren. Da sie nämlich zumeist eine Untersuchung fordert und »schlechte Risiken« (etwa schwer Tbc-Kranke, Magenoperierte und so weiter) dabei ausschließt oder nur zu höheren Prämien versichert, die errechnete Lebenserwartung sich aber auf das Kollektiv *aller* Fünfunddreißigjährigen bezieht, werden die normal Versicherten gleichen Alters eher etwas länger leben.
Das kann für die Versicherungsgesellschaft sehr angenehm sein, wenn der Vertrag auf Ableben geschlossen wird: Der Versicherte zahlt um so länger Prämien. Es wird dann ungünstig für die Versicherung sein, wenn eine Rentenzahlung vereinbart wird; für eine Rentenversicherung, zahlbar jährlich nach Erreichung des fünfundsechzigsten Lebensjahres, sind also ganz andere Maßstäbe anzulegen: Schwerkranke werden dann zu den rechnerisch besten Kunden. (Daher auch die Einwände gegen Leibrentenkäufe: Über kurz oder lang wünscht der Rentenzahler mit aller Inbrunst den baldigen Tod des Rentenempfängers herbei, denn – zum Unterschied von der Risikostreuung der Versicherungsgesellschaft – belastet ihn eine falsch eingeschätzte Lebenserwartung finanziell ganz außerordentlich.)
Die Versicherungsgesellschaft hingegen kann, wenn der Versichertenstand groß genug ist, sogar laufend vergleichen, ob gegenüber den amtlichen Sterbetafeln ungewöhnliche Schwankungen auftreten. In jedem statistischen Jahrbuch werden nämlich für jedes (oder auch für jedes fünfte) Lebensjahr die jeweiligen *»Sterbewahrscheinlichkeiten«* angegeben. Die Sterbewahrscheinlichkeit 7,39 für einen fünfzigjährigen Mann bedeutet zum Beispiel, daß von je 100 000 Männern dieses Alters binnen Jahresfrist 739 sterben werden. Im hohen Alter steigt diese Wahrscheinlichkeit selbstverständlich steil an: Von 100 000 Neunzigjährigen sterben binnen Jahresfrist 27 900.
Aus den Absterbeordnungen lassen sich auch folgende Fragen nahezu auf einen Blick ablesen: Ein dreißigjähriger Mann heiratet eine zwanzigjährige Frau – wie groß ist die Wahrscheinlichkeit, daß beide in vierzig Jahren noch leben, daß nur einer von ihnen lebt, daß beide tot sind?
Wir finden zunächst in der Zeile »Mann, 30« die Zahl 94 311. Sie besagt, daß von 100 000 männlichen Neugeborenen nur 94 311 dieses Alter erreichen. Doch unser Mann hat dieses Alter ja erreicht, und was vorher geschah, berührt uns nicht. Nun sehen wir nach, wie es vierzig Jahre später aussieht: Bei »Mann, 70« finden wir 54 683 – ebenfalls bezogen auf die 100 000 Neugeborenen. Die Überlebenschance ist also der Quotient $54\,683/94\,311 = 0{,}58$. Die Sterbewahrscheinlichkeit für den Gesamtzeitraum der vierzig Jahre ist das, was auf die Gewißheit (1) fehlt, also $1 - 0{,}58 = 0{,}42$.

Die Überlebenschancen der wesentlich jüngeren Frau sind verständlicherweise weit größer. In der Zeile »Frau, 20« finden wir 97 068, bei »Frau, 60« immer noch 86 788; der Quotient ergibt 0,895 für Überleben und 0,105 für Tod.
Um nun die Wahrscheinlichkeit für die kombinierten Ereignisse zu erhalten, genügt es, diese Zahlen entsprechend miteinander zu multiplizieren, wir haben ja voneinander unabhängige Wahrscheinlichkeiten vor uns
Das ergibt für den Fall »beide überleben«: $0{,}58 \cdot 0{,}895 = 0{,}52$. Der Fall »beide tot« wird recht unwahrscheinlich sein: $0{,}42 \cdot 0{,}105 = 0{,}04$. Dagegen ist sehr wohl damit zu rechnen, daß die Frau bis dahin verwitwet sein wird: $0{,}42 \cdot 0{,}895 = 0{,}38$. Daß der Mann seine Frau überlebt, ist dagegen nicht sehr wahrscheinlich: $0{,}58 \cdot 0{,}105 = 0{,}06$.
Von 1000 solchen Ehepaaren sollten demnach 520 ihren vierzigsten Hochzeitstag erleben, 380 Witwen und 60 Witwer würden überleben; von 40 Ehepaaren wäre keiner der beiden Partner mehr am Leben. Allerdings handelt es sich hier um Berechnungen auf der Basis unabhängiger Wahrscheinlichkeiten. Da die Erfahrung aber zeigt, daß der Tod eines Ehepartners oft den des anderen beschleunigt, sind diese Zahlen nur als versicherungsmathematische Richtwerte anzusehen.
Es gilt ja, nicht nur in diesen Fällen jahrzehntelangen Zusammenlebens, sondern auch ganz allgemein, daß *für den Einzelmenschen solche Zahlen weit weniger Bedeutung haben als für die Versicherung.* In der großen Gesamtheit der Versicherten wirkt sich die Zufallsverteilung der Todesfälle (von Autounfall bis Altersschwäche) letztlich mit erstaunlicher Präzision fast genau in der vorherberechneten Weise aus, für das Individuum aber können solche Zahlen nur vage Schätzwerte darstellen.
Ein durchschnittlich gesunder Fünfzigjähriger mag sich ausrechnen: »Na, achtzig werde ich vermutlich nicht« – aber mehr als ein Viertel aller Fünfzigjährigen erreicht dieses Alter eben doch.
Wer allerdings einmal das achtzigste Lebensjahr erreicht hat, der kommt in den Genuß eines sehr merkwürdigen statistischen Phänomens: *Mit jedem weiteren Lebensjahr wächst seine Lebenserwartung (nicht absolut, aber relativ) ganz außerordentlich.* Während nämlich ein sechsjähriges Mädchen eine Lebenserwartung von weiteren 68,9 Jahren hat, hat ein siebenjähriges Mädchen eine von 67,9 Jahren, eine Neunjährige von 66 Jahren. Das heißt: Die drei »abgelebten« Lebensjahre von sechs bis neun haben an der erwarteten *Gesamtlebensdauer* von rund 75 Jahren *fast gar nichts geändert.*
Eine achtzigjährige Frau hingegen hat eine Lebenserwartung von knapp 6 Jahren, eine einundachtzigjährige aber von 5,6 Jahren, eine dreiundachtzigjährige von 4,9 Jahren. Hier hat sich also durch das Erleben von drei Jahren die erwartete *Gesamtlebenszeit* von knapp 86 Jahren auf fast 88 Jahre *erhöht!* Die Lebenserwartung einer einundneunzigjährigen Frau beträgt nur 2,8 Jahre, die einer achtundneunzigjährigen aber immer noch 1,8 Jahre.
Was die *mittlere Lebenserwartung der Neugeborenen* betrifft, so ist übrigens noch etwas nachzutragen: Sie ist in Wahrheit höher als errechnet, oder anders gesagt: Der angegebene Mittelwert täuscht. Bei der Lebenserwartung ist nämlich für den einzelnen der Medianwert am interessantesten: In welchem Alter ist die Hälfte meines Geburtsjahrgangs abgestorben? Dieses mittlere Alter aber liegt merklich höher als das versicherungsmathematisch kalkulierte Arithmetische Mittel der Sterbealter, wie wir vorhin schon kurz erwähnt haben.
Die Erklärung ist einfach. Nehmen

wir etwa an, daß von zehn Personen des gleichen Geburtsjahrgangs eine mit 12 Jahren stirbt und die nächsten neun in folgendem Alter: 46 – 54 – 63 – 67 – 69 – 71 – 73 – 79 – 86. Das sind insgesamt 620 Lebensjahre – ein Durchschnitt von 62 Jahren »mittlerer Lebenserwartung« bei der Geburt. Aber die Hälfte dieser Personen wird älter als 67 Jahre – der Median wäre, da es sich um eine gerade Zahl von Personen handelt,

$$\frac{67 + 69}{2} = 68.$$

Früher war dieser Unterschied zwischen Arithmetischem Mittel und Median oft recht markant. Heute, da es nur wenige Frühtodesfälle gibt (meist Unfallopfer), ist er nicht mehr so ausgeprägt. Immerhin aber beträgt die »mittlere Lebenserwartung« lebendgeborener Knaben in der Bundesrepublik heute 67,5 Jahre – aber die Hälfte von ihnen wird vermutlich das 71. Lebensjahr erreichen. (Nach dem ersten Lebensjahr schrumpft diese Differenz allerdings stark zusammen – wir wissen ja bereits, daß die mittlere Lebenserwartung eines Einjährigen höher ist als die eines Neugeborenen; der Median hingegen bleibt von dieser Verschiebung unberührt: Ein erster Teil jener Hälfte, die das einundsiebzigste Lebensjahr *nicht* überschreiten wird, ist eben bereits gestorben.)

Einen ernsten Schönheitsfehler haben allerdings sämtliche Absterbeordnungen und Sterbetafeln: Die gegenüber früher heute doch recht unterschiedlichen *hygienischen und medizinischen Verhältnisse* können nicht genügend berücksichtigt werden. Wer heute zum Beispiel siebzig Jahre alt ist, der wurde knapp nach der Jahrhundertwende geboren, hat seine Kindheit noch unter der Drohung lebensgefährlicher Kinderkrankheiten verbracht, hat zwei Weltkriege miterlebt, zwei Nachkriegszeiten erlitten. Seine Lebenserwartung läßt sich aber nur anhand der Sterbedaten einer noch früheren Generation errechnen. Ebensowenig läßt sich mit Gewißheit sagen, daß nachrückende Generationen (etwa die heute Fünfzigjährigen) mit siebzig Jahren die gleiche restliche Lebenserwartung haben werden wie die heute Siebzigjährigen.

Sollte Krebs heilbar werden, dann verlieren alle Sterbetafeln innerhalb weniger Jahre ihre Aussagekraft. Sollte sich hingegen zeigen, daß die Umweltverschmutzung nachhaltigere schädliche Wirkungen auf den Organismus hat, als wir derzeit glauben, dann müssen die Tabellen vielleicht in die andere Richtung hin korrigiert werden. Sicher ist eines: Die Lebenserwartung der männlichen Neugeborenen in der Bundesrepublik ist in den letzten zwanzig Jahren minimal angestiegen, die der Fünfzehnjährigen gleichgeblieben, die der Jahrgänge von fünfundzwanzig bis fünfundsiebzig minimal zurückgegangen! Ob sich hier ein verhängnisvoller Trend abzeichnet, wird erst in weiteren zehn bis zwanzig Jahren zu beurteilen sein. Sehr zweifelhaft erscheint jedenfalls die Prognose, wonach binnen zwanzig Jahren mit einer mittleren Lebenserwartung von 85 Jahren in der Bundesrepublik Deutschland zu rechnen sei. Das würde nämlich nicht nur die Überwindung des Krebses, sondern auch die weitgehende Ausschaltung der tödlichen Verkehrsunfälle erfordern, deren Zunahme ja das mittlere Lebensalter der Männer merklich belastet. Für Frauen gilt das zunächst noch nicht: Ihre Lebenserwartung ist in allen Altersstufen gestiegen, ihr Vorsprung gegenüber den Männern hat sich merklich vergrößert.

Postskriptum zur Bevölkerungsexplosion: Das Motto *»Frauen und Kinder zuerst«*, das für alle Rettungsaktionen gilt, hat seinen Ursprung vielleicht nicht einmal so sehr in einer angeborenen Ritterlichkeit der Männer als in dem treffsicheren Empfinden, daß das Weiterleben eines Volkes, einer Familie, eines Stammes durch Frauen und Kinder, nicht aber durch Männer oder gar Alte, gesichert ist, Daher ist auch die absolute Bevölkerungszahl kein Anhaltspunkt für die erwartete Geburtenzahl. Diese läßt sich vielmehr ausschließlich durch die Zahl der gebärfähigen Frauen errechnen. (Selbst so schwere Männerverluste wie im Zweiten Weltkrieg traten in der Geburtenstatistik der Nachkriegszeit nur geringfügig in Erscheinung.) Die zuweilen geäußerte Ansicht, man solle in Anbetracht der explosiv wachsenden Weltbevölkerung nicht auch noch das Leben der Greise mit allen Hilfsmitteln der Geriatrie um Monate oder gar Jahre verlängern, geht in doppelter Richtung fehl. Erstens hat hier die Medizin ohnehin nur relativ geringe Möglichkeiten – und zweitens wird damit auf längere Sicht nicht allzuviel erreicht.

8.41 Moralstatistik: »Flieht! Alles ist entdeckt!«

Eine Humoreske aus dem Balkan berichtet von dem Mann, der sich an einem Gastwirt rächen wollte. Eines Abends, als das Wirtshaus mit Gästen dicht gefüllt war, stürzte er heftig gestikulierend herein und rief laut: »Flieht! Alles ist entdeckt!« Und sämtliche Gäste stoben in wilder Hast davon, nicht einer blieb zurück, um seine Zeche zu zahlen.
Es mag auf den ersten Blick nicht recht ersichtlich sein, was diese Anekdote mit der Statistik zu tun hat, aber hören wir dazu eine zweite, sehr ähnliche Geschichte, die Arnold Schwarz in seinem Buch *»Zahlen beweisen«* anführt: »Vor einigen Jahrzehnten wurde ganz Paris durch eine große Zahl anonymer Briefe beunruhigt, weil sie Dutzende von Ehescheidungen, viele Betrugsanzeigen, ja sogar einige Selbstmorde zur Folge hatten. Eine diabolische Macht war am Werk, welche in die intimsten Geheimnisse von Hunderten von Personen eingeweiht zu sein schien... Die Polizei stellte umfangreiche Ermittlungen an und kam schließlich auf eine Concierge, die die Briefe geschrieben hatte. Sie gestand, alle Morgen mit einer Stricknadel zwischen die Seiten des Pariser Adreßbuches gestochen zu hoben. Traf sie auf eine Firma, so schrieb sie ihr, der Buchhalter unterschlage seit Jahren. Traf sie auf einen Haushalt, so schrieb sie der Frau, ihr Mann sei ihr untreu. Es war ein Stichprobenverfahren auf dem Gebiet der Moralstatistik nach allen Regeln der Kunst.«
Das Anstechen einer umfangreichen Liste oder eines langen Textes mit einer Nadel, um eine Zufallsauswahl zu treffen, ist übrigens eine uralte, sehr wortgetreue Stichprobenmethode. Sie entstammt einem Grenzbereich der Statistik, in dem Schicksalsgläubigkeit von dem Glauben an die Macht der Zahlen nicht sauber zu trennen ist.
Von John Wesley, dem Stifter der Methodistenkirche, wird sogar berichtet, er habe auf diese Weise aus der Bibel eine Antwort auf die Frage gesucht, ob es Gottes Wille sei, daß er heiraten solle. Die Antwort fiel negativ aus, Wesley blieb ledig.
Wir wollten aber nicht diese Stichprobentechnik hervorheben, sondern ein paar Worte über die *»Moralstatistik«* sagen. Das Wort selbst scheint in den dreißiger Jahren des 19. Jahrhunderts von dem Franzosen Gherry geprägt worden zu sein, der einen *»Essay sur la statistique morale de la France« (Essay über die französische Moralstatistik)* schrieb. Die Moralstatistik befaßt sich mit jenen Daten, die einen Rückschluß auf das Sittenleben, die Rechtsvorstellungen und die Moral einer Be-

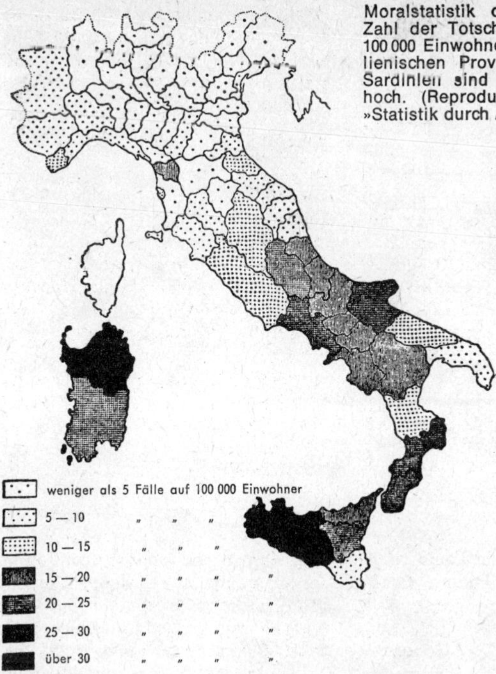

Moralstatistik der Jahrhundertwende: Zahl der Totschläge (und Morde) pro 100 000 Einwohner in den einzelnen italienischen Provinzen. In Sizilien und Sardinien sind die Zahlen besonders hoch. (Reproduziert bei A. Schwarz, »Statistik durch Anschauung«.)

völkerung ermöglichen. Ihre Blütezeit fiel in die zweite Hälfte des vorigen Jahrhunderts. Heute wird das Wort kaum noch verwendet, aber die dafür charakteristischen Daten werden immer noch in dieser oder jener Form registriert.

Zur Moralstatistik zählen unter anderem Beobachtungen über Selbstmorde, über Verbrechenshäufigkeit, über uneheliche Geburten, über die Zahl der Verurteilten und der Häftlinge, aber selbstverständlich auch Umfragen wie der – statistisch unsauber gearbeitete – *»Kinsey-Report«* und andere Beobachtungen über das Sexualverhalten.

Eine Schwierigkeit der Moralstatistik geht bereits aus den eben erzählten Anekdoten hervor: Die *Dunkelziffer* vieler »moralischer Delikte« ist sehr hoch. Repräsentativumfragen etwa über die Häufigkeit des Ehebruchs müssen fast zwangsläufig widersprechende und unzuverlässige Daten erbringen, aus denen man nur mit großer Vorsicht Schlüsse ziehen kann. Andererseits gibt es gewisse Daten, die recht gut Vergleiche ermöglichen. Zu diesen zählen vor allem die Statistiken über die Geburtsdaten des ersten Kindes einer Familie. Es läßt sich anhand dieser Angaben zum Beispiel sehr gut nachweisen, daß ein überaus hoher Prozentsatz aller Ehen erst geschlossen wird, wenn eine Schwangerschaft der Braut medizinisch eindeutig nachweisbar ist. So sieht zum Beispiel die Statistik der *»Innerhalb der ersten zwölf Monate der Ehen Geborenen«* in einem wahllos herausgegriffenen Jahr der jüngeren Vergangenheit in Wien folgenderma-

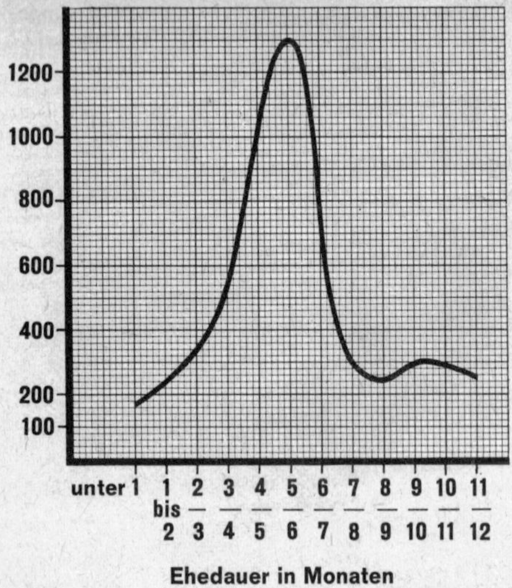

Die »Moralstatistik« zeigt, daß bei Eheschließungen oft der Storch auf dem Wege ist. Im vierten bis siebten Ehemonat werden wesentlich mehr Kinder geboren als im neunten bis zwölften.

ßen aus – und Wien ist keineswegs »unmoralischer« als andere Großstädte Mitteleuropas:

Ehedauer in Monaten	Geborene
(unter 1)	168
1	233
2	340
3	578
4	965
5	1248
6	744
7	303
8	249
9 bis 11	832

Im ersten Ehejahr werden also nur wenig mehr als 800 ehelich gezeugte Kinder geboren, von insgesamt 5660. Die starke Häufung der Geburten im 5. bis 7. Ehemonat (also nach 4 bis 6 Monaten Ehedauer) läßt deutlich erkennen, wie nach Feststellung der Schwangerschaft rasch die notwendigen Heiratsvorbereitungen getroffen wurden. – Da in diesem Jahr rund 14 500 Ehen geschlossen wurden (einschließlich Wiederverheiratung Verwitweter und so fort), zeigt die »Moralstatistik«, daß in einem Drittel dieser Ehen bereits ein Kind erwartet wurde. Daran hat sich übrigens, Sexwelle hin und Pille her, im Laufe der Zeit nur sehr wenig geändert.

Im großen und ganzen muß man bei Vergleichen überaus vorsichtig sein. So stieg zum Beispiel mit der raschen Zunahme des *Autoverkehrs die Kriminalstatistik«* stark an, weil eine ganz neue Kategorie von Delikten hinzukam; das Wort vom »Volk der Vorbestraften« ging in den hochentwickelten Ländern um. Wird das Verkehrsstrafrecht durch einen Federstrich entkriminalisiert, etwa indem die Bestrafung nun auf dem Verwaltungswege erfolgt, dann sinkt die Kriminalität jäh ab. Ebenso nimmt die Zahl der Sittlichkeitsdelikte ab, sobald ein Teil davon nicht mehr als Straftat betrachtet wird (Unzucht zwischen Männern, Erschleichung des Beischlafs und so weiter).

Man kann also höchstens Kategorien wie »Raub« oder »Mord« einigermaßen vergleichen, aber selbst hier geht man unter Umständen fehl – etwa weil die Rechtsprechung im Laufe der Jahrzehnte, bewußt oder unbewußt, die Grenze zwischen Mord und Totschlag, zwischen Raub und Diebstahl anders zieht. Ehe man hier Vergleiche anstellt, muß man sich also besonders genau vergewissern, daß die juristischen Begriffe auch wirklich den gleichen Tatbestand beinhalten. Doch auch dann handelt es sich eher um einen Vergleich kulturhistorischer oder soziologischer Szenenbilder als um mathematische Statistik.

Charakteristisch für fast den gesamten Bereich der Moralstatistik ist aber dennoch die Beobachtung, die einst Quételet bezüglich der Verbrechen und Emile Durkheim bezüglich der Selbstmorde gemacht hatten: Solange die allgemeinen Lebensverhältnisse annähernd gleichbleiben, weisen diese Häufigkeiten verblüffende Gleichmäßigkeit auf. Deutliche Veränderungen treten dann ein, wenn die Lebensverhältnisse nachhaltig verändert werden. Dabei sind die Wirkungen zuweilen überraschend: Die Zahl der Selbstmorde etwa geht während eines Krieges erfahrungsgemäß zurück.

Was an der Moralstatistik heute noch wissenswert ist, fällt zum weitaus überwiegenden Teil in den Arbeitsbereich der Soziologie, wir können also den Leser auf *»Knaurs Buch der Soziologie«* und andere Spezialwerke verweisen. Jugendkriminalität, Rauschgiftdelikte, die Zahl der Kommunemitglieder, Trunkenheit am Steuer und viele andere in unseren Tagen häufig diskutierte Zeitfragen gehören zur »Moralstatistik«. Und wie nahtlos der Übergang von der Moral- zur Bevölkerungsstatistik ist, zeigt ganz besonders deutlich die Pille.

Wir aber wollen nun wieder zu statistischen Verfahren zurückkehren, von denen im 19. Jahrhundert noch niemand etwas ahnte, die aber für den reibungslosen Ablauf der modernen Zivilisation oft wichtiger sind als moralstatistische Berechnungen: Die *»Bedienungstheorie«* befaßt sich mit dem auch mathematisch recht komplizierten Problem, die optimale Bedienung von Kunden (in Geschäften wie Amtsräumen, in Verkehrsmitteln wie in Lokalen) zu studieren.

8.5 Warten auf den Bus – Bedienungstheorie

Fünf Leute stehen schon an der Bushaltestelle, es kann also wohl nicht mehr allzulange dauern, bis der nächste Bus kommt, denn die Intervalle zu dieser Tageszeit betragen laut Hinweis an der Haltestelle zehn Minuten. Minute um Minute vergeht, die Schar der Wartenden wird immer größer. Acht, zehn, zwölf Minuten sind vorbei, halblaut wird gemurrt, ein Ungeduldiger ist sogar unterdes in ein vorbeikommendes Taxi eingestiegen. Da, endlich kommt der Bus hinten um die Kurve, nähert sich, hält, ist natürlich zum Bersten voll. Gedränge am Ausstieg, Gedränge am Einstieg, der Schaffner gestikuliert ungeduldig und ruft: »Hinter uns kommt ein leerer Bus!« Und während sich die letzten Wartenden endlich hineinquetschen, fährt in der Tat hinten der nächste, leere Bus der Linie vor.

Vergleichbare Beispiele dieser Art gibt es im modernen Leben viele. Da sind die Warteschlangen an den Schlagbäumen während der Reisesaison oder gerade an jenen Amtsschaltern, bei denen man selbst auch zu tun hat. Da ist das Telefon, das dauernd besetzt ist – als Ausdruck einer Stauung von Anrufenden, als abstrakte Warteschlange. Da ist, da sind – doch was hat das alles mit Statistik zu tun? Mehr als man auf den ersten Blick annehmen würde, obwohl wir gleich zugeben wollen, daß wir hier auf ein schwieriges Spezial- und Randgebiet der

Gleichmäßige Intervalle bedeuten eine mittlere Wartezeit in halber Intervall-Länge. Unregelmäßige Intervalle führen zu generell verlängerter Wartezeit. Wird das Intervall so lang, daß der verspätete Bus erst geichzeitig mit dem übernächsten planmäßigen kommt, wächst die Wartezeit auf das Doppelte.

Statistik und Wahrscheinlichkeitsrechnung geraten: zur *»Stauungstheorie«*, *»Bedienungstheorie«* oder *»Theorie der Warteschlangen«*.
Die Rechenverfahren, die hier eingesetzt werden, sind schwierig, die Rechnungen selbst werden größtenteils von Datenverarbeitungsanlagen durchgeführt. Es kann uns nicht darum gehen, diese Rechenmethoden im einzelnen darzustellen. Aber gerade weil diese Stauungen und Warteschlangen eine so große Rolle in unserem Leben spielen und weil wir uns in diesem Abschnitt vor allem mit der Rolle der Statistik im täglichen Leben beschäftigen, wollen wir doch ein paar Worte über das Allerelementarste der Stauungstheorie sagen.
Wie kommt es zu Stauungen? Nun, eine sehr simple Möglichkeit für das Entstehen von Stauungen ist ein dauernder Mangel an Kapazität, ein *Überhang der Nachfrage über das Angebot*. Werden auf einer Bus-

linie nur vierzig Sitzplätze angeboten, während siebzig benötigt werden, ist ein dauerndes Gedränge unvermeidlich. Wird auf einem Postamt zum Monatsersten nur ein einziger Schalter für Geldeinzahlungen offengehalten, dann wächst dort die Warteschlange. Ist die Telefonzentrale nur für tausend Verbindungen eingerichtet, während tagsüber stets um die Hälfte mehr Anrufe gewünscht werden, dann wird dauernd das Besetztzeichen ertönen.

Dieser Art von Stauung ist mit Statistik schwer beizukommen. Man wird einen weiteren Bus einschieben, einen weiteren Schalter öffnen müssen – dann wird sich alles in Wohlgefallen auflösen. Man wird zum Beispiel dafür sorgen, daß ein Schalter acht Stunden offenhält, der Parteienverkehr aber nur etwa sechs Stunden (180 Parteien à zwei Minuten, zum Beispiel) in Anspruch nimmt. Dann hat der Beamte noch bequem Zeit, sonstige anfallende Arbeit zu erledigen, seine belegten Brote zu essen, zu plaudern – und niemand muß warten.

Muß wirklich niemand warten? Wir wollen einmal davon absehen, daß es »Stoßzeiten« gibt, und optimistisch annehmen, durch das lange Warten zu diesen Spitzenzeiten hätte sich allmählich ein System herausgebildet, bei dem die Schalterkunden den ganzen Tag hindurch gleichmäßig zuströmen – rund zwanzig bis fünfundzwanzig pro Stunde. Sie kommen zufallsgestreut – einmal drei knapp hintereinander, dann wieder zehn Minuten lang niemand. Wie es halt so ist. Warten muß ja niemand, weil am Schalter insgesamt reichlich Zeit zur Verfügung steht.

Und dennoch, und dennoch – Sie machen die Tür auf, und da stehen schon wieder vier Leute an »Ihrem« Schalter. Wie ist das möglich? Einen Hinweis gibt uns die Erinnerung an die Poisson-Verteilung, die wir schon früh (vergleiche Kapitel 3.4) kennengelernt haben – man muß nur das »seltene Ereignis« nicht allzu buchstäblich auslegen. Die Frage lautet dann etwa: Wie wahrscheinlich ist es, daß ein Kunde den Schalter frei vorfindet, wenn im Durchschnitt 22,5 Kunden pro Stunde den Schalter aufsuchen und dort je zwei Minuten verbringen?

Der gedankliche Ansatz ist einfacher, als es zunächst den Anschein hat. Von je sechzig Minuten Öffnungszeit hat der Beamte im Durchschnitt fünfzehn frei – das wissen wir. Das aber heißt, daß nur während fünfzehn Minuten niemand abgefertigt wird, daß nur während fünfzehn Minuten der Zugang ungehindert und ohne Warten möglich ist. Das heißt aber: Wann immer ich – zufällig – komme, in drei von vier Fällen (fünfundvierzig von sechzig Minuten) werde ich *nicht* sofort zum Schalter können, sondern mindestens eine Person wird vor mir sein. Es mag sein, daß ich gerade in die letzten Sekunden dieser Amtshandlung hineinplatze, es ist aber auch gar nicht so unwahrscheinlich, daß drei, vier und noch mehr Leute warten. Und wenn nun der Neuzugang an Wartenden den Zwei-Minuten-Rhythmus der Erledigung übertrifft, dann wächst die Schlange...

Welche Art von Schlangen sind an diesem Schalter zu erwarten? Wir haben eine Gesamtöffnungszeit von acht Stunden, das sind 480 Minuten; es kommen 180 Klienten und benötigen je zwei Minuten, zusammen: 360. Die Inanspruchnahme beträgt daher $360/480 = 3/4 = 0{,}75$. Wir wollen diese Zahl als λ bezeichnen, um die strukturellen Zusammenhänge mit der Poisson-Formel deutlich werden zu lassen. Nun überlegen wir: Ein Viertel aller Kunden findet den Schalter frei, und in dem Augenblick, da er bedient wird, bildet er einen potentiellen Schlangenkopf, also eine »Schlange aus 1 Gliedern«. Um diese Wahrscheinlichkeit zu errechnen, verwenden wir folgende Variante der Poisson-Formel:

$$p_x = e^{-\lambda x} \lambda^{x-1} \frac{x^{x-2}}{(x-1)\,!}$$

Für $x = 1$ erhalten wir:

$$p_1 = e^{-0,75} (0,75)^0 \frac{1^{-1}}{(1-1)\,!}$$

$$= \frac{1}{e^{0,75}} \cdot 1 \cdot \frac{1}{1} = \frac{1}{e^{0,75}} = 0,47$$

Von der Gesamtwahrscheinlichkeit (= Sicherheit; $p = 1$), daß irgend jemand einen Schlangenkopf bildet und daraus eine – wenn auch nur eingliedrige – Schlange resultiert, entfällt 0,47 auf die Möglichkeit »nur ein Glied«. Von den insgesamt (180/4 = 45) Kunden, die den Schalter frei finden, wird ihn knapp die Hälfte (22) verlassen, ohne hinter sich eine Schlange gebildet zu haben. – Weiter:

$$p_2 = e^{(-0,75)2} (0,75)^1 \frac{2^0}{(2-1)\,!}$$

$$= \frac{1}{e^{1,5}} \cdot (0,75) \cdot 1 = \frac{0,75}{4,5} = 0,17$$

17 Prozent der 45 Kunden (7 bis 8) werden eine zweigliedrige Schlange bilden: Eine Person wird sich hinter ihnen anstellen, und mit dieser wird die Miniaturschlange dann erlöschen. Die verbleibenden 15 bis 16 »Schlangenköpfe« hingegen werden in etwa 3 Fällen eine dreigliedrige, in je 2 Fällen eine vier- oder fünfgliedrige Schlange bilden. Immer noch bleiben aber etwa 8 »Köpfe« übrig – je einer für 6, 7 und 8 Glieder (ungefähr), aber auch eine 12er-Schlange kann im Laufe eines Tages durchaus entstehen:

$$p_{12} = \frac{1}{e^9} \cdot (0,75)^{11} \cdot \frac{12^{10}}{11\,!}$$

$$\approx \frac{1}{8100} \cdot (0,04) \cdot \frac{62 \text{ Mrd}}{40 \text{ Mio}} \approx 0,0075$$

Bei dieser Rechnung erhalten wir zwar nur noch 0,75 Prozent der Schalterbesucher als Köpfe einer 12er-Schlange, aber wenn man bedenkt, daß die Wahrscheinlichkeiten für eine 11er- und eine 13er-Schlange etwa ebenso hoch sind, so ergibt sich für die Gesamtwahrscheinlichkeit »eine dieser drei Längen« immerhin P_{11} oder P_{12} oder $P_{13} \approx 0,02$ (= 2 Prozent von fünfundvierzig Personen, also eine). Auf diese Weise können die an sich schon sehr niedrigen Wahrscheinlichkeiten für noch längere Schlangen addiert werden, und es stellt sich heraus, daß irgendeine Schlange sogar mehr als 24 Personen umfassen wird. Und das alles, obwohl der Schalter länger geöffnet ist, als zur Abwicklung der Schalterarbeit erforderlich wäre, und obwohl die Kunden sich nicht in Stoßzeiten zusammenballen, sondern zufallsverteilt kommen. Dieses Resultat mutet so unwahrscheinlich an, daß man versucht ist, es zu kontrollieren. Wir können dem Schicksal unserer 180 Einzelkunden nachspüren und finden dann – teils aus den bisherigen Zahlen, teils aus auf gleiche Weise ermittelten:

		Summe
22	bleiben allein	22
7 bis 8	bilden eine Schlange mit 2 Gliedern	14 bis 16
etwa 3	mit 3 Gliedern	9
etwa 2	mit 4 Gliedern	8
2	mit 5 Gliedern	10
1	bildet eine Schlange mit 6 Gliedern	6
1	mit 7 Gliedern	7
1	mit 8 oder 9	8 bis 9
1	mit 10 oder 11	10 bis 11
1	mit 12, 13 oder 14	12 bis 14
1	mit 15–18	15 bis 18
1	mit 19–23	19 bis 23
1	mit 24–30 Gliedern	24 bis 30
		164 bis 183

Dieses Modell läßt sich selbstverständlich noch verfeinern, wenn man – sehr realistisch – annimmt, daß sich niemand an eine fünfzehngliedrige Schlange anstellen wird, sondern lieber später noch einmal kommt. Aber schon diese elementarste Berechnung ist, wie wir gese-

hen haben, recht mühsam. Höhere Verfahren sind noch komplizierter.
Kohren wir kurz von der Schlange zur Bushaltestelle zurück, und denken wir über die dortigen Stauungen nach. Der Bus, der verspätet kam, war zwar zum Bersten voll, der dahinter aber leer. Die auf der Strecke eingesetzte Sitzplatzkapazität war also durchaus ausreichend, nur die Verteilung war mangelhaft. Hier fallen zwei Wahrscheinlichkeitsverteilungen gewissermaßen in- und übereinander. An den einzelnen Haltestellen spielt sich zunächst dasselbe ab wie auf dem Postamt: Die Fahrgäste kommen zufallsverteilt, einmal kurz hintereinander, dann wieder gar keiner. Aber hier kommt eine zweite Serie von Zufallsereignissen hinzu: Die Verkehrsdichte, die Ampelregelung und so weiter – *ein* Bus kommt nicht weiter, der nächste schwimmt auf der grünen Welle.
Und schließlich schaukeln sich die beiden zunächst unabhängigen Vorgänge wechselseitig auf: Der Bus bleibt am Rotlicht hängen, unterdes vermehren sich die Wartenden an der nächsten Station. Deren Abfertigung (Einsteigen, später Aussteigen) dauert länger, die Haltezeiten werden überdurchschnittlich, der Fahrplan kann nicht mehr eingehalten werden, an der übernächsten Haltestelle sammeln sich noch mehr Wartende, und so fort.
Auf dieses Wechselspiel wollen wir gar nicht eingehen, sondern nur die Auswirkung unregelmäßiger Intervalle auf den Busbenützer untersuchen. Wenn das vorgesehene Intervall zehn Minuten beträgt, dann kann der »Zufallsfahrgast« im Durchschnitt (also wenn er zum Beispiel täglich auf dieser Strecke fährt, aber sich nicht nach den Fahrplanangaben richten kann) mit einer Wartezeit von fünf Minuten rechnen – der halben Zeit des Intervalls. Werden dagegen die Busse aus irgendwelchen Gründen nicht in gleichmäßigen Abständen abgefertigt, sondern abwechselnd in 5- und 15-Minuten-Intervallen, dann wird er in drei von vier Fällen in ein längeres Intervall hineinplatzen (durchschnittliche Wartezeit 7,5 Minuten), nur einmal in ein kürzeres (durchschnittliche Wartezeit 2,5 Minuten). Damit aber errechnet sich seine wahrscheinliche Wartezeit auf lange Sicht mit:

$$\frac{3 \cdot (7{,}5) + 1 \cdot (2{,}5)}{4} = 6{,}25$$

Er wird also, bei gleicher Stundenfrequenz des Sitzplatzangebots, eineinviertel Minuten länger warten müssen.
Nun werden Busse in der Regel zwar in gleichmäßigen Intervallen abgefertigt, aber durch die erwähnten verkehrsbedingten Stauungen mit ihren Folgeerscheinungen kommt es immer wieder zu solchen Intervallverschiebungen. Sehen wir uns noch rasch den Extremfall an, mit dem wir unser Kapitel eingeleitet haben. Das theoretische Intervall von zehn Minuten hat sich so weit ausgedehnt, daß der Folge-Bus schon da ist – aus zweimal zehn Minuten sind zwanzig Minuten plus null Minuten geworden. Die Wartezeit hat sich von durchschnittlich fünf Minuten auf zehn Minuten erhöht. Die zwei Einzelbusse sind praktisch verschmolzen zu einem Großraum-Super-Bus, der nur alle zwanzig Minuten kommt.
Derartige Frequenzprobleme sind selbstverständlich nicht bloß auf Ämter, Verkehrsmittel und andere öffentliche Einrichtungen beschränkt. Sie werden hier nur besonders deutlich, weil die »große Zahl« eine statistische Behandlung und wahrscheinlichkeitstheoretische Berechnung geradezu erzwingt. Im Prinzip gilt das sogar für den kleinen Lebensmittelhändler, der sich fragt, wieviel Bananen er wohl am Sonnabend für seine Kunden bereitstellen soll: Die zufallsverteilte Nachfrage kann dazu führen, daß er um

elf Uhr ausverkauft ist, oder aber auch dazu, daß er auf einem Drittel der Ware sitzenbleibt, und die verdirbt dann bis zum Montag. Bei Gaststätten, Kinos und so weiter ist die Anwendbarkeit stauungstheoretischer Modelle noch offenkundiger.

Wir können uns leider hier mit diesen Fragen, die schon in die Bereiche Operations Research, Optimierungsverfahren und Spieltheorie hineinreichen, nicht weiter beschäftigen, denn wir müßten sonst unser eigentliches Gebiet, die Statistik im engeren Sinne des Wortes, zu lange verlassen. Das aber können wir nicht, denn noch müssen wir ein Zentralproblem statistischer Arbeit näher kennenlernen – die Lehre von den Beziehungen, von den Korrelationen.

9. Post hoc ergo propter hoc

9.1 Beziehungen, Ursachen, Wirkungen

Wir haben in einem früheren Kapitel (3.1) von diskreten und stetigen Merkmalen sowie von relativen Häufigkeiten gesprochen, und wir haben uns seither immer wieder mit der Verteilung solcher Merkmale in Stichproben oder Gesamtheiten befaßt. Es ist zuweilen auch schon das Wort *»Variable«* gefallen, auf das wir nun kurz eingehen wollen, ehe wir die Beziehungen zwischen solchen »Variablen« untersuchen.

»Variabel« ist etwas, das verschiedene Formen oder Werte annehmen kann. Es ist eine *»Veränderliche«* – und zwar nicht im Hinblick auf einen einzelnen Merkmalträger, wonach etwa die Haarfarbe einer bestimmten Frau eine »Veränderliche« wäre, weil das Haar alle paar Wochen anders gefärbt wird. Nein, die »Variable« bezieht sich auf eine statistische Erhebung und bezeichnet den Gegenstand der Beobachtung, oder genauer: die Werte, die dieses untersuchte Merkmal annimmt. Sie ist eine *Zufallsvariable,* verändert sich also nicht auf genau vorhersagbare Weise, sondern nimmt bestimmte Werte nur in Abhängigkeit vom »Zufall« an.

Werden hundert Personen auf ihre Körpergröße, ihr Einkommen, Gewicht, Geschlecht und ihre Haarfarbe hin untersucht, dann erhalten wir Aussagen über fünf Variablen – drei *quantitative, die sich auf stetige Merkmale beziehen* (nämlich Körpergröße, Einkommen und Gewicht), und zwei *qualitative, die sich auf diskrete Merkmale beziehen* (Geschlecht und Haarfarbe). Wir müssen hier nicht nochmals auf die Problematik der oft etwas unklaren Trennlinie zwischen diskreten und stetigen Merkmalen, zwischen quantitativ und qualitativ, zwischen homograd und heterograd eingehen. Es geht jetzt bloß darum, den Begriff »Variable« deutlich zu machen.

Bisher hatten wir es fast immer mit einer einzelnen Variablen zu tun: Der Anteil der guten Nüsse in einem Sack wurde errechnet (Variable: Nußqualität), das Einkommen der Bevölkerung von Neureichenbach stand zur Diskussion (Variable: Einkommen), Bevölkerungspyramiden wurden analysiert (Variable: Alter beziehungsweise Geburtenüberschuß). Zuweilen haben wir auch zeitlich auseinanderliegende Meßwerte miteinander in Verbindung gesetzt und eine Zeitreihe gebildet. Nun ist – und damit sagen wir niemandem etwas Neues – *alles Geschehen in mannigfacher Weise verknüpft,* wobei manche Zusammenhänge von elementarer Einfachheit (so etwa der Zusammenhang von Körpergröße und Körpergewicht), andere hingegen kompliziert, schwer nachweisbar, vielleicht sogar heftig umstritten sind – denken wir etwa an die Frage, ob das Geburtsdatum einen Einfluß auf Charakter und Schicksal hat oder nicht. Oder, um ein aktuelleres, wissenschaftlicheres Thema aufzugreifen: Besteht ein Zusammenhang zwischen der Variablen »Luftverschmutzung« und der Variablen »Krebssterblichkeit« – und wenn ja, wie eng ist dieser Zusammenhang?

Wir haben sogar schon *Beziehungen zwischen Variablen* ausgedrückt: der Geburtenüberschuß etwa ist errechenbar aus den beiden Variablen »Geburtenzahl« und »Zahl der Todesfälle«. Das Realeinkommen zeigt das Verhältnis zwischen den Varia-

blen »Einkommenserhöhung« und »Preiserhöhung«.
In diesem Kapitel aber wollen wir uns speziell mit jenen sehr wichtigen Problemen auseinandersetzen, in denen die Frage nach der *Beziehung zwischen zwei – oder mehreren – Variablen* gestellt ist und bei denen es darum geht, diese Beziehung zahlenmäßig darzustellen, um sie in ihrer Bedeutung oder Größenordnung kenntlich zu machen.
Beziehungen dieser Art spielen nicht zuletzt in der Markt- und Meinungsforschung eine wichtige Rolle, weil es hier ja oft darum geht, das Interesse an einem bestimmten Produkt in seiner Abhängigkeit von *Alter* oder *Einkommen* oder *Bildungsniveau* der Befragten festzustellen. So wird etwa die Anzahl der Bücher, die jemand besitzt, vermutlich mit allen drei genannten Variablen in Zusammenhang stehen, wobei freilich auch noch andere, schwerer meßbare Faktoren entscheidend hinzukommen können, etwa die *»Intelligenz«*.
Für Marktforschungsumfragen genügt meist eine grobe Klassifizierung nach Einkommens-, Alters- oder Berufsgruppe: Ältere Leute kaufen eher A, jüngere eher B – auf eine genaue quantitative Errechnung der Zusammenhänge (etwa in der Form: pro zehn Mark mehr Monatseinkommen 0,2 Bücher mehr in der Bibliothek) läßt man sich zweckmäßigerweise nicht ein.
Eine Erhebung etwa bloß über das Einkommen bezieht sich nur auf *eine einzige* Variable. Interessiere ich mich gleichzeitig für das Alter der Einkommensbezieher, dann erhalte ich *zwei* Variable. Ich stelle dann eine *zweidimensionale* (englisch: *bivariate) Beobachtungsserie* an. Frage ich darüber hinaus nach der Quadratmeterzahl der Wohnung, nach dem monatlichen Stromverbrauch und so weiter, dann ist das eine *»multivariate«*, eine *mehrdimensionale Beobachtung*.
Die aus einer solchen multivariaten Beobachtungsreihe erarbeiteten Daten in ihren wechselseitigen Zusammenhängen und Einflüssen einzeln miteinander in Verbindung zu bringen, ist die Aufgabe der *»Multivariatenanalyse«*. Hinter diesem eindrucksvollen Modewort steht ein schwieriges Rechenproblem, das wir – wenigstens im Prinzip – kennenlernen werden, wenn wir (im letzten Kapitel, s. S. 276) von der *Varianzanalyse* sprechen.
Zunächst aber gilt es, das Prinzipielle der Korrelationsrechnung festzuhalten: *Zwei oder mehrere Variablen sollen daraufhin untersucht werden, ob ein Zusammenhang zwischen ihnen nachweisbar ist.* Dabei geht es – und das kann gar nicht stark genug betont werden – zunächst ausnahmslos um die *mathematischen Zusammenhänge*, die ja nicht zu verwechseln sind mit *Ursache-Wirkung-Beziehungen!* Eine Korrelation *kann* wichtige Hinweise auf Ursachen oder Wirkungen geben, sie kann aber auch eine Zufallskorrelation, eine Scheinkorrelation oder eine praktisch belanglose Korrelation sein. Ja, es ist sogar so, daß völlige mathematische Unabhängigkeit zweier Variablen selbst dann nicht zu erwarten ist, wenn zweifelsfrei feststeht, daß keinerlei Zusammenhänge bestehen. Besonders bei verhältnismäßig geringem Stichprobenumfang können nur allzuleicht täuschende Zufallskorrelationen auftreten.
Die Korrelationsrechnung ist ein mathematisches Verfahren, das über die Gemeinsamkeiten von Meßwertpaaren zahlenmäßig Feststellungen trifft. Welcher Art diese Meßwerte sind, ist für die Korrelationsrechnung völlig bedeutungslos. Gewiß, wo kein Zusammenhang besteht, wird das aus dem Rechenergebnis deutlich hervorgehen. Eine mehr oder minder deutliche Korrelation sagt dagegen noch keineswegs, daß ein innerer direkter Zusammenhang

zwischen den gemessenen Zahlen besteht – und schon überhaupt nicht, daß ein ursächlicher Zusammenhang besteht.
Eine Korrelation kann zwischen allem gesucht werden und wird, mehr oder weniger stark, zwischen fast allem bestehen. Körpergröße und Körpergewicht stehen zweifellos in einem engen Zusammenhang, Schuhgröße und Kopfweite vermutlich auch, Außentemperatur und Brennstoffverbrauch ebenfalls. Aber man kann auch in endloser Folge Meßgrößen nebeneinanderstellen, bei denen es zweifelhaft, aber nicht völlig ausgeschlossen ist, daß irgendein meßbarer Zusammenhang besteht. Gibt es einen Zusammenhang zwischen Ehelosigkeit und Lungenkrebs? Zwischen Eigenheimbesitz und Italienreisen? Zwischen guten Mathematiknoten und Körpergewicht? Zwischen der Zahl der Ausländerübernachtungen und dem Bierpreis? Zwischen dem Magnesitexport und dem Apfelsinenimport? Zwischen der Zahl der Affen im städtischen Zoo und der Dauer der Waschmittelwerbung im Fernsehen? Sollte in diesen merkwürdigen Begriffs- beziehungsweise Zahlenpaaren jeweils eine (positive oder negative) Korrelation festzustellen sein, dann bleibt es erst einmal dem Scharfsinn der Interpreten überlassen, sich einen Reim darauf zu machen. Grundsätzlich gehört zur Korrelation jedenfalls nichts als zwei Variablen, zwei in ihren Werten veränderliche Größen.
Nun gibt es immer wieder statistisch eindeutig nachweisbare Zusammenhänge, die zweifellos keine Scheinkorrelationen darstellen, die auch überaus logisch anmuten – und die dennoch ihre *verborgenen Tücken* haben. Dazu zählt zum Beispiel die *Korrelation zwischen Bildung und Einkommen*: Wer länger studiert hat, verdient mehr.
So wurde etwa vor einigen Jahren festgestellt, daß in der Bundesrepublik von den Arbeitnehmern mit Hochschulbildung 45 Prozent ein monatliches Nettoeinkommen von über 1200 Mark hatten; bei jenen mit Berufsschulausbildung betrug der Anteil nur 6 Prozent, bei denen mit Pflichtschule lediglich 2 Prozent. In den niedrigen Einkommenskategorien war es genau umgekehrt: nur 9 Prozent der Akademiker hatten ein Einkommen von weniger als 600 DM, dagegen fielen 54 Prozent der Berufsschüler und 76 Prozent der Pflichtschüler in diese Gruppe. Diese Aufstellung weist einige Schönheitsfehler auf. Man mag sich zum Beispiel fragen, wo die Abiturienten ohne Hochschulbildung geblieben sind, und auch, ob Selbständige in die Untersuchung mit einbezogen wurden oder nicht – es ist etwas unklar von »Verdienern« die Rede.
Wir können aber von diesen Details absehen, da es zunächst nur um das Grundsätzliche geht – die weltweite Erscheinung, daß höhere Bildung offensichtlich höheres Einkommen zur Folge hat. So hat man in den Vereinigten Staaten errechnet, daß eine Arbeitskraft ohne Schulbildung (»illiterate«, was Analphabet bedeutet) im Laufe eines vierzigjährigen Arbeitslebens 40 000 Dollar verdient, eine Arbeitskraft mit High-School-Besuch dagegen 150 000 Dollar, ein Arbeitnehmer mit abgeschlossener akademischer Ausbildung sogar 750 000 Dollar.
Die Feststellung dieser offensichtlichen Korrelation ist kein allzu schwieriges Problem. Schon in einer Stichprobe von wenigen hundert Personen wird sich mit aller Deutlichkeit ergeben, daß die beiden Variablen »Bildung« und »Einkommen« keineswegs voneinander unabhängig sind, sondern vielmehr in einem »mit freiem Auge« sichtbaren Zusammenhang stehen. Man stellt eine Matrix mit Zeilen und Spalten zusammen, führt in den Zeilen einige Einkommensklassen, in den Spalten drei oder vier Bildungsstufen an,

und es werden immer wieder die Paarungen »höhere Bildung – höheres Einkommen«, »mittlere Bildung – mittleres Einkommen« und niedrige Bildung – niedriges Einkommen« gehäuft auftreten.
Es handelt sich hier sogar um ein stark vereinfachtes Beispiel einer Korrelation, weil zwar die eine Variable beliebig viele Werte annehmen kann (das Einkommen kann von null bis in die Millionen schwanken, muß also durch Klassenbildung und Klassenmitten künstlich festgelegt werden), für die andere Variable aber praktisch nur drei bis vier Werte möglich sind: Pflichtschule, Abitur, Fachschule, Hochschule.
Der statistische Zusammenhang ist – erster Schritt – *rechnerisch klar erwiesen* (auch ohne daß wir eine eigene Korrelationsrechnung aufstellen), und er erscheint – zweiter Schritt – auch durchaus *logisch und plausibel*. Gewiß, zuweilen verdient ein Bauhilfsarbeiter mehr als ein junger Hochschulabsolvent, aber im allgemeinen besteht für akademisch gebildete Arbeitnehmer (oder »Verdiener«) zweifellos eine bessere Verdienstchance als für Leute mit geringerer oder gar keiner Schul- und Berufsausbildung. Also, dritter Schritt: *Wer die Hochschule besucht hat, verdient aus diesem Grunde wesentlich mehr als ein Nichtakademiker.*
So zwangsläufig diese Folgerung erscheinen mag, hier müssen wir »Vorsicht!« rufen. Was wir festgestellt haben, ist ein *»post hoc«* – nach entsprechender Schulbildung hat man höhere Einkünfte. Ist das unbedingt auch ein *»propter hoc«?* Heißt das auch, daß man deswegen und nur deswegen höhere Einkünfte hat? Was ist etwa, wenn dynamische, intelligente Jugendliche häufig studieren und auch Erfolg haben – nicht wegen des Studiums, sondern wegen ihrer allgemeinen Fähigkeiten? Oder was ist, wenn es diejenigen Leute im Leben zu etwas bringen, bei denen schon an der Wiege vorgesorgt war: Der wohlhabende Vater finanziert das Studium und sorgt dann auch entsprechend dafür, daß der Filius einen lukrativen Posten findet! Das sind Überlegungen, die durchaus ernst zu nehmen sind und deren Berechtigung erst in einer anderen Serie von Untersuchungen geklärt werden könnte.
Wir wollten an diesem so einfach erscheinenden Beispiel aufzeigen, welche Fallstricke selbst in den vermeintlich klarsten Fällen von Korrelation lauern. Gar nicht so selten liegt ein gemeinsames Drittes vor, das die Ursache für zwei Ereignisse oder Phänomene ist, die nichts direkt miteinander zu tun haben. Wenn es in Ungarn friert, kauft man in der Schweiz Brennmaterial – wo ist der Zusammenhang, der sich als Korrelation leicht nachweisen ließe? Nun, eben darin, daß die klimatischen Verhältnisse annähernd ähnlich sind: In den mittleren Breiten der nördlichen Erdhalbkugel ist es von Dezember bis März in der Regel besonders kalt, in Ungarn ebenso wie in der Schweiz.
Eine viel zitierte Unsinnskorrelation, die nicht völlig unsinnig ist, ist folgende: Es läßt sich über eine lange Reihe von Jahren nachweisen, daß eine deutliche Korrelation zwischen den Gehältern der Pastoren und den Alkoholpreisen besteht. Darf man daraus schließen, daß die vermehrten Einkommen der Pastoren prompt in Schnaps umgesetzt werden? Nein, das gemeinsame Dritte ist die säkulare Inflation – allmählich wird alles teurer, steigen alle Einkommen und alle Preise.
Zuweilen sind es gerade jene Korrelationen, die aberwitzig erscheinen, aus denen vielleicht bemerkenswerte Aufschlüsse zu gewinnen sind. Ein musikbegeisterter Jüngling in Florida spielte einmal seinen Zimmerpflanzen in drei verschiedenen Räumen verschiedene Musikstücke vor und fand zuletzt, daß die

Pflanzen in jenem Zimmer, in dem er Beatmusik spielte, am besten gediehen. Das mag das Zufallsergebnis einer nachlässigen Versuchsanordnung gewesen sein – vielleicht war dieses Zimmer ein wenig sonniger oder feuchter. Immerhin scheint aus anderen Untersuchungen hervorzugehen, daß Kühe, denen man Musik vorspielt, etwas mehr Milch geben.

So pendelt man bei den Korrelationen stets zwischen Scylla und Charybdis – zwischen der Gefahr, *sie zu unterschätzen oder sie zu überschätzen.* Und gerade deshalb sind die Korrelationen auch ein beliebter Tummelplatz der Propagandisten und Demagogen: Man kann zahlenmäßig klare Zusammenhänge nachweisen und knüpft kurzerhand eine eigene Deutung dieser Zusammenhänge daran: »Wie die Statistik beweist...« Die Statistik hat jedoch zunächst nur eine Korrelation festgestellt, aber nichts ausgesagt über Ursache und Wirkung.

Wir haben in einem früheren Abschnitt (s. S. 183) von der irreführenden Schlagzeile »Irrsinn schützt vor Krebstod« gesprochen und gezeigt, daß die Statistik das keineswegs beweist. Wir müssen jetzt aber sagen: *Wenn* eine negative Korrelation zwischen Geisteskrankheit und Krebstodesfällen nachweisbar ist (und sei sie auch nur geringfügig), dann müßte in weiteren Untersuchungsreihen das Wechselspiel zwischen verschiedenen Variablen überprüft werden. Biochemische Vorgänge im Organismus, Unterschiede in der Verpflegung, routinemäßig in Nervenheilanstalten verwendete Beruhigungsmittel, verminderte (oder gesteigerte) Erregungsfähigkeit – das wären einige der zu testenden Variablen. Es ist gar nicht ausgeschlossen, daß gerade der Krebs eines Tages auf dem Umweg über eine Unzahl von Korrelationsrechnungen überwunden wird.

Die Korrelationsrechnung erweist ihre Bedeutung ja vornehmlich auf dem Gebiete des *wissenschaftlichen Experiments.* Wenn es nämlich im Versuch gelingt, die überwiegende Mehrzahl aller Wirkfaktoren annähernd gleich zu halten und nur jeweils einen oder doch einige wenige schrittweise zu verändern, dann können aus den Korrelationen zuweilen so klare Hinweise gewonnen werden, daß man eben doch vom Nachweis einer Wirkung sprechen kann. Wenn zum Beispiel der Ernteertrag des gleichen Jahres und des gleichen Saatguts auf gleichartigen Böden einen Anstieg entsprechend der verwendeten Düngemittelmenge zeigt, dann kann die Behauptung, daß vermehrter Düngemitteleinsatz erhöhte Erträge bewirkt, als statistisch gesichert gelten.

Gerade an diesem Beispiel läßt sich aber auch sofort zeigen, daß sich Korrelationen oftmals *nicht ad infinitum extrapolieren* lassen und auch *nicht immer »linear«* (geradlinig) verlaufen müssen. Wenn ich nämlich immer mehr und noch mehr Düngemittel verwende, dann wird sich zunächst der damit erzielte zusätzliche Ernteertrag nicht mehr lohnen (Grenzwertproblematik der Nationalökonomie), und irgendwann wird sogar der Punkt erreicht, wo der Ertrag zurückgeht, weil des Guten zuviel getan wurde. Von einem solchen Punkt an wird die *Korrelation* dann sogar *negativ* werden: je mehr Düngemittel, um so weniger Ernteertrag.

Zur Durchführung eines derartigen Experiments wird ein Versuchsfeld gleicher Bodenqualität in einzelne Testfelder unterteilt, und dann werden die unterschiedlichen Mengen Düngemittel auf jeweils mehreren Teilabschnitten angewendet.

Von dieser in Planexperimenten häufigen Anordnung der »Lateinischen Quadrate« werden wir noch hören, wenn wir uns mit der Varianzanalyse beschäftigen (s. S. 285 f.), die sich dieser Methode ebenfalls mit Vor-

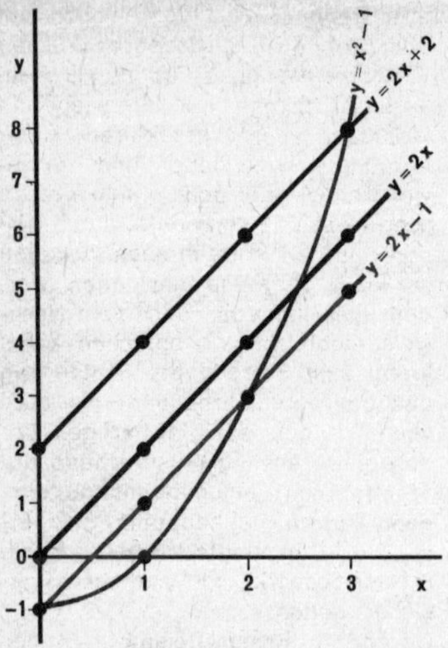

Die Gleichungen y = 2x —1, y = 2x und y = 2x+2 zeigen dieselbe Steigung, die unterschiedliche Konstante auf der rechten Seite der Gleichung gibt nur den »Achsenschnitt« an. Die hellblaue Kurve drückt eine quadratische Gleichung aus.

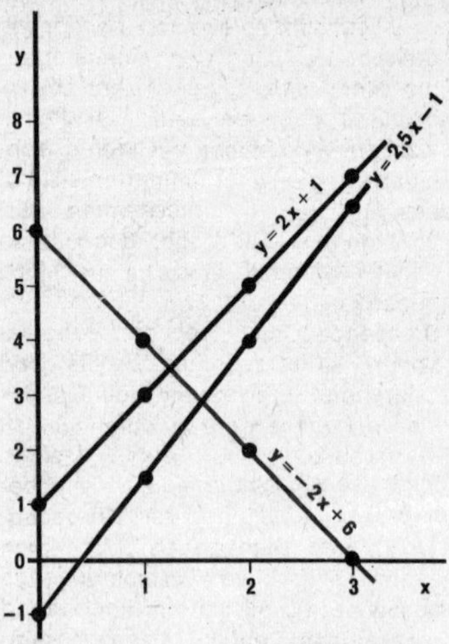

Durch die steilere Steigung nähert sich y = 2,5x —1 sehr rasch der weiter oben beginnenden Geraden y = 2x+1. Bei x = 4 würden sich die Geraden bereits schneiden. Das negative Vorzeichen in y = —2x+6 bedeutet eine »negative Steigung«.

liebe bedient. Das ist selbstverständlich kein purer Zufall: In beiden Fällen sollen die Zusammenhänge zwischen zwei oder mehreren Variablen durch Variationen in der Versuchsanordnung deutlich gemacht werden. Die Varianzanalyse geht dabei insofern über die Korrelationsrechnung hinaus, als sie zwischen zufälligen Stichprobenfehlern und signifikanten Abweichungen zu unterscheiden sucht, während die Korrelationsrechnung die beobachteten Meßwertpaare als gegeben hinnimmt und zunächst nicht untersucht, inwieweit diese Daten ihrerseits nur als Zufallsprodukte einer bestimmten Verteilung zu betrachten sind.

Damit sind wir aber bereits zu der zentralen Frage dieses Abschnittes gelangt:

Was sind Korrelationen, was bedeuten sie und wie kann man sie errechnen?

9.2 Korrelationen

Was eine mathematische Funktion ist, weiß man auch in späteren Jahren noch so ungefähr – da hängt ein Wert von einem anderen ab, wird durch diesen ausgedrückt. Die simpelste Form etwa lautet $y = 2x$, nicht viel schwieriger ist $y = 2x + 2$, kaum schwieriger $y = x^2 - 1$. Sehen wir uns dennoch rasch einmal an, welche Werte die abhängige Variable y annimmt, wenn wir der unabhängigen Variablen x verschiedene Werte zuteilen.

	$y = 2x$	$y = 2x+2$	$y = x^2 - 1$
$x = 0$	$y = 0$	$y = 2$	$y = -1$
$x = 1$	$y = 2$	$y = 4$	$y = 0$
$x = 2$	$y = 4$	$y = 6$	$y = 3$
$x = 3$	$y = 6$	$y = 8$	$y = 8$

Tragen wir diese Werte in ein Koordinatennetz ein, erhalten wir zwei

Geraden, die parallel zueinander laufen, und eine Kurve (s. Abb. S. 244 oben links).

Mit der Kurve wollen wir uns bis auf weiteres nicht beschäftigen, denn es geht uns nur um die lineare Regressionsrechnung. Wir sehen uns daher noch einmal die beiden Funktionsgleichungen $y = 2x$ beziehungsweise $y = 2x + 2$ an. Auffallend ist, daß sie völlig parallel verlaufen – ob das an dem jeweiligen »2x« liegt? Wir versuchen es mit $y = 2x - 1$ – und abermals ziehen wir eine Parallele, diesmal durch die Punkte mit den Koordinaten (0, —1), (1, 1), (2, 3) und (3, 5). Die Steigung der Geraden hängt also nur von der Zahl vor dem x ab, die Konstante hinterher klärt nur die Frage, wo die Gerade die y-Achse schneidet. So ergibt $y = 2{,}5x - 1$ eine steilere Steigung als $y = 2x + 1$, obwohl diese Gerade zunächst »höher oben« beginnt (s. Abb. S. 244 oben rechts).

Im übrigen muß die Steigung nicht immer eine Steigung sein, es kann sich um eine *Neigung* handeln, um eine *negative Korrolation*. Das ist etwa der Fall bei der Funktion $y = -2x + 6$. Hier erhalten wir als erste Punkte im Koordinatensystem: (0, 6), (1, 4), (2, 2), (3, 0). Allgemein lautet die lineare Regressionsgleichung:

$y = ax + b$,

wobei a das *Steigungsmaß*, b den *»Achsenabschnitt«* darstellt.

Nun gibt es starre Abhängigkeiten dieses Typs in der Mathematik sehr oft, im statistischen Alltag, der ja ein Abbild des realen Alltags ist, praktisch nie. Es können allerdings zuweilen starke Annäherungen vorkommen.

Betrachten wir etwa einmal die Wanderungsbewegung aus den deutschen Bundesländern (außer Bayern) nach München beziehungsweise von München weg. Wir haben in der

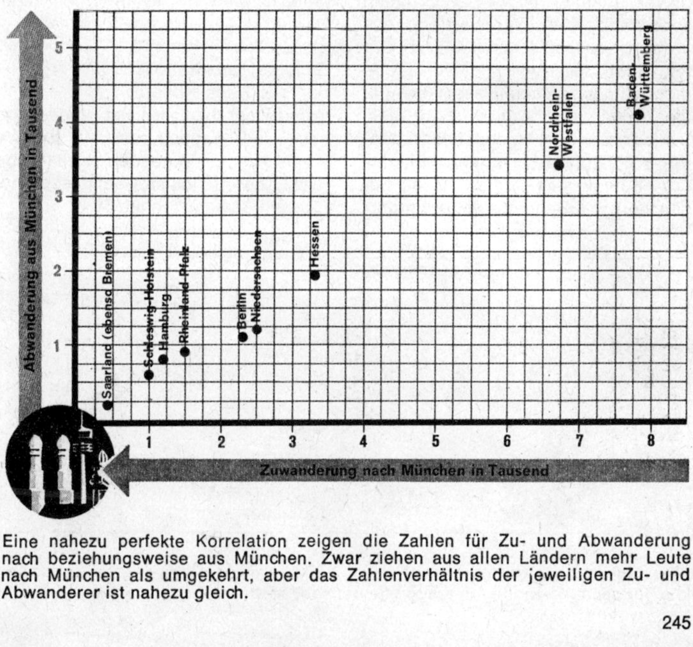

Eine nahezu perfekte Korrelation zeigen die Zahlen für Zu- und Abwanderung nach beziehungsweise aus München. Zwar ziehen aus allen Ländern mehr Leute nach München als umgekehrt, aber das Zahlenverhältnis der jeweiligen Zu- und Abwanderer ist nahezu gleich.

Münchener Statistik für das Jahr 1969 folgende Werte (Wanderungsbewegung in Tausend):

Länder	Abwanderung nach München	Zuwanderung aus München
Baden-Wttbg.	7,8	4,1
Nordrh.-Westf.	6,7	3,4
Hessen	3,3	1,9
Niedersachsen	2,5	1,2
Berlin	2,3	1,1
Rheinland-Pfalz	1,5	0,9
Hamburg	1,2	0,8
Schlesw.-Holst.	1,0	0,6
Saarland	0,4	0,2
Bremen	0,4	0,2

Wenn wir diese Werte in unser Koordinatensystem eintragen, erhalten wir eine Punktreihe, durch die man geradezu gezwungen ist, eine schnurgerade Linie zu legen. Es gibt also auch in der Statistik nahezu *perfekte Korrelationen* (s. Abb. S. 245).

Übrigens *auch negative.* Wir haben in einem Koordinatensystem aus dreizehn europäischen Ländern Daten über den Versand von Telegrammen und Briefen zusammengestellt. Auf der Abszisse ist die Zahl der abgesandten Inlandstelegramme auf 1000 Einwohner angegeben, auf der Ordinate die Zahl der Briefpoststücke pro Kopf der Bevölkerung. Die Zahlen umfassen das Jahr 1965. Hier ist zwar keine gerade Linie zu sehen, aber die negative Korrelation läßt sich deutlich erkennen. Je mehr Briefe geschrieben werden, um so weniger Telegramme werden abgeschickt. (Das »Warum?« ist eine Frage für sich. Man mag psychologische Argumente ins Treffen führen: Wo man wenig schreibt, meldet man sich nur, wenn es lebenswichtig ist – und dann mit Telegramm. Oder man mag schließen: Wo auf die Briefzustellungen und die prompte Arbeit der Post kein Verlaß ist, wird wenig geschrieben und das wirklich Wichtige telegraphiert, damit es in absehbarer Zeit ankommt.

Liegt eine große Zahl von Meßwertpaaren vor, dann empfiehlt es sich, die Ergebnisse in ähnlicher Weise in Klassen zusammenzufassen, wie wir es in Kapitel 2.6 getan haben. Ein Beispiel aus der Biometrie soll diesen Vorgang verdeutlichen. Es geht wieder einmal um eine Korrelation zwischen Körpergröße und Körpergewicht, und wir entnehmen die Zahlen E. Webers *»Grundriß der Biologischen Statistik«* (wiedergegeben bei Hans Kellerer).

Danach ergaben sich bei einer Messung und Wägung von 648 jungen Männern die folgenden Meßergebnisse, bereits nach Häufigkeiten in Klassen zusammengefaßt:

Gewicht in kg \ Größe in cm	$157^1/_2$	$161^1/_2$	$165^1/_2$	$169^1/_2$	$173^1/_2$	$177^1/_2$	$181^1/_2$	$185^1/_2$
89							1	
84					3	1	2	2
79				1	8	5	3	2
74		2	4	10	21	18	12	1
69		3	17	42	55	37	11	3
64	3	12	51	72	44	9	3	
59	10	31	51	40	7	1		
54	9	23	13	4	1			

Übersicht über die absolute Häufigkeit der Meßwerte in unserem Beispiel über die Korrelation zwischen Körpergewicht und Körpergröße. (Die Zahlen geben jeweils die Klassenmitte an; die Klassenbreite beträgt 5 kg beziehungsweise 4 cm.)

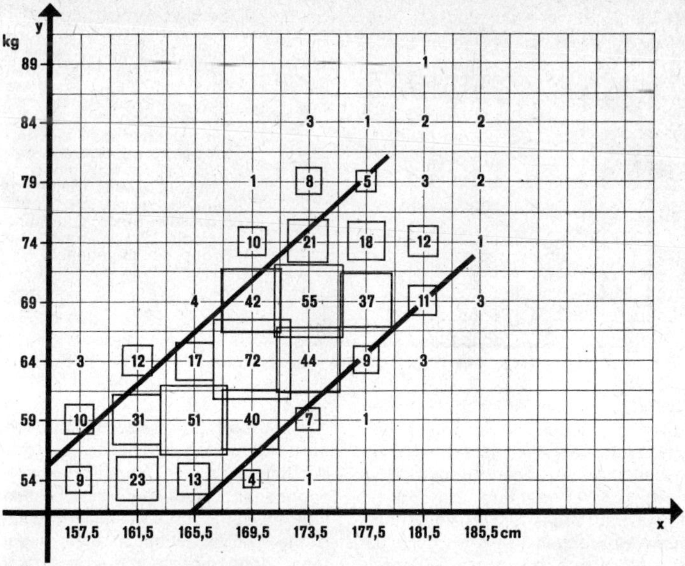

Drückt man die Häufigkeiten des Zusammentreffens einzelner Gewichts- und Größenklassen graphisch aus (im Bild durch quadratische Flächen), dann wird die stark positive Korrelation besonders deutlich.

Die Merkmalswerte sehen selbstverständlich nur deswegen so seltsam aus, weil es sich dabei um die jeweiligen Klassenmitten handelt: 169,5 Zentimeter bedeutet »zwischen 167,5 und 171,5 Zentimeter«. Ebenso gibt das Körpergewicht 69 Kilo die Mitte einer 5 Kilo »breiten« Klasse an, die von 66,5 bis 71,5 Kilo reicht. Die Häufigkeiten in den stark besetzten Klassen sind übrigens schon groß genug, um zum Beispiel die Normalverteilung der Körpergrößen innerhalb einer Gewichtsklasse deutlich werden zu lassen.

Schon aus der Zahlentabelle läßt sich die von links unten nach rechts oben ansteigende charakteristische Linie einer positiven Korrelation erkennen, vor allem dann, wenn die besonders oft vertretenen Meßwertpaare deutlich gemacht werden. Noch auffälliger aber wird diese Korrelation, wenn wir den einzelnen Größenklassen das Durchschnittsgewicht gegenüberstellen. Dann wiegen etwa die 157,5 Zentimeter großen Männer im Durchschnitt:

$$\bar{y}_{\text{Klasse } 157{,}5} = \frac{3 \cdot 64 + 10 \cdot 59 + 9 \cdot 54}{3 + 10 + 9} = \frac{1268}{22} = 57{,}6 \text{ kg}$$

Tragen wir diese Werte in unser Koordinatensystem ein, dann wird diese Linie noch viel deutlicher zur *»Regressionsgeraden«*. Durch diese Reduzierung der ursprünglich 648 Meßwertpaare auf wenige Klassenkombinationen mit Durchschnittswerten haben wir die Übersichtlichkeit wesentlich erhöht. Allerdings ist die rechnerische Aufgabe nicht geringer geworden: Wollten wir nämlich die genaue Korrelation zahlenmäßig feststellen, dann könnten die nunmehrigen Meßwertpaare nicht mehr als

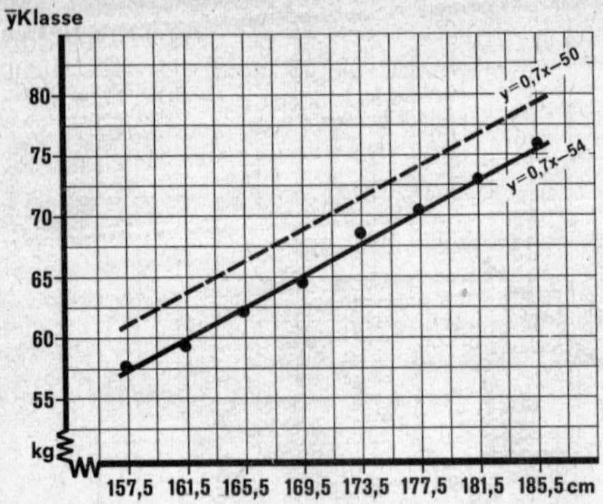

Die flüchtig geschätzte Gerade y = 0,7x — 50 gibt das Verhältnis des Gewichts zur Körpergröße schon recht gut wieder. Präziser ist die errechnete Regressionsgerade y = 0,7x — 54. Aus ihr kann man die Antwort auf die Frage ablesen: »Wie schwer wird ein x cm großer Mann ungefähr sein?« Es ist dies aber *nicht* die beste Gleichung für die Frage nach der Größe bei gegebenem Gewicht.

gleichberechtigte Einzelmessungen (wie im Fall der 648 ursprünglichen Messungen) angesehen werden. Viele dieser Punkte stehen ja nun stellvertretend für mehrere Dutzend (in einem Fall sogar für 72) vorgenommene Messungen.
Von einer rechnerischen »Weiterverarbeitung« müßten daher diese Paare von Durchschnittswerten entsprechend »gewogen« werden: Die vereinzelten, besonders leichten oder schweren, besonders großen oder kleinen Männer fielen weit weniger »ins Gewicht« als die vielen hundert im »Mittelfeld«. Wir wollen uns auf diese Rechnung nicht einlassen – weniger, weil sie besonders schwierig, als vielmehr, weil sie sehr zeitraubend ist. Und vor allem, weil wir ja noch nicht einmal das Grundprinzip dieser Rechenmethode kennengelernt haben.
Aber wir können, wenn wir die graphische Situation aufmerksam betrachten, einen plausiblen Näherungswert sogar ohne Rechnung erhalten. Wie wäre es etwa mit: y = 0,7x — 50? Also: Gewicht annähernd gleich $^{7}/_{10}$ der Körpergröße minus 50? Diese Gleichung wird sich (noch besser in der Form y = 0,7x — 54) den Punkten im Koordinatensystem sehr gut anpassen, aber man muß sich davor hüten, sie nach x auflösen und dann folgern zu wollen: wenn y = 0,7—54, dann 0,7x = y + 54, und x = 1,43y + 77. Denn ein solches Vorgehen führt in die Irre. Wir haben es ja nicht mit einer vorgegebenen mathematischen Funktion zu tun, sondern unsere Gleichung drückt lediglich eine ungefähre Abhängigkeit aus – und zwar zunächst einmal lediglich die des Körpergewichts (y) von der Körpergröße (x). Die Gleichung lautet nun y = 0,7x — 54 und liefert uns einen Schätzwert, der eine Antwort auf die Frage gibt: »Wieviel wird ein Mann etwa wiegen, der x Zentimeter groß ist?«
Schon diese Schätzung ist mit Vorsicht zu genießen – wir werden im nächsten Kapitel mehr darüber erfahren, wie diese Regressionsgerade errechnet wird und mit welchen Fehlern sie behaftet sein kann. Aber davon einmal ganz abgesehen, man kann – außer im Fall einer funktionellen Abhängigkeit – x und y nicht ungestraft vertauschen und nun etwa von der Formel y = 0,7x—54 die Antwort auf die Frage erwarten: »Wie groß wird ein Mann sein, der y Kilogramm wiegt?« Die rechnerische Operation läßt sich leicht durchführen – aber sie ist falsch.
Wir sehen das ganz deutlich, wenn wir nun zu jeder Klassenmitte des Körpergewichts die Durchschnittsgröße ermitteln:

Körpergewicht (Klassenmitte) (bekannt)							
54	59	64	69	74	70	84	89
162,7	165,7	169,2	173,1	174,7	176,9	179,0	181,5
				Durchschnittsgröße (zunächst unbekannt)			

Suchen wir diese Punkte in unserem Koordinatensystem auf, dann stellen wir fest, daß sie mit wenigen Ausnahmen weitab von unserer alten Geraden y = 0,7x — 54 liegen. Sie formieren sich vielmehr zu einer zweiten Geraden, die sich mit der ersten in einem wichtigen Punkt schneidet: bei 170 Zentimeter, 65,2 Kilo – und eine Nachrechnung würde ergeben, daß diese Werte die Gesamtdurchschnitte aller Körpergrößen beziehungsweise Körpergewichte sind. Kurz und statistisch formuliert: $\bar{x} = 170$ cm, $\bar{y} = 65{,}2$ kg. *Regressionsgeraden schneiden einander immer im Punkt* $(\bar{x}, \bar{y})$.

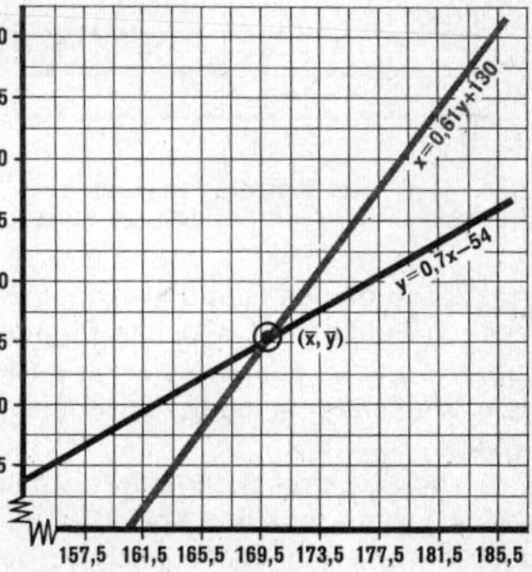

Regressionsgeraden schneiden einander immer im Punkt $(\bar{x}, \bar{y})$.

Ehe wir weitergehen, noch ein kleines Gedankenspiel. Was geschieht mit den beiden Regressionsgeraden, wenn zwischen den beiden Merkmalreihen überhaupt kein Zusammenhang besteht, so daß sie annähernd wie eine runde Punktwolke im Koordinatensystem verteilt sind?

Nun, wenn y von x völlig unabhängig ist, dann verändert sich y nur noch ganz »eigenständig«, die Orientierung an den Vorgängen entlang der x-Achse schwindet völlig, die Regressionsgerade wird zur Parallelen mit dem Wert $y = \bar{y}$. Auf meine Frage: »Welches y werde ich wohl erhalten, wenn ich diesen oder jenen x-Wert habe?« lautet die Antwort stereotyp: »Versuchen Sie's mit dem Durchschnittswert von y, mit $\bar{y}$.« – Ebenso wird die Regressionsgerade für x zu der Parallelen der y-Achse, mit dem konstanten Wert

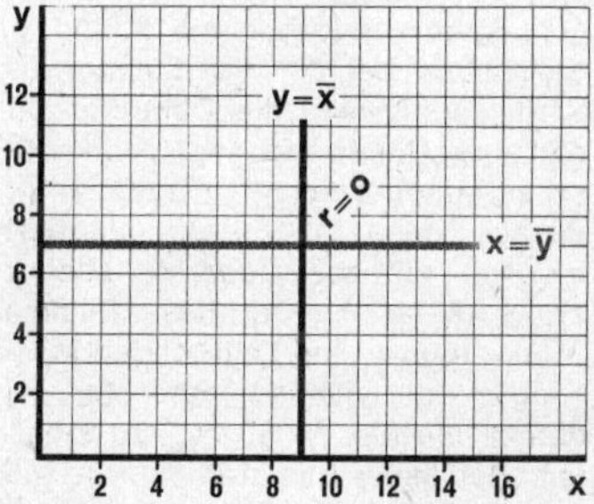

$\bar{x} = 9$

$\bar{y} = 7$

Wenn die Korrelation gleich Null ist (was selbst bei völliger Unabhängigkeit von x und y kaum je vorkommt), dann stehen die Regressionsgeraden, die diesen Namen dann allerdings kaum noch verdienen, senkrecht zueinander, schneiden sich aber auch in diesem Fall im Punkt $(\bar{x}, \bar{y})$.

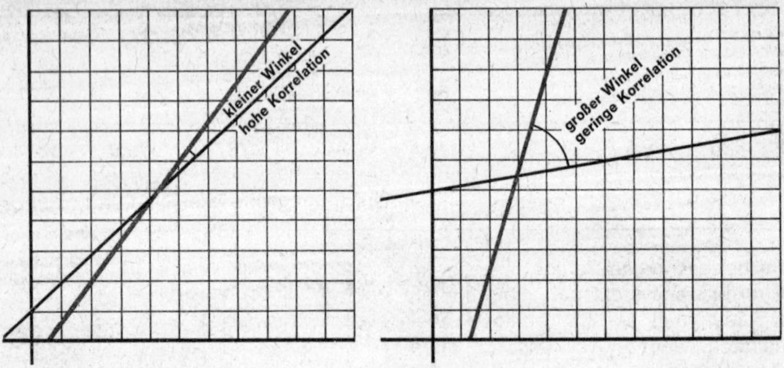

Das Maß der Korrelation läßt sich an dem Winkel ablesen, den die beiden Regressionsgeraden bilden: Je spitzer der Winkel, um so höher die Korrelation.

$x = \bar{x}$. Die beiden Geraden schneiden sich im Punkt $(\bar{x}, \bar{y})$, wie alle Regressionsgeraden, stehen aber in rechtem Winkel zueinander; die Korrelation ist null.

Das andere Extrem kennen wir schon. Wenn y eine Funktion von x ist und jedem Wert von x ein einziger, genau berechenbarer Wert von y entspricht, dann fallen die Regressionslinien ineinander und bilden den graphischen Ausdruck der Funktion — etwa $y = 2x$.

In der statistischen Praxis kommen beide Extreme kaum vor, die Regressionslinien werden also weder ineinander verschmelzen, noch aufeinander senkrecht stehen, sondern einen mehr oder weniger spitzen Winkel einschließen. Dieser Winkel aber wird um so kleiner sein, je enger die Korrelation zwischen x und y ist. Die *Größe des Winkels drückt also das Maß der »Abhängigkeit« aus* – »Abhängigkeit« in Anführungszeichen, weil wir uns nicht festlegen wollen, welche Variable nun wirklich von der anderen abhängig ist.

9.21 Der Korrelationskoeffizient

Diese Abhängigkeit läßt sich aber nicht nur an der Größe des Winkels ablesen, den die beiden Regressionsgeraden im Koordinatenkreuz bilden, sondern es läßt sich auch – und das ist der übliche Weg – ein sogenannter »Korrelationskoeffizient« *auf rechnerischem Wege ermitteln.*

Wie kann ein solcher Korrelationskoeffizient gebildet werden? Er soll ausdrücken, wie das Verhalten der beiden Variablen x und y voneinander abhängt; dieses Verhalten aber ist durch Streuung und Mittelwert charakterisiert – im Falle einer Normalverteilung also durch $\bar{x}$ und s_x beziehungsweise $\bar{y}$ und s_y. (Handelt es sich nicht um Normalverteilungen, dann kann man die verteilungsunabhängigen Rang-Tests heranziehen.) Meist aber hat man es mit sogenannten *»zweidimensionalen Normalverteilungen«* zu tun.

Außer diesen Kenngrößen der einzelnen Variablen muß also auch ihre Verbindung irgendwie Ausdruck finden. Das geschieht mit Hilfe der sogenannten *Kovarianz* von x und y. Wir haben bei der Errechnung von Varianzen jeweils die Differenz der einzelnen Meßwerte vom Arithmetischen Mittel errechnet, also $(x_i - \bar{x})$, danach diese Differenzen quadriert zu $(x_i - \bar{x})^2$, die Quadrate addiert zu $\sum (x_i - \bar{x})^2$, und diese Summe wieder durch die Zahl n der Messungen oder richtiger durch $(n - 1)$ geteilt, um die Varianz s_x^2 zu erhalten. Bei Meßwertpaaren (x_i, y_i), wie

sie für die Regressions- und Korrelationsrechnung charakteristisch sind, spielt sich der gleiche Vorgang auch für die y_i ab.
Mit dem tiefgesetzten i bei x_i und y_i drücken wir aus, daß es sich dabei um irgendeinen beliebigen Wert handelt, den x oder y annimmt. Es ist dies die korrekte wissenschaftliche Schreibweise (ebenso x_i und y_i), wir haben aber auch statt dessen wiederholt nur x und y geschrieben und werden das auch weiterhin gelegentlich so halten. Aber ob man nun etwa $(x - \bar{x})^2$ oder $(x_i - \bar{x})^2$ schreibt – gemeint ist dasselbe.
Um nun die Kovarianz von x und y zu erhalten, nehmen wir bei jedem einzelnen Meßwertpaar (x_i, y_i) die Differenzen gegenüber dem jeweiligen Arithmetischen Mittel und multiplizieren sie miteinander; so erhalten wir für jedes Meßwertpaar den Ausdruck: $(x_i - x)\ (y_i - y)$
Die Summe dieser Produkte wird zuletzt, wie wir uns seit der Darstellung von Student's t geeinigt haben, durch die um eins verringerte Zahl der Messungen $(n - 1)$ geteilt, und wir erhalten die Kovarianz von x und y, meist geschrieben s_{xy}.
Und nun setzen wir unsere Werte in die Formel für den Korrelationskoeffizienten ein:

$$r = \frac{s_{xy}}{s_x \cdot s_y}$$

Handelt es sich um Gesamtheiten, dann wird s zu σ und r zu ϱ (Rho). In der Regel haben wir es jedoch mit Stichproben zu tun, der Korrelationskoeffizient r ist daher, wie alles, was aus Stichproben stammt, mit Unsicherheit behaftet, ist nur annähernd richtig: r ist lediglich eine *»Schätzfunktion«* für ϱ und um so unzuverlässiger, je geringer der Stichprobenumfang ist. Ein niedriger Korrelationskoeffizient aus einer großen Stichprobe deutet weit eher auf einen statistisch gesicherten Zusammenhang hin als ein hoher Korrelationskoeffizient aus einer kleinen.
Sehen wir uns nun anhand eines Beispiels bei André Vessereau die Arbeitsweise bei der Durchführung einer Korrelationsanalyse an. Es handelt sich um eine Zufallsstichprobe von zehn Eheschließungen.
Die Frage lautet: Besteht eine Korrelation zwischen dem Alter des Bräutigams und dem Alter der Braut?

Darstellung des Rechenverfahrens für unser Textbeispiel über die Korrelation zwischen dem Alter des Bräutigams und der Braut.

	Alter des Bräutigams x	Alter der Braut y	$x - \bar{x}$	$(x - \bar{x})^2$	$y - \bar{y}$	$(y - \bar{y})^2$	$(x - \bar{x})$ mal $(y - \bar{y})$
	22	19	— 7	49	— 6	36	+ 42
	25	22	— 4	16	— 3	9	+ 12
	26	21	— 3	9	— 4	16	+ 12
	26	23	— 3	9	— 2	4	+ 6
	27	23	— 2	4	— 2	4	+ 4
	28	24	— 1	1	— 1	1	+ 1
	30	29	+ 1	1	+ 4	16	+ 4
	30	27	+ 1	1	+ 2	4	+ 2
	35	33	+ 6	36	+ 8	64	+ 48
	41	29	+ 12	144	+ 4	16	+ 48
Insges.	290	250	—	270	—	170	+ 179
Mittel	$\bar{x} = 29$	$\bar{y} = 25$	—	—	—	—	—

Die entscheidenden Werte sind also:

$n = 10; \Sigma (x - \bar{x}) (y - \bar{y}) = 179;$

$s_x = \sqrt{30}; s_y = \sqrt{18,9}; s_{xy} = 19,9.$

Wir setzen ein und erhalten:

$$r = \frac{19,9}{\sqrt{30}\ \sqrt{18,9}} = 0,835$$

Vessereau rechnet übrigens vereinfacht direkt mit den Tabellensummen und erhält auf nachstehende Weise dasselbe Resultat:

$$r = \frac{179}{\sqrt{270}\ \sqrt{170}} = 0,835$$

Die Korrelation ist also – zumindest in dieser Stichprobe – sehr hoch. Ehe wir aber überlegen, was dieser Korrelationskoeffizient für die Grundgesamtheit der Eheschließungen (oder auch nur der Eheschließungen in Paris im Laufe eines Jahres) besagt, wollen wir den Vorgang, der dieser Rechnung zugrunde liegt, noch einmal unter die Lupe nehmen. Es werden ermittelt: erstens die *Streuung der beiden Variablen* – wie streut x um $\bar{x}$, wie streut y um $\bar{y}$? Gleichzeitig aber wird bei jeder einzelnen Messung auch festgestellt, wie sich die beiden *Abweichungen des Meßwertpaares* (gegenüber dem eigenen Mittel) *zueinander* verhalten. Da bei dieser Multiplikation die Vorzeichen nicht verlorengehen, ist es durchaus möglich, daß die Summe dieser Produkte $(x - \bar{x}) (y - \bar{y})$ sehr niedrig wird und, da sie im Zähler der Formel für r steht, einen niedrigen Korrelationskoeffizienten zur Folge hat (s. Abb. S. 253).
Wir wollen wegen der grundsätzlichen Bedeutung der Korrelationsrechnung an zwei weiteren Beispielen zeigen, wie sich dieses Berechnungssystem auswirkt. Wir haben bereits eine hohe Korrelation vorgestellt und fingieren nun eine winzige Stichprobe anderer Zusammensetzung. Dazu ist mit Nachdruck zu betonen, daß Stichproben von n = 5, wie wir sie hier der Einfachheit halber wählen, bei dieser Rechnungsmethode grundsätzlich unzulässig sind, weil der Aussagewert eines so ermittelten Korrelationskoeffizienten praktisch gleich Null ist.
Sehen wir uns nun dennoch eine solche Stichprobe mit folgenden Werten an; wobei wir wieder die vereinfachte Rechenmethode wählen:

Bräutigam	Braut	$x-\bar{x}$	$(x-\bar{x})^2$	$y-\bar{y}$	$(y-\bar{y})^2$	$(x-\bar{x})(y-\bar{y})$
22	24	−7	49	−1	1	7
27	25	−2	4	0	0	0
29	26	0	0	+1	1	0
31	29	+2	4	+4	16	8
36	21	+7	49	−4	16	−28
$\bar{x} = 29, \bar{y} = 25$			106		34	−13

$$r = \frac{-13}{\sqrt{106}\ \sqrt{34}} = \frac{-13}{(10,3)\ (5,8)} = -0,22$$

Das ist ein geringer, bedeutungsloser negativer Korrelationskoeffizient, der die Situation aber recht gut spiegelt: *Ein* Mann hat eine ältere Frau geheiratet, einer eine wesentlich jüngere, die drei anderen Ehen liegen nahe bei den Mittelwerten – daß der Bräutigam dabei jeweils älter ist als die Braut, läßt sich aus dem höheren Durchschnittsalter überhaupt erklären. Verheiraten wir nun dieselben Personen mit anderen Partnern:

Bräutigam	Braut	$x-\bar{x}$	$(x-\bar{x})^2$	$y-\bar{y}$	$(y-\bar{y})^2$	$(x-\bar{x})(y-\bar{y})$
22	29	−7	49	+4	16	−28
27	26	−2	4	+1	1	−2
29	25	0	0	0	0	0
31	24	+2	4	−1	1	−2
36	21	+7	49	−4	16	−28
$\bar{x} = 29$, $\bar{y} = 25$			106		34	−60

$$r = \frac{-60}{\sqrt{106}\ \sqrt{34}} = \frac{-60}{(10{,}3)\ (5{,}8)} = -1{,}0$$

Wir haben nun das Maximum einer negativen Korrelation errechnet – mit Recht, denn je jünger der Bräutigam, um so älter war (relativ zum Durchschnitt) die Braut. Die quadratischen Abweichungen innerhalb der Männer (x) beziehungsweise der Frauen (y) sind, da wir ja dieselben Personen gewählt haben, gleichgeblieben. Die Änderung des Korrelationskoeffizienten geht daher ausschließlich auf den hohen negativen Wert der Kovarianz s_{xy} zurück!

Der *Pearsonsche Korrelationskoeffizient* ϱ beziehungsweise r kann übrigens nicht angewendet werden, wenn die Regressionslinien keine Geraden sind (und das bedeutet,

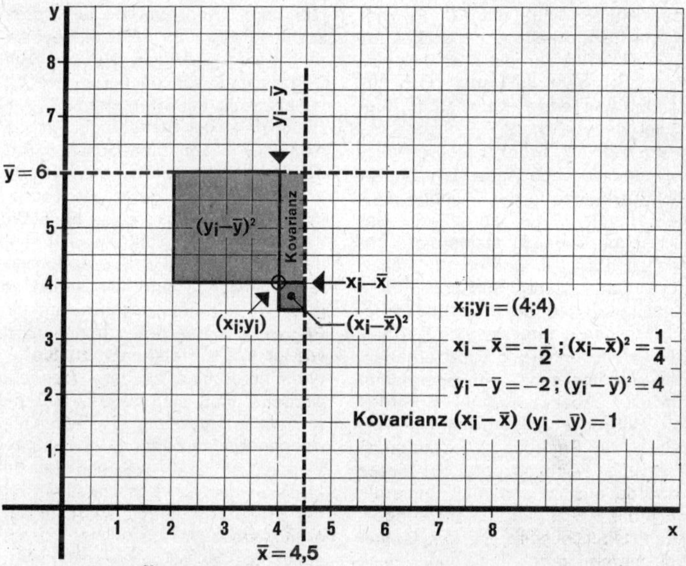

Die Kovarianz mißt die beiden Abweichungen eines Punktes (x_i, y_i) gegenüber den beiden Mittelwerten $\bar{x}$ und $\bar{y}$. Während die quadratischen Abweichungen $(x_i - \bar{x})^2$ und $y_i - \bar{y})^2$ tatsächlich stets quadratisch sind, erscheint die Kovarianz als Rechteck. Nur wenn $(x_i - \bar{x}) = (y_i - \bar{y})$, ist auch die Kovarianz ein Quadrat.

daß die Variablen nicht normalverteilt sind). In diesem Fall muß entweder umgeformt oder einer der anderen Korrelationskoeffizienten verwendet werden, wie etwa der *Spearmansche Rang-Korrelationskoeffizient,* den wir im Abschnitt über die Rang-Tests noch kurz vorstellen werden (s. S. 287).

Im übrigen ist zu bedenken, daß auch der schönste, auf mehrere Dezimalstellen genau errechnete Korrelationskoeffizient einer Stichprobe nur einen Schätzwert bezüglich der Gesamtheit darstellt, und zwar meist einen recht unzuverlässigen. Man kann seinen Vertrauensbereich mit Hilfe einer Vergleichstabelle bestimmen und wird dann meist sehen, daß seine Aussagekraft recht beschränkt ist. Als Illustration mag ein Beispiel aus Pfanzagls *»Allgemeiner Methodenlehre der Statistik«* dienen: »... Aus $n = 20$ Messungen wurde ein Korrelationskoeffizient von $r = 0{,}73$ ermittelt. Es gilt mit 99 Prozent Wahrscheinlichkeit: ϱ ist größer als 0,29, aber kleiner als 0,92.« Unverbindlicher geht es kaum noch: Irgendeine positive Korrelation liegt sicher vor.

Wenn hier bei zwanzig Meßwertpaaren eine so vage Antwort bezüglich der Korrelation in der Grundgesamtheit erzielt wurde, so ist die Unsicherheit bei *noch* kleineren Stichproben *noch* viel größer. Wir haben etwa aus unserer Stichprobe vom Umfang $n = 10$ bei den Eheschließungen den eindrucksvollen Korrelationskoeffizienten $r = 0{,}835$ erhalten, der auf eine sehr hohe Korrelation hinweist. Aber bei einer Kontrolle mit Hilfe der entsprechenden Verfahren zur Ermittlung des Mutungsintervalls (Konfidenzbereichs) dieses r würde sich zeigen, daß immerhin noch die – wenn auch sehr geringe – Möglichkeit besteht, in der Grundgesamtheit liege überhaupt keine Korrelation vor! Mit 95 Prozent Wahrscheinlichkeit gilt lediglich, daß ϱ zwischen 0,52 und 0,97 liegt.

9.3 Regressionsrechnung

Regression – ein wunderliches Wort. Die Psychologen kennen und verwenden es, auch in der Biologie und in der Jurisprudenz (die die Regreß-Forderung kennt) taucht es auf, und immer hat es den Klang von »zurückgreifen«, »nach hinten ausweichen«, »auf Vergangenes zurückkommen«. Es war ein englischer Wissenschaftler, der die »Regression« in die Statistik gebracht hat – Sir Francis Galton, von dem wir schon bei der Besprechung der Geschichte der Normalverteilung gehört haben. Er bezeichnete mit diesem Begriff aus der Biologie eine Korrelation, für die er ein interessantes biometrisches Beispiel gefunden hatte: Kinder weisen in ihrer Körpergröße eine deutliche Korrelation zur Körpergröße des Vaters auf – aber, wenn die Väter sehr groß oder sehr klein sind, zeigt sich eine merkbare »Regression« zur Durchschnittsgröße der Gesamtbevölkerung: sie *»schritten zurück«* zum Durchschnitt, von dem sich ihre Väter allzusehr entfernt hatten.

Heute ist in der Statistik die Regression von diesen biometrischen Bindungen völlig befreit, und die Regressionsanalyse geht fast nahtlos in die Korrelationsanalyse über. Wir haben, als wir von Korrelationen sprachen, auch die Regressionsgeraden erwähnt, und wir haben es jetzt, wo wir hauptsächlich von der Regression sprechen, grundsätzlich wieder mit Korrelationen zu tun.

Wenn man eine saubere Trennung wünscht, muß man sagen, daß die *Korrelationsrechnung die beiden Variablen als verbunden, aber unabhängig betrachtet,* während die *Regressionsanalyse* sich vor allem mit der Frage beschäftigt, wie man aufgrund eines festgestellten Zusammenhangs zwischen den Variablen das Verhalten der *abhängigen* Variablen aufgrund des Verhaltens der *unabhängigen* vorhersagen kann.

Das war ja auch die Problemstellung von Sir Francis Galton: Die Größe der Kinder war offenkundig keine unabhängige Variable, sondern abhängig von der Größe der Väter. Die Regressionsanalyse sollte nun, nach Ermittlung der Zusammenhänge, generell prognostizieren können, wie sich die Größe der Kinder verhalten würde.

Die Korrelationsanalyse läßt gewissermaßen die Frage offen, welche der beiden Variablen die andere beeinflußt (und ob überhaupt): Bestimmt das Alter der Braut das Alter des Bräutigams oder umgekehrt? – Beeinflußt das Gewicht eines Menschen seine Größe oder die Größe sein Gewicht? – Hat die Zahl der Briefsendungen Einfluß auf die Telegrammsendungen oder umgekehrt? – Wir wissen es nicht, und es ist für die Messung belanglos.

Die Regressionsanalyse bedient sich im Prinzip gleicher rechnerischer Methoden wie die Korrelationsanalyse, betont aber die Abhängigkeit: Selbstverständlich hängt die Größe der Kinder von den Eltern ab und nicht umgekehrt. – Selbstverständlich hängt die Gewichtszunahme eines Mastschweins von der Futtermenge ab und nicht die Futtermenge von der Gewichtszunahme. – Selbstverständlich hängt der Blutdruck vom Alter ab und nicht das Alter vom Blutdruck.

Wie wir schon bei unseren allgemeinen Betrachtungen über die Korrelationen festgestellt haben, geht es darum, einen mathematischen Ausdruck für den Zusammenhang zwischen zwei Variablen zu finden. Durch die mehr oder minder regelmäßig streuende Punktwolke der Meßdatenpaare soll eine Linie gelegt werden, die die Situation möglichst unverzerrt wiedergibt. Vorhin hatten wir solche Regressionsgleichungen vorgestellt, ohne aber darauf einzugehen, wie sie errechnet werden. Nun wollen wir das zugrunde liegende Prinzip vorstellen.

Was dürfen wir von einer Geraden erwarten, die so verlaufen soll, daß sie die Lage mehrerer Punkte in einem Koordinatensystem und den »Trend« dieser Meßwertpaare einigermaßen getreu wiedergibt? Offenkundig muß eine solche Linie so liegen, daß sie so nahe wie möglich an vielen Punkten vorbeikommt. Mit anderen Worten: Die Streuung der Punkte zu beiden Seiten der Regressionsgeraden soll auf ein Minimum reduziert werden.

Für die Streuunog charakteristisch ist – und das wissen wir schon von der Berechnung der Standardabweichung – das Quadrat der Entfernung. Was wir suchen müssen, ist daher jene Linie, die so verläuft, daß die Summe aller Streuungen (das heißt aller Quadrate der Entfernungen) auf ein Minimum reduziert wird. Und so heißt denn diese Methode auch *»Methode der kleinsten Quadrate«* (s. Abb. S. 258 oben).

Sie ist reichlich anderthalb Jahrhunderte alt, denn der französische Mathematiker Adrien Legendre führte sie schon zu Beginn des 19. Jahrhunderts ein, trotzdem erfordert sie zu ihrer Durchführung bereits die Kenntnis der Differentialrechnung.

Es gibt aber auch Methoden zur Ermittlung der Regressionsgeraden, bei denen die Anwendung der Differentialrechnung nicht nötig ist. Freilich sind auch sie so umständlich, daß wir uns auf ein ganz elementares Rechenexempel zurückziehen wollen. Wir haben fünf Meßwertpaare mit folgenden Werten in einem Koordinatensystem eingetragen: $(x = 1, y = 1)$, $(1{,}5, 2)$, $(3, 2{,}5)$, $(4, 3)$ und $(5, 5)$.

Ein erster Blick läßt erwarten, daß die einfache Gleichung $y = x$ eine recht gute Regressionsgerade ergäbe. Aber ist es tatsächlich die bestmögliche? Wir stellen zunächst einmal die Mittelwerte $\bar{x}$ und $\bar{y}$ fest.

$\bar{x} = (1 + 1{,}5 + 3 + 4 + 5)/5 = 2{,}9;$

$\bar{y} = (1 + 2 + 2{,}5 + 3 + 5)/5 = 2{,}7.$

Die Tabelle sieht dann so aus:

x	y	$x-\bar{x}$	$y-\bar{y}$	$(x-\bar{x})^2$	$(y-\bar{y})^2$	$(x-\bar{x})\,(y-\bar{y})$
1	1	—1,9	—1,7	3,6	2,9	3,2
1,5	2	—1,4	—0,7	2	0,5	1
3	2,5	0,1	—0,2	0	0	0
4	3	1,1	0,3	1,2	0,1	0,3
5	5	2,1	2,3	4,4	5,3	4,8
				11,2	8,8	9,3

Einige kleine Rundungsfehler werden das Ergebnis nicht entscheidend beeinflussen – wir haben Hundertstelwerte bis 0,05 vernachlässigt. Wenn wir nun die Regressionsgerade für y bestimmen wollen, setzen wir die Werte zunächst in folgende Formel ein, die das Steigungsmaß der Geraden ausdrückt, also das a in jenem ax + b, das wir als allgemeine lineare Regressionsgleichung kennengelernt haben:

$$a = \frac{\Sigma\,(x-\bar{x})\,(y-\bar{y})}{\Sigma\,(x-\bar{x})^2} = \frac{9{,}3}{11{,}2} = 0{,}83$$

Die Gleichung $y = 0{,}83x$ gibt also bereits die richtige Steigung an, aber wir untersuchen noch, ob sonst irgendeine Konstante b hinzugefügt oder abgezogen werden muß. Auch dafür gibt es eine, sogar sehr einfache Formel:

$$b = \bar{y} - a\bar{x}$$

Alle diese Werte kennen wir bereits, setzen also bloß ein:

$$b = 2{,}7 - (0{,}83)\ (2{,}9) = 2{,}7 - 2{,}4 = 0{,}3$$

Als endgültige Regressionsgerade für y haben wir nun erhalten:

$$y = 0{,}83x + 0{,}3$$

In das Koordinatensystem eingefügt, ergibt diese Gerade eine noch bessere Anpassung als unser zuvor über den Daumen gepeiltes y = x (s. Abb. S. 258 unten). Verbindet man die realen Werte durch senkrechte Linien mit der Regressionsgeraden, dann erhält man jene Minimalentfernungen, die – quadriert – den gesuchten »kleinsten Quadraten« entsprechen. Jede andere Linie würde bezüglich der Streuung der y schlechter sein. Wir erinnern uns aber, daß man ja auch x als abhängige Variable von y ansehen kann, und daß dann, sofern keine funktionelle Verbindung vorliegt, die Regressionsgerade für x einen anderen Wert ergeben muß. Um diese Regressionsgerade zu bestimmen, verfahren wir nun genau wie vorhin und vertauschen bloß in den Formeln jeweils das x und das y beziehungsweise das $\bar{x}$ und das $\bar{y}$. Was das Steigungsmaß betrifft, so bleibt dort der Zähler unverändert, im Nenner erscheint dagegen nunmehr $\Sigma\,(y-\bar{y})^2$, so daß wir schließlich erhalten:

$$a = \frac{9{,}3}{8{,}8} = 1{,}05$$

Und für den »Achsenabschnitt«:

$$b = 2{,}9 - (1{,}05)\ (2{,}7) = 0{,}1$$

Das ergibt:

$$x = 1{,}05y + 0{,}1$$

Wenn wir diese zweite Regressionsgerade in das Koordinatensystem eintragen, erweist sich, daß sie mit der ersten einen sehr kleinen Winkel einschließt, was auf eine überaus enge Korrelation zwischen x und y hindeutet (s. Abb. S. 259). Wir können jetzt bereits sagen, daß der Korrelationskoeffizient vermutlich mindestens 0,9 betragen wird. Eine genaue Berechnung ist leicht durchzuführen. Die Kovarianz steht bereits im Zähler unseres Bruches für das Steigungsmaß der Regressionsgeraden, wenn auch noch in der Form der Produktsumme. Wir teilen also diese 9,3 durch $(n-1=4)$ und erhalten die Kovarlanz 2,32. Auch die beiden erforderlichen Werte für s_x und s_y können wir leicht aus den Tabellenwerten umformen:

$$s_x^2 = \frac{\Sigma (x-\overline{x})^2}{n-1} = \frac{11,2}{4}$$

$$s_y^2 = \frac{\Sigma (y-\overline{y})^2}{n-1} = \frac{8,8}{4}$$

Das ergibt $s_x = 1,67$; $s_y = 1,48$, und somit:

$$r = \frac{2,32}{(1,67)\,(1,48)} = 0,935$$

Ob man die Quadratsummen durch n oder durch $(n-1)$ oder auch gar nicht dividiert, spielt übrigens bei der Berechnung des Korrelationskoeffizienten keine Rolle – man muß nur konsequent sein und Nenner und Zähler in gleicher Weise errechnen. Bei der Teilung durch n erhalten wir dann eben $s_{xy} = 1,86$; $s_x = 1,5$; $s_y = 1,33$ und wiederum:

$$r = \frac{1,86}{(1,5)\,(1,33)} = 0,935$$

Oder wir rechnen:

$$r = \frac{9,3}{\sqrt{11,2}\;\sqrt{8,8}} = \frac{9,3}{(3,35)\,(2,97)}$$
$$= 0,935$$

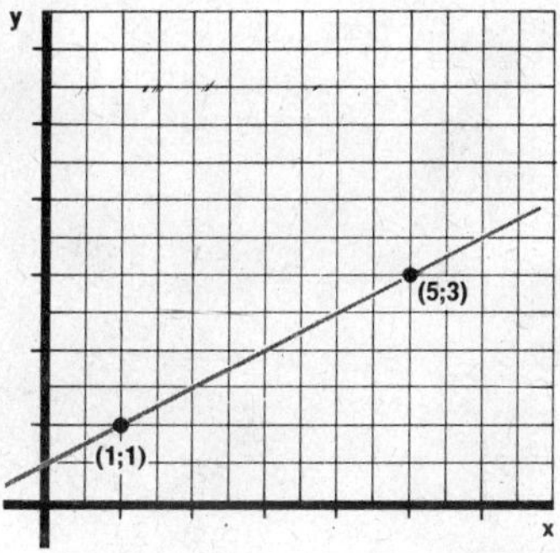

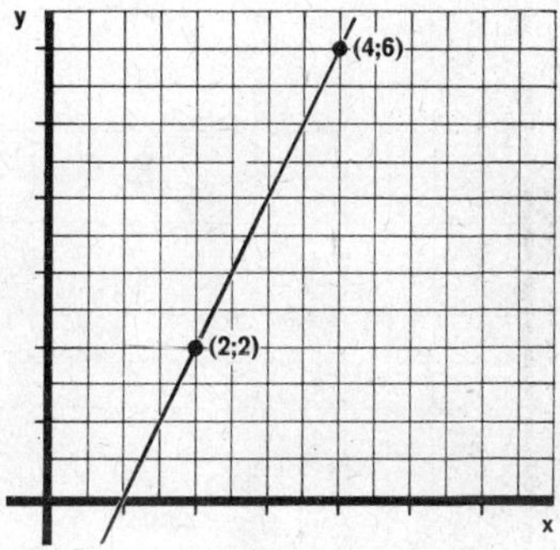

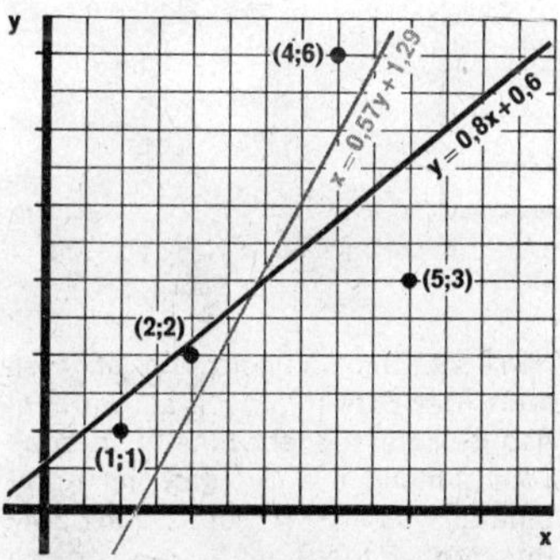

$\overline{x} = \frac{12}{4} = 3$ $\qquad \overline{y} = \frac{12}{4} = 3$

	$(x-\overline{x})^2$	$(y-\overline{y})^2$	$(x-\overline{x})(y-\overline{y})$
(1;1)	4	4	4
(2;2)	1	1	1
(4;6)	1	9	3
(5;3)	4	0	0
	10	14	8

$a = \frac{8}{10} = 0,8 \qquad b = \overline{y} - a\overline{x} = 3 - 2,4 = 0,6$

$y = 0,8x + 0,6$

bzw. $a = \frac{8}{14} = 0,57 \qquad b = \overline{x} - a\overline{y} = 3 - 1,71 = 1,29$

$x = 0,57y + 1,29$

Durch je zwei Meßwertpaare kann stets eine Gerade gezogen werden, die eine perfekte Korrelation vortäuscht – wie oben bei den Meßwertpaaren (1; 1) und (5; 3) beziehungsweise (2; 2) und (4; 6). Vereint man aber diese vier Meßwertpaare in einem Diagramm, dann wird die perfekte Korrelation hinfällig; übrig bleiben zwei Regressionsgeraden, von denen keine auch nur einen einzigen Meßpunkt berührt.

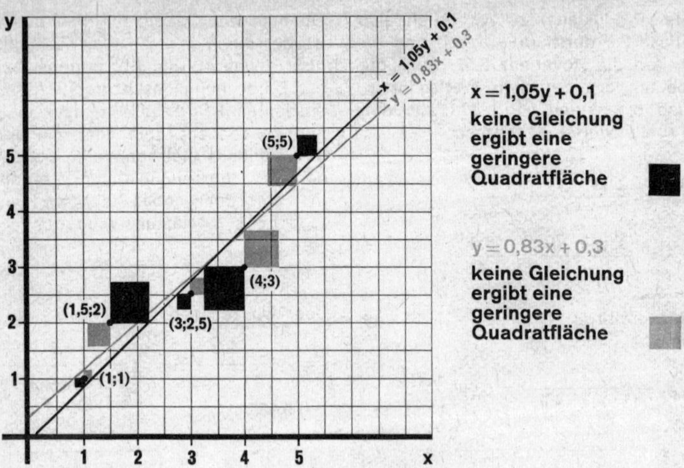

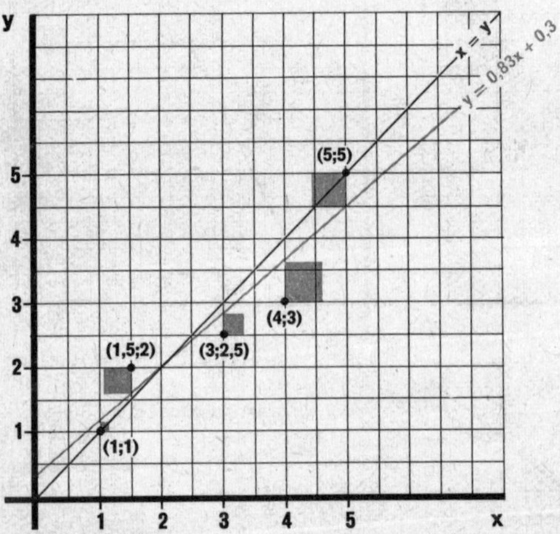

Jedenfalls ist unsere Annahme bestätigt, daß die Korrelation in unserem Beispiel sehr hoch ist. Wenn wir allerdings diese Korrelationsanalyse als Untersuchung einer Stichprobe auffassen, dann kann vor der Zuverlässigkeit dieses r gar nicht genug gewarnt werden. Je weniger Meßwertpaare vorliegen, um so leichter ist es, eine Regressionsgerade zu ziehen – aber um so unsicherer ist deren Wert. Der Extremfall soll als warnendes Beispiel dienen: Eine Stichprobe vom Umfang $n = 2$ ergibt, im Koordinatensystem in Form von zwei Punkten aufgetragen, eine prachtvolle Regressionsgerade, die genau durch diese beiden Punkte geht; den Korrelationskoeffizient $r = 1$ kann man mit bloßem Auge ablesen. Der

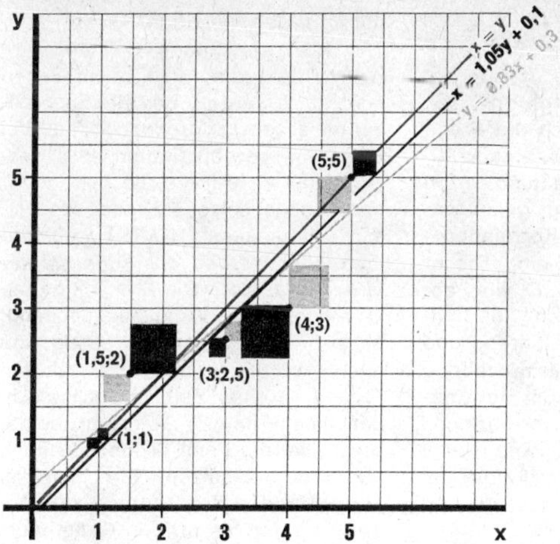

Regressionslinien werden der Forderung gerecht, daß die Summe aller quadratischen Abweichungen der einzelnen Punkte so gering wie möglich ist.

Aussagewert ist aber absolut null, da durch nur zwei Punkte *stets* eine Gerade gelegt werden kann (s. dazu Abb. S. 257).
Im übrigen ist keineswegs gesagt, daß es immer eine Gerade sein muß, in der sich das Ergebnis einer Regressionsgleichung graphisch darstellen läßt. Es kann vielmehr zwischen den Variablen x und y sehr wohl eine äußerst enge Abhängigkeit bestehen, ohne daß jedoch eine Regressionsgerade diesem Sachverhalt gerecht werden kann. Man denke nur etwa an die Funktion $y = x^2 - 1$, die wir zu Beginn des Abschnitts 9.2 erwähnt haben. Allerdings bedeutet eine nichtlineare Regression, daß zumindest eine der beiden Variablen nicht normalverteilt ist.
Mit einiger Phantasie und viel mathematischer Fingerfertigkeit kann man zu nahezu jeder Meßwertkombination eine leidlich passende Regressionskurve errechnen – von einer Sinuskurve wie $y = \sin x$ bis zu einer Funktion dritten Grades wie etwa $y = x^3 - 6x^2 + 11x - 5$. Ein verwegener Mathematiker kann dabei nur allzuleicht in die Versuchung geraten, eine Regressionskurve so lange hartnäckig zu suchen, bis er zuletzt tatsächlich eine findet. Die mag dann allerdings dem Sachverhalt der Stichprobe weitgehend entsprechen, wird aber wohl nur mit allergrößter Vorsicht für die Zusammenhänge in der Grundgesamtheit herangezogen werden können.
Wir haben, das sei abschließend noch betont, nur den Fall von zwei Variablen (x und y) behandelt. Selbstverständlich gibt es auch Rechenverfahren für die mehrfache Regressionsanalyse, die Regressionsrechnung mit drei und noch mehr Variablen. Diese Methoden sind aber unverhältnismäßig schwieriger und in der Praxis meist nur mit Rechenanlagen in vernünftigen Zeitspannen zu bewältigen.
Freilich – nicht alles im Bereich der Korrelationen ist vernünftig, wie wir im folgenden Abschnitt gleich sehen werden.

9.4 Scheinkorrelationen – Logik und Statistik

Wenn die Zusammenhänge erwiesen sind, bleibt zumeist noch die Frage nach Ursache und Wirkung, nach Zufall oder tieferer Bedeutung, nach direktem Zusammenhang, gemeinsamem Dritten (»bedingte Korrelation«) oder trügerischem Schein. Dieser *Scheinkorrelation* wollen wir abschließend einen kleinen Abschnitt widmen, weil sie so irreführend und daher gefährlich, aber auch, weil sie mitunter so vergnüglich ist. Im Englischen spricht man von ihr übrigens meist recht lapidar als *»nonsense correlation« (Unsinnskorrelation)*, im Deutschen spricht man taktvoll von einer *Scheinkorrelation.*

Eine Scheinkorrelation, die in den letzten Jahren – wieder einmal – durch die gesamte Weltpresse gegangen ist, stellt einen Zusammenhang her zwischen den Börsenkursen und der Höhe der Rocksäume – nach dem Prinzip: *je höher der Rocksaum, desto höher die Kurse.* Wenn Minikleider getragen werden, hat die Börse Hausse. Dieser Scherz wird zuweilen in allem Ernst vorgetragen: So soll etwa im Jahre 1967 ein Finanzberater in Massachusetts festgestellt haben, daß diese Korrelation sich über einen Zeitraum von 47 Jahren nachweisen lasse. Höchstwahrscheinlich stimmt schon diese Behauptung nicht (und was gar Mitteleuropa betrifft, so lagen die Kurse im kniebedeckten Jahr 1962 weit höher als im Mini-Jahr 1970), aber selbst wenn sie nachweisbar wäre, hätten wir es doch nur mit einer »nonsense correlation« zu tun. Es sei denn, man wollte allen Ernstes die Theorie aufstellen, daß die alten Börsianer auf dem Wege zur Börse durch die Minikleidchen so euphorisch gestimmt werden, daß sie dann unisono die Kurse hochjubeln. Ein anderes Beispiel hat Helen M. Walker, Verfasserin eines einführenden Lehrbuches in die Statistik, in den vierziger Jahren gegeben. Man wird finden, daß der Winkel, in dem die Füße beim Gehen aufgesetzt werden, bei älteren Frauen meist etwas größer ist als bei jüngeren. Werden Frauen etwa deswegen älter, weil sie die Füße mehr nach außen setzen? Kaum. Also ist es wohl umgekehrt: *Mit zunehmendem Alter werden die Füße stärker auswärts gesetzt.* Die Statistik hat es ja bewiesen. In Wirklichkeit handelt es sich aber vermutlich einzig und allein darum, »daß die älteren Frauen zu einer Zeit aufwuchsen, in der einem jungen Mädchen beigebracht wurde, beim Gehen die Füße auswärts zu setzen, die jüngeren aber erlernten ihre Haltung zu einer Zeit, als ein derartiger Gang nicht mehr gern gesehen wurde«.

Die rein rechnerische Korrelation ist (oder wohl richtiger: war) also durchaus gegeben, nur ist sie bedeutungslos und irreführend. Wallis/Roberts sagen daher auch ganz richtig, *daß Scheinkorrelationen meist auf Mißdeutungen tatsächlich bestehender Korrelationen zurückgehen,* sich bei näherer Betrachtung nur als Fehlinterpretationen erweisen. Sie erwähnen allerdings auch eine *Scheinkorrelation, die auf rein rechnerischem Wege ensteht.* Wenn man etwa aus den drei Variablen X, Y und Z auf Zusammenhänge schließen will, so mag man auf den Gedanken kommen, das Verhältnis X : Z mit dem Verhältnis Y : Z zu vergleichen – und wird eine eindrucksvolle Korrelation errechnen können, die aber vorwiegend dadurch zustande kommt, daß immer wieder der Wert 1/Z ins Spiel kommt: Ist Z groß, werden X/Z und auch Y/Z klein. Ist Z klein, werden X/Z und auch Y/Z groß. Ein falsches Rechenverfahren führt hier in die Irre und zu einer Scheinkorrelation.

Nehmen wir etwa an, wir hätten bei den drei Variablen x, y und z folgende Meßwertkombinationen beobachtet:

x	y	z
1	0,5	1
2	5	2
3	3	10
4	2	12
5	8	2
6	5	10
7	3	7

Trägt man die Meßwertpaare (x, y) in ein Koordinatensystem ein, erhält man kaum eine glaubwürdige Regressionsgerade – die Punkte sind recht wahllos verstreut (s. nebenstehende Abb.). Setzen wir aber x beziehungsweise y mit z in Beziehung, dann erhalten wir zunächst folgende Tabelle:

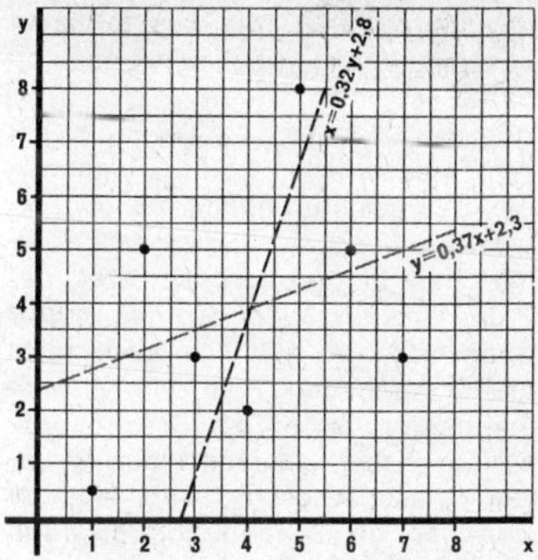

Die Originalmeßwerte unseres Textbeispiels ergeben eine äußerst geringe Korrelation. Setzt man sie jedoch zu einem dritten Meßwert in Beziehung, dann kann der Eindruck einer hohen Korrelation entstehen, die in Wahrheit gar nicht gegeben ist. Dieser dritte Wert wird nämlich durch die Rechenoperation teilweise auf sich selbst bezogen und verzerrt so das ursprüngliche Bild.

x/z	y/z
1	0,5
1	2,5
0,3	0,3
0,33	0,17
2,5	4
0,6	0,5
1	0,43

Aus diesen Werten erhält man eine sehr eindrucksvolle Regressionsgerade und könnte zweifellos auch einen hohen Korrelationskoeffizienten errechnen. Doch das alles ist nur durch den Einfluß von z geschehen, dem eigentlich unsere Untersuchung gar nicht gelten sollte. Man kann sich mit solchen Methoden unversehens – und auf einer nur wenig höheren Ebene – in jenen Ratespielen verfangen, bei denen sich jemand zunächst eine Zahl denkt, die er dann mehrmals multiplizieren, dividieren, zu der er etwas hinzufügen oder von der er etwas abziehen muß, bis zuletzt die gesuchte Zahl »erraten« ist.

Ein grober logischer Denkfehler liegt schließlich dann vor, wenn eine Gesamtheit in Teilmengen getrennt und deren Anteil über ein Zeitintervall hinweg verglichen wird: Es muß hier zwangsläufig zu einer ausgeprägten negativen Korrelation kommen, denn wenn von zwei Prozentsätzen, die einander zu 100 Prozent ergänzen, einer steigt, muß der andere abnehmen: zwischen Rauchern und Nichtrauchern, zwischen Weißen und Farbigen, zwischen Tagen mit und ohne Niederschlag wird es stets eine ausgeprägte negative Korrelation geben, so wie bei den Figuren in den alten *Wetterhäuschen,* die immer 180° voneinander entfernt sind, ganz gleich, wer gerade draußen vor dem Tore steht.

Eine echte »nonsense correlation« zitiert Kellerer: »Stellt man für die letzten fünfzig Jahre einerseits die jeweilige Einfuhr an *Apfelsinen* (=x) und andererseits die Zahl der Todesfälle an *Krebserkrankungen* (= y) fest und trägt jedes so gewonnene Wertepaar x_i, y_i in ein rechtwinkliges Koordinatensystem ein, so zeigt sich, daß – mit Ausnahme der Kriegs- und unmittelbaren Nachkriegsjahre – hohen (niedrigen) x-Werten auch hohe (niedrige) y-Werte entsprechen. Trotz des formalen Zusammenhangs liegt hier aber keine echte Bindung vor.«

Und darauf folgt, ganz beiläufig, ein sehr wesentlicher Satz: *»Allgemein gilt, daß bei Anwendung der Regressionsrechnung auf Zeitreihen bei jeder der beiden Größen erst der Trend ausgeschaltet werden muß.«* Dann kann es nämlich auch nicht mehr geschehen, daß ein Zusammenhang zwischen den Schnapspreisen und den Gehältern der Pastoren »nachgewiesen« wird – oder zwischen den Sauerkrautpreisen in Wien und der Zahl der Schweizer Besucher in dieser Stadt. Übrig bleibt freilich mitunter immer noch eine sinnlose Zufallskorrelation.

Natürlich ist es oft sehr schwer, festzustellen, wie sinnlos eine Korrelation ist. Sobald einmal durch statistische Prüfmethoden die Nullhypothese »Es handelt sich um Zufall« entschieden zurückgewiesen erscheint, bleibt möglicherweise eine »signifikante« Korrelation zurück, aus der sich niemand einen Vers machen kann, die aber durchaus zumindset prognostischen Wert haben mag.

Nehmen wir den – zugegebenerweise bizarren – Fall, daß auf die Frage nach der Lieblingsfarbe fast alle Leute, die an Nierensteinen leiden, »Grün« antworten, während unter anderen Patienten die Beliebtheit der einzelnen Farben zufallsverteilt ist. Dann könnte man, sobald diese Korrelation »Lieblingsfarbe Grün – Nierensteine« statistisch gesichert ist, immerhin vorhersagen, daß unter tausend Patienten, deren Lieblingsfarbe Grün ist, höchstwahrscheinlich auch einige Nierensteinkranke sein werden, während unter jenen mit anderen Lieblingsfarben vermutlich kein einziger sein wird. Der Arzt könnte sich dann auf die Antwort »Rot« oder »Gelb« bereits sagen: »Aha, Nierensteine hat er nicht« – obwohl zwischen Lieblingsfarbe und Steinkrankheiten keinerlei logischer oder medizinischer Zusammenhang feststellbar ist.

Das ist übrigens eine Frage, die schon Marcus Tullius Cicero und seinen Bruder Quintus Cicero bewegt hat: ob Korrelationen (die man allerdings noch nicht so nannte) auch dann zur Prognose herangezogen werden dürfen, wenn der Zusammenhang nicht erklärbar ist. Marcus Tullius lehnte das ab, Quintus war dafür. Wir halten es eher mit Quintus: *Das Fehlen der Erklärung macht eine nachgewiesene Korrelation nicht hinfällig.*

Primitive Korrelationen werden auch schon in den uralten *Bauern- und Wetterregeln* oftmals festgestellt oder behauptet. So hat vermutlich jahrzehntelange Erfahrung gezeigt, daß später Winterbeginn oft auch ein spätes Winterende bedeutete – und es wurde gewissermaßen zwischen den Variablen »Winterbeginn« und »Frühjahrsbeginn« eine hohe Korrelation ermittelt, die dann freilich nicht in einem Koeffizienten, sondern in einer Bauernregel ausgedrückt wurde: *»Grüne Weihnachten, weiße Ostern; weiße Weihnachten, grüne Ostern.«*

Bei der Korrelation noch mehr als bei jedem anderen Teilgebiet der statistischen Arbeit muß gelten: zahlenmäßige Ergebnisse, selbst wenn sie aus einwandfreiem Material korrekt errechnet sind, beweisen noch nichts, sondern weisen auf etwas hin, machen aufmerksam, fordern zur Hypothesenstellung und nachfolgenden Hypothesenprüfung auf. Nirgendwo sonst liegt die Gefahr näher, voreilige Trugschlüsse aufzustellen oder manipulierten Auslegungen ins Garn zu gehen. Wir wollen mit ein paar schlagwortartigen Beispielen über mißverstandene oder irrige Korrelationen diesen Abschnitt beschließen und es dem Leser überlassen, die Mängel in der Argumentation aufzudecken.

Erstes Beispiel: Zwischen Körpergewicht und vielen Erkrankungen be-

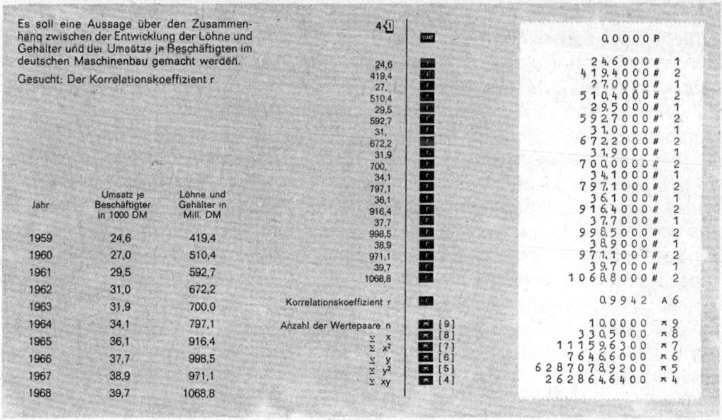

Es soll eine Aussage über den Zusammenhanq zwischen der Entwicklung der Löhne und Gehälter und dei Umsätze je Beschäftigten im deutschen Maschinenbau gemacht werden.

Gesucht: Der Korrelationskoeffizient r

Jahr	Umsatz je Beschäftigter in 1000 DM	Löhne und Gehälter in Mill. DM
1959	24,6	419,4
1960	27,0	510,4
1961	29,5	592,7
1962	31,0	672,2
1963	31,9	700,0
1964	34,1	797,1
1965	36,1	916,4
1966	37,7	998,5
1967	38,9	971,1
1968	39,7	1068,8

Eingabe	Taste	Ausdruck
4{1}	START	0,0000 P
24,6		24,6000 # 1
419,4		419,4000 # 2
27,		27,0000 # 1
510,4		510,4000 # 2
29,5		29,5000 # 1
592,7		592,7000 # 2
31,		31,0000 # 1
672,2		672,2000 # 2
31,9		31,9000 # 1
700,		700,0000 # 2
34,1		34,1000 # 1
797,1		797,1000 # 2
36,1		36,1000 # 1
916,4		916,4000 # 2
37,7		37,7000 # 1
998,5		998,5000 # 2
38,9		38,9000 # 1
971,1		971,1000 # 2
39,7		39,7000 # 1
1068,8		1068,8000 # 2
Korrelationskoeffizient r		0,9942 A 6
Anzahl der Wertepaare n	[9]	10,0000 x̄ 9
Σ x	[8]	330,5000 x̄ 8
Σ x^2	[7]	11159,6300 x̄ 7
Σ y	[6]	7646,6000 x̄ 6
Σ y^2	[5]	6287078,9200 x̄ 5
Σ xy	[4]	262864,6400 x̄ 4

Errechnung eines Korrelationskoeffizienten mit Hilfe eines elektronischen Tischrechners mit vorprogrammierten Statistikfunktionen. Die Berechnung all der $(x_i - \bar{x})$ und so weiter wird von der Rechenanlage vorgenommen, die neben dem Resultat r = 0,9942 auch die Hilfswerte auswirft. So ist etwa hier Σx die Summe der zehn Jahresumsätze je Beschäftigten, Σy die Zehnjahressumme der Löhne und Gehälter.

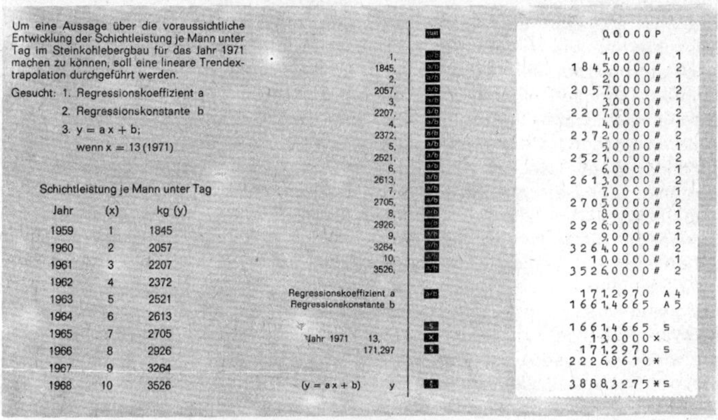

Um eine Aussage über die voraussichtliche Entwicklung der Schichtleistung je Mann unter Tag im Steinkohlebergbau für das Jahr 1971 machen zu können, soll eine lineare Trendextrapolation durchgeführt werden.

Gesucht: 1. Regressionskoeffizient a
2. Regressionskonstante b
3. y = a x + b;
wenn x = 13 (1971)

Schichtleistung je Mann unter Tag

Jahr	(x)	kg (y)
1959	1	1845
1960	2	2057
1961	3	2207
1962	4	2372
1963	5	2521
1964	6	2613
1965	7	2705
1966	8	2926
1967	9	3264
1968	10	3526

Eingabe	Taste	Ausdruck
	START	0,0000 P
1,	a/b	1,0000 # 1
1845,	a/b	1845,0000 # 2
2,	a/b	2,0000 # 1
2057,	a/b	2057,0000 # 2
3,	a/b	3,0000 # 1
2207,	a/b	2207,0000 # 2
4,	a/b	4,0000 # 1
2372,	a/b	2372,0000 # 2
5,	a/b	5,0000 # 1
2521,	a/b	2521,0000 # 2
6,	a/b	6,0000 # 1
2613,	a/b	2613,0000 # 2
7,	a/b	7,0000 # 1
2705,	a/b	2705,0000 # 2
8,	a/b	8,0000 # 1
2926,	a/b	2926,0000 # 2
9,	a/b	9,0000 # 1
3264,	a/b	3264,0000 # 2
10,	a/b	10,0000 # 1
3526,	a/b	3526,0000 # 2
Regressionskoeffizient a	a/b	171,2970 A 4
Regressionskonstante b		1661,4665 A 5
	S	1661,4665 S
Jahr 1971 13,	×	13,0000 ×
171,297	S	171,2970 S
		2226,8610 *
(y = a x + b) y		3888,3275 * S

Regressionsrechnung im Computer. Nach dem Schema y = ax + b werden hier für x = 13 die extrapolierten Schichtleistungen aufgrund der Erfahrungen aus zehn früheren Jahren gesucht. Das Resultat lautet: y = 13 · 171,3 + 1661 = 3888. Die Schichtleistung pro Mann wird für das Jahr 1971 also auf 3888 kg geschätzt, auf der Basis des Trends der Jahre 1959 bis 1968. (Aus einer Bedienungsanleitung für das Rechensystem »sigmatron«.)

steht eine positive Korrelation. Fettleibige werden daher gesünder, wenn sie Abmagerungstabletten nehmen.

Zweites Beispiel: In der Schweiz ist der Anteil der Katholiken bei den Weinbauern überdurchschnittlich hoch. In Deutschland wiederum sind Bergbauern fast ausnahmslos katholisch, Matrosen hingegen in der Mehrzahl evangelisch. Das Glaubensbekenntnis hat also auf die Berufswahl entscheidenden Einfluß.

Drittes Beispiel: In den Jahren 1930

bis 1950 bestand in England eine deutliche Korrelation zwischen der Zahl der erteilten Rundfunkgenehmigungen und der Zahl der Patienten in Nervenheilanstalten. Die volksverdummende Wirkung des Radios hat die Bevölkerung scharenweise in den Irrsinn getrieben.

Viertes Beispiel: Alkoholiker verdienen weniger als Nichtalkoholiker. Der Suff macht sie für besser bezahlte Positionen ungeeignet. Oder ist damit nicht doch eher bewiesen, wie Zurücksetzung im Berufsleben dazu führt, daß Frustrierte zum Alkohol greifen?

Fünftes Beispiel: In einer umfangreichen Untersuchung wurde eine deutliche Korrelation zwischen schlechter Wohngegend (alte Häuser, unzureichende sanitäre Verhältnisse, kleine Wohnungen und so weiter) und Krebssterblichkeit festgestellt. Wer arm ist, muß also früher an Krebs sterben.

Zu diesem letzten Beispiel, das vor wenigen Jahren in einer mitteleuropäischen Großstadt viel Aufregung verursacht hat und das nicht so leicht zu erklären ist wie die vorhergegangenen vier Beispiele, wollen wir doch zeigen, wie die täuschende Korrelation zustande kam. Es war – wie so oft – ein Fehler in der Interpretation. Die wahre Ursache war das gemeinsame Dritte: In den alten Wohnbezirken wohnten nicht nur überwiegend ärmere, sondern *vor allem überwiegend ältere* Menschen. Es waren daher in diesen Bezirken die Krebstodesfälle relativ häufiger als in den Neubauvierteln mit ihren im Durchschnitt merklich jüngeren Familien. Eine nachträglich durchgeführte altersspezifische Analyse ergab keine signifikanten Unterschiede, die die Wohnverhältnisse für die Krebssterblichkeit verantwortlich machen konnten.

Das *»gemeinsame Dritte«* bildet gewissermaßen den nahtlosen Übergang von der Scheinkorrelation zur sinnvollen Korrelation. Man spricht in solchen Fällen gern von einer *»bedingten Korrelation«.* Pfanzagl berichtet zum Beispiel von einer Untersuchung an *Schulkindern* im Alter zwischen sechs und zehn Jahren, hinsichtlich einer Korrelation zwischen *Körpergewicht* und *manueller Geschicklichkeit.* Es ergab sich ein Korrelationskoeffizient von $r = 0{,}45$, also ein recht deutlicher Zusammenhang, der zunächst verblüfft: Die schwereren, massigeren Kinder sollen geschickter sein? In Wahrheit lag eine Korrelation beider Merkmale mit dem Alter vor: Ältere Kinder sind sowohl geschickter als auch schwerer im Vergleich zu jüngeren. Es muß also erst dieser Faktor rechnerisch ausgeschaltet beziehungsweise sichtbar gemacht werden. Das »altersbereinigte« Ergebnis zeigte dann erwartungsgemäß eine geringfügig negative Korrelation: Unter Gleichaltrigen sind die Dickeren ein kein wenig ungeschickter.

Zum Abschluß aber noch eine Scheinkorrelation besonderer Art: *Unverhältnismäßig mehr Leute sterben im Bett* als auf der Straße, auf dem Meer oder in einer Verbrecherkneipe. Das Bett ist daher nachweislich der gefährlichste Aufenthaltsort.

10. Auf der Suche nach Gewißheit

10.1 Hypothesen und Kontingenzen

Die moderne Statistik besteht zum großen Teil aus *Hypothesenprüfung.* Sie schätzt, auf der Basis von Stichprobenergebnissen, *Häufigkeitsverteilungen* oder *Korrelationen* in einer Grundgesamtheit und gibt damit zugleich Verhaltensempfehlungen, *Entscheidungshilfen:* Dieses Medikament scheint signifikant wirkungsvoller zu sein als ein anderes, diese Unregelmäßigkeit in der Produktion kann nicht bloß auf Zufall zurückzuführen sein, dieses Zusammentreffen von zwei Erscheinungen hingegen läßt sich noch durch Zufall erklären.

Aufgrund erster Stichprobenergebnisse – bisweilen auch lediglich aus schöpferischer Phantasie – werden dann Hypothesen gebildet: »Da könnte doch ein Zusammenhang bestehen.« – »Das müßte doch eigentlich Auswirkungen zeitigen.« – »Wenn man nun annimmt, daß das ein bloßer Zufall ist...« Danach werden diese Hypothesen einer statistischen Überprüfung unterzogen, und die Realität wird immer enger eingekreist, die Wahrscheinlichkeit für richtiges, sinnvolles Verhalten wird immer größer.

Manches Grundsätzliche zur Hypothesenprüfung haben wir bereits im sechsten Kapitel erfahren, als von Produktionskontrolle, Abnahmekontrolle, Stichprobenanalyse im allgemeinen und von kleinsten Stichproben die Rede war. Dort haben wir unter anderem das Prinzip der *Nullhypothese* kennengelernt: Alles wird so lange dem Zufall zugeschrieben, bis eine gewisse Schwelle der (Un-) Wahrscheinlichkeit überschritten ist. Dort haben wir auch jenes Problem der Hypothesenprüfung behandelt, bei dem es um die Feststellung ging, innerhalb welcher Grenzen ein in der Stichprobe ermittelter Mittelwert (oder eine Häufigkeit) für die Grundgesamtheit wahrscheinlich Geltung hat. Dazu wird nur noch wenig nachzutragen sein.

Oft aber geht es bei der Hypothesenprüfung darum, *die Wahrscheinlichkeit und die Bedeutung (Signifikanz) einer Korrelation zu testen.* Patienten schlafen auf das Medikament A um eine halbe Stunde länger als auf das Präparat B – läßt sich das noch als Zufall erklären? Geschiedene Männer heiraten geschiedene Frauen häufiger, als es dem Anteil der Geschiedenen an den Eheschließenden eigentlich entspräche – ist das vielleicht nur ein Zufall? Ein Korrelationskoeffizient beträgt 0,3 – ist das im gegebenen Fall ausreichend, um die Nullhypothese zu verwerfen? Läßt sich eine beobachtete Korrelation nicht etwa auf zwei oder mehr Faktoren statt nur auf einen einzigen zurückführen – und wie hoch ist vermutlich der Anteil der einzelnen Faktoren an dem beobachteten Effekt?

Das etwa sind charakteristische Fragen der Hypothesenprüfung. Die Antworten darauf beeinflussen in jedem Augenblick irgendwo auf der Welt Entscheidungen, die oft auch unser persönliches Schicksal wesentlich mitbestimmen können. Ob es um die Festigkeit von Baustoffen, um die Nebenwirkungen von Medikamenten, um die Qualität von Reifenprofilen, um neue Wege der Schulbildung oder um die Ungefährlichkeit eines Konservierungsmittels geht – stets handelt es sich darum, aus Experimenten Daten zu gewinnen und diese Daten dann mit statistischen Tests auf ihre Aussagekraft hin ganz genau zu überprüfen. Wir wollen zunächst an einem Beispiel zeigen, wie eine Zufallsverteilung von zwei Variablen in der Praxis aussieht. Zu diesem Zweck erstellen wir eine sogenannte *Kontingenztafel*. Das Wort *»Kontingenz«* ist auf dem Umweg über das Englische aus dem Lateinischen in die Statistik gekommen – Kontingenz ist fast wörtlich *das Zusammentreffen.* In einer solchen Tabelle werden also Ergebnisse registriert, die sich aus dem Zusammentreffen von zwei Merkmalsreihen ergeben. Wir greifen aus dem österreichischen Statistischen Jahrbuch etwa jene Tabelle heraus, in der der Familienstand der Brautleute vor der Eheschließung dargestellt ist.

Eheschließungen 1968 nach dem Familienstand der Brautleute

Familienstand des Bräutigams vor der Eheschließung	Familienstand der Braut vor der Eheschließung				Familienstand der Braut vor der Eheschließung			
	ledig	verw.	gesch.	insg.	ledig	verw.	gesch.	insg.
	Grundzahlen				Von 100 Eheschließungen			
Ledig	44 833	391	2 343	47 567	80·0	0·7	4·2	84·9
Verwitwet	978	581	560	2 119	1·8	1·0	1·0	3·8
Geschieden	3 405	375	2 535	6 315	6·1	0·7	4·5	11·3
Insgesamt	49 216	1 347	5 438	56 001	87·9	2·4	9·7	100·0

Aus dieser Tabelle allein ist zunächst für das ungeschulte Auge nicht sehr viel zu ersehen – daß bei den weitaus meisten Eheschließungen beide Partner ledig sind, ist ja nicht weiter aufsehenerregend. Auch wenn wir den anteilmäßigen Familienstand errechnen, fällt noch nichts Besonderes auf. Von den heiratenden Männern waren 84,9 Prozent ledig, 3,8 Prozent verwitwet, 11,3 Prozent geschieden. Von den Frauen waren 87,9 Prozent ledig, 2,4 Prozent verwitwet und 9,7 Prozent geschieden.

Bei den Männern sind die Witwer und Geschiedenen anteilsmäßig etwas häufiger, das sehen wir jetzt deutlich. Aber nun, da wir diese Anteilshäufigkeiten für beide Ehepartner kennen, erstellen wir die Kontingenztafel der Nullhypothese, das heißt, wir nehmen an, es handle sich bloß um Zufälligkeiten, aus denen sich der Familienstand des Ehepartners ergibt. Da zum Beispiel 9,7 Prozent der Bräute geschieden sind, entfallen auf 1000 heiratende Männer 97 geschiedene Frauen. Unter 1000 eheschließenden Männern aber gibt es 849 Ledige, so daß $\frac{849}{1000}$ der 97 geschiedenen Frauen von ledigen Männern geheiratet werden. Da es sich nicht empfiehlt, Frauen vor dem Standesbeamten in Stücke zu reißen, wollen wir $\frac{849 \cdot 97}{1000}$ gleich 82 setzen. 82 geschiedene Frauen sollten also von ledigen Männern geheiratet werden, 11 von geschiedenen Männern und 4 von Witwern.

Das ist wohlgemerkt unsere Nullhypothese der reinen Zufallsverteilung. Es ist das Modell des Würfelspiels: Der Würfel »Familienstand der Braut« wird unabhängig vom Würfel »Familienstand des Bräutigams« geworfen. Da wir es also mit – vermeintlich – unabhängigen Ereignissen zu tun haben, gilt das Multiplikationsgesetz der Wahrscheinlichkeit »lediger Mann« ($p_{lm} = 0{,}849$) multipliziert mit der Wahrscheinlichkeit »geschiedene Frau« ($p_{gf} = 0{,}097$) – ergibt die Gesamtwahrscheinlichkeit »Verbindung zwischen ledigem Mann und geschiedener Frau«,

$p_{lm} \cdot p_{gf} = (0{,}849) \cdot (0{,}097) = 0{,}0825,$

also – unter abermaligem Verzicht auf die Durchsägung einer lebendigen Dame – 82 oder 83 solcher Ehen pro 1000 Heiraten.

Nun erstellen wir die *hypothetische Kontingenztafel für alle denkbaren Fälle* (in Prozenten):

Bräutigam	Braut			
	ledig	verwitw.	geschieden	Summe
ledig	74,7	2,0	8,2	84,9
verwitwet	3,3	0,1	0,4	3,8
geschieden	9,9	0,3	1,1	11,3
Summe	87,9	2,4	9,7	100

Dieser Kontingenztafel der Nullhypothese (»reiner Zufall«) stellen wir nun die in Prozentsätze umgerechnete Originaltabelle der wahren Häufigkeiten gegenüber – und die sieht so aus:

Bräutigam	Braut		
	ledig	verwitwet	geschieden
ledig	80,0	0,7	4,2
verwitwet	1,8	1,0	1,0
geschieden	6,1	0,7	4,5

Die *Unterschiede zwischen der hypothetischen und der wirklichen Verteilung* sind besonders dann deutlich, wenn man die Diagonale vergleicht – also jene Paare, bei denen sich »gleich zu gleich« gesellt. Bei den doppelt verwitweten Paaren etwa ist die wahre Häufigkeit zehnmal so groß als die nach der Nullhypothese. (Kein Wunder: Verwitwete Personen sind meist schon älter und werden verhältnismäßig oft wiederum einen Partner gesetzteren Jahrgangs wählen, der dann eben häufig auch verwitwet ist. Das ist aber ein Erklärungsversuch, der mit dem reinen Zahlenmaterial in keinem direkten Zusammenhang steht: Wie wir wissen, bedeutet Korrelation nicht zwangsläufig ein Ursache-Wirkung-Verhältnis. Erst wird die unerwartet hohe Häufigkeit festgestellt, und dann muß sich der Statistiker oder ein Fachmann des betreffenden Spezialgebietes den Kopf über die Ursachen zerbrechen.

Dieser Hinweis auf die unerwartet hohen Werte in der Diagonale der Kontingenztafel bietet uns allerdings noch keine rechnerische Analyse der Bedeutsamkeit oder Belanglosigkeit. Wir müßten dazu Testmethoden anwenden, die wir erst noch kennenlernen werden, denn der *Vergleich zwischen hypothetischer und wirklicher Verteilung* ist die Hauptaufgabe des sogenannten *Chi-Quadrat-Tests.*

Vorher aber wollen wir noch einmal an den Begriff der *»Freiheitsgrade«* erinnern, dem wir erstmals – ebenfalls bei der Hypothesenprüfung – bereits bei der *»t-Verteilung«* begegnet sind. Wenn wir in unserem jetzigen Beispiel nach Freiheitsgraden suchen wollten, so müßten wir beispielsweise bei den Männern sagen: Zunächst haben wir die Freiheit der Bestimmung bei den Ledigen – sie mögen 90 Prozent ausmachen. Dann nehmen wir uns die Freiheit heraus, die Geschiedenen zu bestimmen – sie mögen 8 Prozent ausmachen. Schließlich wollen wir uns noch die Freiheit nehmen, auch die Verwitweten nach Belieben anzugeben – aber können wir das noch? Wenn wir einmal 8 Prozent + 90 Prozent der Gesamtheit haben und nur noch eine Kategorie zur Verfügung steht, dann gibt es dafür keine Freiheit mehr: Sie steht mit 100 — 98 = 2 Prozent eindeutig fest. Wir haben also lediglich zwei Freiheitsgrade.

Selbstverständlich ergibt sich dieselbe Situation bei den Frauen: zwei Freiheitsgrade. Für die Kontingenztafel insgesamt erhalten wir zwei mal zwei, also vier Freiheitsgrade.

Schließlich noch etwas zur *Nullhypothese.* Es ist keineswegs gesagt, daß die Nullhypothese immer eine Zufallsverteilung darstellen muß. Wir hätten zum Beispiel von einem

Land wissen können, in dem Geschiedene fast ausnahmslos Verwitwete heiraten, und umgekehrt. Die Nullhypothese zur Prüfung des Zahlenmaterials aus Österreich hätte dann lauten können: »Nehmen wir einmal an, hier wäre es grundsätzlich ebenso – lassen sich die andersartigen Zahlen durch bloßen Zufall erklären?«

Da wir also in der Wahl der zu testenden Hypothese so frei sind, eröffnet sich eine sehr wichtige weitere Möglichkeit. Ich kann das Ergebnis einer ersten Stichprobe als Nullhypothese für das Resultat einer zweiten Stichprobe ansehen, indem ich formuliere: »Nehmen wir an, die zweite Stichprobe sei aus derselben Gesamtheit gezogen wie die erste – ich weiß das nicht so genau. Ist diese Annahme zu widerlegen?«

Wenn ich die beiden Stichproben vermeintlich aus derselben Population gezogen habe, dann wird ein signifikanter Unterschied mich vermuten lassen, daß die Grundgesamtheit in Wirklichkeit gar nicht mehr dieselbe ist. Wenn ich aber – und das ist bei der Hypothesenprüfung der häufigere Fall – meine Stichprobe zwei ähnlichen, aber nicht gleichen Gesamtheiten entnommen habe, dann kann die Falsifizierung der Nullhypothese wertvolle Hinweise etwa auf die Wirksamkeit unterschiedlicher Arbeitsmethoden oder Materialqualitäten geben.

Oftmals lautet die Fragestellung der Hypothesenprüfung dann: Entspricht die beobachtete Verteilung der erwarteten? Die Antwort darauf liefert in den meisten Fällen der *Chi-Quadrat-Test.*

10.2 Der Chi-Quadrat-Test

Ein bettlägeriger Statistiker läßt traumverloren einen Würfel über ein Servierbrett rollen – dreißig-, fünfzig-, sechzigmal. Dann zählt er zusammen, was er auf einer Strickeltabelle notiert hat: siebenmal ist die Eins gefallen, neunmal die Zwei, zehnmal die Drei, sechsmal die Vier, fünfzehnmal die Fünf, dreizehnmal die Sechs. »Hm«, brummelt er vor sich hin, »sechsmal die Vier, aber fünfzehnmal die Fünf? Geht das noch mit rechten Dingen zu?« – Und er holt wieder seinen Bleistift hervor.

Er könnte nun zum Beispiel über die Standardabweichung der Binomialverteilung ($\sigma = \sqrt{npq}$) errechnen, daß für jede Augenzahl die Standardabweichung $\sqrt{60 \cdot 1/6 \cdot 5/6} = \sqrt{8{,}35} = 2{,}9$ beträgt, und könnte daraus ersehen, daß jede Augenzahl eine Häufigkeit noch innerhalb der doppelten Standardabweichung – nämlich zwischen ($10 - 5{,}8 = 4{,}2$) und ($10 + 5{,}8 = 15{,}8$) – aufweist, aber er wählt eine elegantere und präzisere Methode. Er notiert:

Augenzahl	Häufigkeit erwartet	Häufigkeit beobachtet	Differenz	Quadrat der Differenz	Quadrat der Differenz dividiert durch erwartete Häufigkeit
1	10	7	—3	9	0,9
2	10	9	—1	1	0,1
3	10	10	0	0	0
4	10	6	—4	16	1,6
5	10	15	5	25	2,5
6	10	13	3	9	0,9
					6,0

»Genau sechs«, murmelt der Statistiker und greift nach der Chi-Quadrat-Tabelle, die er selbstverständlich neben dem Bett liegen hat. »Sechs – und fünf Freiheitsgrade.« Ein Blick auf die Tabelle, und er lächelt: »In Ordnung, Würfel okay.«
Er hat nämlich festgestellt, daß die Annahme, der Würfel sei korrekt, vom Chi-Quadrat-Test nicht widerlegt wurde. Ehe aber auch wir zufrieden und beruhigt lächeln können, müssen wir den Vorgang rekonstruieren. Was ist geschehen?
Es wurden Differenzen errechnet – in ganz ähnlicher Weise, wie wir das schon ganz früh, im zweiten Kapitel, bei der Berechnung der Streuung kennengelernt haben. Allerdings wurde nicht der beobachtete Meßwert mit dem Arithmetischen Mittel aller beobachteten Werte verglichen, sondern mit einem hypothetischen Wert, dem Erwartungswert, der erwarteten Häufigkeit. Die betrug in allen Fällen jeweils 10, denn da ein Würfel sechs Flächen hat und bei einem korrekten Würfel die Wahrscheinlichkeit für jede einzelne Augenzahl 1/6 ist, beträgt der Erwartungswert (der ja laut Definition ein Durchschnitt ist) bei insgesamt 60 Würfen je 10 für jede Augenzahl (s. Abb. S. 270).
Mit dieser erwarteten Häufigkeit wurde also die beobachtete Häufigkeit verglichen, die Differenz in bekannter Weise quadriert, aber dann durch die erwartete Häufigkeit dividert. Dabei wurden durch die Quadrierung die Extremabweichungen besonders deutlich: Eine Differenz von 1 ergab zuletzt nur 0,1, eine Differenz von 5 dagegen 2,5. Schließlich wurden diese Abweichungsquadrate addiert – und wir erhielten die Zahl 6,0 als Prüfgröße für die Chi-Quadrat-Tabelle. *Chi* ist ein griechischer Buchstabe und wird χ geschrieben, Chi-Quadrat daher χ^2 (s. Abb. S. 271). Und unser Resultat haben wir nach folgender Formel erhalten:

$$\chi^2 = \sum \frac{(B-E)^2}{E}$$

In Worten: *Chi-Quadrat ist gleich der Summe aller quadratischen Differenzen zwischen beobachteten (B) und erwarteten (E) Werten, jeweils bereits dividiert durch die erwartete (E) Häufigkeit.* Und wir haben also erhalten: $\chi^2 = 6$. Was sollen wir nun mit dieser Zahl?
Wie im Falle der t-Verteilung genügt diese Zahl allein jedoch noch nicht, um aus einer Tabelle etwas über ihre Signifikanz zu erfahren. Es muß außer diesem χ^2 *auch noch die Zahl der Freiheitsgrade bekannt sein.* In unserem Fall erhalten wir, da bei insgesamt sechs Möglichkeiten die letzte durch die anderen fünf bestimmt ist (wie wir in Kapitel 6.41 näher erklärt haben), $6 - 1 = 5$ Freiheitsgrade.
Wir suchen also in der Tabelle der Chi-Quadrat-Verteilung die Zeile für »5 Freiheitsgrade« und die Spalte mit der gesuchten Signifikanz auf. Wollen wir etwa untersuchen, ob unser Resultat innerhalb von 95 Prozent aller Zufallsergebnisse eines unverfälschten Würfels liegt, dann suchen wir in Spalte 95 Prozent, Zeile 5 – und finden dort den Vergleichswert 11,1 – und das ist weit mehr als die 6,0, die wir bei unserem Versuch erhalten hatten. Die Nullhypothese (»Würfel ist vermutlich in Ordnung, alles war nur Zufall«) ist auf dem 95-Prozent-Niveau nicht widerlegt (s. Abb. S. 272).
Versuchen wir nun noch bei 97,5 Prozent Signifikanzniveau unser Glück, dann finden wir selbstverständlich einen noch höheren Wert, weil wir ja damit den Zufallsspielraum der Nullhypothese erweitert haben. Um den Spielraum einzuengen, müßten wir in der anderen Richtung suchen, aber da zeigt sich zum Beispiel, daß auch die 80-Prozent-Wahrscheinlichkeit noch bei 7,3 liegt – unser Ergebnis ist also nicht nur nicht signi-

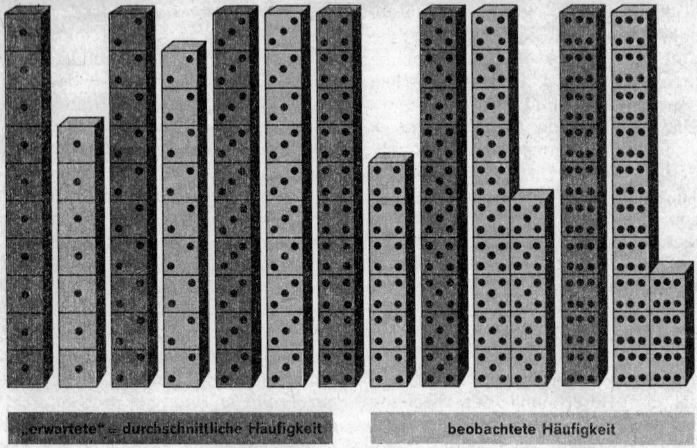

Vergleich erwarteter und beobachteter Häufigkeiten als Grundlage für die Chi-Quadrat-Berechnung. Bei 60 Würfen eines »richtigen« Würfels ist der Erwartungswert jeder Augenzahl 60/6 = 10. Die beobachteten Häufigkeiten in unserem Beispiel weichen davon mehr oder weniger ab.

fikant, sondern nicht einmal recht ungewöhnlich.

Nun haben die Chi-Quadrat-Tabellen aber noch eine besondere Eigenheit: *Außer den extrem hohen und den 50-Prozent-Wahrscheinlichkeiten werden auch extrem niedrige Wahrscheinlichkeiten angegeben* – und das hat seinen Sinn (s. Tabelle S. 273).

Was wir nämlich Nullhypothese genannt haben, ist beim Chi-Quadrat-Test eine Nullhypothese besonderer Art – es ist die Hypothese, daß eine hypothetische Verteilung »paßt«. Wir hatten erwartet, daß der Würfel sich wie ein richtiger Würfel verhalten, also den Gesetzen der Binomialverteilung folgen würde. Wir haben unsere beobachteten mit den »erwarteten« Werten der Binomialverteilung verglichen und unsere Vermutung, es gäbe eine solche Verteilung, in keiner Weise widerlegt gefunden.

Nun läßt sich aber eine solche Vermutung auch in anderer Weise widerlegen oder doch in Frage stellen – nämlich dann, wenn das beobachtete Resultat allzu gut »paßt«, wenn der Zufall den ihm eingeräumten Spielraum sozusagen überhaupt nicht beansprucht. Hätten wir bei unseren 60 Würfen nämlich tatsächlich genau zehnmal jede der sechs Zahlen gewürfelt, dann wäre das ein recht ungewöhnlicher Fall von Zufall gewesen.

Unsere Rechnung hätte dann selbstverständlich $\chi^2 = 0$ ergeben, und ein Blick in die Tabelle hätte gezeigt, daß (5 Freiheitsgrade, 1 Prozent) ein χ^2-Wert von 0,6 gefordert wird. Mit anderen Worten: Der Verdacht liegt nahe, daß die Binomialverteilung nicht zur Geltung kam, weil manipuliert wurde. Im Falle unseres Würfels wird es wohl doch bloß ein seltener Zufall gewesen sein – bei anderen Experimenten hingegen kann ein zu verblüffend gutes »Passen« durch den Chi-Quadrat-Test *als gewissermaßen »signifikant verdächtig« entlarvt* werden. (Im übrigen gilt auch für den Chi-Quadrat-Test wie für die t-Verteilung: Vorsicht mit Tabellen, besonders aus älteren Werken – die Prozentsätze sind zuweilen

»spiegelverkehrt«, anstelle der Freiheitsgrade sind Merkmalklassen angeführt; s. Abb. S. 274.)
Auch die Chi-Quadrat-Verteilung läßt sich als Kurve zeichnen, hat aber – je nach der Zahl der Freiheitsgrade – unterschiedliche Gestalt. Zwischen ihr, der t-Verteilung, der noch kurz vorzustellenden F-Verteilung und der Normalverteilung bestehen interessante, aber doch recht komplizierte Zusammenhänge, deren Darstellung wir hier nicht in Angriff nehmen wollen. Die χ^2-Verteilung wurde im Jahre 1876 von dem deutschen Mathematiker und Geodäten Friedrich Robert Helmert erstmals entdeckt, geriet aber völlig in Vergessenheit, bis sie im Jahre 1900 von Karl Pearson, den wir bereits als Schöpfer des Korrelationskoeffizienten kennen, unabhängig von Helmert neu entdeckt und der mathematischen Statistik dienstbar gemacht wurde. Erst nachdem Pearsons Neuentdekkung Aufsehen erregt und die Statistik einen großen Schritt weitergebracht hatte, fand Bortkiewicz heraus, daß Helmert schon vorher ähnliche Gedanken formuliert hatte.
Die χ^2-Verteilung spielt in der Praxis der Hypothesenprüfung eine kaum zu überschätzende Rolle, weil sie anzugeben vermag, *ob eine vorgefaßte Meinung bezüglich der Verteilung durch die Beobachtungen widerlegt wird oder nicht.* Dabei kann übrigens zwar mit kleinen, aber nicht mit kleinsten Stichproben gearbeitet werden – verständlich, denn um die

Differenz zwischen Erwartung und Beobachtung

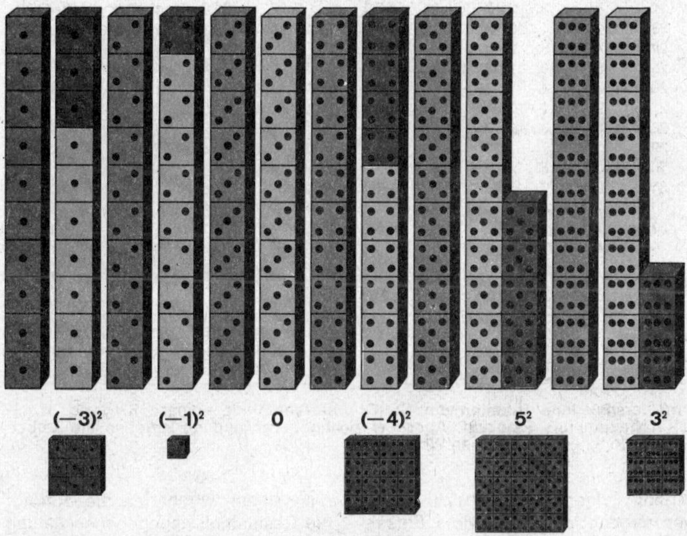

$$\frac{\text{Differenzquadrate:}}{\text{Erwartung:}}\quad \frac{9}{10}+\frac{1}{10}+\frac{0}{10}+\frac{16}{10}+\frac{25}{10}+\frac{9}{10}=\frac{60}{10}=6=\chi^2$$

In einem zweiten Schritt zur Chi-Quadrat-Berechnung werden die »fehlenden« beziehungsweise »überschüssigen« Würfe pro Augenzahl festgestellt und dann quadriert. Die Summe dieser quadratischen Abweichungen ergibt den Chi-Quadrat-Wert.

n \ α	1%	5%	50%	95%	99%
	χ^2-Verteilung				
1	0,0	0,0	0,5	3,8	6,6
2	0,0	0,1	1,4	6,0	9,2
3	0,1	0,4	2,4	7,8	11,3
4	0,3	0,7	3,4	9,5	13,3
5	0,6	1,1	4,4	11,1	15,1
6	0,9	1,6	5,4	12,6	16,8
7	1,2	2,2	6,4	14,1	18,5
8	1,6	2,7	7,3	15,5	20,1
9	2,1	3,3	8,3	16,9	21,7
10	2,6	3,9	9,3	18,3	23,2
11	3,0	4,6	10,3	19,7	24,7
12	3,6	5,2	11,3	21,0	26,2
13	4,1	5,9	12,3	22,4	27,7
14	4,7	6,6	13,3	23,7	29,1
15	5,2	7,3	14,3	25,0	30,6
16	5,8	8,0	15,3	26,3	32,0
17	6,4	8,7	16,3	27,6	33,4
18	7,0	9,4	17,3	28,9	34,8
19	7,6	10,1	18,3	30,1	36,2
20	8,3	10,9	19,3	31,4	37,6
21	8,9	11,6	20,3	32,7	38,9
22	9,5	12,3	21,3	33,9	40,3
23	10,2	13,1	22,3	35,2	41,6
24	10,9	13,8	23,3	36,4	43,0
25	11,5	14,6	24,3	37,7	44,3
26	12,2	15,4	25,3	38,9	45,6
27	12,9	16,2	26,3	40,1	47,0
28	13,6	16,9	27,3	41,3	48,3
29	14,3	17,7	28,3	42,6	49,6
30	15,0	18,5	29,3	43,8	50,9
34	17,8	21,7	33,3	48,6	56,1
40	22,2	26,5	39,3	55,8	63,7
50	29,7	34,8	49,3	67,5	76,2
70	45,4	51,7	69,3	90,5	100,4
100	70,1	77,9	99,3	124,3	135,8

Chi-Quadrat-Verteilung

Freiheitsgrad	Wahrscheinlichkeit[1]) 20%	10%	5%	2%	1%	0,1%
1	1,64	2,70	3,84	5,41	6,63	10,82
2	3,21	4,60	5,99	7,82	9,21	13,81
3	4,64	6,25	7,81	9,83	11,34	16,26
4	5,98	7,77	9,48	11,66	13,27	18,46
5	7,28	9,23	11,07	13,38	15,08	20,51
6	8,55	10,64	12,59	15,03	16,81	22,45
7	9,80	12,01	14,06	16,62	18,47	24,32
8	11,03	13,36	15,50	18,16	20,09	26,12
9	12,24	14,68	16,91	19,67	21,66	27,87
10	13,44	15,98	18,30	21,16	23,20	29,58
11	14,63	17,27	19,67	22,61	24,72	31,26
12	15,81	18,54	21,02	24,05	26,21	32,90
13	16,98	19,81	22,36	25,47	27,68	34,52
14	18,15	21,06	23,68	26,87	29,14	36,12
15	19,31	22,30	24,99	28,25	30,57	37,69
16	20,46	23,54	26,29	29,63	32,00	39,25
17	21,61	24,76	27,58	30,99	33,40	40,79
18	22,76	25,98	28,86	32,34	34,80	42,31
19	23,90	27,20	30,14	33,68	36,19	43,82
20	25,03	28,41	31,41	35,02	37,56	45,31
21	26,17	29,61	32,67	36,34	38,93	46,79
22	27,30	30,81	33,92	37,65	40,28	48,26
23	28,42	32,00	35,17	38,96	41,63	49,72
24	29,55	33,19	36,41	40,27	42,98	51,17
25	30,67	34,38	37,56	41,56	44,31	52,62
26	31,79	35,56	38,88	42,85	45,64	54,05
27	32,91	36,74	40,11	44,14	46,96	55,47
28	34,02	37,91	41,33	45,41	48,27	56,89
29	35,13	39,08	42,55	46,69	49,58	58,30
30	36,25	40,25	43,77	47,96	50,89	59,70

[1]) Prozentuale Wahrscheinlichkeit, einen bestimmten in der Tabelle angegebenen oder höheren χ^2-Wert zu erhalten.

Drei verschiedene Tabellen der Chi-Quadrat-Verteilung – nach Kreyszig, Haseloff/Hoffmann und Pfanzagl. Aber bei richtiger Verwendung ergeben sie selbstverständlich alle die richtigen Werte.

Struktur einer Verteilung zu erkennen, sind eben relativ viele Einzeldaten erforderlich.

Wir wollen wegen der Bedeutung dieses Tests nun noch ein anderes Beispiel vorführen, wobei wir auf die im vorigen Abschnitt zitierten Eheschließungen zurückgreifen. Wir nehmen an, wir hätten die dort für die Gesamtheit angegebenen Zahlen in entsprechender Häufigkeit in einer Stichprobe vom Umfang $n = 1000$ ermittelt, und wollen nun prüfen, ob die Nullhypothese »reine Zufallsverteilung« dadurch widerlegt werden kann.

Chi-Quadrat-Verteilung

F (x)	Anzahl der Freiheitsgrade 1	2	3	4	5	6	7	8	9	10
0,001	0,00	0,00	0,02	0,09	0,21	0,38	0,60	0,86	1,15	1,48
0,005	0,00	0,01	0,07	0,21	0,41	0,68	0,99	1,34	1,73	2,16
0,01	0,00	0,02	0,11	0,30	0,55	0,87	1,24	1,65	2,09	2,56
0,025	0,00	0,05	0,22	0,48	0,83	1,24	1,69	2,18	2,70	3,25
0,05	0,00	0,10	0,35	0,71	1,15	1,64	2,17	2,73	3,33	3,94
0,1	0,02	0,21	0,58	1,06	1,61	2,20	2,83	3,49	4,17	4,87
0,25	0,10	0,58	1,21	1,92	2,67	3,45	4,25	5,07	5,90	6,74
0,5	0,45	1,39	2,37	3,36	4,35	5,35	6,35	7,34	8,34	9,34
0,75	1,32	2,77	4,11	5,39	6,63	7,84	9,04	10,22	11,39	12,55
0,9	2,71	4,61	6,25	7,78	9,24	10,64	12,02	13,36	14,68	15,99
0,95	3,84	5,99	7,81	9,49	11,07	12,59	14,07	15,51	16,92	18,31
0,975	5,02	7,38	9,35	11,14	12,83	14,45	16,01	17,53	19,02	20,48
0,99	6,63	9,21	11,34	13,28	15,09	16,81	18,48	20,09	21,67	23,21
0,995	7,88	10,60	12,84	14,86	16,75	18,55	20,28	21,96	23,59	25,19
0,999	10,83	13,82	16,27	18,47	20,52	22,46	24,32	26,13	27,88	29,59

F (x)	Anzahl der Freiheitsgrade 11	12	13	14	15	16	17	18	19	20
0,001	1,83	2,21	2,62	3,04	3,48	3,94	4,42	4,90	5,41	5,92
0,005	2,60	3,07	3,57	4,07	4,60	5,14	5,70	6,26	6,84	7,43
0,01	3,05	3,57	4,11	4,66	5,23	5,81	6,41	7,01	7,63	8,26
0,025	3,82	4,40	5,01	5,63	6,26	6,91	7,56	8,23	8,91	9,59
0,05	4,57	5,23	5,89	6,57	7,26	7,96	8,67	9,39	10,12	10,85
0,1	5,58	6,30	7,04	7,79	8,55	9,31	10,09	10,86	11,65	12,44
0,25	7,58	8,44	9,30	10,17	11,04	11,91	12,79	13,68	14,56	15,45
0,5	10,34	11,34	12,34	13,34	14,34	15,34	16,34	17,34	18,34	19,34
0,75	13,70	14,85	15,98	17,12	18,25	19,37	20,49	21,60	22,72	23,83
0,9	17,28	18,55	19,81	21,06	22,31	23,54	24,77	25,99	27,20	28,41
0,95	19,68	21,03	22,36	23,68	25,00	26,30	27,59	28,87	30,14	31,41
0,975	21,92	23,34	24,74	26,12	27,49	28,85	30,19	31,53	32,85	34,17
0,99	24,73	26,22	27,69	29,14	30,58	32,00	33,41	34,81	36,19	37,57
0,995	26,76	28,30	29,82	31,32	32,80	34,27	35,72	37,16	38,58	40,00
0,999	31,26	32,91	34,53	36,12	37,70	39,25	40,79	42,31	43,82	45,32

Die Nullhypothese der reinen Zufallsverteilung haben wir vorhin (in Promille auf die folgende Weise skizziert:

Bräutigam	Braut ledig	verwitwet	geschieden	Summe
ledig	747	20	82	849
verwitwet	33	1	4	38
geschieden	99	3	11	113
Summe	879	24	97	1000

Dies unterscheidet sich nun vom beobachteten Resultat, das, in dasselbe Schema eingeordnet, so aussah:

Bräutigam	Braut ledig	verw.	gesch.
ledig	800	7	42
verwitwet	18	10	10
geschieden	61	7	45

Die Differenzen (B — E), nämlich »beobachtete Häufigkeiten minus

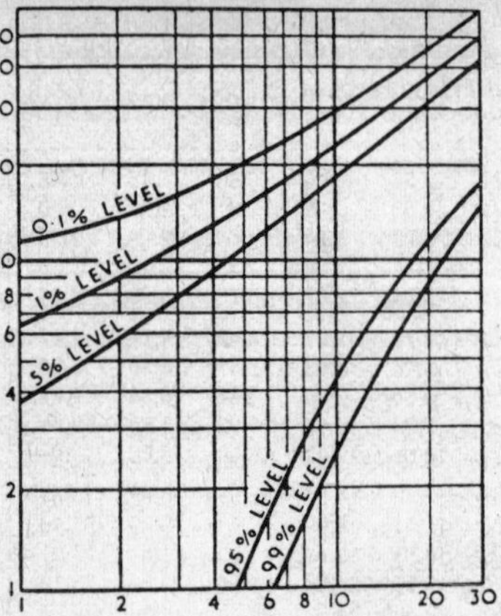

Eine Chi-Quadrat-Tabelle in graphischer Form nach Fisher/Yates »Statistical Tables«. Zehn Freiheitsgrade ergeben auf dem 5-Prozent-Niveau etwa $\chi^2 = 19$. Die Tabelle weist den genauen Wert mit 18,3 aus. (Was hier 5-Prozent-Niveau heißt, wird in den meisten Tabellen als 95-Prozent-Niveau angeführt und so weiter.)

erwartete Häufigkeiten«, sehen dann folgendermaßen aus, wobei wir auch gleich die Quadrate dieser Differenzen errechnen:

Bräutigam	Braut					
	ledig		verwitwet		geschieden	
	(B–E)	(B–E)²	(B–E)	(B–E)²	(B–E)	(B–E)²
ledig	53	2809	—13	169	—40	1600
verw.	—25	625	9	81	6	36
gesch.	—38	1444	4	16	34	1156

Die Differenzquadrate (B — E)² werden nun jeweils durch die erwartete Häufigkeit geteilt, und wir erhalten folgende Tabelle:

2809/747 =	3,8	169/20 =	8,5
625/ 33 =	18,9	81/ 1 =	81,0
1444/ 99 =	14,5	16/ 3 =	5,3
	37,2	+	94,8

1600/82 =	19,5
36/ 4 =	9,0
1156/11 =	105,1
+	133,6 = 265,6 insgesamt

Die Zahl der Freiheitsgrade hatten wir schon vorhin mit vier ermittelt. Wo immer wir aber in der Spalte »4 Freiheitsgrade« suchen – auf praktisch jedem Niveau wird diese Nullhypothese (»Es ist alles nur bloßer Zufall«) mit aller Entschiedenheit zurückgewiesen: Auch wenn wir bis 99,9 Prozent gehen, der Zufallsverteilung also bis über drei Standardabweichungen hinaus Spielraum lassen, steht in der Tabelle immer erst 18,5.

Ohne den mindesten Zweifel ist damit diese Hypothese widerlegt, und wir können mit Bestimmtheit erklären: *Daß Ehen so geschlossen wurden, wie wir es beobachtet haben, hat einen Grund, der sich nicht durch ein noch so verwegenes Spiel des Zufalls erklären läßt.*

Was ist dieser Grund? Das kann man weder aus den Zahlen noch aus der Chi-Quadrat-Tabelle ablesen. Dazu muß man sich Gedanken machen, muß Pastoren oder Soziologen, Eheberater oder Standesbeamte oder Nachschlagewerke konsultieren, dann allenfalls eine neue Hypothese aufstellen und sie – mit neuen Zahlen! – abermals testen.

Immerhin sagt uns bereits ein Blick auf die einzelnen Differenzenquadrate geteilt durch die Häufigkeit, daß vor allem die Eheschließungen zwischen zwei Verwitweten beziehungsweise zwischen zwei Geschiedenen extrem weit von der Zufallsverteilung abweichen. Man wird also wohl vorerst hier nach möglichen Motiven suchen müssen.

Zum rein Technischen der Durchführung müssen wir auf einen Schönheitsfehler aufmerksam machen: Wenn man mit Chi-Quadrat rechnet, sollte *jede Zelle mit mindestens 5 Messungen besetzt sein.* Das trifft zwar bei unseren Beobachtungen, nicht aber in der Kontingenztafel der Zufallsverteilung zu, wo eine Zelle mit 1, eine mit 3 und eine mit 4 besetzt ist. Aber es ging uns ja nur um das Rechenprinzip – und überdies wissen wir, daß wir mit vollem Recht jede Zahl zehnmal so groß hätten ansetzen können, weil das Material ja aus einer weit größeren Stichprobe stammt.

Was geschieht übrigens, wenn wir zehnmal so viele Beobachtungen (mit gleicher anteilsmäßiger Verteilung) haben? Auch die hypothetischen Werte müssen dann zehnmal so groß angesetzt werden, die Differenzen werden zehnmal so groß – und die Differenzenquadrate hundertmal so groß. Bei den beiderseits Ledigen hieße das: erwartet 7470, beobachtet 8000, Differenz 530, Quadrat der Differenz 280900, geteilt durch 7470 ergibt nunmehr 38 statt bisher 3,8! Auf ähnliche Weise verzehnfachen sich alle Teilwerte von Chi-Quadrat, und wir erhalten den Prüfwert 2656 statt zunächst 265,6.

Nun war in unserem Beispiel schon diese kleinere Zahl mehr als groß genug, um die Nullhypothese zu widerlegen. In anderen Fällen hingegen mag eine Widerlegung erst durch eine entsprechende Vergrößerung des Stichprobenumfangs möglich werden. Wenn etwa der würfelspielende Statistiker in 600 Würfen (statt ursprünglich 60) siebzigmal die Eins, neunzigmal die Zwei und so fort gewürfelt hätte, dann ergäbe das für die einzelnen Augenzahlen folgende Differenzen, Differenzenquadrate und Chi-Quadrat-Werte:

1	— 30	900	9
2	— 10	100	1
3	0	0	0
4	— 40	1600	16
5	50	2500	25
6	30	900	9
			60

Und jetzt ist es ganz klar: *In der Spalte für fünf Freiheitsgrade sind diese 60 überall viel zu groß.* Jetzt ist es kein Zufall mehr, jetzt ist bewiesen, daß mit dem Würfel etwas nicht stimmt.

Der Stichprobenumfang ist also bereits im allgemeinen Rechenvorgang mit einkalkuliert und muß nicht gesondert berücksichtigt werden – *die »erwarteten« Zahlen steigen mit wachsendem Stichprobenumfang.* Kleinere Stichproben ergeben kleinere Werte für χ^2 so daß mit schwindendem Stichprobenumfang die Widerlegung der Nullhypothese zunehmend schwieriger wird.

Der Chi-Quadrat-Test wird daher oftmals dazu dienen, eine zunächst spontan angenommene, weil ja »mit freiem Auge sichtbare« Korrelation dadurch zu widerlegen, daß er sie noch dem Zufall zuschreibt und zur Vorsicht mahnt. Nehmen wir etwa an, ein Betrieb hätte im Laufe eines Jahres in der Frühschicht fünf, in der Nachmittagsschicht dreizehn und in der Nachtschicht zwölf schwere Arbeitsunfälle zu verzeichnen gehabt. Was liegt näher, als auf Anhieb zu sagen, der Unterschied sei auffällig – die Arbeiter der Frühschicht seien offenbar besser ausgeruht, oder was immer man sonst an Gründen finden mag.

Der Chi-Quadrat-Test hingegen verweist die Verteilung dieser Unfälle in den – möglichen – Bereich des Zufalls. Die Nullhypothese (»Unfälle sind in jeder Schicht gleich wahrscheinlich, bei insgesamt dreißig sollten auf jede Schicht im Schnitt zehn entfallen«) wird nämlich nicht widerlegt. Wir erhalten:

$$\chi^2 = \frac{(5-10)^2}{10} + \frac{(13-10)^2}{10} + \frac{(12-10)^2}{10} = 3{,}8$$

In der Zeile für zwei Freiheitsgrade (3 minus 1) finden wir jedoch bei 90 Prozent noch 4,6, was zur Widerlegung der Nullhypothese nicht ausreicht. Erst auf dem viel zu niedrigen Niveau von knapp 85 Prozent erscheint dieses Ergebnis als auffällig. Anders wäre es schon bei nur drei Unfällen in der Frühschicht und fünfzehn beziehungsweise zwölf am

Nachmittag und Abend. Dann erhielten wir:

$$\chi^2 = 4{,}9 + 2{,}5 + 0{,}4 = 7{,}8$$

7,8 aber ist schon mehr als der Tabellenwert für 97,5 Prozent. Hier werden wir also kaum mehr von einem Zufallsergebnis sprechen können.

Charakteristisch für den Chi-Quadrat-Test ist also seine *Verwendung zur Überprüfung von Hypothesen bezüglich der Verteilung.* Er antwortet auf die Frage: »Wie passen die erhobenen Werte zu meiner Vorstellung über die vermutliche Verteilung?« Oder – via Nullhypothese formuliert: »Ist aus den erhobenen Werten nachzuweisen, daß die Annahme einer Zufallsverteilung – oder einer ganz bestimmten anderen Verteilung – als widerlegt angesehen werden kann?«

Es wird also getestet, *ob und inwieweit die hypothetische Verteilung auf die Tatsachen »paßt«,* und die englischsprachige Literatur nennt den Chi-Quadrat-Test daher einen *»goodness-of-fit-test«,* ein Verfahren zur Feststellung, wie gut die Hypothese bezüglich der Verteilung paßt. Und weil der Test dieser Hypothese, diesen »erwarteten Werten«, gilt, werden die Differenzenquadrate durch die erwarteten und nicht durch die beobachteten Häufigkeiten geteilt. Es wäre ja absurd, testen zu wollen, ob etwas tatsächlich Beobachtetes zutreffen kann oder nicht. Eine Tatsache kann nicht auf ihre Wahrscheinlichkeit hin untersucht werden, sie ist eine Tatsache und damit eine Gewißheit. Ungewiß ist lediglich, ob sie sich mit einer bestimmten Annahme in Einklang bringen läßt oder nicht.

10.3 Varianzanalyse

Ein Schütze feuert zehnmal auf eine Schießscheibe. Hinterher erweist sich, daß alle Schüsse am Schwarzen weit vorbei gegangen und im rechten oberen Teil der Scheibe gelandet sind. Hätten sie annähernd gleichmäßig um den Scheibenmittelpunkt gestreut, wäre das nicht weiter erstaunlich gewesen. So aber schließt der aufmerksame Beobachter, daß da irgend etwas nicht in Ordnung ist. Vielleicht ist das Zielfernrohr nicht ganz einwandfrei, vielleicht ist an diesem Gewehr der Lauf geringfügig verzogen, vielleicht ist das Sehvermögen des Schützen geschädigt.

Man läßt das Zielfernrohr von einem Optiker untersuchen, und der stellt fest: In der Tat, eine winzige Unregelmäßigkeit stört die Zielgenauigkeit. Man läßt das Gewehr von einem Büchsenmacher sorgsam überprüfen, und der stellt fest: In der Tat, der Lauf des Gewehres weist eine winzige Unregelmäßigkeit auf, die das Abweichen der Kugeln nach rechts erklären könnte. Schließlich geht der Schütze selbst zum Augenarzt, und der stellt fest: Im großen und ganzen ist das Sehvermögen tadellos, eine Spur von Unsicherheit beim Schätzen von Distanzen könnte aber allenfalls die Fehlleistungen am Schützenstand erklären.

Endergebnis: *Wir haben drei Faktoren, die vermutlich zusammengewirkt und gemeinsam zu dem unerwarteten Resultat im Schießstand geführt haben.* In diesem Fall wäre es nun naheliegend gewesen, wenn der Schütze, sobald er von diesem Resultat der ersten Serie Kenntnis erlangt hätte, systematisch nicht das Schwarze anvisiert hätte, sondern einen Punkt links unten davon. Aber es ging uns um das Prinzipielle eines solchen Problems: Wir haben ein Versuchsergebnis erzielt, das signifikant von dem Mittelwert der Grundgesamtheit abweicht, und vermuten, daß zwei oder mehrere Faktoren die Ursache davon sind. Wie soll man sie voneinander trennen?

Wenn wir die Spesen für den Optiker, den Büchsenmacher und den Augenarzt zunächst einmal sparen wollen, empfiehlt sich etwa folgende Versuchsanordnung: Der Mann erhält erstens ein neues Zielfernrohr auf das alte Gewehr. Man gibt ihm zweitens ein anderes Gewehr mit dem alten Fernrohr. Man gibt ihm drittens ein neues Gewehr mit einem neuen Zielfernrohr. Dann haben wir insgesamt vier Stichproben. Man kann aber auch noch weiter gehen und zwei anderen Schützen die diversen Büchsen- und Fernglaskombinationen in die Hand drücken, so daß wir zuletzt zwölf Stich- oder Schießproben erhalten.

Aus dem Vergleich der in all diesen Experimenten erzielten Werte (Ringe der Zielscheibe, Lage der Treffer) lassen sich dann vielleicht die einzelnen Faktoren der Reihe nach ausfiltern: Soundso viel trägt das Gewehr zur Abweichung bei, soundso viel das Zielfernrohr, soundso viel der Schütze. Die zunächst unübersichtlich vermengte Gesamtstreuung wird zerlegt, *die Varianz analysiert* – wir sind bei der *Varianzanalyse, der »Streuungszerlegung«*, angekommen.

Für den Statistiker stellt sich das Problem oft *in der umgekehrten Form:* Ein Experiment wurde mehrmals abgewandelt – und nun ist die Frage zu beantworten, ob die voneinander abweichenden Resultate wirklich auf die geänderte Versuchsanordnung zurückzuführen sind oder ob es sich um ein Spiel des Zufalls handeln kann. Vielleicht weichen die Resultate bloß voneinander ab, weil es eben vorkommt, daß der eine aus einem Paket Karten hintereinander fünf schwarze, der andere aus demselben Paket fünf rote Karten zieht!

Wir kennen bereits aus Kapitel 5.4 zwei »Standardfehler«, die Aufschluß darüber geben können, ob der Mittelwert (oder die Häufigkeit in) einer Stichprobe mit den Vergleichswerten einer zweiten Stichprobe in Einklang gebracht werden kann, so daß man annehmen darf, beide Stichproben stammten aus derselben Grundgesamtheit. Aber es ist ja nicht allein der Mittelwert, durch den eine Verteilung charakterisiert wird. Auch die Streuung ist wichtig zur Beurteilung der Situation.

Wenn nun die Stichproben nicht sehr groß sind, wird nicht nur der daraus errechnete Mittelwert vom wahren Mittel der Gesamtheit unter Umständen ganz wesentlich abweichen, sondern es wird auch die Streuung der Stichprobe nicht so wie die der Grundgesamtheit sein.

Wir haben schon im sechsten Kapitel, bei der Erörterung von »Student's t«, darauf hingewiesen, daß man die aus einer kleinen Stichprobe errechnete Streuung nur dann als »Schätzer« für die Streuung der Grundgesamtheit verwenden kann, wenn man die Summe der quadratischen Abweichungen nicht durch die Zahl der Meßwerte (n), sondern lediglich durch die Zahl der Freiheitsgrade (n — 1) dividiert hat. Oder aber man multipliziert die durch n geteilte Summe mit einem Korrekturfaktor, dem sogenannten »Bessel-Faktor« (nach einem Astronomen des 19. Jahrhunderts namens Friedrich Wilhelm Bessel): n/(n — 1).

Warum liegt uns nun plötzlich so viel an der genauen Kenntnis (oder doch möglichst genauen Schätzung) der – vielleicht nur fiktiven – Grundgesamtheit? Der Grund ist vor allem der, daß wir ja nicht die Resultate von zwei oder mehr Stichproben bloß untereinander vergleichen wollen, sondern zu klären versuchen, ob diese Stichproben aus der gleichen Grundgesamtheit stammen können: Lassen sie sich als Zufallsergebnisse aus einer einzigen Gesamtheit erklären, oder muß man annehmen, daß sie aus andersartigen Gesamtheiten stammen?

Diese hypothetische Grundgesamtheit können wir jedenfalls nur durch Analyse unserer Stichprobenergebnisse erforschen. Die Situation ist also die: Wir haben zwei oder mehr

Stichproben und kennen deren Mittelwerte und Streuungen. Wir nehmen ferner als Nullhypothese zunächst einmal an, die unterschiedliche Zusammensetzung der Stichproben ließe sich dadurch erklären, daß eben bei der Zufallsauswahl aus der hypothetischen Grundgesamtheit die üblichen zufallsbedingten Schwankungen aufgetreten sind. Dieser Zufall aber hat sozusagen zwei Gesichter. Innerhalb jeder Stichprobe gibt es eine Zufallsstreuung rund um das jeweilige Stichprobenmittel. Die Stichproben*mittel*, die voneinander abweichen, lassen dagegen zwei Deutungsmöglichkeiten offen: Sie können entweder ebenfalls durch Zufallsauswahl aus ein und derselben hypothetischen Grundgesamtheit entstanden sein (aus demselben Sack Nüsse ziehe ich einmal acht gute Nüsse unter zehn, dann nur sechs unter zehn), oder aber der Unterschied hat tiefere Bedeutung (die Stichprobe acht aus zehn stammt aus einem anderen Sack als die Stichprobe sechs aus zehn).

Die der Varianzanalyse (Streuungszerlegung) meist zugrunde liegende Ausgangssituation ist nun die, daß ich in der Regel zwei oder mehrere Versuchsserien angelegt habe und feststellen will, ob meine Versuchsvariationen tatsächlich die Resultate signifikant beeinflußt haben. Man nennt daher zuweilen die Streuung *»innerhalb«* der einzelnen Stichproben die *»zufällige«*, die Streuung *»zwischen«* den Stichproben die *»erklärte«* – erklärt nämlich dadurch, daß ja die Versuchsanordnung mit Absicht variiert wurde, es also durchaus *»erklärlich«* ist, wenn die Stichproben sich voneinander unterscheiden.

Aber da man mit Begriffen wie »erklärt« in der Statistik gar nicht vorsichtig genug sein kann, wollen wir statt dessen lieber bei den neutralen Begriffen der Streuung »innerhalb« und »zwischen« bleiben. Und da überdies die Varianzanalyse zu den schwierigeren Methoden der Statistik gehört und wir hier nicht endlose mathematische Ausführungen bringen wollen, müssen wir uns auf extrem primitive Beispiele und Zahlen zurückziehen, die aber immerhin das Prinzip der Varianzanalyse deutlich werden lassen.

Wir nehmen daher an, wir hätten drei Stichproben, jeweils vom gleichen Umfang $n_1 = n_2 = n_3 = 5$, gezogen und dabei die nachstehenden fünfzehn Meßwerte erhalten:

Stichprobe A	Stichprobe B	Stichprobe C
2	3	6
3	4	8
1	3	7
3	5	4
1	0	10
10	15	35

Daher: $\bar{x}_1 = 2 \quad \bar{x}_2 = 3 \quad \bar{x}_3 = 7$

Als nächstes sehen wir uns den Mittelwert jener Gesamtheit an, die wir uns – weil wir ja nichts Besseres haben – aus den drei Stichproben zusammengesetzt denken. Alle fünfzehn Meßwerte zusammen ergeben den Mittelwert der Pseudo-Gesamtheit, das Mittel der Stichprobenmittel

$$\bar{x} = \frac{60}{15} = \frac{2+3+7}{3} = 4.$$

Wie verhalten sich nun die einzelnen Meßwerte gegenüber diesem Gesamtmittel?

Stichprobe A	B	C
−2	−1	+2
−1	0	+4
−3	−1	+3
−1	+1	0
−3	−4	+6

Dazu die Quadrate dieser Differenzen:

A	B	C
4	1	4
1	0	16
9	1	9
1	1	0
9	16	36
24 +	19 +	65 = 108

In dieser zweiten Tabelle haben wir übrigens nichts anderes gemacht, als die Streuung von fünfzehn Beobachtungen gegenüber ihrem Mittel errechnet – wie schon im zweiten Kapitel dieses Buches. Aber wir teilen jetzt nicht die erhaltene Quadratsumme 108 durch die Zahl der Messungen, um die Varianz zu erhalten, sondern überlegen, woraus sich diese Gesamtstreuung eigentlich zusammensetzt.

Erstens spiegelt sich darin die Streuung »innerhalb« der Stichproben, zweitens aber auch die »zwischen« den einzelnen Stichproben (mit ihren spezifischen Mittelwerten) und dem Mittel der Gesamtheit. Wir wollen diese beiden aber säuberlich voneinander trennen, und dazu bietet sich folgender Weg an: Die Streuung »zwischen« bleibt zweifellos erhalten, solange die drei Stichprobenmittel erhalten bleiben. Und nun tun wir so, als ob jede Stichprobe fünfmal den Mittelwert dieser Stichprobe ergeben hätte: Wir sagen $\bar{x}_1$ ist weiterhin 2, aber es ist aus fünf Messungen entstanden, die alle 2 gelautet haben. Ebenso setzen wir die Meßwerte aus der Stichprobe B gleich 3,3,3,3 und 3 – mit $\bar{x}_2$ weiterhin 3, und $\bar{x}_3$ gleich 7 soll wiederum aus fünfmal 7 entstanden sein (s. Abb. S. 280).

Wir wiederholen nun den Vorgang von vorhin: Diese »intern ausgeglichenen« fiktiven Werte werden mit dem unverändert gebliebenen vereinigten Mittel $\bar{x} = 4$ verglichen. Das ergibt im Falle der Stichprobe A fünfmal die quadrierte Abweichung $(-2)^2$ (= 20), bei B fünfmal $(-1)^2$ (= 5) und bei C fünfmal $(+3)^2$ (= 45). Die Addition ergibt 20+5+45 = 70. Das also ist jener Anteil der Streuung, der auf die Unterschiede »zwischen« den Stichproben entfällt und die stichprobeninternen Unterschiede nicht beachtet.

Wenn aber die Gesamtstreuung 108 betrug und 70 davon durch Unterschiede »zwischen« den Stichproben erklärt sind, dann verbleiben noch 38 für den Anteil der Streuung »innerhalb«. Diese Behauptung läßt sich leicht beweisen, man muß lediglich die Streuungen »innerhalb« der einzelnen Stichproben errechnen – also die der fünf Meßwerte aus A gegenüber $\bar{x}_1 = 2$, die von B gegenüber $\bar{x}_2 = 3$, und die von C gegenüber $\bar{x}_3 = 7$. Das ergibt bei A: $1^2 + (-1)^2 + 1^2 + (-1)^2 = 4$; bei B: $1^2 + 2^2 + (-3)^2 = 14$; und schließlich bei C: $(-1)^2 + 1^2 + (-3)^2 + 3^2 = 20$. Und das alles zusammen ergibt als Summe der Abweichungen »innerhalb«: 4 + 14 + 20 = 38 (s. dazu Abb. S. 281).

Alle diese bei schwierigen Beispielen oft recht mühsamen — Berechnungen bekunden aber nicht so sehr unser Interesse an der aus drei Stichproben zusammengebastelten Pseudo- und Miniatur-Gesamtheit von (in unserem Beispiel) fünfzehn Messungen. Sie sind vielmehr nur Mittel zu einem anderen Zweck – nämlich zur Feststellung, *ob man vernünftigerweise überhaupt annehmen kann, es gäbe eine einheitliche Population, aus der unsere drei* (oder allgemein: k) *Stichproben stammen könnten*. Das ist ja unsere Nullhypothese. Im geheimen nehmen wir an, daß wir durch unsere Versuchsvariationen wesentliche Unterschiede herausgefunden haben. Wir müssen aber bedenken, daß nach der Nullhypothese alles eigentlich nur Zufall ist. Als korrekte Wissenschaftler prüfen wir also vorerst die Nullhypothese.

Diese Nullhypothese wird dann leicht zu widerlegen sein, wenn die Streuung »zwischen« den Stichproben

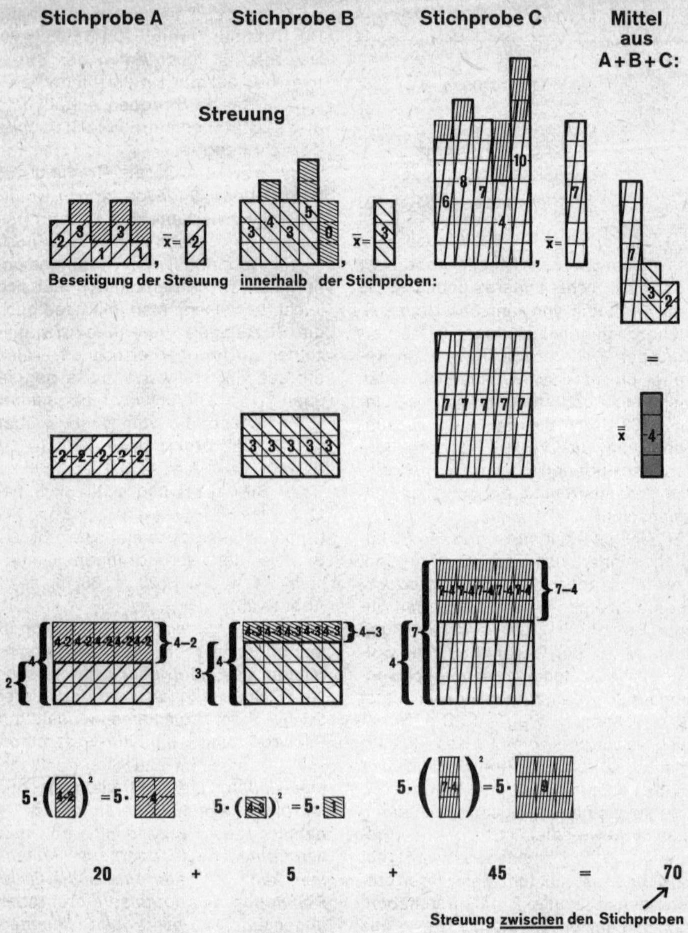

Drei Stichproben werden auf ihre Streuung hin untersucht. In einem ersten Schritt (oben) wird festgestellt, wie die einzelnen Meßwerte jeder Stichprobe von ihrem eigenen Stichprobenmittel abweichen. Dann (Mitte) werden die drei Stichproben gewissermaßen »intern bereinigt«: Jeder Meßwert entspricht nun genau dem Mittel seiner Stichprobe. Unterdes wurde auch (ganz rechts) das Mittel der Stichprobenmittel, also das Mittel aller fünfzehn Meßwerte, errechnet (hier: $\bar{\bar{x}} = 4$). Nun wird – dritter Schritt – errechnet, um wieviel die intern bereinigten Stichprobenmeßwerte vom Gesamtmittel abweichen. Zuletzt werden diese Abweichungen quadriert; die Summe dieser Abweichungen ergibt die Streuung »zwischen« den Stichproben.

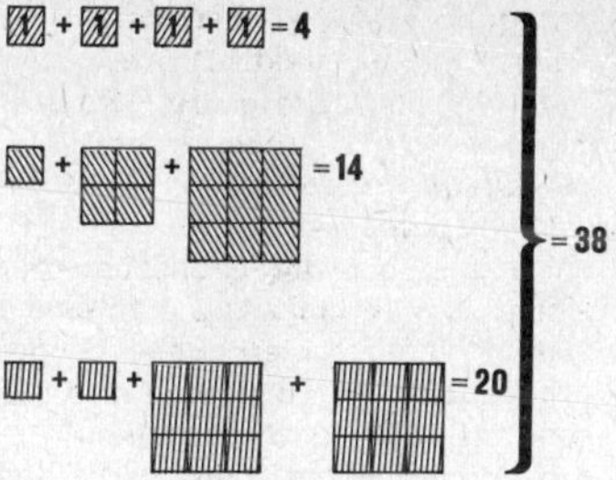

4 + 14 + 20

Streuung innerhalb der Stichproben

Die Streuung innerhalb der Stichproben kann aus der ersten Reihe der vorigen Darstellung geradezu mit freiem Auge abgelesen werden, man darf nur nicht vergessen zu quadrieren. Die Stichprobe A wies viermal eine Abweichung von plus oder minus 1 auf, da ändert sich beim Quadrieren nur zweimal ein Vorzeichen. In B und C gab es aber auch größere Abweichungen, die nun entsprechend stärker in Erscheinung treten. Die Summe dieser Quadrate ergibt die Streuung »innerhalb« der Stichproben.

groß ist – oder die Streuung »innerhalb« der Stichproben klein. Kurz, es wird das relative Größenverhältnis der beiden Streuungsanteile zu untersuchen sein.

10.31 Die F-Verteilung

Diese Prüfung erfolgt wieder mit einer Vergleichstafel, nämlich mit *»Snedecor's F-Verteilung«* (F zu Ehren von Sir Ronald A. Fisher). Ehe wir aber diese Prüfung vornehmen können, müssen wir selbstverständlich die Prüfgröße errechnen. Und dazu wiederum müssen wir noch einmal von den Freiheitsgraden sprechen.
Was die Gesamtheit unserer Messungen betrifft, so haben wir (bei n = 15 Messungen) n — 1 = 14 Freiheitsgrade. Jede einzelne Stichprobe hingegen bestand nur aus fünf Messungen, so daß es »innerhalb« jeder dieser Stichproben nur vier Freiheitsgrade gibt. Das heißt: die drei Stichproben zu je vier Freiheitsgraden ergeben zusammen zwölf Freiheitsgrade. Es bleiben uns also noch zwei restliche Freiheitsgrade zur Verfügung, die wir für die Streuung »zwischen« verwenden können. (Allgemein: Wenn k Stichproben gezogen wurden, stehen k — 1 Freiheitsgrade für die Streuung »zwischen« den Stichproben zur Verfügung.)
Nun hatten wir bereits als gesamte Streuung 108 festgestellt, wovon 38 auf die Streuung »innerhalb« und 70 auf die Streuung »zwischen« entfielen. Wir errechnen nun die Varianz »innerhalb«, indem wir die darauf entfallende Streuungssumme durch die Freiheitsgrade dividieren:

$$\text{Varianz »innerhalb«: } \frac{38}{12} = 3{,}17$$

Und ebenso verfahren wir mit der Varianz »zwischen«:

$$\text{Varianz »zwischen«: } \frac{70}{2} = 35$$

Vorhin haben wir überlegt, daß die Prüfgröße ein Verhältnis zwischen den beiden Typen von Varianz feststellen müßte, und das ist auch in der Tat der Fall. Wir errechnen die Testgröße für den F-Test nach folgendem Schema:

$$\textit{Prüfgröße F-Test} = \frac{\text{Varianz »zwischen«}}{\text{Varianz »innerhalb«}}$$

Das ergibt in unserem Beispiel die Prüfgröße 35/3,17 = 11,0 – und da wir eine große Varianz »zwischen« und eine kleine »innerhalb« hatten, hoffen wir mit Hilfe des relativ großen Prüfwerts die Nullhypothese widerlegen zu können. Allerdings ist zu bedenken, daß unser Stichprobenumfang jeweils sehr klein war. – Nun, sehen wir, was die F-Tabelle sagt.

Diese *Tabelle der F-Verteilung* ist noch verwirrender als die der Chi-Quadrat-Verteilung, und Student's t ist das kleine Einmaleins dagegen. Die F-Verteilung hat nämlich für jedes Signifikanzniveau eine *Matrix von Zeilen und Spalten:* In den Zeilen stehen die Freiheitsgrade der kleineren Varianz, in den Spalten die der größeren.

Ein umfassendes Tabellenwerk der F-Verteilung ergibt daher ein ganzes Buch. Meist begnügt man sich aber mit den Tabellen für einige besonders wichtige Signifikanzniveaus, vor allem 95 Prozent und 99 Prozent. Wiederum gilt hier, wie bei Chi-Quadrat und Student's t, daß unsere ermittelte Testgröße nicht direkt nachgeschlagen wird, sondern nur zu Vergleichszwecken mit dem Tabellenwert dient. Wir untersuchen also zunächst anhand einer Tabelle der F-Verteilung die Situation auf dem 95-Prozent-Niveau: Könnten unsere drei Stichproben aus der gleichen Grundgesamtheit stammen, wenn wir dem Zufall einen Spielraum von 95 Prozent (= zwei Standardabweichungen) einräumen?

Die kleinere Varianz (3,17) hatte 12 Freiheitsgrade. Wir suchen links die Zeile 12 und gleiten entlang zur Spalte 2 (denn unsere größere Varianz hatte 2 Freiheitsgrade). In dieser Zeile finden wir den Wert 3,89. Unsere Testgröße 11,0 liegt hoch darüber, die Abweichungen sind also sicherlich signifikant. Wir kontrollieren nun noch die F-Verteilung in der 99-Prozent-Tafel und finden dort in Zeile 12, Spalte 2 den Wert 6,93. Also auch auf diesem Signifikanzniveau ist unsere Testgröße 11,0 noch entschieden größer. Wir können daher die Nullhypothese praktisch verwerfen und feststellen: *Diese drei Stichproben sind mit allergrößter Wahrscheinlichkeit nicht derselben Grundgesamtheit entnommen.*

Wir haben nur die Grundzüge der einfachsten Varianzanalyse an einem extrem vereinfachten Beispiel gezeigt, aber mit einiger Phantasie kann man sich leicht ausmalen, welche Möglichkeiten hier verborgen sind. Durch entsprechenden Aufbau von Versuchsreihen können vermutete, erhoffte, befürchtete Wirkungen und Nebenwirkungen aller Art auf ihre Wahrscheinlichkeit hin untersucht, voneinander getrennt und analysiert werden.

Das nämlich ist das Um und Auf der Varianzanalyse: Sie soll erkennen lassen, *welcher Teil des Unterschieds zwischen Stichproben auf Zufälligkeiten zurückzuführen ist und welcher Teil vermutlich anders interpretiert werden muß,* auf eine mehr oder minder signifikante Andersartigkeit der zwei (oder mehr) Stichproben hinweist.

Diese Analyse liefert uns nun – spät, aber doch – auch die mathematische *Begründung* für *»Bessels Korrektur«* beziehungsweise dafür, daß heute in der mathematischen Statistik die Varianz der Stichprobe s^2 in der Regel nicht durch Teilung der Summe der quadratischen Abweichungen durch n, sondern lediglich durch $n - 1$ ermittelt wird. Wir haben uns mit diesem Problem von der ersten Darstellung der Varianz und der Standardabweichung über die t-Verteilung bis in diesen Abschnitt immer wieder herumschlagen müssen. Und bis jetzt war es uns nicht möglich, eine hieb- und stichfeste Begründung dafür zu liefern, daß bei Stichproben kleineren Umfangs (etwa $n < 100$) ein Korrekturfaktor verwendet werden muß beziehungsweise schon die Definition von s^2 und s diese Korrektur besorgt.

Die wahre (unbekannte) Streuung

F-Verteilung; 95 %-Niveau

	1	2	3	4	5	6	8	10	12	20	50	100	∞
1	161	200	216	225	230	234	239	242	244	248	252	253	254
2	18,51	19,00	19,16	19,25	19,30	19,33	19,37	19,39	19,41	19,44	19,47	19,49	19,50
3	10,13	9,55	9,28	9,12	9,01	8,94	8,84	8,78	8,74	8,66	8,58	8,56	8,53
4	7,71	6,94	6,59	6,39	6,26	6,16	6,04	5,96	5,91	5,80	5,70	5,66	5,63
5	6,61	5,79	5,41	5,19	5,05	4,95	4,82	4,74	4,68	4,56	4,44	4,40	4,36
6	5,99	5,14	4,76	4,53	4,39	4,28	4,15	4,06	4,00	3,87	3,75	3,71	3,67
7	5,59	4,74	4,35	4,12	3,97	3,87	3,73	3,63	3,57	3,44	3,32	3,28	3,23
8	5,32	4,46	4,07	3,84	3,69	3,58	3,44	3,34	3,28	3,15	3,03	2,98	2,93
9	5,12	4,26	3,86	3,63	3,48	3,37	3,23	3,13	3,07	2,93	2,80	2,76	2,71
10	4,96	4,10	3,71	3,48	3,33	3,22	3,07	2,97	2,91	2,77	2,64	2,59	2,54
12	4,75	3,89	3,49	3,26	3,11	3,00	2,85	2,76	2,69	2,54	2,40	2,35	2,30
14	4,60	3,74	3,34	3,11	2,96	2,85	2,70	2,60	2,53	2,39	2,24	2,19	2,13
16	4,49	3,63	3,24	3,01	2,85	2,74	2,59	2,49	2,42	2,28	2,13	2,07	2,01
18	4,41	3,55	3,16	2,93	2,77	2,66	2,51	2,41	2,34	2,19	2,04	1,98	1,92
20	4,35	3,49	3,10	2,87	2,71	2,60	2,45	2,35	2,28	2,12	1,96	1,90	1,84
22	4,30	3,44	3,05	2,82	2,66	2,55	2,40	2,30	2,23	2,07	1,91	1,84	1,78
24	4,26	3,40	3,01	2,78	2,62	2,51	2,36	2,26	2,18	2,02	1,86	1,80	1,73
26	4,22	3,37	2,98	2,74	2,59	2,47	2,32	2,22	2,15	1,99	1,82	1,76	1,69
28	4,20	3,34	2,95	2,71	2,56	2,44	2,29	2,19	2,12	1,96	1,78	1,72	1,65
30	4,17	3,32	2,92	2,69	2,53	2,42	2,27	2,16	2,09	1,93	1,76	1,69	1,62
40	4,08	3,23	2,84	2,61	2,45	2,34	2,18	2,07	2,00	1,84	1,66	1,59	1,51
50	4,03	3,18	2,79	2,56	2,40	2,29	2,13	2,02	1,95	1,78	1,60	1,52	1,44
100	3,94	3,09	2,70	2,46	2,30	2,19	2,03	1,92	1,85	1,68	1,48	1,39	1,28
∞	3,84	2,99	2,60	2,37	2,21	2,09	1,94	1,83	1,75	1,57	1,35	1,24	1,00

F-Verteilung; 99 %-Niveau

	1	2	3	4	5	6	8	10	12	20	50	100	∞
1	4052	4999	5403	5625	5764	5859	5981	6056	6106	6208	6302	6334	6366
2	98,49	99,00	99,17	99,25	99,30	99,33	99,36	99,40	99,42	99,45	99,48	99,49	99,50
3	34,12	30,82	29,46	28,71	28,24	27,91	27,49	27,23	27,05	26,69	26,35	26,23	26,12
4	21,20	18,00	16,69	15,98	15,52	15,21	14,80	14,54	14,37	14,02	13,69	13,57	13,46
5	16,26	13,27	12,06	11,39	10,97	10,67	10,27	10,05	9,89	9,55	9,24	9,13	9,02
6	13,74	10,92	9,78	9,15	8,75	8,47	8,10	7,87	7,72	7,39	7,09	6,99	6,88
7	12,25	9,55	8,45	7,85	7,46	7,19	6,84	6,62	6,47	6,15	5,85	5,75	5,65
8	11,26	8,65	7,59	7,01	6,63	6,37	6,03	5,82	5,67	5,36	5,06	4,96	4,86
9	10,56	8,02	6,99	6,42	6,06	5,80	5,47	5,26	5,11	4,80	4,51	4,41	4,31
10	10,04	7,56	6,55	5,99	5,64	5,39	5,06	4,85	4,71	4,41	4,12	4,01	3,91
12	9,33	6,93	5,95	5,41	5,06	4,82	4,50	4,30	4,16	3,86	3,56	3,46	3,36
14	8,86	6,51	5,56	5,03	4,69	4,46	4,14	3,94	3,80	3,51	3,21	3,11	3,00
16	8,53	6,23	5,29	4,77	4,44	4,20	3,89	3,69	3,55	3,25	2,96	2,86	2,75
18	8,28	6,01	5,09	4,58	4,25	4,01	3,71	3,51	3,37	3,07	2,78	2,68	2,57
20	8,10	5,85	4,94	4,43	4,10	3,87	3,56	3,37	3,23	2,94	2,63	2,53	2,42
22	7,94	5,72	4,82	4,31	3,99	3,76	3,45	3,26	3,12	2,83	2,53	2,42	2,31
24	7,82	5,61	4,72	4,22	3,90	3,67	3,36	3,17	3,03	2,74	2,44	2,33	2,21
26	7,72	5,53	4,64	4,14	3,82	3,59	3,29	3,09	2,96	2,66	2,36	2,25	2,13
28	7,64	5,45	4,57	4,07	3,76	3,53	3,23	3,03	2,90	2,60	2,30	2,18	2,06
30	7,56	5,39	4,51	4,02	3,70	3,47	3,17	2,98	2,84	2,55	2,24	2,13	2,01
40	7,31	5,18	4,31	3,83	3,51	3,29	2,99	2,80	2,66	2,37	2,05	1,94	1,81
50	7,17	5,06	4,20	3,72	3,41	3,18	2,88	2,70	2,56	2,26	1,94	1,82	1,68
100	6,90	4,82	3,98	3,51	3,20	2,99	2,69	2,51	2,36	2,06	1,73	1,59	1,43
∞	6,64	4,60	3,78	3,32	3,02	2,80	2,51	2,32	2,18	1,87	1,52	1,36	1,00

Zwei kurze Tabellen der F-Verteilung – auf dem 95-Prozent- und 99-Prozent-Niveau. Da jeweils *zwei* Freiheitsgrade berücksichtigt werden müssen, sind sowohl Zeilen wie die Spalten jeweils nach Freiheitsgraden unterteilt.

der Gesamtheit, die Varianz σ^2, setzt sich offenbar aus zwei Faktoren zusammen: aus der Streuung der Stichprobenmessungen um das Stichprobenmittel $\bar{x}$ und aus der Streuung der vielen möglichen $\bar{x}$ rund um das wahre Mittel μ. Mit diesem zweiten Aspekt befaßten wir uns schon in 5.4 beim Zufallsfehler des (Stichproben-)Mittelwerts: Er betrug $\sigma/\sqrt{n}$.

Da nun die gesamte Stichprobenvarianz eine Summe aus stichprobeninterner Streuung und Zufallsfehler des Stichprobenmittels darstellt, müssen wir von der »naiv« errechneten Streuung, wie sie bei einer Gesamtheit richtig wäre und wie wir sie zunächst auch im zweiten Kapitel kennengelernt und des öfteren verwendet haben, den Zufallsfehler des Mittelwertes abziehen und den dann verbleibenden Rest (eben die Streuung »innerhalb« der Stichprobe) als Schätzer für die Streuung der Gesamtheit verwenden. Führen wir aber diese Operation durch, ziehen also von der durch n geteilten Summe der quadratischen Abweichung den Zufallsfehler des Mittelwerts ($\sigma/\sqrt{n}$) ab, dann erhalten wir nach einigen Umformungen den *korrigierten Wert der Streuung*, die vom Zufallsfehler des Mittelwerts bereinigte Stichprobenvarianz.

Dieses »korrigierte« s^2 beziehungsweise s wird in der Regel in den Lehrbüchern der mathematischen Statistik generell verwendet, weil ja die Stichprobe immer nur als Wegweiser für die Schätzung der Gesamtheit aufgefaßt wird, also keine in sich geschlossene Grundgesamtheit ist.

Wenn hingegen das wahre Mittel der Grundgesamtheit (μ) bekannt sein sollte – was in der Praxis kaum je vorkommt –, dann fällt selbstverständlich der Zufallsfehler des Mittelwerts fort, die Korrektur erübrigt sich.

Die F-Verteilung läßt auch erkennen, ob die Streuung zweier Stichproben voneinander abweicht, und stellt damit eine wichtige Ergänzung zum t-Test dar, der die Abweichung von Mittelwerten messen soll. Wir erinnern uns an das Beispiel, das wir in Kapitel 6.41 gebracht hatten: Aus fünf Messungen erhielten wir die Werte 82, 87, 104, 92 und 90 sowie das Stichprobenmittel $\bar{x} = 91$. Dort ging es uns um die Prüfung der Frage, ob die Nullhypothese $\mu = 100$ abzulehnen sei oder nicht.

Jetzt wollen wir annehmen, wir hätten eine zweite Stichprobe gezogen, die folgende Messungen ergab: 98, 88, 95, 89 und 100. Das Stichprobenmittel beträgt nun $\bar{x}_2 = 94$, aber unser Interesse gilt jetzt weniger diesem Mittel als vielmehr der Frage, ob die Streuung konstant geblieben, das heißt, sich nur innerhalb des Zufallsspielraums verändert hat.

Für die erste Stichprobe hatten wir $s_1^2 = 67$ erhalten. Die zweite Stichprobe ergibt:

$$s_2^2 = \frac{16 + 36 + 1 + 25 + 36}{4} = 28{,}5$$

Die größere durch die kleinere Streuung ergibt 67/28,5 = 2,34. Wir suchen den Vergleichswert in der F-Tabelle bei je vier Freiheitsgraden und finden (95-Prozent-Niveau): 6,39. Die Hypothese von der gleichgebliebenen Streuung ist nicht abgelehnt.

Wir können schließlich noch prüfen, ob das Stichprobenmittel durch bloßen Zufall sich verändert hat oder ob da etwas dahintersteckt. Das machen wir mit Student's t und erhalten:

$$t = \frac{94 - 91 \quad \sqrt{5}}{\sqrt{67 + 28{,}5}} = \frac{6{,}7}{9{,}77} = 0{,}685$$

Die Tabelle der t-Verteilung gibt für acht Freiheitsgrade (nämlich je vier aus den zwei Stichproben) auf dem 95-Prozent-Niveau noch 1,86, auf dem 80-Prozent-Niveau noch 0,89. *Die Abweichung der Mittelwerte ist offensichtlich ein Zufall.*

Die Varianzanalyse wird oft auch in der medizinischen Forschung herangezogen. Freilich gilt hier, wie leider auch bei allen anderen statistischen Methoden, daß letztlich alle errechenbaren Gesetzmäßigkeiten auf der Annahme basieren, aus Gleichartigem werde eine Zufallsauswahl getroffen. Nun ist es durchaus möglich, für Testzwecke im Laboratorium Mäusestämme zu ziehen, deren einzelne Individuen in ihrer organischen Konstitution nahezu identisch sind: Spritzt man zehn von ihnen das Präparat

A, zehn anderen das Präparat B, dann darf man annehmen, das Resultat wäre kaum anders gewesen, wenn man die beiden Gruppen vertauscht hätte. (Dazu kommt noch in manchen Fällen die Möglichkeit eines Rechts-Links-Versuchs am gleichen Tier.)

In der Humanmedizin sind wir noch nicht ganz in Aldous Huxleys »Wakkere Neue Welt«, wo gegebenenfalls 64 eineiige Bokanowsky-Mehrlinge als gleichartiges Testmaterial zur Verfügung stünden. Hier kann auch die Krankheit nicht durch gleichmäßige Gaben von Bakterien oder schädigenden Stoffen provoziert werden, sondern man muß sie nehmen, wie sie kommt – in einem früheren, in einem späteren Stadium, bei einem älteren, bei einem jüngeren Menschen, bei einem robusten oder bei einem fragilen Patienten. Handelt es sich um eine häufige Krankheit, dann vermag man allenfalls diese Gruppen zu trennen und kann gerade mit Hilfe der Varianzanalyse wertvolle Aufschlüsse gewinnen. Handelt es sich dagegen um eine relativ seltene Krankheit, dann wird es schwer sein, jene für wahrscheinlichkeitstheoretische Überlegungen notwendige Gleichheit der Bedingungen zu schaffen.

M. J. Moroney hat dazu gesagt: »Kein Gebiet ist für den Unvorsichtigen mit schlimmeren Fallgruben unterminiert als das der Schlußfolgerungen aus medizinischen Statistiken. Es ist eher die Ausnahme als die Regel, daß die miteinander verglichenen Gruppen in jeder bedeutsamen Hinsicht – außer der zu testenden – identisch sind. Jeder Statistiker, der sich je mit medizinischen Statistiken befaßt hat, weiß, wie oft er resignieren mußte, weil die als Vergleich angebotenen Gruppen ganz einfach nicht hinreichend – oder überhaupt nicht – vergleichbar sind.«

Dazu kommt noch ein anderes Problem, das wir schon früher einmal erwähnt haben: An wem soll man ein neuartiges, aber vorläufig erst im Tierversuch erprobtes Heilmittel testen? Das Risiko ist möglicherweise größer, vielleicht aber auch die Heilwirkung besser – gibt man es den »hoffnungslosen« Fällen, bei denen jede andere Behandlung versagt hat, oder gibt man es leichteren Fällen, die im schlimmsten Fall über eine unerwartete Nebenwirkung besser hinwegkommen? Die Versuchsergebnisse werden je nach der Entscheidung zu dieser Frage höchst unterschiedlich ausfallen. Für den Statistiker wäre der Fall klar – möglichst gleichartige Patienten mit gleichartigen Krankheitsgeschichten, und dann eine Versuchsanordnung etwa nach dem Schema der Lateinischen Quadrate.

Das *Lateinische Quadrat* bildet das Schema einer Versuchsanlage, die besonders bei landwirtschaftlichen Experimenten verwendet wird und es ermöglicht, zufällige Schwankungen besonders deutlich auszuschalten. Bei Versuchen mit neuen Pflanzensorten, neuen Düngemitteln und so weiter besteht ja immer die Gefahr, daß die Ernteergebnisse keine zuverlässigen Schlüsse gestatten, weil geringfügige Schwankungen der Bodenqualität die Resultate mehr beeinflußt haben könnten als die Qualität der neuen Sorte oder des neuen Düngers.

Man benützt daher eine Versuchsanordnung, die diese Zufälle weitgehend ausschaltet, indem man, wenn etwa drei Sorten untersucht werden sollen, ein entsprechend großes Feld in neun Quadrate teilt und nun die drei Sorten so pflanzt, daß in jeder Reihe (Zeile) und in jeder »Spalte« jede der drei Sorten genau einmal vorkommt. Wenn wir die Sorten mit A, B und C bezeichnen, sieht das Schema solch eines Lateinischen Quadrates so aus:

A	B	C
B	C	A
C	A	B

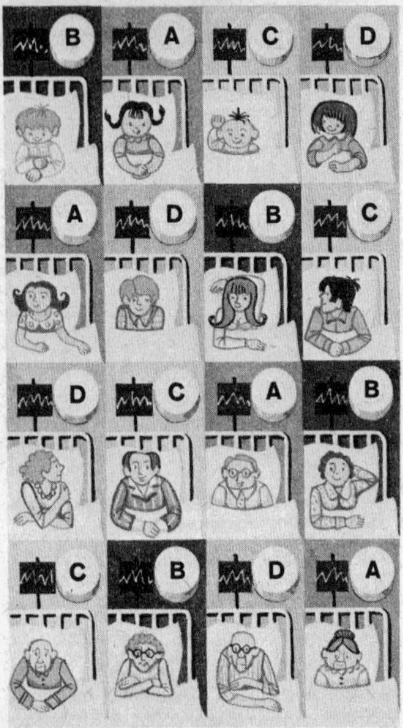

Schema einer Versuchsanordnung nach Lateinischem Quadrat: Die vier Medikamente A, B, C, und D werden bei vier Altersgruppen erprobt. Wegen der unvermeidlichen Unterschiede in Konstitution und Krankheitsverlauf wird man freilich nicht mit 16 Patienten auskommen – man muß eher bildstatistisch sagen: »Jede Figur bedeutet 10 (oder besser noch mehr) Personen.«

Für vier Sorten müßte man $4^2 = 16$ Quadrate, für sechs Sorten $6^2 = 36$ Quadrate zur Verfügung haben. Man vergleicht dann die Varianten »zwischen« den Zeilen, den Spalten und den Sorten und kann dadurch den Einfluß der Bodenverhältnisse weitgehend von dem der Sorten unterscheiden. Überdies ergibt die Differenz aus der gesamten Varianz und den Varianzen »zwischen« noch als Rest die Varianzen »innerhalb«, die unberücksichtigt oder unerkannt gebliebene Zufallsfaktoren ausdrücken. Das Schema des Lateinischen Quadrats ist keineswegs auf die Landwirtschaft beschränkt. Man kann auf ähnliche Weise unter anderem eine Varianzanalyse in Fabriken durchführen, indem etwa eine neue Produktionsmethode mit einer herkömmlichen an drei verschiedenen Maschinen verglichen wird, die abwechselnd von drei mehr oder weniger tüchtigen Arbeitern bedient werden. Auch medizinische, biologische und psychologische Experimente werden häufig mit Hilfe dieses Experimentier-Schemas organisiert und mit Hilfe der Varianzanalyse ausgewertet.

10.4 Rangtests

Wenn ein Boxkampf nicht durch K. o. endet, erklärt der Ringrichter nach dem Kampf einen der beiden Gegner zum Sieger nach Punkten – zuweilen unter Mißfallenskundgebungen des Publikums, das den Besiegten für besser hält. Wenn eine Schönheitskonkurrenz stattfindet, dann wählt die Jury nicht nur eine Super-Miß zur Schönsten, sondern stuft auch die weiteren Kandidatinnen der Reihe nach ein, ohne daß zuvor eine Varianzanalyse der Hüftweiten durchgeführt wird oder die Kubikwurzeln der strahlenden Zähne gezogen werden. Wenn die jungen Offiziere der amerikanischen Militärakademien ausgemustert werden, erhält jeder Absolvent eine Rangzahl, und wenn er später einmal als General stirbt, stellt man im Nekrolog fest, er sei seinerzeit als 87. von 453 seines Jahrgangs ausgemustert worden. Wenn man einen Bekannten fragt, in welcher von zehn Städten er am liebsten leben möchte, wird er – vielleicht mit einigem Zögern – eine solche Präferenzliste erstellen: von der Stadt seiner Träume bis zu jener, in der er nicht begraben sein möchte.
Wenn – man könnte die Liste endlos fortsetzen. Es gibt nun einmal unzählige Situationen, Ereignisse, Gegenstände, die man *zwar in eine Rangordnung bringen kann, deren Unterschiede aber nur schwer mit*

mathematischer Präzision festgestellt werden können, wenn auch die wissenschaftlichen Untersuchungen stets darauf abzielen, möglichst viele meßbare, wägbare und zählbare Werte zu finden. (Selbst die Superschönheitskönigin kann man mit Hilfe einprogrammierter Idealmaße vom Computer wählen lassen.)

Daneben gibt es aber auch viele Fälle, in denen eine genau meßbare Unterscheidung zwar grundsätzlich getroffen werden könnte, eine Rangeinstufung aber einfacher und unproblematischer und doch für den gegebenen Zweck völlig ausreichend ist.

Bei jedem sportlichen Bewerb gibt es einen Sieger, einen Zweiten und einen Dritten, allenfalls ex aequo zwei erste oder zwei zweite Plätze, aber niemand wird auf den Gedanken kommen, die Differenzen zwischen den Zeiten oder Weiten zu quadrieren oder sie gar mit anderen Leistungen oder Rekorden auf komplizierte Weise in Beziehung zu setzen. Auf dem Siegespodest steht der Erste, neben ihm der Zweite und der Dritte. Wenn der Vierte Pech hat, hat er Podest und Medaille nur um Haaresbreite verfehlt. Für alle aber ist nur eines maßgebend: *die Reihenfolge, der Rang.*

Wir haben im neunten Kapitel bei der Besprechung der Korrelation das Beispiel von der negativen Korrelation zwischen Brief- und Telegrammversand erwähnt, und wir wollen nun die dreizehn Länder nach ihren »Rängen« bei diesen beiden Arten des Nachrichtenversands einstufen und sehen, ob wir mit Hilfe dieser Ränge ein Korrelationsmaß errechnen können.

Wollten wir die genaue Korrelation feststellen, so müßten zuerst die Mittelwerte des Telegramm- und des Briefpostversands festgestellt und für jedes einzelne Meßwertpaar die Abweichung und deren Quadrat ermittelt werden, und so weiter.

Eine Rangkorrelation hingegen vergleicht zunächst nur, an welcher Stelle (an welchem Rang) die einzelnen Merkmalträger in beiden Fällen stehen. Das sieht bei uns so aus:

	Telegramm-Rang	Brief-Rang	Rang-Differenz (d)	d^2
DDR	1	11	—10	100
Griechenland	2	13	—11	121
Spanien	3	10	— 7	49
Italien	4	9	— 5	25
Jugoslawien	5	12	— 7	49
Schweden	6	6	0	0
Österreich	7	7	0	0
Belgien	8	2	6	36
Frankreich	9	5	4	16
BR Deutschland	10	8	2	4
Schweiz	11	1	10	100
Großbritannien	12	4	8	64
Niederlande	13	3	10	100
				$\Sigma d^2 = 664$

Wir hatten darauf verzichtet, die genaue Korrelation nach dem Pearsonschen Korrelationskoeffizienten zu errechnen, und nur betont, die Korrelation würde unzweifelhaft sehr hoch und selbstverständlich negativ sein. Wir wollen nun einen anderen Korrelationskoeffizienten, den sogenannten *Spearmanschen Rangkorrelationskoeffizienten,* verwenden, um diese Behauptung nachträglich zu beweisen. Wir nennen ihn ebenfalls ϱ (Rho) und geben hier die Formel, ohne aber auf ihre Ableitung eingehen zu wollen:

$$\varrho = 1 - \frac{6 \sum d^2}{n (n^2 - 1)}$$

Die Zahl der beobachteten Merkmalträger n ist in unserem Beispiel gleich 13, $\sum d^2$ (die Summe der quadrierten Rang-Differenzen) = 664, und so erhalten wir:

$$\varrho = 1 - \frac{6 \cdot 664}{13 \cdot 168} = -0{,}82$$

Das ist, wie erwartet, eine sehr hohe negative Korrelation, denn auch beim Rangkorrelationskoeffizienten gilt, daß er nur zwischen —1 und +1 liegen kann.

Freilich sind auch die Rangtests nicht immer rasch und leicht durchzuführen. Es gibt darunter auch sehr schwierige und mühsame Verfahren, die man allerdings nur dann anwendet, wenn sie eben letzten Endes doch etwas weniger mühsam und schwierig sind als andere Methoden oder aber wenn es gar keine anderen Methoden gibt.

Die Rangtests sind nämlich, und das ist ihre eigentliche Bedeutung, grundsätzlich *»verteilungsabhängig«* *(»nicht-parametrisch«).*

Wenn Grund zu der Annahme besteht, daß die Messungen sich nicht in eine Normal- oder Binomial- oder Poisson- oder eine anderere verhältnismäßig einfache Verteilung einordnen lassen, oder wenn Zweifel darüber besteht, welche Verteilung die passendste sein könnte, dann wird man zu einem Rangtest greifen.

Wir wollen hier aus dem »weitgefächerten Angebot« der Rangtests nur einen einzigen vorstellen: den *Wilcoxon-Test.* Oder genauer gesagt: e i n e n der Wolcoxon-Tests, nämlich den sogenannten *Wilcoxon-Zwei-Stichproben-Test.*

10.41 Wilcoxons Zwei-Stichproben-Test

In einer Großküche sollen zwei Sorten Speisefett erprobt werden, wobei als Kriterium der Wohlgeschmack gelten soll. Es wird also die Hälfte der Portionen mit dem einen, die andere Hälfte mit dem zweiten Fett zubereitet, und die Gäste erhalten jeweils einen Fragebogen, ob sie die Speisen als wohlschmeckend empfinden oder etwas daran zu bemängeln haben. Der Versuch wird zwei Wochen hindurch fortgesetzt, und dann werden die Antworten ausgewertet, wobei für jeden Tag und jede der beiden Fettsorten ein Zufriedenheitsquotient ermittelt wird.

Daß ein solches Experiment eine Unzahl von Fehlerquellen in sich birgt, sei am Rande erwähnt. Selbstverständlich wird man, der Zufallsverteilung wegen, nicht jeweils der rechten Hälfte des Speisesaals die Sorte A und der linken das Kochfett B servieren, sondern das Arrangement jeden Tag ändern – weil ja sonst die Stammgäste immer dasselbe Fett erhalten. Ein solches Verfahren erfordert eine peinlich genaue Organisation der Fragebogen, da jede Verwechslung (A-Esser erhalten B-Fragebogen) den Test wertlos macht. Weiter kann es vorkommen, daß ein Gast eine Speise aus Gründen ablehnt, die mit dem Fett nichts zu tun haben – etwa weil er ein besonders zähes Stück Fleisch bekommen hat, und so weiter. Aber man mag hoffen, daß derartige Zwischenfälle sich annähernd gleichartig auf die beiden Fettsorten aufteilen und das Ergebnis nicht verfälschen, wenn die Zahl der Getesteten hinreichend groß ist.

Wir mögen nun folgende »Zufriedenheitsquotienten« ermittelt haben: Für Fettsorte A an 10 Versuchstagen: 3,5; 4,2; 4,3; 5,0; 2,3; 3,3; 3,6; 5,1; 4,4; 4.9. Für B wurde an 9 Tagen ermittelt: 3,7; 4,0; 4,1; 4,8; 2,4; 3,0; 3,4; 5,0; 3,8. (In diesem Beispiel würde es sich als zweckmäßig erweisen, den A-Test jenes Tages zu streichen, an dem B nicht verwendet wurde. In vielen anderen Tagen stört ein unterschiedlicher Stichprobenumfang nicht.)

Nun werden die ermittelten Werte aus beiden Proben gemeinsam gereiht, wobei wir durch ein a oder b dahinter die Herkunft dieses Wertes kennzeichnen. Wir erhalten folgende 19 gereihte Werte:

1) 5,1 a	8) 4,2 a	15) 3,4 b
2) 5,0 a	9) 4,1 b	16) 3,3 a
3) 5,0 b	10) 4,0 b	17) 3,0 b
4) 4,9 a	11) 3,8 b	18) 2,4 b
5) 4,8 b	12) 3,7 b	19) 2,3 a
6) 4,4 a	13) 3,6 a	
7) 4,3 a	14) 3,5 a	

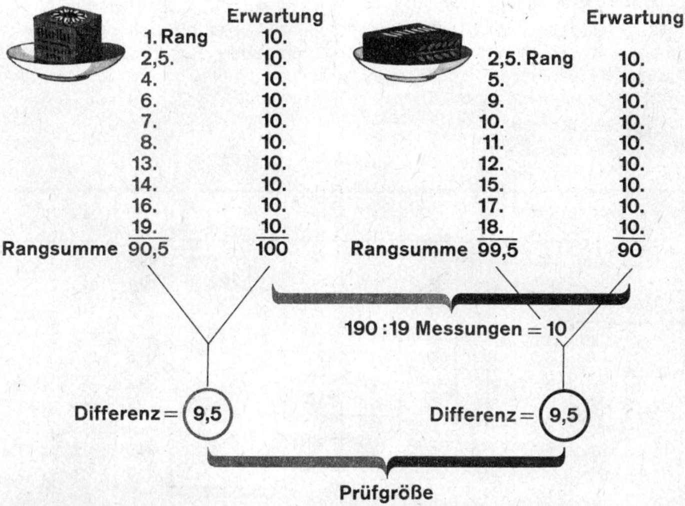

Rangwertung von Speisen, die mit zwei verschiedenen Fettsorten gekocht wurden – und Auswertung dieser Ränge mit Hilfe des Wilcoxon-Zwei-Stichproben-Tests.

Nun werden die *»Rangsummen«* der beiden Versuchsreihen errechnet, wobei man zweckmäßigerweise mit der kleineren Stichprobe beginnt. Wir erhalten für die Stichprobe B insgesamt 99,5. Da die gesamte Rangsumme 190 beträgt, ist die Rangsumme für A (RA) = 90,5.

Und jetzt gilt es wieder, eine Prüfgröße zu errechnen. Wir erinnern uns an den Chi-Quadrat-Test, bei dem erwartete und beobachtete Häufigkeiten miteinander verglichen wurden, und überlegen nun folgendes: Die gesamte Rangsumme aus insgesamt 19 Messungen betrug 190, der

»Erwartungswert« eines beliebigen Ranges wäre demnach 190/19 = 10. Sehen wir uns nun eine der beiden Rangsummen an, etwa die Rangsumme für B: $R_B = 99{,}5$. B besteht aus 9 Messungen, der Erwartungswert E_B wäre daher nur: $9 \cdot 10 = 90$. Nun ziehen wir den beobachteten Wert von diesem Erwartungswert ab und erhalten die Prüfgröße:
99,5 — 90 = 9,5, wobei das Vorzeichen bedeutungslos ist (s. Abb. S. 289).
Wie für Student's t, für Chi-Quadrat, für den F-Test, so gibt es auch für diesen Wilcoxon-Test eine Vergleichstabelle, diesmal wieder mit Zeilen und Spalten, die die Stichprobenumfänge angeben. Wir suchen in der Zeile 9 (Umfang von B) und Spalte 10 (Umfang von A) und finden in der Tabelle für 99 Prozent den Wert 32, bei 95 Prozent immer noch 25.
Von einer Ablehnung der Nullhypothese (»Zufallsergebnis«) kann also nicht einmal auf diesem Niveau die Rede sein. Wir müssen, solange wir nicht neues Material zusammentragen, von der Annahme ausgehen, daß die beiden Fettsorten auf annähernd gleiche Aufnahme bei den Gästen stoßen.
Rangtests sind stets etwas ungenauer als varianzanalytische Methoden, aber meist genügen diese doch etwas einfacheren Verfahren, um das Wichtigste rasch herauszufinden. In unserem Beispiel hätte auch die Varianzanalyse kein anderes Ergebnis gebracht als die Erkenntnis, daß die Nullhypothese nicht widerlegt werden kann – aber wir hätten dazu weit mehr Zeit und Arbeit benötigt. Vor allem aber: *Rangtests sind verteilungsunabhängig und daher stets anwendbar.*

Wilcoxon-Test 99 %

4	5	6	7	8	9	10	11	12	13	14	n_2 / n_1
—	—	—	—	—	13,5	15,0	16,5	17,0	18,5	20,0	3
—	—	12,0	14,0	15,0	17,0	18,0	20,0	21,0	22,0	24,0	4
—	12,5	14,0	15,5	18,0	19,5	21,0	22,5	24,0	25,5	28,0	5
15	61,5	16,0	18,0	20,0	22,0	24,0	26,0	27,0	29,0	31,0	6
14	59,0	62,0	20,5	22,0	24,5	26,0	28,5	30,0	32,5	34,0	7
13	55,5	58,0	61,5	25,0	27,0	29,0	31,0	33,0	35,0	38,0	8
12	53,0	55,0	58,0	61,0	29,5	32,0	33,5	36,0	38,5	41,0	9
11	49,5	52,0	54,5	57,0	59,5	34,0	36,0	39,0	41,0	44,0	10
10	46,0	49,0	51,0	53,0	56,0	58,0	39,5	42,0	44,5	47,0	11
9	42,5	45,0	47,5	50,0	52,5	54,0	56,5	44,0	47,0	50,0	12
8	40,0	42,0	44,0	46,0	48,0	50,0	52,0	54,0	50,5	53,0	13
7	36,5	38,0	40,5	42,0	44,5	46,0	48,5	50,0	51,5	56,0	14
6	33,0	35,0	36,0	38,0	40,0	42,0	44,0	45,0	47,0	49,0	51,0
5	29,5	31,0	32,5	34,0	35,5	37,0	38,5	41,0	42,5	44,0	45,5
4	25,0	27,0	28,0	30,0	31,0	32,0	34,0	35,0	37,0	38,0	40,0
3	20,5	22,0	23,5	25,0	25,5	27,0	28,5	29,0	30,5	32,0	32,5
2	—	—	—	—	19,0	20,0	21,0	22,0	23,0	24,0	25,0
n_1 / n_2	15	16	17	18	19	20	21	22	23	24	25

Prüftabelle für den Wilcoxon-Zwei-Stichproben-Test. In dem Feld, das aus Zeile und Spalte der beiden Stichprobenumfänge gebildet wird, ist der Vergleichswert abzulesen. Für jedes Niveau der Sicherheitswahrscheinlichkeit ist eine eigene Tabelle erforderlich.

Und damit sind wir nun fast am Ende angelangt. Wohl bliebe noch vieles zu berichten, aber wir müßten uns allmählich in kühnere Höhen der mathematischen Statistik begeben, was nicht unsere Aufgabe sein kann. Wer sich in diese Höhen wagen will, der findet am Anhang kurze Hinweise auf weiterführende Lehrbücher der Statistik.
Nur noch von einem wollen wir kurz sprechen, weil sich damit gewissermaßen der Kreis schließt und die enge Verbindung zwischen Wahrscheinlichkeitsrechnung und Statistik, die wir am Beginn dieses Buches so stark betont haben, nun noch einmal deutlich sichtbar wird. Diesmal allerdings sprechen wir von einer Wahrscheinlichkeit besonderer Art – nicht von »probability«, sondern von »likelihood«.

10.5 Maximum Likelihood

»Die vielen schönen Worte, die Fisher und seine Anhänger zur Begründung der Likelihood-Theorie beibringen, sind mir nicht verständlich.« Wenn dergestalt Richard v. Mises, einer der führenden Wahrscheinlichkeitstheoretiker unseres Jahrhunderts, die Likelihood-Theorie ablehnt beziehungsweise als eine unnütze Komplikation des gewöhnlichen Wahrscheinlichkeitsbegriffes betrachtet (»Von dem Augenblick an, in dem die Namengebung erfolgt ist, behandelt Fisher das Wort ›likelihood‹ als völlig synonym mit dem, was im allgemeinen Sprachgebrauch ›Wahrscheinlichkeit‹ heißt«), dann müßten wir uns eigentlich gar nicht erst mit den Spitzfindigkeiten über die eventuell doch bestehenden *Unterschiede zwischen Wahrscheinlichkeit und likelihood* befassen. Wenn wir dennoch gerade der *»maximum likelihood«* den letzten Abschnitt dieses Buches widmen wollen, dann hat das einen besonderen Grund: In der maximum likelihood laufen gewissermaßen mehrere Gedanken konzentrisch zusammen, die wir im Laufe unserer Unterhaltung immer wieder kennengelernt haben.
Was R. A. Fisher, dieser Dominator der Statistik in der ersten Hälfte unseres Jahrhunderts, erstmals im Jahre 1912 *»maximum likelihood«* genannt hat, wird im Deutschen zuweilen als *»maximale Mutmaßlichkeit«* übersetzt, noch öfter aber als englischer Terminus belassen oder als *m. l.-Methode* abgekürzt. Die mathematische Theorie, die hinter der m. l.-Methode steht, geht über den Rahmen unseres Buches (und selbst über den vieler statistischer Fachbücher) hinaus, aber der Grundgedanke ist leicht darstellbar.
Wir haben immer wieder gesehen, wie das Bestreben bei der Stichprobenanalyse dahingeht, die aus der Stichprobe gewonnenen Informationen im Hinblick auf die unbekannte Gesamtheit auszuwerten. Während die Wahrscheinlichkeitsrechnung, wie wir wiederholt gesehen haben, vor allem angibt, wie wahrscheinlich ein spezifisches Stichprobenergebnis aus einer bekannten Gesamtheit ist, sucht die statistische Analyse aus der bekannten Stichprobe auf die unbekannte Gesamtheit zu schließen. Die Stichprobe gibt uns näherungsweise Schätzwerte für die Gesamtheit.
Wir haben diese Situation in Kapitel 5.3 besonders betont und den gegenläufigen Prozeß dargestellt, der im einen Fall darin besteht, etwa aus einem normalen Kartenspiel die Wahrscheinlichkeit »2 Pik, 3 andere« bei fünf wahllos gezogenen Karten anzugeben, im anderen Fall etwa aus der Stichprobe »2 Pik, 3 andere« auf die Verteilung von Pik und »anderen« in einer Kartengesamtheit unbekannter Zusammensetzung zu schließen. An der Nahtstelle dieser beiden Operationen steht nun Fishers maximum likelihood und dient als mathematische Basis für sämtliche »Schätzfunktionen«. Die Frage, die Fisher auf-

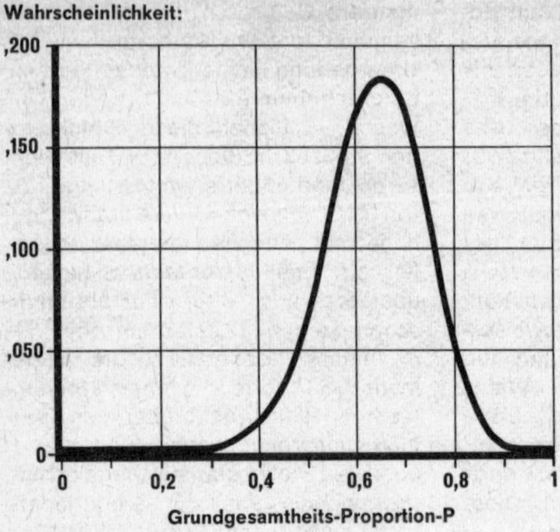

Die maximale Mutmaßlichkeit ist, wie niedrig sie auch absolut sein mag, jeweils dort am höchsten, wo die Stichprobenproportion der Grundgesamtheitsproportion entspricht. In diesem Beispiel von Wallis/Roberts, wo unter 20 Kugeln einer Stichprobe 13 rote waren, liegt die maximale Wahrscheinlichkeit daher über der Annahme 0,65 – zum Beispiel: 650 rote unter 1000 Kugeln.

wirft, ist nämlich letztlich folgende: *Wie wahrscheinlich ist es, daß genau dieses Stichprobenresultat zustande kommt?* Wie »likely«, wie »plausibel« ist es, gerade diese Stichprobe zu erhalten, wenn soundso viele hypothetische Grundgesamtheiten dahinterstehen können?

Wenn wir den Gedanken an einem Beispiel skizzieren wollen, dann entsteht die maximum likelihood aus folgender Überlegung.

Aus einem Kartenpaket von zwanzig Karten, dessen Zusammensetzung ich nicht kenne, habe ich vier Karten gezogen und dabei drei rote und eine schwarze erhalten. Welche Zusammensetzung der Grundgesamtheit (nämlich der zwanzig Karten) ist nun diejenige, aus der mit der relativ größten Wahrscheinlichkeit, der *maximum likelihood,* diese Stichprobe stammt?

Sicher ist nur eines: Unter den zwanzig Karten sind mindestens drei rote und eine schwarze. Wenn – aus welchen Gründen immer – die Möglichkeit auszuschließen ist, daß außer roten und schwarzen auch noch andere Kartenfarben enthalten sind, dann gibt es 17 »mögliche« Grundgesamtheiten: beginnend mit »1 schwarz, 19 rot« bis »17 schwarz, 3 rot«. Wie wahrscheinlich ist es nun, zum Beispiel aus dem ersten hypothetischen Paket (»1 schwarz, 19 rot«) das Stichprobenergebnis »1 schwarz, 3 rot« zu erhalten? Offenbar geringer als etwa aus dem Paket »4 schwarz, 16 rot«, aber zweifellos größer als aus dem Paket »17 schwarz, 3 rot«. Man könnte alle Berechnungen für alle denkbaren Gesamtheiten durchführen – aber letztlich erhielte man ein völlig banales Ergebnis: Die maximum likelihood hat jenes Paket, das genau der »Hochrechnung« der Stichprobe entspricht: Wir hatten unter vier gezogenen Karten eine schwarze und drei rote, die Grundgesamtheit beträgt zwanzig Karten. Das Paket, das mit »maximaler Mutmaßlichkeit« eine derartige Stichprobe erbringen wird, setzt sich in gleicher Proportion zusammen: 5 schwarze, 15 rote.

In anderen Fällen, wenn die Grundgesamtheit kein ganzes Vielfaches des Stichprobenumfangs beträgt, läßt sich das nicht so aus dem Handgelenk schütteln, und wenn es nicht um eine binomiale Alternative aus einer verhältnismäßig kleinen Grundgesamtheit, sondern um eine komplizierte Verteilung in einer großen Gesamtheit geht, dann wird die banale Multiplikation bald zu einer recht komplizierten Rechnung – so kompliziert, daß man sich zumeist mit einfacheren »Schätzfunktionen« behilft.

Das Stichprobenergebnis »1 schwarz, 3 rot« ist übrigens auch zum Beispiel für die Grundgesamtheiten »4 schwarz, 16 rot« und »6 schwarz, 14 rot« das wahrscheinlichste Ergebnis der Ziehung. Aber wenn wir die Berechnung durchführen wollten, würde sich zeigen, daß diese Wahrscheinlichkeit für »5 schwarz, 15 rot« noch um eine Spur höher ist als für die beiden benachbarten Zusammensetzungs-Möglichkeiten. Bei sehr großen Grundgesamtheiten mag diese maximale likelihood winzig klein erscheinen, aber sie muß immer noch die relativ größte Wahrscheinlichkeit repräsentieren. Es ist recht unwahrscheinlich, bei hundert Kopf-und-Adler-Würfen genau fünfzigmal Kopf und genau fünfzigmal Adler zu erhalten – aber die maximum likelihood müßte dennoch auf dieses Ergebnis hinweisen, weil es minimal wahrscheinlicher ist als jede einzelne der 99 anderen Kombinationen.

Dieser Gedankengang ist übrigens nicht erst von R. A. Fisher entwickelt worden. Schon Quételet hatte ihn 1846 in ähnlicher Form erarbeitet, um seine Theorie vom »homme moyen« zu belegen. Lexis faßte Quételets Überlegungen um die Jahrhundertwende wie folgt zusammen: »Sind zum Beispiel immer 1000 Elementarstörungen bei dem Zustandekommen der Körpergröße eines erwachsenen Mannes im Spiel, so wird die typische Normalgröße sich nur dann herausstellen, wenn 500 positive und 500 negative Elementarstörungen zusammentreffen. Dieser Fall ist relativ der wahrscheinlichste, aber absolut ist seine Wahrscheinlichkeit wegen der ungeheuer großen Zahl der überhaupt möglichen Fehlerkombinationen doch äußerst klein.« Und Quételet erstellte bereits eine Tabelle der Wahrscheinlichkeiten, aus einer nahezu unendlich großen Urne mit gleich viel weißen und schwarzen Kugeln bei 999 Ziehungen bestimmte Stichprobenresultate zu erhalten: Danach beträgt zum Beispiel die Wahrscheinlichkeit von 499w und 500s (oder auch umgekehrt) 0,0252, für 497w und 502s (oder umgekehrt) nur noch 0,0249, und so fort.

Wir sind also hier ganz zuletzt noch einmal auf eine Nahtstelle getroffen, in der *Normalverteilung* und *Stichprobentheorie, maximum likelihood* und *Gesetz der großen Zahl, deskriptive* und *analytische Statistik* wie in einer gemeinsamen Keimzelle eng verbunden sind. Und wir haben auf diese Weise auch den Kreis geschlossen, der von den wahrscheinlichkeitstheoretischen Grundlagen der Statistik zu den Schätzverfahren der statistischen Analyse geführt hat und der uns nun wiederum, unter dem Tarnnamen »maximum likelihood«, zur Wahrscheinlichkeitstheorie zurückgebracht hat.

So können wir zum Abschluß mit Recht noch ein letztes Mal das betonen, was wir immer in den Vordergrund zu stellen versuchten: *Die Statistik hilft, Ungewißheit zu verringern und Schätzungen realistisch zu handhaben – sie kann das Unwahrscheinliche vom Wahrscheinlichen trennen und diese Trennschärfe quantifizieren.* Aber sie kann keine Gewißheiten aus dem Boden stampfen. Sie ist eine wertvolle, ja unentbehrliche Entscheidungs*hilfe*, aber sie liefert keine fertigen Entscheidungen ins Haus.

Zur weiteren Information

Wohin soll sich der Leser wenden, der nun lebhaftes Interesse an der modernen Statistik gewonnen hat und seine Kenntnisse weiter vertiefen, aber nicht gleich ein reguläres Studium der Statistik an einer Hochschule aufnehmen will? Die Antwort fällt leider nicht sehr leicht, denn ein Großteil der Fachliteratur – auch der »einführenden« – setzt doch unverhältnismäßig mehr Mathematikkenntnisse voraus als das vorliegende Buch, während jene Werke, die auf solche Kenntnisse weitgehend verzichten, selbst vor den elementarsten Hinweisen auf Verfahren wie Varianzanalyse, Student's Test und die Chi-Quadrat-Methode zurückscheuen. Ein nahtloser Übergang zu einem umfassenden Lehrbuch der Statistik ist daher kaum möglich – es wird sich empfehlen, Zwischenschritte einzuschalten, in denen die hier erworbenen Kenntnisse teils wiederholt, teils ausgeweitet werden.

Es wird vor allem nützlich sein, der *Wahrscheinlichkeitstheorie* besonderes Augenmerk zuzuwenden – und hier liegen erfreulicherweise mehrere Bücher vor, die keine höheren mathematischen Anforderungen an den Leser stellen. So sind etwa zu nennen:

Swoboda, Helmut: Der Griff nach dem Glück. München 1968. – Eine elementare, teilweise geradezu feuilletonistische Einführung in Wahrscheinlichkeitsrechnung und Wahrscheinlichkeitsdenken.

Woitschach, Max: Strategie des Spiels. Stuttgart 1968. – Ebenfalls eine leicht faßliche und locker geschriebene Darstellung.

Freudenthal, Hans: Wahrscheinlichkeit und Statistik. München 1963. – Legt den Akzent schon etwas stärker auf die mathematische Darstellung.

Goldberg, S.: Die Wahrscheinlichkeitsrechnung. Eine Einführung in Wahrscheinlichkeitsrechnung und Statistik. Braunschweig 1964.

Wer nicht aus diesem Buch von Goldberg (das im amerikanischen Original schon 1960 erschienen ist) die Grundbegriffe der Mengenlehre erarbeitet oder sie nicht schon beherrscht, sei ferner hingewiesen auf:

Fuchs, Walter R.: Knaurs Buch der modernen Mathematik. München 1965. – Denn die großen Fachbücher der modernen Statistik bauen fast durchwegs auf Maßtheorie und Mengenlehre auf. Ohne mathematische Schwierigkeiten ist die Erweiterung der hier erworbenen Kenntnisse in Richtung auf die deskriptive (vor allem die amtliche) Statistik u. a. möglich mit Hilfe folgender Bücher:

Wagenführ, Rolf: Statistik leicht gemacht. Eine Einführung in die deskriptive Statistik. 5. Auflage, Köln 1967.

Quante, Peter: Lehrbuch der praktischen Statistik. Bevölkerungs-, Wirtschafts-, Sozialstatistik.

Um jene Probleme, die uns vornehmlich beschäftigt haben, noch einmal von anderem Blickwinkel zu betrachten und um gleichzeitig darüber hinaus andere Details zu erfahren, ohne aber unverhältnismäßig mehr Mathematik beherrschen zu müssen, sind vor allem zu empfehlen:

Kellerer, Hans: Statistik im modernen Wirtschafts- und Sozialleben. Reinbek 1960.

Pfanzagl, Johann: Allgemeine Methodenlehre der Statistik I. Berlin 1967, Sammlung Göschen. – Dieser erste Band ist dem Leser des vorliegenden Buches durchaus zumutbar, dagegen ist der Teil II schon wesentlich schwieriger.

Damit leiten wir bereits zu den umfassenden Lehrbüchern der Statistik über. Von diesen ist

Wallis, W. Allen, und Roberts, Harry V.: Methoden der Statistik. 2. Auflage, Freiburg 1962, jetzt auch als Taschenbuch erhältlich, Reinbek 1969. Mathematisch nicht schwierig, aber doch sehr umfangreich und in der Methodik zuweilen etwas eigenwillig.

Haseloff, Otto W., Hoffmann, Hans J.: Kleines Lehrbuch der Statistik. 4. Auflage, Berlin 1970. – Legt das Schwergewicht auf praktische Probleme aus Naturwissenschaft und Sozialforschung.

Von den an Hochschulen verwendeten neuesten deutschen Lehrbüchern seien vor allem zwei erwähnt:

Kreyszig, Erwin: Statistische Methoden und ihre Anwendungen. 3. Auflage, Göttingen 1970.

Menges, Günther: Grundriß der Statistik, Teil I: Theorie. Opladen 1968. – Diesem Band sollen demnächst zwei weitere Teile folgen; die zum Verständnis erforderlichen mathematischen Methoden werden rekapituliert.

Eine Anzahl wichtiger Werke ist dagegen nur Lesern mit sehr gediegenen Mathematikkenntnissen zugänglich – so u. a.

Marek, Fisz: Wahrscheinlichkeitsrechnung und mathematische Statistik. Berlin 1958.

Schmetterer, Leopold: Einführung in die mathematische Statistik. Wien 1956.

Für den Leser mit perfekten englischen Sprachkenntnissen seien aus der umfangreichen anglo-amerikanischen Literatur zwei Titel angeführt:

Moroney, M. J.: Facts from Figures. 2. Auflage, Melbourne–London–Baltimore 1953.

Yamane, Taro: Statistics, an introductory analysis. London 1964.

Moroneys Werk liegt nun auch in Übersetzung vor: Einführung in die Statistik. 2 Bände, München 1971. Yamanes Lehrbuch (über 700 Seiten) bietet inhaltlich und in den Voraussetzungen, die es an die Mathematikkenntnisse des Lesers setzt, vielleicht den nahtlosesten Übergang von unserem Buch zu den schwereren Werken.

Diese Hinweise können und sollen selbstverständlich keine Bibliographie auch nur der allgemeinen statistischen Lehrbücher bilden. Es mögen daher hier eine ganze Reihe von Werken unerwähnt geblieben sein, die der eine oder andere Leser gerade für seine Bedürfnisse und Interessen besonders nützlich finden mag (so zeichnet sich z. B. Gerhard Mackenroths »Methodenlehre der Statistik« durch einen umfangreichen Lösungsteil mit ausführlicher Besprechung der Aufgaben aus, ist aber seit 1949 nicht überarbeitet worden. Ferner liegt vor von Paul Neurath eine »Statistik für Sozialwissenschaftler«. Stuttgart 1966).

Weitere bibliographische Hinweise (vor allem auch auf die Literatur aus den einzelnen Spezialgebieten) finden sich u. a. in den beiden Bändchen von Pfanzagls »Allgemeiner Methodenlehre« (die Literaturhinweise in den beiden Teilen sind nicht identisch, sondern ergänzen einander!), ferner – minder ausführlich – bei Haseloff/Hoffmann, Kreyszig und Menges.

Register

Q

R

S

T

U

V

Bildnachweis

Aus: Das Alte und Newe Testament, Teutsch durch D. Martin Luther, Straßburg 1624: S. 121
Bavaria-Verlag, Gauting: S. 63 (links), 95
Bayerische Motorenwerke, München: S. 156
Columbia University, New York: S. 153 unten
Deutsches Museum, München: S. 172
Eidgenössisches Statistisches Amt, Bern: S. 82, 101, 106, 107
Aus: Galton, Francis, Memories of my Life, London 1908: S. 64
Aus: Halley, Edmond, Astronomical Tables, London 1752: S. 123
Institut für Demoskopie, Allensbach: S. 126
Kunstarchiv Arntz, Haag/Obb.: S. 63 (rechts)
Museum Antiker Kleinkunst, München: S. 221
Österreichisches Statistisches Zentralamt, Wien: S. 114, 115, 127
Aus: Selected Papers of Richard Mises, Rhode Island 1962: S. 174
Staatsbibliothek Berlin: S. 20
Statistisches Bundesamt, Wiesbaden: S. 83, 96, 109, 116, 209, 219
Aus: Die Toto-Lotto-Vorschau, Lotterie-Verlag, München: S. 58
University of Cambridge: S. 21
U.S. Information Service, Bad Godesberg: S. 119

Tabellen und Zahlenangaben wurden u. a. folgenden Werken entnommen: Statistisches Jahrbuch; Statistisches Handbuch für die Republik Österreich; Die Schweiz im Zahlenbild; Kurzgefaßt Berlin; Münchner Statistik; Jahrbuch der Stadt Wien; Vessereau, André, La Statistique, Paris 1967; Gnedenko/Chintschin, Elementare Einführung in die Wahrscheinlichkeitsrechnung, Berlin 1967; sowie den im Abschnitt über weiterführende Literatur genannten Werken von Kreyszig, Wallis/Roberts, Kellerer, Pfanzagl und Moroney.